辽宁科技大学学术著作出版基金资助

S 理论时空中的相对论及电磁力

靳永双　王　艳　梁英爽　著

内容简介

S 理论是专门用来描述物理方程协变规律的自恰性数学理论体系及时空理论。本书给出了 *S* 理论原理及其对电磁理论的静态描述，并对电磁力的各种形式作了全面的详细讨论。

本书用自恰的 *S* 理论描述静电磁场时，创立了十几种基本算法，尝试解决了由于麦克斯韦电磁理论而不能处理的十几类静电磁场的边值问题。

图书在版编目（CIP）数据

S 理论时空中的相对论及电磁力/靳永双，王艳，梁英爽著. —北京：北京理工大学出版社，2019.9

ISBN 978-7-5682-7541-5

Ⅰ. ①S… Ⅱ. ①靳… ②王… ③梁… Ⅲ. ①时空-应用-相对论-高等学校-教材②时空-应用-电磁学-高等学校-教材 Ⅳ. ①O412.1②O441

中国版本图书馆 CIP 数据核字（2019）第 200484 号

出版发行／北京理工大学出版社有限责任公司
社　　址／北京市海淀区中关村南大街 5 号
邮　　编／100081
电　　话／（010）68914775（总编室）
（010）82562903（教材售后服务热线）
（010）68948351（其他图书服务热线）
网　　址／http：//www. bitpress. com. cn
经　　销／全国各地新华书店
印　　刷／保定市中画美凯印刷有限公司
开　　本／710 毫米×1000 毫米　1/16
印　　张／20.25
字　　数／248 千字
版　　次／2019 年 9 月第 1 版　2019 年 9 月第 1 次印刷
定　　价／99.00 元

责任编辑／王佳蕾
文案编辑／王佳蕾
责任校对／周瑞红
责任印制／李志强

前言

PREFACE

靳永双副教授在辽宁科技大学连续讲授电动力学至今已历18载，并获得对电动力学课程的一些前沿课题进行深刻的重新思考的机会。爱因斯坦发展的是真空中运动电磁学的狭义相对论，一旦进入媒质、本构关系、四维Minkovski空间便遇到极大的困难[1,2]，即体现在电动力学课程大部分静电磁场的边值问题都得不到解析解。当作者意识到介质中麦克斯韦方程组需要某些改变才能克服这种困境时，才清楚建立介质电磁理论的本构关系（或称本构公理）显得尤其重要。大量事实表明，电磁介质理论本构关系的缺乏，正是电磁介质中麦克斯韦电磁理论本身的症结所在。当科学家一直都在寻找电位移和磁场强度真实的物理意义时，作者偶然发现电介质球附近的点电荷体系或介质附近的电流元，没有符合麦克斯韦方程组的静电解析解或静磁解析解，特别是研究麦克斯韦电磁理论对于运动的点电荷体系在两种介质交界面附近的似稳态电磁行为时，发现现有理论并不适用。作者出版此书就是用来解决这类问题的。

30 多年来，对引力理论的研究，是作者对爱因斯坦及其他引力理论非常尊重的原因之一。同时，也深受其影响。让引力量子化和具有洛伦兹协变性，不能绕过对惯性质量、惯性力的起源，以及时空结构、真空性质和任意参照系中物理规律洛伦兹协变性的整体考虑，更不能逃避对辐射场兼容性的考虑。因为我们无法确定哪个参考系才是真正的惯性系和非惯性系，这关系到是否确定存在辐射场的问题。

真正的突破来源于作者对数学系统的一项系统性的建设工作，并在研究中使之成为电动力学和引力论高效数学工具而受益匪浅。这个系统就是由指数坐标系而生成的协变态体系，即 S 理论，找到了最大的规范群描述下的各种子群，其中，包括角位移变换、快度平移变换、角速度变换和加速平移变换。S 理论是建立和检验协变物理方程的工具。

本书建立了具有自洽性质的 S 理论，目标是简洁的数学与优美的物理理论的统一。鉴于物理学理论都不是自洽的事实，本书中的 S 理论为人类正确理解电动力学的基本概念提供了简洁的手段和协变方程理论。

为了解决麦克斯韦电磁理论的自洽性问题和搜寻电磁理论的本构公理，建立 S 理论和解决物理方程的协变性问题显得尤其重要。本书利用 S 理论作为电动力学的专有数学工具，贯穿全书，简洁而高效，促使电磁理论结构体系诞生能与麦克斯韦电磁理论并驾齐驱的新电磁理论。在本书中会解决如下问题：

（1）*S* 理论可用来尝试取替黎曼几何、张量分析和群论等数学工具，专门用来描述理论物理中的协变性方程的形式化处理，属于数学工具的变革。*S* 理论的价值主要是为解决物理规律协变性而建立的自洽性数学和时空理论。

（2）理论方面的描述一直在协变方程框架下展开，本书尝试解决了电磁理论的本构关系，是新工具下的理论突破。

（3）在 *S* 理论描述下，电磁理论的演绎过程简单，减少推导过程 70%，通篇具有很好的通读性，证明了数学工具的先进性和实用性。

（4）电磁理论的本构关系指出麦克斯韦电磁理论是在真空或辐射场远场情况下适用的电磁理论。在介质表面附近，可尝试由 *S* 理论来准确描述，可能标志着麦克斯韦电磁理论的发展进入新的历史时期。

（5）对电磁理论的静态作了详细的描述，创立了解决静电磁场边值问题的十几种基本算法，得到了数十倍于现有理论的问题解决方案，而这些问题都是现有理论无法处理的。

（6）由 *S* 理论的时空几何可导出狭义相对论时空理论和光速不变性，或许，*S* 理论突破了狭义相对论对力学规律描述的局限，是对基础物理理论的升华。

(7) 本书发现电磁力的多种形式，并作了全面的详细讨论，而其他相关文献只有一种形式。

本书的出版得到了辽宁科技大学学术著作出版基金、国家自然科学基金（11805089）、国家自然科学基金联合基金项目（U1632107）和辽宁科技大学理学院的资助。同时得到了中国科学院物理所的李俊杰研究员、田士兵副研究员、德国马克斯普朗克固体物理化学研究所的孙岩教授、赤峰学院的于毅夫教授、鄂尔多斯应用技术学院的李淑侠教授的大力支持与推荐，在此一并表示谢意。

感谢辽宁科技大学相关领导和同行们在项目申报、审批和出版过程中给予的支持和帮助，没有他们的努力，本书不知会推迟多久才会与大家见面。

还要感谢我们教过的所有学生，是他们与作者一起经历了理论孕育、发展和完善的过程，大部分理论建立过程是与教学过程分不开的。

最后感谢出版社的各位编辑，在本书审稿过程中遇到了很多麻烦和辛苦，是他们非凡的工作付出，才使 *S* 理论作为特殊的时空电磁波，在宇宙中激起与传播。

特将此书献给由21世纪向22世纪进发的专业理论物理工作者、有志变革电动力学或线性代数课程体系及理论结构的科学家们。

作　者

2019年3月

目　录
CONTENTS

第 1 章

S 理论初步

本章将介绍一种数学系统和宇宙模型结合生成的时空理论，即 *S* 理论。在其中可找到更大的规范对称群描述下的各种变换，如角位移变换、快度平移变换、角速度变换、加速平移变换及双共轭变换等。*S* 理论主要用于寻找和发现一种对称法则来解决电磁理论的本构关系（此问题至今科学家仍未能解决），及其加速平移变换确定的马赫原理数量化的形式。

建立独立描述物理方程的协变性专有的自洽性数学理论，并让物理理论的推演自始至终在协变方程框架下展开，是 *S* 理论的本质特征之一。

1.1　指数坐标系的低熵性质

揭开深层次的自然奥秘，需借助高效又强大的数学工具。除理论物理学科外，在其他学科中，现今的数学工具够用且已经走在了前面，在引领该学科发展的过程中起到一定的促进作用。唯独在理论物理领域，现今的数学工具跟不上本学科的发展步伐和科研要求。建立和引用先进的数学工具在场论研究中十分重要。基于这样的目的，本章首先引入了数学的熵，以此为出发点建立完整自洽的 S 理论。然后将其应用到电动力学课程体系之中，解决至今尚未解决的诸多电磁相互作用问题。S 理论内容主要分三个方面：

（1）建立完备的四元空间解析几何，解决专门用于描述物理方程的协变性的数学工具问题。这个理论应是物理科学活动过程中应用最广泛的数学工具，并能做到：

①描述自然规律的方程应符合其所规定的形式，并在其框架下展开和描述；

②将实用性较强的微分几何部分内容通过 S 理论演变成线性代数系统，使那些受限于数学工具的艰难而止步在梦想与现实之间的科学爱好者们，能够轻松进入物理学领域进行探索。

（2）建立目前较为完备的真空介质理论和参考系变换理论，得到物理学家一直都期望得到但还没有完成的电磁理论的本构关系，衍生出自洽的电磁场新理论。巧合的是，其极限形式就是麦克斯韦电磁理论，进一步延伸还可以得到电磁力和引力的统一描述方法以及强力、弱力的产生机制。

（3）尝试指出麦克斯韦电磁理论和广义相对论的非自洽性，为完善麦克斯韦电磁理论和引力论提供理论依据和方向。

1.1.1　数学的熵与原时

一般情况下，一个封闭系统的废物会越来越多，可利用的资源（能量）越来越少。身在其中的个体，会感到环境越来越差。废物越多，代表熵越高。废物自动越来越多，熵自动会增大。

（1）热力学熵：是系统在动力学方面不能做功的能量总数的量度。熵亦被用于计算一个系统中的失序现象和复杂程度。简单地说，熵就是混乱度的含义。物体总是自发向无序方向发展。所以，凡是自发进行的活动，都是向着更混乱的方向发展，所以熵就会增加。这也是热力学第二定律的本质特征。

（2）生物熵：1944 年薛定谔出版了《生命是什么》，书中提出了负熵的概念，想通过用物理的语言来描述生物学中的课题。据他的理解，“生物赖负熵而生”。按热力学第二定律，大自然会由有序变为无序，即熵会不断增加。与之相反，生物会吸收环境中的“负熵”，而减少自身的熵，因而变得有序。熵是生命科学的借助概念，借助的是热力学第二定律来解释生命现象。有的人为什么容易成为高科技人才？因为高科技代表着低熵。这类人才处在低熵的位置上，具有向低熵前进的优势和更高的成功率。

（3）情熵智熵：一个人的情商和情熵的乘积等于常数，一个人的智商和智熵的乘积等于常数。一个人的情商高，在与别人合作时，总是让他人高兴。一个人的智商高，能够使自己工作和生活的安排井井有条，总是让自己开心。

（4）信息熵：熵的概念最先在 1864 年首先由克劳修斯提出，并应用在热力学中。后来在 1948 年由香农第一次引入信息论中。在信息论中，熵被用来衡量一个随机变量出现的期望值。它代表了在被接收之前，信号传输过程中损失的信息量，又称为信息熵。在信息技术中，熵就是指一个事情的不确定的程度。

（5）科学熵和技术熵：科学的结果在于发现，技术的结果在于发明。用最少的公理，通过数学分析的手段而描述全部的发现，是科学的低熵。自然定律需要简洁和准确的数学公式表示，复杂或与现实符合度较低的理论，是科学的高熵。人类为什么拼命地发展高科技？因为高科技代表着低熵。科学家就是“低熵搜寻者”。科学发展史就是科学家向低熵方向探寻的历史。

只有很少的专业人员掌握的技术是技术低熵，高科技就是低熵。技术熵越高，表明该技术已经越接近普通人员的本能。比如，狗学会了上厕所是高技术，是技术低熵；人学会了上厕所是本能，是技术高熵。

直接判定科学理论体系的科学熵的高低是比较困难的事情，只能通过其中间环节的数学工具的应用和结果形式来比较。

（6）数学的熵：物理定律需要简洁的数学手段或方法来表示，复杂表示方法不是好的数学工具，引入数学熵来表示数学系统的优劣则不失是一个好的办法。例如，两个数学公式 A 和 B，如果由 A 很容易推导出 B，而由 B 不容易推导出 A，则称 A 比 B 熵低，或称 B 比 A 熵高。再如，两个数学公式 A 和 B，表示同一个物理定律的内容，如果 A 比 B 的形式简单，B 比 A 的形式复杂，则称 A 比 B 熵低，或称 B 比 A 熵高。

（7）宇宙熵与原时：宇宙作为一个封闭系统，其演化过程是热力学熵及信息熵都增加的过程。时间之矢——时间的单一方向性，这个方向就是熵增的方向。每个物体或基本粒子的原时（固有生命）τ 就是宇宙熵变的一种量度。原时（固有生命）τ 正是这种变化的参数。

下面以各种正交曲线坐标系为例来说明指数坐标系的数学熵是最低的。

1.1.2 指数坐标系的引入

在数学物理方程中，建立和应用了各种正交曲线坐标系，如直角坐标系、球坐标系、柱坐标系等，有 14 种正交曲线坐标系之多。它们可以用来解决特殊边界形状的物理问题，各有各的优点，但从来没有人比较过它们的数学熵的高低。请问：它们的数学熵哪个高或低？还有没有第 15 种正交曲线坐标系，而这个坐标系的数学熵比已知的正交曲线坐标系的数学熵还要低？本章给出一个正交曲线坐标系，即指数坐标系（见附录2）。

令固定点 O 为指数坐标系的原点，从 O 点引出一条射线 ON 为指数坐标系的基轴。基轴上的单位矢量为 $\boldsymbol{n}$（沿 ON 方向），称为基矢。从 O 点引向质点所在位置 P 点的有向线段 $\boldsymbol{r}$，是质点的位置矢量。从基轴向 $\boldsymbol{r}$ 转过的角度 θ，定义为质点的角位置矢量的大小，从基轴向 $\boldsymbol{r}$ 按右手旋进的方向定义为角位置矢量的方向。角位置矢量用符号 $\boldsymbol{\theta}$ 表示，如图1－1所示。

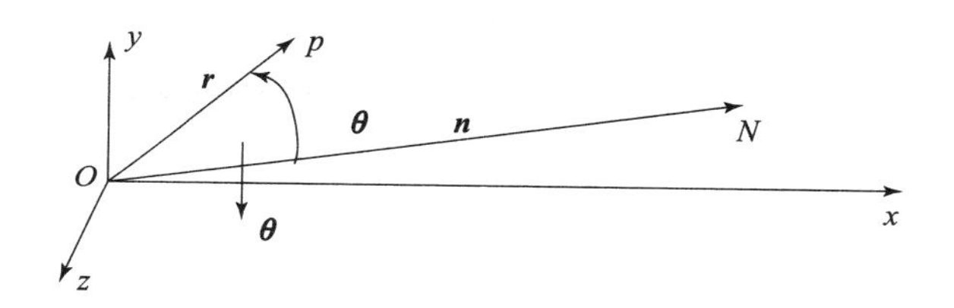

图1－1　指数坐标（r，$\boldsymbol{\theta}$）与直角坐标 $\boldsymbol{\theta}(x, y, z)$ 的关系

从图1－1可以看出（其中 $\theta = |\boldsymbol{\theta}| = \sqrt{\theta_x^2 + \theta_y^2}$），$\boldsymbol{\theta}$ 的方向与 $\boldsymbol{n} \times \boldsymbol{r}$ 方向一致。由于 $\boldsymbol{\theta}$ 与 $\boldsymbol{\theta} + 2k\pi\boldsymbol{\theta}/\theta$（其中，$\boldsymbol{\theta}/\theta$ 为单位矢量，$k = 0$，±1，±2，±3，…）表示质点的同一角位置，所以，质点在某一位置的角位置矢量有很多个，数值相差 $2k\pi$（注：为了使某位置质点的角位置矢量具有唯一性，有时可以规定取 $0 \leqslant \theta < \pi$，见下文）。令 $r = |\boldsymbol{r}|$ 为 $\boldsymbol{r}$ 的长度（或大小），有

$$\boldsymbol{r} = (r\cos\theta)\boldsymbol{n} + (r\sin\theta)(\boldsymbol{\theta}/\theta) \times \boldsymbol{n} \tag{1.1.1}$$

确定了 $\boldsymbol{r}$ 和 $\boldsymbol{\theta}$，就确定了质点的位置矢量 $\boldsymbol{r}$。由于 $\boldsymbol{\theta}$ 始终垂直于基轴，有 $\boldsymbol{\theta} \cdot \boldsymbol{n} = 0$，$\boldsymbol{\theta}$ 只有两个独立变量。不访设 $\boldsymbol{n}$ 沿 z 轴，有 $\boldsymbol{n} = \boldsymbol{k}$（$\boldsymbol{i}$，$\boldsymbol{j}$，$\boldsymbol{k}$ 分别为直角坐标系中三个轴向的单位矢量），$\boldsymbol{\theta}$ 可写成

$$\boldsymbol{\theta} = \theta_x\boldsymbol{i} + \theta_y\boldsymbol{j} \tag{1.1.2}$$

在指数坐标系中，质点的第一类运动函数（或称第一类运动方程）为

$$\theta_x = \theta_x(t)，\ \theta_y = \theta_y(t)，\ r = r(t)$$

$\boldsymbol{r}$ 在直角坐标系和指数坐标系中的分量关系由式（1.1.1）和式（1.1.2）确定，即

$$\begin{cases} x = (r\sin\theta)\dfrac{\theta_y}{\theta} \\ y = -(r\sin\theta)\dfrac{\theta_x}{\theta} \\ z = r\cos\theta \end{cases} \tag{1.1.3}$$

通过式（1.1.3），可得到指数坐标系的度规系数及梯度、散度和拉普拉斯算符在指数坐标系中的表达式。

用 $\boldsymbol{\theta}^n$ 表示 $\boldsymbol{\theta}$ 的 n 次四元数乘积，利用麦克劳林展开公式及式（1.1.3），得

$$\boldsymbol{e}^{\theta} = \sum_{n=0}^{\infty} \frac{\theta^n}{n!} = \mathrm{ch}\theta + \mathrm{sh}\theta = \cos\theta + \frac{\sin\theta}{\theta}\boldsymbol{\theta} \tag{1.1.4}$$

$$\boldsymbol{r} = r\left(\cos\theta + \frac{\sin\theta}{\theta}\boldsymbol{\theta}\right)\otimes\boldsymbol{n} = \boldsymbol{e}^{\theta}\otimes r\boldsymbol{n} = \boldsymbol{e}^{\theta}\otimes r\boldsymbol{n} = \boldsymbol{e}^{\theta}\otimes\boldsymbol{r}_n \tag{1.1.5}$$

式中，$\boldsymbol{r}_n = r\boldsymbol{n}$。式（1.1.5）称为 $\boldsymbol{r}$ 的指数形式。这说明：任何三维欧氏矢量在指数坐标系中都可表示成指数形式。其意义是：任意矢量可以表示成一个基矢量在空间中的转动而成，其转动角为 $\boldsymbol{\theta}$。式（1.1.5）还可以用半角位置矢量表示（见附录2），即

$$\boldsymbol{r} = r\boldsymbol{e}^{\theta}\otimes\boldsymbol{n} = r\boldsymbol{e}^{\frac{\theta}{2}}\otimes\boldsymbol{e}^{\frac{\theta}{2}}\otimes\boldsymbol{n} = \boldsymbol{e}^{\frac{\theta}{2}}\otimes\boldsymbol{r}_n\otimes\boldsymbol{e}^{-\frac{\theta}{2}} \tag{1.1.6}$$

即得到

$$\begin{cases} \boldsymbol{r} = \boldsymbol{e}^{\theta}\otimes\boldsymbol{r}_n = \boldsymbol{e}^{\frac{\theta}{2}}\otimes\boldsymbol{r}_n\boldsymbol{e}^{-\frac{\theta}{2}} \\ \boldsymbol{r}_n = r\boldsymbol{n} \end{cases} \tag{1.1.7}$$

1.1.3 指数坐标系的低熵特性分析

设基轴 ON，$\boldsymbol{r}_1$ 和 $\boldsymbol{r}_2$ 组成三棱锥的三条棱，O 点就是棱锥的顶

点。令 $\boldsymbol{\theta}_{10}=\boldsymbol{\theta}_1$ 是 $\boldsymbol{r}_1$ 相对 ON 的角位移矢量，$\boldsymbol{\theta}_{21}=\Delta\boldsymbol{\varphi}$ 是 $\boldsymbol{r}_2$ 相对 $\boldsymbol{r}_1$ 的角位移矢量，$\boldsymbol{\theta}_{02}=-\boldsymbol{\theta}_2$ 是 ON 相对 $\boldsymbol{r}_2$ 的角位移矢量，如图 1－2 所示。式（1.1.7）可变为

$$\boldsymbol{e}^{\boldsymbol{\theta}_{02}}\otimes\boldsymbol{e}^{\boldsymbol{\theta}_{21}}\otimes\boldsymbol{e}^{\boldsymbol{\theta}_{10}}=1 \qquad (1.1.8\text{a})$$

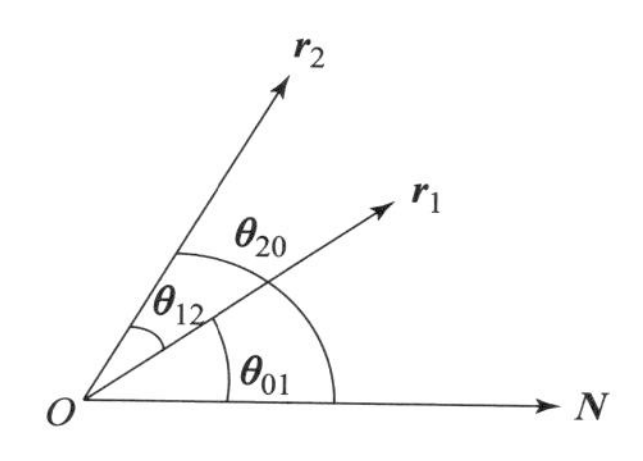

图 1－2　三棱锥与三个棱面角

对于任意三棱锥，只要知道其中两个棱面角的大小和取向（棱面的法线方向），就可以根据式（1.1.8a）得出另一个棱面角的大小和取向。由三棱柱的内角关系，式（1.1.8a）变成

$$\theta_{02}+\theta_{21}+\theta_{10}=2\pi \qquad (1.1.8\text{b})$$

上式表示圆周角之和等于 2π。

1.2　转动角位移变换

1.2.1　空间转动角位移变换

令 S'系固定在刚体上，S 系固定在地面上，S'系测得的坐标为 $\boldsymbol{r}'$，S 系测得的坐标为 $\boldsymbol{r}$，令 $\boldsymbol{\alpha}$ 为 S'系相对 S 系的转动角位移矢量，即发生空间旋转变换（见附录 2），有

$$\boldsymbol{r}'=\boldsymbol{e}^{\frac{\boldsymbol{\alpha}}{2}}\otimes\boldsymbol{r}\otimes\boldsymbol{e}^{-\frac{\boldsymbol{\alpha}}{2}}\text{或 }\boldsymbol{r}=\boldsymbol{e}^{-\frac{\boldsymbol{\alpha}}{2}}\otimes\boldsymbol{r}'\otimes\boldsymbol{e}^{\frac{\boldsymbol{\alpha}}{2}} \qquad (1.2.1)$$

上式就是空间转动角位移变换（或称空间旋转变换）。一般情况下，

对转动角位移矢量和质点的角位置矢量的取值要加以限制，即

$$0 \leqslant \alpha < \pi \text{ 和 } 0 \leqslant \varphi < \pi \tag{1.2.2}$$

1.2.2 空间角位移变换的复合

设 o 点是两次有限转动相交轴的交点，质点在 t_1 时刻的角位置矢量为 $\boldsymbol{\alpha}_1$，位置矢量为 $\boldsymbol{r}_1$，由式（1.2.1），设原始位置为 $\boldsymbol{r}' = \boldsymbol{r}$，有

$$\boldsymbol{r}_1 = \boldsymbol{e}^{-\frac{\boldsymbol{\alpha}_1}{2}} \otimes \boldsymbol{r} \otimes \boldsymbol{e}^{\frac{\boldsymbol{\alpha}_1}{2}} \tag{1.2.3}$$

质点在 t_2 时刻的角位置矢量为 $\boldsymbol{\alpha}_2$，位置矢量为 $\boldsymbol{r}_2$，由式（1.2.1），有

$$\boldsymbol{r}_2 = \boldsymbol{e}^{-\frac{\boldsymbol{\alpha}_2}{2}} \otimes \boldsymbol{r} \otimes \boldsymbol{e}^{\frac{\boldsymbol{\alpha}_2}{2}} \tag{1.2.4}$$

令从 $\boldsymbol{r}_1$ 转动到 $\boldsymbol{r}_2$ 刚体转动的角位移矢量为 $\Delta\boldsymbol{\psi}$，由式（1.2.1），有

$$\boldsymbol{r}_2 = \boldsymbol{e}^{\frac{\Delta\boldsymbol{\psi}}{2}} \otimes \boldsymbol{r}_1 \otimes \boldsymbol{e}^{-\frac{\Delta\boldsymbol{\psi}}{2}} \tag{1.2.5}$$

将式（1.2.3）代入式（1.2.5），并利用四元数满足乘法结合律的特性及逆四元数的规则，得

$$\begin{aligned}\boldsymbol{r}_2 &= \boldsymbol{e}^{-\frac{\Delta\boldsymbol{\psi}}{2}} \otimes (\boldsymbol{e}^{-\frac{\boldsymbol{\alpha}_1}{2}} \otimes \boldsymbol{r} \otimes \boldsymbol{e}^{\frac{\boldsymbol{\alpha}_1}{2}}) \otimes \boldsymbol{e}^{\frac{\Delta\boldsymbol{\psi}}{2}} \\ &= \boldsymbol{e}^{-\frac{\Delta\boldsymbol{\psi}}{2}} \otimes \boldsymbol{e}^{-\frac{\boldsymbol{\alpha}_1}{2}} \otimes \boldsymbol{r}' \otimes \boldsymbol{e}^{\frac{\boldsymbol{\alpha}_1}{2}} \otimes \boldsymbol{e}^{\frac{\Delta\boldsymbol{\psi}}{2}} \\ &= (\boldsymbol{e}^{\frac{\boldsymbol{\alpha}_1}{2}} \otimes \boldsymbol{e}^{\frac{\Delta\boldsymbol{\psi}}{2}})^{-1} \otimes \boldsymbol{r} \otimes (\boldsymbol{e}^{\frac{\boldsymbol{\alpha}_1}{2}} \otimes \boldsymbol{e}^{\frac{\Delta\boldsymbol{\psi}}{2}})\end{aligned} \tag{1.2.6}$$

其中，

$$(\boldsymbol{e}^{\frac{\Delta\boldsymbol{\psi}}{2}} \otimes \boldsymbol{e}^{\frac{\boldsymbol{\alpha}_1}{2}})^{-1} = \boldsymbol{e}^{-\frac{\boldsymbol{\alpha}_2}{2}} \otimes \boldsymbol{e}^{-\frac{\Delta\boldsymbol{\psi}}{2}}$$

式（1.2.6）与式（1.2.4）比较，得

$$(\boldsymbol{e}^{\frac{\boldsymbol{\alpha}_2}{2}})^{-1} \otimes \boldsymbol{r} \otimes \boldsymbol{e}^{\frac{\boldsymbol{\alpha}_2}{2}} = (\boldsymbol{e}^{\frac{\boldsymbol{\alpha}_1}{2}} \otimes \boldsymbol{e}^{\frac{\Delta\boldsymbol{\psi}}{2}})^{-1} \otimes \boldsymbol{r} \otimes (\boldsymbol{e}^{\frac{\boldsymbol{\alpha}_1}{2}} \otimes \boldsymbol{e}^{\frac{\Delta\boldsymbol{\psi}}{2}}) \tag{1.2.7}$$

式（1.2.7）中，对于 $\boldsymbol{r}$ 取任意矢量都成立的条件是

$$\boldsymbol{e}^{\frac{\boldsymbol{\alpha}_2}{2}} = \boldsymbol{e}^{\frac{\Delta\boldsymbol{\psi}}{2}} \otimes \boldsymbol{e}^{\frac{\boldsymbol{\alpha}_1}{2}} \text{或 } \boldsymbol{e}^{\frac{\Delta\boldsymbol{\psi}}{2}} = \boldsymbol{e}^{\frac{\boldsymbol{\alpha}_2}{2}} \otimes \boldsymbol{e}^{-\frac{\boldsymbol{\alpha}_1}{2}} \tag{1.2.8}$$

可以将式（1.2.8）展开成一个标量方程和一个矢量方程。式（1.2.8）就是描述刚体转动的转动角位移矢量的合成公式，也可以看成是刚体转动角位移矢量 $\Delta\boldsymbol{\psi}$ 的定义式。它反映了刚体绕相交轴两次有限转动角位移矢量（即 $\boldsymbol{\alpha}_1$ 与 $\Delta\boldsymbol{\psi}$）的合成，不符合矢量合成的平行四边形法则，即

$$\boldsymbol{\alpha}_2 \neq \Delta\boldsymbol{\psi} + \boldsymbol{\alpha}_1$$

只有 $\Delta\boldsymbol{\psi}$ 平行于 $\boldsymbol{\alpha}_1$ 时，或 $\Delta\boldsymbol{\psi}$ 与 $\boldsymbol{\alpha}_1$ 都无限小时才满足

$$\boldsymbol{\alpha}_2 = \Delta\boldsymbol{\psi} + \boldsymbol{\alpha}_1$$

即满足矢量合成的平行四边形法则。

1.3　四元空间

1.3.1　四元数的指数坐标表示

一个数 a_o 与一个三维矢量 $\boldsymbol{\alpha}$ 的和，定义为四元数，用符号 $\bar{a}$ 表示，即

$$\bar{a} = a_o + \boldsymbol{\alpha}$$

任意两个四元数 $\bar{a} = a_o + \boldsymbol{\alpha}$ 和 $\bar{b} = b_0 + \boldsymbol{b}$ 的四元数加法：

交换律　$\bar{a} + \bar{b} = \bar{b} + \bar{a}$

结合律　$(\bar{a} + \bar{b}) + \bar{c} = \bar{b} + (\bar{a} + \bar{c})$

四元数乘法：

$$\bar{a} \otimes \bar{b} = (a_0 + \boldsymbol{\alpha}) \otimes (b_0 + \boldsymbol{b}) = a_0 b_0 - \boldsymbol{a} \cdot \boldsymbol{b} + a_0 \boldsymbol{b} + b_0 \boldsymbol{a} + \boldsymbol{a} \times \boldsymbol{b} \tag{1.3.1}$$

式中，“$\otimes$”表示四元数乘法。给定正则四元数 $\bar{e} = e_o + \boldsymbol{e}$，其中 $e_o^2 + \boldsymbol{e}^2 = 1$。

在直角坐标系下，四元数中三个轴的单位矢量的乘法可表示为

$$\begin{cases} \boldsymbol{i} \otimes \boldsymbol{i} = \boldsymbol{j} \otimes \boldsymbol{j} = \boldsymbol{k} \otimes \boldsymbol{k} = -1 \\ \boldsymbol{i} \otimes \boldsymbol{j} = \boldsymbol{k}, \boldsymbol{j} \otimes \boldsymbol{k} = \boldsymbol{i}, \boldsymbol{k} \otimes \boldsymbol{i} = \boldsymbol{j} \\ \boldsymbol{j} \otimes \boldsymbol{i} = -\boldsymbol{k}, \boldsymbol{k} \otimes \boldsymbol{j} = -\boldsymbol{i}, \boldsymbol{i} \otimes \boldsymbol{k} = -\boldsymbol{j} \end{cases} \tag{1.3.2}$$

四元数的主要性质：

（1）任意四元数满足乘法的结合律：

$$(\bar{a} \otimes \bar{b}) \otimes \bar{c} = \bar{a} \otimes (\bar{b} \otimes \bar{c})$$

（2）四元数一般不满足乘法的交换律：

$$\bar{a} \otimes \bar{b} \neq \bar{b} \otimes \bar{a}$$

（3）四元数乘法的范数等于每个四元数范数的乘积：

$$\begin{cases} \rho_a^2 = a_0^2 + a^2 \\ \rho_b^2 = b_0^2 + b^2 \\ \rho_c^2 = c_0^2 + c^2 \end{cases}$$

$$\begin{cases} \bar{c} = \bar{a} \otimes \bar{b} \\ \rho_c^2 = \rho_a^2 \rho_b^2 \end{cases}$$

正则四元数可表示为指数形式：

用 $\boldsymbol{\theta}^n$ 表示 $\boldsymbol{\theta}$ 的 n 次四元数乘积，利用麦克劳林展开式及上式，得

$$\bar{e} = \boldsymbol{e}^{\boldsymbol{\theta}} = \sum_{n=0}^{\infty} \frac{\boldsymbol{\theta}^n}{n!} = \mathrm{ch}\boldsymbol{\theta} + \mathrm{sh}\boldsymbol{\theta} = \cos\theta + \frac{\sin\theta}{\theta}\boldsymbol{\theta}$$

可见，$\boldsymbol{e}^{\boldsymbol{\theta}}$ 就是正则四元数的指数形式。任意四元数 $\bar{a}$ 可表示为

$$\bar{a} = \rho_a \boldsymbol{e}^{\boldsymbol{\theta}} \tag{1.3.3}$$

式中，ρ_a 为四元数 $\bar{a}$ 的模；ρ_a^2 为四元数 $\bar{a}$ 的范数（或称模方）。

1.3.2 四元空间的指数坐标应用举例

（1）取 $\boldsymbol{\theta}=0$ 和 $\boldsymbol{\theta}=\pi\boldsymbol{e}_k$，$\bar{e}=\boldsymbol{n}$，$\boldsymbol{e}_k$ 为单位矢量，且 $\boldsymbol{e}_k \perp \boldsymbol{n}$，有

$$\bar{x} = x\boldsymbol{e}^{\boldsymbol{\theta}} \otimes \boldsymbol{n} = \begin{cases} x\boldsymbol{n}(\boldsymbol{\theta}=0) \\ -x\boldsymbol{n}(\boldsymbol{\theta}=\pi\boldsymbol{e}_k) \end{cases} \tag{1.3.4}$$

表示一维无限直线空间，该直线上的单位矢量为 $\boldsymbol{n}$。

取 $\boldsymbol{\theta}=\theta_1\boldsymbol{e}_k$ 和 $\boldsymbol{\theta}=\theta_2\boldsymbol{e}_k$，$\bar{\boldsymbol{e}}=\boldsymbol{n}$，$\boldsymbol{e}_k \perp \boldsymbol{n}$，有

$$\bar{x} = x\boldsymbol{e}^{\boldsymbol{\theta}} \otimes \boldsymbol{n} = \begin{cases} x\cos\theta_1\boldsymbol{n} + \boldsymbol{\theta}_1 \times \boldsymbol{n}x\sin\theta_1, & \boldsymbol{\theta}=\boldsymbol{\theta}_1 \\ x\cos\theta_2\boldsymbol{n} + \boldsymbol{\theta}_2 \times \boldsymbol{n}x\sin\theta_2, & \boldsymbol{\theta}=\boldsymbol{\theta}_2 \end{cases} \tag{1.3.5}$$

表示两条射线在 o 点有折角（夹角为 $\Delta\boldsymbol{\theta}=\boldsymbol{\theta}_2-\boldsymbol{\theta}_1$）的折射线一维空间。同理，也可以表示多条射线组成的一维空间。

（2）取 $\boldsymbol{\theta}=\theta\boldsymbol{k}$，$\boldsymbol{n}=\boldsymbol{i}$，有

$$\boldsymbol{r} = x\boldsymbol{i} + y\boldsymbol{j} = r\boldsymbol{e}^{\theta\boldsymbol{k}} \otimes \boldsymbol{i} = r\cos\theta\boldsymbol{i} + r\sin\theta\boldsymbol{j}$$

或

$$\begin{cases} x = r\cos\theta \\ y = r\sin\theta \end{cases} \tag{1.3.6}$$

表示极坐标系描述下的二维平面空间。

（3）取 $\boldsymbol{\theta}=\theta_y\boldsymbol{i}+\theta_z\boldsymbol{j}$，$\boldsymbol{n}=\boldsymbol{k}$，有

$$\begin{aligned} \boldsymbol{r} &= x\boldsymbol{i} + y\boldsymbol{j} + z\boldsymbol{k} = r\boldsymbol{e}^{\theta_x\boldsymbol{i}+\theta_y\boldsymbol{j}} \otimes \boldsymbol{k} \\ &= r\cos(\theta_x\boldsymbol{i}+\theta_y\boldsymbol{j})\boldsymbol{k} + r\sin(\theta_x\boldsymbol{i}+\theta_y\boldsymbol{j}) \otimes \boldsymbol{k} \\ &= r\cos\theta\boldsymbol{k} + r\sin\theta\frac{(\theta_x\boldsymbol{i}+\theta_y\boldsymbol{j})}{\theta} \otimes \boldsymbol{k} \\ &= r\cos\theta\boldsymbol{k} + r\frac{\sin\theta}{\theta}(-\theta_x\boldsymbol{j}+\theta_y\boldsymbol{i}) \end{aligned}$$

或

$$\begin{cases} x = r\dfrac{\sin\theta}{\theta}\theta_y \\ y = -r\dfrac{\sin\theta}{\theta}\theta_x \\ z = r\cos\theta \end{cases} \tag{1.3.7}$$

式中，$\theta=\sqrt{\theta_x^2+\theta_y^2}$。

式（1.3.7）表示指数坐标系描述下的三维空间。式（1.3.7）给出了指数坐标系中三个分量与直角坐标系中三个分量的关系式。指数坐标系相当于三维的极坐标系。

（4）取 $\boldsymbol{\theta}=\theta_x\boldsymbol{i}+\theta_y\boldsymbol{j}+\theta_z\boldsymbol{k}$，$\bar{\boldsymbol{e}}=1$，有

$$\bar{r}=r\boldsymbol{e}^{\boldsymbol{\theta}} \tag{1.3.8}$$

表示在角矢量 $\boldsymbol{\theta}=\theta_x\boldsymbol{i}+\theta_y\boldsymbol{j}+\theta_z\boldsymbol{k}$ 描述下的四元空间。$(r,\ \boldsymbol{\theta})$ 是任意四元数在指数坐标系中的坐标。

结论：不论是三维矢量还是四元数，在指数坐标系下都可以表示成式（1.1.5）、式（1.1.7）或式（1.3.8）的指数形式。

1.3.3　四元空间的转动角位移变换

在 S 系中测得的四元数为 $\bar{r}=r_0+\boldsymbol{r}$，在 S' 系测得的四元数为 $\bar{r}'=r_0+\boldsymbol{r}'$，其标量部分不变，矢量发生空间旋转变换。设 S' 系相对 S 系转动的角位移矢量为 $\boldsymbol{\alpha}$，由式（1.2.1）得

$$\boldsymbol{r}'=\boldsymbol{e}^{\frac{\boldsymbol{\alpha}}{2}}\otimes\boldsymbol{r}\otimes\boldsymbol{e}^{-\frac{\boldsymbol{\alpha}}{2}}\text{或}\boldsymbol{r}=\boldsymbol{e}^{-\frac{\boldsymbol{\alpha}}{2}}\otimes\boldsymbol{r}'\otimes\boldsymbol{e}^{\frac{\boldsymbol{\alpha}}{2}}$$

并考虑到 $r_0'=r_0$，得

$$\bar{r}'=\boldsymbol{e}^{\frac{\boldsymbol{\alpha}}{2}}\otimes\bar{r}\otimes\boldsymbol{e}^{-\frac{\boldsymbol{\alpha}}{2}}\text{或}\bar{r}=\boldsymbol{e}^{-\frac{\boldsymbol{\alpha}}{2}}\otimes\bar{r}'\otimes\boldsymbol{e}^{\frac{\boldsymbol{\alpha}}{2}} \tag{1.3.9}$$

式（1.3.9）就是四元空间的转动角位移变换。

1.4　真空介质论与时空结构

1.4.1　真空介质论

组成真空中的介质称为真空态（取“以太”的谐音），组成介

质的物质称为介质态。真空态是真空的基本组成物质。研究真空态以及介质态结构、属性、极化现象和变换规律的一门科学，称为真空介质论。真空介质论不仅可以揭示经典场论（电磁场、引力场和规范场）本构关系的理论，还能给出具备自洽性的电磁理论和引力理论，并有检测现有理论缺陷的功能。总之，真空介质论是揭示自然规律和检验自然界规律是否正确的有力工具。

1.4.2　*S* 理论的时空几何学说

任取一点为原点，在该点很小的邻域内建立一个微分流形，选一个正交的标架为一个惯性参考系。该点的任何粒子都处在以原点为圆心的四维空间球面上。在球面上不同位置的粒子，代表其具有不同的速度。这样的微分流形可光滑连接形成更大的区域，形成宇宙的本质特征。引入度量空间后，其构成平直的四维欧氏度量空间，四维球面的半径为

$$R = \sqrt{c^2\tau^2 + r^2} \tag{1.4.1}$$

式中，τ 为粒子的原时，反映粒子本身熵变过程的量；$r^2 = x^2 + y^2 + z^2$ 为三维空间距离的平方；c^2 为常数，反映粒子的最大速率的平方，其值可由实验确定。

在粒子中途改变运动方向后，其可能落入球面之内，因此，球体内被不同生命历程（不同的 τ）的粒子占据。引入新的物理量 t，称为参照系坐标时，使 $R = ct$，定义

$$\bar{\boldsymbol{R}} = c\tau + \boldsymbol{r} = cte^{\boldsymbol{\vartheta}} \tag{1.4.2}$$

为质点的四维时空的位置坐标。其四个分量分别为

$$\begin{cases} \boldsymbol{r} = ct\sin\boldsymbol{\vartheta} = ct\sin\vartheta\,\dfrac{\boldsymbol{\vartheta}}{\vartheta} \\ \tau = ct\cos\boldsymbol{\vartheta} = ct\cos\boldsymbol{\vartheta} \end{cases} \tag{1.4.3}$$

其中，

$$\sin\boldsymbol{\vartheta}=\frac{\boldsymbol{v}}{c},\ \cos\vartheta=\sqrt{1-\frac{v^2}{c^2}} \tag{1.4.4}$$

结论：

（1）三维空间和原时共同构成一个平直的四维欧氏时空，这个四维空间称为（x，τ）表象空间。引入虚构的参数 t，使每一个惯性参考系用一个统一参数来描述每个物体的运动成为可能。

（2）在三维空间中，以不同速度运动的各种粒子，其在四维空间运动的速率相同，均为最大速率 c，但其方向不同。

（3）光子在三维空间的速度为 c，是因为其第 0 分量为零，即

$$\boldsymbol{\tau}=t\cos\boldsymbol{\vartheta}=t\sqrt{1-\frac{v^2}{c^2}}=0$$

在一切惯性参考系中，观察三维空间的光速度的大小（光速率）不变——这就是光速不变性原理的本质。

（4）光速单位制。在任意惯性参考系中，测量光的速率保持不变，规定为

$$c=2.99792458\times10^8\ \mathrm{m/s} \tag{1.4.5}$$

即光相对观察者的速率永远都是恒定的，与参考系无关。这个结论已经通过了实验的验证。取光速为基本单位，记作 c，再定义时间单位 s：1 s＝1/[(24×60×60)天]，记作“秒”。这样就导出了空间的长度单位：c s＝米。为了方便使用，光速单位制与国际单位制变换关系为1∶1。

（5）在这个（x，τ）表象空间中，可利用几何图形，方便计算坐标时与原时的关系。例如，地面观察站测得飞船以速度 v 飞行到距离为 L 的星球，然后又以原速返回，求宇航员经历的原时。

解：$$t=\frac{2L}{v},\ \tau=t\cos\vartheta=\frac{2L}{v}\sqrt{1-\frac{v^2}{c^2}}$$

（6）在（x，τ）表象空间中，宇宙随 τ 的增大而膨胀，其膨胀的速率为光速 c（相对宇宙中心）。其直径以 2 倍的光速 c 扩张，但对以光的信号为观察手段的观察者来说（特指在宇宙中心处的观察者），接收到宇宙边沿发回来的光信号后，宇宙的边沿已经又扩大了一倍。

（7）在（x，τ）表象空间中。不容易描述各种规范变换，必须通过表象变换，寻找另一个合适的表象空间。下面利用幺正变换的性质来实现这一目标。

1.4.3　时空几何表象变换

可将 $ct = \sqrt{c^2\tau^2 + r^2}$ 变成

$$c\tau = \sqrt{c^2t^2 - r^2} \tag{1.4.6}$$

令

$$\bar{\boldsymbol{X}} = ct - \mathrm{i}\boldsymbol{r} = c\tau\boldsymbol{e}^{-\mathrm{i}\boldsymbol{\theta}} \tag{1.4.7}$$

称为四元时空位置坐标，其中，$\boldsymbol{\theta}$ 称为时空的快度矢量。其四个分量分别为

$$\begin{cases} t = \tau\mathrm{ch}(\mathrm{i}\boldsymbol{\theta}) \\ \boldsymbol{r} = c\tau\mathrm{sh}(\mathrm{i}\boldsymbol{\theta}) \end{cases} \tag{1.4.8}$$

结论：

（1）三维空间与惯性参考系坐标时 t，共同构成一个赝四维欧氏空间，这个赝四维空间称为（x，t）表象空间。

（2）在这个（x，t）表象空间中，可利用几何图形，方便描述参照系之间的几何关系。在选取 τ 为不变量的规范条件时，间隔

$$s^2 = -c^2\tau^2 = x_1^2 + x_2^2 + x_2^2 - c^2t^2 \tag{1.4.9}$$

为不变量。

（3）在（x，t）表象空间中，不能直观描述宇宙随 τ 的增大而膨胀的现象。

（4）在（x，t）表象空间中，很容易利用幺正变换或正交变换描述物理量在不同参考系中的变换关系。

1.5 合量及 S 变换的各种表示

1.5.1 四元时空的 S 变换

1. 四元时空快度平移变换

现在研究在（x，t）表象空间中，四元时空坐标（x，t）从参照系 S 到参照系 S'的变换关系。由于原时 τ 属于物体运动的固有属性，应在变换中保持不变，有

$$s^2 = -c^2\tau^2 = x_1^2 + x_2^2 + {x_2}^2 - c^2t^2 = \text{不变量}\ (\tau\to 0)$$

考虑在原点附近两惯性系刚重合时的微小邻域（$\tau\to 0$），有

$$\frac{\mathrm{d}t}{\mathrm{d}\tau} = \frac{1}{\sqrt{1-\dfrac{v^2}{c^2}}} = \gamma \tag{1.5.1}$$

四元位置坐标为

$$\bar{\boldsymbol{X}} = ct - \mathrm{i}\boldsymbol{r} = c\tau\boldsymbol{e}^{-\mathrm{i}\boldsymbol{\theta}}\ (\tau\to 0) \tag{1.5.2}$$

也称 $\boldsymbol{\theta}$ 为 S'系相对 S 系的快度。其复共轭为

$$\bar{\boldsymbol{X}}^* = ct + \mathrm{i}\boldsymbol{r} = c\tau\boldsymbol{e}^{\mathrm{i}\boldsymbol{\theta}}\ (\tau\to 0) \tag{1.5.3}$$

由于 $\gamma = \mathrm{ch}(\mathrm{i}\boldsymbol{\theta})$，有 $\mathrm{i}\gamma\dfrac{\boldsymbol{v}}{c} = \mathrm{sh}(\mathrm{i}\boldsymbol{\theta})$，得四元速度及其复共轭四元速度分别为

$$\bar{U} = \frac{\mathrm{d}\bar{X}}{\mathrm{d}\tau} = \frac{\mathrm{d}\bar{X}}{\mathrm{d}t}\frac{\mathrm{d}t}{\mathrm{d}\tau} = c\boldsymbol{e}^{-\mathrm{i}\boldsymbol{\theta}} = c\gamma - \mathrm{i}\gamma\boldsymbol{v} \tag{1.5.4}$$

$$\bar{U}^{*} = \frac{\mathrm{d}\bar{X}^{*}}{\mathrm{d}\tau} = c\boldsymbol{e}^{\mathrm{i}\boldsymbol{\theta}} = c\gamma + \mathrm{i}\gamma\boldsymbol{v} \tag{1.5.5}$$

$$\bar{X}^{*} \otimes \bar{X} = s^{2} = \text{间隔} = \text{不变量} \tag{1.5.6a}$$

$$\bar{U}^{*} \otimes \bar{U} = c^{2} = \text{不变量} \tag{1.5.6b}$$

仅考虑 O' 点事件：在 S' 系观察，O' 点运动的快度矢量为 $\boldsymbol{\theta}'=0$；在 S 系观察，O' 点运动的快度矢量为 $\boldsymbol{\theta}$，有

$$\bar{U} = \frac{\mathrm{d}\bar{X}}{\mathrm{d}\tau} = \boldsymbol{e}^{-\mathrm{i}\boldsymbol{\theta}} \text{或} \bar{U}' = \frac{\mathrm{d}\bar{X}'}{\mathrm{d}\tau} = \boldsymbol{e}^{-\mathrm{i}\boldsymbol{\theta}'} = \boldsymbol{e}^{-\mathrm{i}0} = 1 \tag{1.5.7}$$

满足

$$\bar{U}' = \boldsymbol{e}^{\mathrm{i}\boldsymbol{\theta}/2} \otimes \bar{U} \otimes \boldsymbol{e}^{\mathrm{i}\boldsymbol{\theta}/2} \quad (\tau \to 0) \tag{1.5.8}$$

式（1.5.8）称为事件 $\bar{\boldsymbol{X}}'$ 在 $\tau \to 0$ 时，四元速度的快度平移变换。其逆变换为

$$\bar{U} = \boldsymbol{e}^{-\mathrm{i}\boldsymbol{\theta}/2} \otimes \bar{U}' \otimes \boldsymbol{e}^{-\mathrm{i}\boldsymbol{\theta}/2} = \boldsymbol{e}^{-\mathrm{i}\boldsymbol{\theta}} \quad (\tau \to 0) \tag{1.5.9}$$

此结论仅局限于在原点附近两系刚重合时的微小邻域（$\tau \to 0$）。

当 τ 不为无限小时，令 S' 系相对 S 系的快度为常数（$\boldsymbol{\theta}$ = 常数）也可以适用，即此变换可以推广到任意的事件 $\bar{\boldsymbol{X}}$，不仅仅局限于在原点附近两系刚重合时的微小邻域，在整个时空中都成立，即

$$\bar{\boldsymbol{X}}' = \boldsymbol{e}^{\mathrm{i}\boldsymbol{\theta}/2} \otimes \bar{\boldsymbol{X}} \otimes \boldsymbol{e}^{\mathrm{i}\boldsymbol{\theta}/2} \tag{1.5.10}$$

式（1.5.10）可以暂称为“洛伦兹 - 爱因斯坦”约定。满足式（1.5.10）的变换，称为四元时空的快度平移变换。此变换同时满足了线性变换和相互观测速度等值反向的两项要求。

2. 四元时空的其他子变换种类

利用式（1.3.9），如果四元时空满足

$$\begin{cases} \bar{\boldsymbol{X}}' = \boldsymbol{e}^{\boldsymbol{\alpha}/2} \otimes \bar{\boldsymbol{X}} \otimes \boldsymbol{e}^{-\boldsymbol{\alpha}/2} \\ \bar{\boldsymbol{X}} = \boldsymbol{e}^{-\boldsymbol{\alpha}/2} \otimes \bar{\boldsymbol{X}}' \otimes \boldsymbol{e}^{\boldsymbol{\alpha}/2} \end{cases} \tag{1.5.11}$$

的变换，则称为四元时空的角位移变换（或称空间旋转变换），其中 $\boldsymbol{\alpha}$ 是 $\boldsymbol{S}'$系相对 $\boldsymbol{S}$ 系的转动角位移矢量。如果四元时空满足

$$\begin{cases}\bar{\boldsymbol{X}}' = \boldsymbol{e}^{\boldsymbol{\omega}\tau/2} \otimes \bar{\boldsymbol{X}} \otimes \boldsymbol{e}^{-\boldsymbol{\omega}\tau/2} \\ \bar{\boldsymbol{X}} = \boldsymbol{e}^{-\boldsymbol{\omega}\tau/2} \otimes \bar{\boldsymbol{X}}' \otimes \boldsymbol{e}^{\boldsymbol{\omega}\tau/2}\end{cases} (\tau \to 0) \tag{1.5.12}$$

的变换，则称为四维时空角速度变换（或称空间匀速转动变换），其中 $\boldsymbol{\omega}$ 是 S'系相对 S 系的转动角速度矢量。如果四元时空满足

$$\begin{cases}\bar{\boldsymbol{X}}' = \boldsymbol{e}^{\mathrm{i}\frac{\boldsymbol{a}_{0r}\tau}{2c}} \otimes \bar{\boldsymbol{X}} \otimes \boldsymbol{e}^{\mathrm{i}\frac{\boldsymbol{a}_{0r}\tau}{2c}} \\ \bar{\boldsymbol{X}} = \boldsymbol{e}^{-\mathrm{i}\frac{\boldsymbol{a}_{0r}\tau}{2c}} \otimes \bar{\boldsymbol{X}}' \otimes \boldsymbol{e}^{-\mathrm{i}\frac{\boldsymbol{a}_{0r}\tau}{2c}}\end{cases} (\tau \to 0) \tag{1.5.13}$$

称为四元时空的加速度变换，其中 $\boldsymbol{a}_{0r}$是 S'系相对 S 系的固有相对加速度矢量。如果满足

$$\begin{cases}\bar{\boldsymbol{X}}' = \boldsymbol{e}^{(\boldsymbol{\alpha}+\mathrm{i}\boldsymbol{\theta})/2} \otimes \bar{\boldsymbol{X}} \otimes \boldsymbol{e}^{-(\boldsymbol{\alpha}+\mathrm{i}\boldsymbol{\theta})^*/2} \\ \bar{\boldsymbol{X}} = \boldsymbol{e}^{-(\boldsymbol{\alpha}+\mathrm{i}\boldsymbol{\theta})/2} \otimes \bar{\boldsymbol{X}}' \otimes \boldsymbol{e}^{(\boldsymbol{\alpha}+\mathrm{i}\boldsymbol{\theta})^*/2}\end{cases} \tag{1.5.14}$$

称为齐次固有洛伦兹 S 变换。如果满足

$$\begin{cases}\bar{\boldsymbol{X}}' = \hat{p}(\#)\,\bar{\boldsymbol{X}} = \bar{\boldsymbol{X}}^{\#} \\ \bar{\boldsymbol{X}} = \hat{p}(\#)\,\bar{\boldsymbol{X}}' = \bar{\boldsymbol{X}}'^{\#}\end{cases} \tag{1.5.15}$$

称为矢量共轭变换（或称矢量变号变换），其中 $\bar{\boldsymbol{X}}^{\#}$是 $\bar{\boldsymbol{X}}$ 的矢量部分变为原来负值的合量。如果满足

$$\begin{cases}\bar{\boldsymbol{X}}' = \hat{p}(\#,*)\,\bar{\boldsymbol{X}} = \bar{\boldsymbol{X}}^{\#*} \\ \bar{\boldsymbol{X}} = \hat{p}(\#,*)\,\bar{\boldsymbol{X}}' = \bar{\boldsymbol{X}}'^{\#*}\end{cases} \tag{1.5.16}$$

则称为双共轭变换，其中 $\bar{\boldsymbol{X}}^{\#*}$ 是 $\bar{\boldsymbol{X}}$ 的矢量部分取负值后再取复共轭。在第 2 章我们会看到，电磁相互作用的物质方程在双共轭变换下具有不变性的特征，这是电磁相互作用的本质规律。

3. 四元时空的 S 变换

综上所述，可以将以上主要的子变换总结为一个规范变换——

四元时空的 S 变换。其满足的变换关系为

$$\begin{cases}\bar{\boldsymbol{X}}' = \hat{e}(\boldsymbol{\Phi})\,\bar{\boldsymbol{X}} = \boldsymbol{e}^{\boldsymbol{\Phi}/2} \otimes \bar{\boldsymbol{X}} \otimes \boldsymbol{e}^{-\boldsymbol{\Phi}^*/2} \\ \bar{\boldsymbol{X}} = \hat{e}(\boldsymbol{\Phi})\,\bar{\boldsymbol{X}}' = \boldsymbol{e}^{-\boldsymbol{\Phi}/2} \otimes \bar{\boldsymbol{X}}' \otimes \boldsymbol{e}^{\boldsymbol{\Phi}^*/2} \\ \boldsymbol{\Phi} = \dfrac{1}{2}\left[(\boldsymbol{\alpha} + \boldsymbol{\omega}\boldsymbol{\tau}) + \mathrm{i}\left(\boldsymbol{\theta} + \dfrac{\boldsymbol{a}_{0r}}{c}\tau\right)\right]_{\tau\to 0}\end{cases} \tag{1.5.17}$$

4. 四元时空两次 S 变换的复合

利用四元数乘法的性质

$$\boldsymbol{e}^{-\boldsymbol{\Phi}_3/2} = (\boldsymbol{e}^{\boldsymbol{\Phi}_3/2})^{-1} = (\boldsymbol{e}^{\boldsymbol{\Phi}_2/2} \otimes \boldsymbol{e}^{\boldsymbol{\Phi}_1/2})^{-1} = (\boldsymbol{e}^{\boldsymbol{\Phi}_1/2})^{-1} \otimes (\boldsymbol{e}^{\boldsymbol{\Phi}_2/2})^{-1}$$
$$= \boldsymbol{e}^{-\boldsymbol{\Phi}_1/2} \otimes \boldsymbol{e}^{-\boldsymbol{\Phi}_2/2}$$

四元时空的两次 S 变换分别为

$$\begin{cases}\boldsymbol{\Phi}_1 = \dfrac{1}{2}[(\boldsymbol{\alpha}_1 + \boldsymbol{\omega}_1\boldsymbol{\tau}) + \mathrm{i}(\boldsymbol{\theta}_1 + \boldsymbol{a}_{0r1}\boldsymbol{\tau}/c)]_{\tau\to 0} \\ \bar{\boldsymbol{X}}' = \hat{e}(\boldsymbol{\Phi}_1)\,\bar{\boldsymbol{X}} = \boldsymbol{e}^{\boldsymbol{\Phi}_1/2} \otimes \bar{\boldsymbol{X}} \otimes \boldsymbol{e}^{-\boldsymbol{\Phi}_1^*/2}\end{cases} \tag{1.5.18}$$

$$\begin{cases}\boldsymbol{\Phi}_2 = \dfrac{1}{2}[(\boldsymbol{\alpha}_2 + \boldsymbol{\omega}_2\boldsymbol{\tau}) + \mathrm{i}(\boldsymbol{\theta}_2 + \boldsymbol{a}_{0r2}\boldsymbol{\tau}/c)]_{\tau\to 0} \\ \bar{\boldsymbol{X}}'' = \hat{e}(\boldsymbol{\Phi}_2)\,\bar{\boldsymbol{X}}' = \boldsymbol{e}^{\boldsymbol{\Phi}_2/2} \otimes \bar{\boldsymbol{X}}' \otimes \boldsymbol{e}^{-\boldsymbol{\Phi}_2^*/2}\end{cases} \tag{1.5.19}$$

将式（1.5.18）和式（1.5.19）复合成一个新 S 变换，其满足的变换关系为

$$\begin{cases}\boldsymbol{e}^{\boldsymbol{\Phi}_3/2} = \boldsymbol{e}^{\boldsymbol{\Phi}_2/2} \otimes \boldsymbol{e}^{\boldsymbol{\Phi}_1/2} \\ \bar{\boldsymbol{X}}'' = \hat{e}(\boldsymbol{\Phi}_3)\,\bar{\boldsymbol{X}} = \boldsymbol{e}^{\boldsymbol{\Phi}_3/2} \otimes \bar{\boldsymbol{X}} \otimes \boldsymbol{e}^{-\boldsymbol{\Phi}_3^*/2}\end{cases} \tag{1.5.20}$$

式（1.5.20）就是四元时空两次 S 变换的复合。

1.5.2　S 变换的合量及其形态

设在惯性系 S 中的四元复数为 $\boldsymbol{X}$，在惯性系 S' 中的四元复数为

$\boldsymbol{X}'$，如果也满足式（1.5.18），得变换关系

$$\begin{cases}\boldsymbol{X}'=\hat{e}(\boldsymbol{\Phi})\boldsymbol{X}=\boldsymbol{e}^{\boldsymbol{\Phi}/2}\otimes\boldsymbol{X}\otimes\boldsymbol{e}^{-\boldsymbol{\Phi}^{*}/2}\\ \boldsymbol{X}=\hat{e}(\boldsymbol{\Phi})\boldsymbol{X}'=\boldsymbol{e}^{-\boldsymbol{\Phi}/2}\otimes\boldsymbol{X}'\otimes\boldsymbol{e}^{\boldsymbol{\Phi}^{*}/2}\\ \boldsymbol{\Phi}=\dfrac{1}{2}[(\boldsymbol{\alpha}+\boldsymbol{\omega}\tau)+\mathrm{i}(\boldsymbol{\theta}+\boldsymbol{a}_{0r}\tau/c)]_{\tau\to 0}\end{cases}\tag{1.5.21}$$

则称 $\boldsymbol{X}$ 为合量。一切物理量都是合量，合量必是物理量。确定了合量，实质上相当于确定了物理量及其物理方程的可能形态。一般情况下，合量以协变形态、共轭协变形态、混合形态或共轭混合形态出现，也可以变成张量形态出现。

1. 协变形态合量的一般变换关系式

满足式（1.5.21）的合量 $\boldsymbol{X}$，称为 $\boldsymbol{X}$ 的协变形态表示，记作 $|\boldsymbol{X}\rangle$，有

$$|\boldsymbol{X}'\rangle=\hat{e}|\boldsymbol{X}\rangle=\boldsymbol{e}^{\boldsymbol{\Phi}/2}|\boldsymbol{X}\rangle\boldsymbol{e}^{-\boldsymbol{\Phi}^{*}/2}\tag{1.5.22a}$$

式中的四元数符号⊗可以省略。对上式取其复共轭，令

$$\begin{cases}|\boldsymbol{X}\rangle^{*}\equiv\langle\boldsymbol{X}|\\ |\boldsymbol{X}'\rangle^{*}\equiv\langle\boldsymbol{X}'|\end{cases}$$

有

$$\langle\boldsymbol{X}'|=\hat{e}\langle\boldsymbol{X}|=\boldsymbol{e}^{\boldsymbol{\Phi}^{*}/2}\langle\boldsymbol{X}|\boldsymbol{e}^{-\boldsymbol{\Phi}/2}\tag{1.5.22b}$$

一切满足式（1.5.22b）的合量，称为合量的共轭协变形态表示，记作 $\langle\boldsymbol{X}|$。

2. 混合形态合量的一般变换关系式

任意 $\langle\boldsymbol{B}|$ 与任意 $|\boldsymbol{A}\rangle$ 的四元数乘法 $\langle\boldsymbol{B}|\boldsymbol{A}\rangle$ 记作 $\langle\boldsymbol{C}\rangle$，即

$$\langle\boldsymbol{B}|\boldsymbol{A}\rangle=\langle\boldsymbol{C}\rangle\tag{1.5.23a}$$

称 $\langle\boldsymbol{C}\rangle$ 为合量的混合形态表示。

任意 $\langle \boldsymbol{B}|$ 与任意 $|\boldsymbol{A}\rangle$ 的四元数乘法 $|\boldsymbol{A}\rangle\langle \boldsymbol{B}|$ 记作 $\ulcorner \boldsymbol{D} \urcorner$，即

$$|\boldsymbol{A}\rangle\langle \boldsymbol{B}| = \ulcorner \boldsymbol{D} \urcorner \tag{1.5.23b}$$

$\ulcorner \boldsymbol{D} \urcorner$ 称作合量的共轭混合形态表示。由

$$|\boldsymbol{A}'\rangle = \hat{e}(\boldsymbol{\Phi})|\boldsymbol{A}\rangle = \boldsymbol{e}^{\boldsymbol{\Phi}/2}|\boldsymbol{A}\rangle \boldsymbol{e}^{-\boldsymbol{\Phi}^*/2} \tag{1.5.24}$$

$$\langle \boldsymbol{B}'| = \hat{e}(\boldsymbol{\Phi})\langle \boldsymbol{B}| = \boldsymbol{e}^{\boldsymbol{\Phi}^*/2}\langle \boldsymbol{B}| \boldsymbol{e}^{-\boldsymbol{\Phi}/2} \tag{1.5.25}$$

的混合形态合量的变换关系为

$$\begin{aligned}\langle \boldsymbol{C}'\rangle &= \langle \boldsymbol{B}'\|\boldsymbol{A}'\rangle = \hat{e}(\langle \boldsymbol{B}\|\boldsymbol{A}\rangle) = \boldsymbol{e}^{\boldsymbol{\Phi}^*/2}\langle \boldsymbol{B}|\boldsymbol{e}^{-\boldsymbol{\Phi}/2}\boldsymbol{e}^{\boldsymbol{\Phi}/2}|\boldsymbol{A}\rangle \boldsymbol{e}^{-\boldsymbol{\Phi}^*/2} \\ &= \boldsymbol{e}^{\boldsymbol{\Phi}^*/2}\langle \boldsymbol{B}\|\boldsymbol{A}\rangle \boldsymbol{e}^{-\boldsymbol{\Phi}^*/2} = \boldsymbol{e}^{\boldsymbol{\Phi}^*/2}\langle \boldsymbol{C}\rangle \boldsymbol{e}^{-\boldsymbol{\Phi}^*/2}\end{aligned} \tag{1.5.26}$$

$$\begin{aligned}\ulcorner \boldsymbol{D}' \urcorner &= |\boldsymbol{A}'\rangle\langle \boldsymbol{B}'| = \hat{e}\ulcorner \boldsymbol{D} \urcorner = \boldsymbol{e}^{\boldsymbol{\Phi}/2}|\boldsymbol{A}\rangle \boldsymbol{e}^{-\boldsymbol{\Phi}^*/2}\boldsymbol{e}^{\boldsymbol{\Phi}^*/2}\langle \boldsymbol{B}|\boldsymbol{e}^{-\boldsymbol{\Phi}/2} \\ &= \boldsymbol{e}^{\boldsymbol{\Phi}/2}|\boldsymbol{A}\rangle\langle \boldsymbol{B}|\boldsymbol{e}^{-\boldsymbol{\Phi}/2} = \boldsymbol{e}^{\boldsymbol{\Phi}/2}\ulcorner \boldsymbol{D} \urcorner \boldsymbol{e}^{-\boldsymbol{\Phi}/2}\end{aligned} \tag{1.5.27}$$

很容易证明如果下式在 S 系中成立：

$$\begin{cases} |\boldsymbol{D}\rangle = |\boldsymbol{C}\rangle\langle \boldsymbol{B}\|\boldsymbol{A}\rangle + \cdots \\ \langle \boldsymbol{E}| = \langle \boldsymbol{B}\|\boldsymbol{A}\rangle\langle \boldsymbol{C}| + \cdots \\ \langle \boldsymbol{E}\rangle = \langle \boldsymbol{B}|\boldsymbol{A}\rangle\langle \boldsymbol{C}|\boldsymbol{D}\rangle + \cdots \\ \ulcorner \boldsymbol{E} \urcorner = |\boldsymbol{A}\rangle\langle \boldsymbol{C}|\boldsymbol{D}\rangle\langle \boldsymbol{B}| + \cdots \end{cases} \tag{1.5.28}$$

则在 S' 系中，

$$\begin{cases} |\boldsymbol{D}'\rangle = |\boldsymbol{C}'\rangle\langle \boldsymbol{B}'\|\boldsymbol{A}'\rangle + \cdots \\ \langle \boldsymbol{E}'| = \langle \boldsymbol{B}'\|\boldsymbol{A}'\rangle\langle \boldsymbol{C}'| + \cdots \\ \langle \boldsymbol{E}'\rangle = \langle \boldsymbol{B}'|\boldsymbol{A}'\rangle\langle \boldsymbol{C}'|\boldsymbol{D}'\rangle + \cdots \\ \ulcorner \boldsymbol{E}' \urcorner = |\boldsymbol{A}'\rangle\langle \boldsymbol{C}'|\boldsymbol{D}'\rangle\langle \boldsymbol{B}'| + \cdots \end{cases} \tag{1.5.29}$$

也是成立的。满足这些协变规律的物理方程才是正确的物理方程的形式。这种表示为建立物理方程提供了重要的理论根据，同时也是检验和判定物理方程是否具有协变性和自洽性的手段之一。式（1.5.28）和式（1.5.29）的形式就是物理定律制造机和检验其是否在 S 变换下协变的试金石。

3. 混合形态合量两次 S 变换的复合

参照式（1.5.19a)及式（1.5.20），可以将混合形态合量两次 S 变换

$$\begin{cases}\boldsymbol{\Phi}_1=\dfrac{1}{2}[(\boldsymbol{\alpha}_1+\boldsymbol{\omega}_1\tau)+\mathrm{i}(\boldsymbol{\theta}_1+\boldsymbol{a}_{0r1}\tau/c)]_{\tau\to 0}\\ \langle\boldsymbol{X}'\rangle=\hat{e}(\boldsymbol{\Phi}_1)\langle\boldsymbol{X}\rangle=\boldsymbol{e}^{\boldsymbol{\Phi}_1^*/2}\langle\boldsymbol{X}\rangle\boldsymbol{e}^{-\boldsymbol{\Phi}_1^*/2}\end{cases}\tag{1.5.30a}$$

$$\begin{cases}\boldsymbol{\Phi}_2=\dfrac{1}{2}[(\boldsymbol{\alpha}_2+\boldsymbol{\omega}_2\tau)+\mathrm{i}(\boldsymbol{\theta}_2+\boldsymbol{a}_{0r2}\tau/c)]_{\tau\to 0}\\ \langle\boldsymbol{X}''\rangle=\hat{e}(\boldsymbol{\Phi}_2)\langle\boldsymbol{X}'\rangle=\boldsymbol{e}^{\boldsymbol{\Phi}_2^*/2}\langle\boldsymbol{X}'\rangle\boldsymbol{e}^{-\boldsymbol{\Phi}_2^*/2}\end{cases}\tag{1.5.30b}$$

复合成一个新 S 变换。其满足的变换关系为

$$\begin{cases}\boldsymbol{e}^{\boldsymbol{\Phi}_3/2}=\boldsymbol{e}^{\boldsymbol{\Phi}_2/2}\boldsymbol{e}^{\boldsymbol{\Phi}_1/2}\\ |\boldsymbol{X}''\rangle=\hat{e}(\boldsymbol{\Phi}_3)|\boldsymbol{X}\rangle=\boldsymbol{e}^{\boldsymbol{\Phi}_3/2}|\boldsymbol{X}\rangle\boldsymbol{e}^{-\boldsymbol{\Phi}_3^*/2}\\ \text{或}|\boldsymbol{X}\rangle=\hat{e}(\boldsymbol{\Phi}_3)|\boldsymbol{X}''\rangle=\boldsymbol{e}^{-\boldsymbol{\Phi}_3/2}|\boldsymbol{X}''\rangle\boldsymbol{e}^{\boldsymbol{\Phi}_3^*/2}\end{cases}\tag{1.5.31a}$$

式（1.5.31a）就是协变形态合量两次 S 变换的复合变换。或

$$\begin{cases}\boldsymbol{e}^{\boldsymbol{\Phi}_3/2}=\boldsymbol{e}^{\boldsymbol{\Phi}_2/2}\boldsymbol{e}^{\boldsymbol{\Phi}_1/2}\\ \lceil\boldsymbol{X}''\rceil=\hat{e}(\boldsymbol{\Phi}_3)\lceil\boldsymbol{X}\rceil=\boldsymbol{e}^{\boldsymbol{\Phi}_3/2}\lceil\boldsymbol{X}\rceil\boldsymbol{e}^{-\boldsymbol{\Phi}_3/2}\\ \text{或}\lceil\boldsymbol{X}\rceil=\hat{e}(\boldsymbol{\Phi}_3)\lceil\boldsymbol{X}''\rceil=\boldsymbol{e}^{-\boldsymbol{\Phi}_3/2}\lceil\boldsymbol{X}''\rceil\boldsymbol{e}^{\boldsymbol{\Phi}_3/2}\end{cases}\tag{1.5.31b}$$

式（1.5.31b）就是共轭混合形态合量两次 S 变换的复合变换。

1.6　S 变换下合量的各种变换关系

1.6.1　协变形态合量在快度平移变换下的张量表示

1. 半快度矢量与粒子运动速度的关系

$\boldsymbol{e}^{\mathrm{i}\boldsymbol{\Theta}/2}$中的 $\boldsymbol{\Theta}$ 称为快度矢量。快度 $\boldsymbol{\Theta}$ 反映物体运动的快慢程度，可替代速度。令

$$\begin{cases} \boldsymbol{e}^{\mathrm{i}\boldsymbol{\Theta}/2} = \mathrm{ch}(\mathrm{i}\boldsymbol{\Theta}/2) + \mathrm{sh}(\mathrm{i}\boldsymbol{\Theta}/2) = \mathrm{ch}\,|\boldsymbol{\Theta}/2| + \mathrm{i}\dfrac{\boldsymbol{\Theta}}{|\boldsymbol{\Theta}|}\mathrm{sh}\,|\boldsymbol{\Theta}/2| = a + \mathrm{i}\boldsymbol{\phi} \\ \boldsymbol{e}^{\mathrm{i}\boldsymbol{\Theta}} = \mathrm{ch}(\mathrm{i}\boldsymbol{\Theta}) + \mathrm{sh}(\mathrm{i}\boldsymbol{\Theta}) = \mathrm{ch}\,|\boldsymbol{\Theta}| + \mathrm{i}\dfrac{\boldsymbol{\Theta}}{|\boldsymbol{\Theta}|}\mathrm{sh}\,|\boldsymbol{\Theta}| = \gamma_u + \mathrm{i}\gamma_u\boldsymbol{\beta}_u \end{cases} \tag{1.6.1}$$

有

$$\boldsymbol{e}^{\mathrm{i}\boldsymbol{\Theta}} = \boldsymbol{e}^{\mathrm{i}\boldsymbol{\Theta}/2} \otimes \boldsymbol{e}^{\mathrm{i}\boldsymbol{\Theta}/2} = (a + \mathrm{i}\boldsymbol{\phi}) \otimes (a + \mathrm{i}\boldsymbol{\phi}) = a^2 + \phi^2 + 2\mathrm{i}a\boldsymbol{\phi} \tag{1.6.2}$$

式（1.6.2）与式（1.6.1）对比，得

$$\gamma_u = a^2 + \phi^2,\ \gamma_u\boldsymbol{\beta}_u = 2a\boldsymbol{\phi} \tag{1.6.3}$$

上式整理，得 $\gamma_u = (\gamma_u\beta_u/2\phi)^2 + \phi^2$，或

$$\gamma_u\phi^2 = (\gamma_u\beta_u/2)^2 + \phi^4 = \frac{1}{4}(\gamma_u^2 - 1)^2 + \phi^4$$

解方程，得

$$\left(\phi^2 - \frac{\gamma_u - 1}{2}\right)\left(\phi^2 - \frac{\gamma_u + 1}{2}\right) = 0$$

考虑 $\boldsymbol{\beta}_u = 0$ 时，应有 $\phi = 0$，$\phi^2 = \dfrac{\gamma_u + 1}{2}$应舍去，有

$$\phi^2=\frac{\gamma_u-1}{2}\text{或}\boldsymbol{\phi}=\frac{\boldsymbol{\beta}_u}{\beta_u}\sqrt{\frac{\gamma_u-1}{2}} \tag{1.6.4}$$

式（1.6.4）代入式（1.6.3），得

$$a=\gamma_u\beta_u/(2\phi)=\gamma_u\beta_u/\sqrt{2(\gamma_u-1)}=\sqrt{\frac{\gamma_u+1}{2}} \tag{1.6.5}$$

式（1.6.5）代入式（1.6.1），得

$$\boldsymbol{e}^{\mathrm{i}\boldsymbol{\Theta}/2}=a+\mathrm{i}\boldsymbol{\phi}=\sqrt{\frac{\gamma_u+1}{2}}+\mathrm{i}\frac{\boldsymbol{\beta}_u}{\beta_u}\sqrt{\frac{\gamma_u-1}{2}} \tag{1.6.6}$$

设物体的速度为 $\boldsymbol{u}$，有 $\gamma_u=1\Big/\sqrt{1-\frac{u^2}{c^2}}$，$\boldsymbol{\beta}_u=\frac{\boldsymbol{u}}{c}$，则

$$\boldsymbol{e}^{\mathrm{i}\boldsymbol{\Theta}/2}=\sqrt{\frac{1\Big/\sqrt{1-\frac{u^2}{c^2}}+1}{2}}+\mathrm{i}\frac{\boldsymbol{u}}{u}\sqrt{\frac{1\Big/\sqrt{1-\frac{u^2}{c^2}}-1}{2}}$$

$$=\sqrt{\frac{1+\sqrt{1-\frac{u^2}{c^2}}}{2\sqrt{1-\frac{u^2}{c^2}}}}+\mathrm{i}\frac{\boldsymbol{u}}{u}\sqrt{\frac{1-\sqrt{1-\frac{u^2}{c^2}}}{2\sqrt{1-\frac{u^2}{c^2}}}} \tag{1.6.7}$$

式（1.6.6）或式（1.6.7）就是半快度矢量 $\boldsymbol{\Theta}/2$ 与粒子运动速度 $\boldsymbol{u}$ 的关系式。

2. 合量协变形态在快度平移变换下的变换张量

设惯性系 S' 系相对惯性系 S 系的速度为 $\boldsymbol{u}$，快度为 $\boldsymbol{\Theta}$。令

$$\gamma_u=1/\sqrt{1-\beta_u^2}$$

$$\boldsymbol{\beta}_u=\frac{\boldsymbol{u}}{c}$$

有

$$\boldsymbol{e}^{\mathrm{i}\Theta} = \gamma_u + \mathrm{i}\gamma_u \frac{\boldsymbol{u}}{c} = \gamma_u + \mathrm{i}\gamma_u \boldsymbol{\beta}_u$$

利用式（1.6.6），快度平移变换为

$$\begin{aligned}|\boldsymbol{X}'\rangle &= |ct' - \mathrm{i}\boldsymbol{x}'\rangle = \boldsymbol{e}^{\mathrm{i}\Theta/2}|\boldsymbol{X}\rangle\boldsymbol{e}^{\mathrm{i}\Theta/2} \\ &= (a + \mathrm{i}\boldsymbol{\phi})|ct - \mathrm{i}\boldsymbol{x}\rangle(a + \mathrm{i}\boldsymbol{\phi}) \\ &= (a^2 + \phi^2)ct - 2a\boldsymbol{\phi}\cdot\boldsymbol{x} - \mathrm{i}[(a^2 - \phi^2)\boldsymbol{x} \\ &\quad + 2\frac{\phi^2 4a^2\boldsymbol{\phi\phi}}{4a^2\phi^2}\cdot\boldsymbol{x} - 2a\boldsymbol{\phi}ct] \\ &= \gamma ct - \gamma\boldsymbol{\beta}_u\cdot\boldsymbol{x} - \mathrm{i}\left[\boldsymbol{x} + \frac{(\gamma_u - 1)\boldsymbol{\beta}_u\boldsymbol{\beta}_u\cdot\boldsymbol{x}}{\beta_u^2} - \gamma_u\boldsymbol{\beta}_u ct\right]\end{aligned}$$

得

$$\begin{cases}\boldsymbol{x}' = \boldsymbol{x} + \dfrac{(\gamma_u - 1)\boldsymbol{u}(\boldsymbol{u}\cdot\boldsymbol{x})}{u^2} - \gamma_u\boldsymbol{u}t \\ t' = \gamma_u(t - \boldsymbol{u}\cdot\boldsymbol{x}/\boldsymbol{c}^2)\end{cases} \tag{1.6.8}$$

逆变换为

$$\begin{cases}\boldsymbol{x} = \boldsymbol{x}' + \dfrac{(\gamma_u - 1)\boldsymbol{u}(\boldsymbol{u}\cdot\boldsymbol{x}')}{u^2} + \gamma_u\boldsymbol{u}t' \\ t = \gamma_u(t' + \boldsymbol{u}\cdot\boldsymbol{x}'/\boldsymbol{c}^2)\end{cases} \tag{1.6.9}$$

也就是说，协变形态的快度平移变换的本质是沿任意方向的特殊洛伦兹变换。即物理量的协变形态的快度平移变换与沿任意方向的特殊洛伦兹变换等价，物理量的共轭协变形态的快度平移变换与任意方向的特殊洛伦兹逆变换等价。用矩阵表示为

$$\begin{bmatrix} ct' \\ -\mathrm{i}\boldsymbol{x}' \end{bmatrix} = \begin{bmatrix} \gamma & -\mathrm{i}\gamma_u\dfrac{\boldsymbol{u}}{c} \\ \mathrm{i}\gamma_u\dfrac{\boldsymbol{u}}{c} & I + \dfrac{(\gamma_u - 1)\boldsymbol{uu}}{u^2} \end{bmatrix}\begin{bmatrix} ct \\ -\mathrm{i}\boldsymbol{x} \end{bmatrix} \tag{1.6.10}$$

$$\begin{bmatrix} ct \\ -\mathrm{i}\boldsymbol{x} \end{bmatrix} = \begin{bmatrix} \gamma_u & \mathrm{i}\gamma \dfrac{\boldsymbol{u}}{c} \\ -\mathrm{i}\gamma_u \dfrac{\boldsymbol{u}}{c} & I + \dfrac{(\gamma_u - 1)\boldsymbol{uu}}{u^2} \end{bmatrix} \begin{bmatrix} ct' \\ -\mathrm{i}\boldsymbol{x}' \end{bmatrix} \tag{1.6.11}$$

或写成张量形式

$$\vec{\boldsymbol{X}}' = \tilde{\boldsymbol{A}} \cdot \vec{\boldsymbol{X}} \tag{1.6.12}$$

其中，

$$\begin{cases} \vec{\boldsymbol{X}}' = \begin{bmatrix} ct' \\ -\mathrm{i}\boldsymbol{x}' \end{bmatrix} \\ \vec{\boldsymbol{X}} = \begin{bmatrix} ct \\ -\mathrm{i}\boldsymbol{x} \end{bmatrix} \\ \tilde{\boldsymbol{A}} = \begin{bmatrix} \gamma_u & -\mathrm{i}\gamma_u \dfrac{\boldsymbol{u}}{c} \\ \mathrm{i}\gamma_u \dfrac{\boldsymbol{u}}{c} & I + \dfrac{(\gamma_u - 1)\boldsymbol{uu}}{u^2} \end{bmatrix} \end{cases} \tag{1.6.13}$$

变换张量$\tilde{\boldsymbol{A}}$还可以写成角张量形式：

$$\tilde{\boldsymbol{A}} = \begin{bmatrix} \gamma_u & -\mathrm{i}\gamma_u \dfrac{\boldsymbol{u}}{c} \\ \mathrm{i}\gamma_u \dfrac{\boldsymbol{u}}{c} & I + \dfrac{(\gamma_u - 1)\boldsymbol{uu}}{u^2} \end{bmatrix} = \boldsymbol{e}^{\begin{bmatrix} 0 & -\mathrm{i}\Theta \\ \mathrm{i}\Theta & 0 \end{bmatrix}} \tag{1.6.14}$$

利用式（1.6.14），可方便证明变换张量满足

$$\tilde{\boldsymbol{A}}^{\mathrm{T}} = \tilde{\boldsymbol{A}}^{-1} \ (\text{或} \tilde{\boldsymbol{A}}^{\mathrm{T}} \cdot \tilde{\boldsymbol{A}} = 1) \tag{1.6.15}$$

式中，上标“T”表示矩阵的转置。

式（1.6.15）说明物理量的协变形态在快度平移变换下是正交变换。利用上式和式（1.6.12），可得逆变换

$$\tilde{\boldsymbol{A}}^{\mathrm{T}} \cdot \vec{\boldsymbol{X}}' = \tilde{\boldsymbol{A}}^{\mathrm{T}} \cdot \tilde{\boldsymbol{A}} \cdot \vec{\boldsymbol{X}} = \vec{\boldsymbol{X}} \tag{1.6.16}$$

式（1.6.16）反映了宏观机械运动与时空观的辩证统一，是狭义相

对论的本质特征。

3. 沿 X 轴的特殊洛伦兹变换

由式（1.6.13），令 $\boldsymbol{\beta}_u = \dfrac{\boldsymbol{u}}{c} = \dfrac{u}{c}\boldsymbol{i}$，得到沿 X 轴的特殊洛伦兹正变换

$$\begin{cases} x' = \gamma(x - ut) \\ y' = y \\ z' = z \\ t' = \gamma_u(t - ux/c^2) \end{cases} \tag{1.6.17a}$$

沿 X 轴的特殊洛伦兹逆变换为

$$\begin{cases} x = \gamma_u(x' + ut') \\ y = y' \\ z = z' \\ t = \gamma_u(t' + ux'/c^2) \end{cases} \tag{1.6.17b}$$

沿 X 轴的特殊洛伦兹逆变换的张量为

$$\tilde{\boldsymbol{A}} = \boldsymbol{e}^{\begin{bmatrix} 0 & -\mathrm{i}\Theta & 0 & 0 \\ \mathrm{i}\Theta & 0 & 0 & 0 \\ 0 & 0 & 0 & 0 \\ 0 & 0 & 0 & 0 \end{bmatrix}} = \begin{bmatrix} \gamma_u & -\mathrm{i}\gamma_u\beta_u & 0 & 0 \\ \mathrm{i}\gamma_u\beta_u & \gamma_u & 0 & 0 \\ 0 & 0 & 1 & 0 \\ 0 & 0 & 0 & 1 \end{bmatrix} \tag{1.6.18}$$

4. 协变类张量的快度平移变换

在惯性系 S 下，两个协变形态的合量 $|\boldsymbol{X}\rangle$ 与 $|\boldsymbol{B}\rangle$，可用矩阵表示为 $\vec{\boldsymbol{X}}$ 与 $\vec{\boldsymbol{B}}$，且满足

$$\vec{\boldsymbol{X}} = \tilde{\boldsymbol{E}} \cdot \vec{\boldsymbol{B}} \tag{1.6.19}$$

则称 $\vec{\boldsymbol{X}}$ 为合量 $|\boldsymbol{X}\rangle$ 的矢量，称 $\vec{\boldsymbol{B}}$ 为合量 $|\boldsymbol{B}\rangle$ 的矢量，矩阵 $\tilde{\boldsymbol{E}}$ 称为

协变类张量。

如果两个共轭协变形态的合量 $\langle \boldsymbol{X}|$ 与 $\langle \boldsymbol{B}|$，可用矩阵表示为 $\vec{\boldsymbol{X}}^*$ 与 $\vec{\boldsymbol{B}}^*$，且满足

$$\vec{\boldsymbol{X}}^* = \tilde{\boldsymbol{E}}^* \cdot \vec{\boldsymbol{B}}^* \tag{1.6.20}$$

则称 $\vec{\boldsymbol{X}}^*$ 为合量 $\langle \boldsymbol{X}|$ 的矢量，称 $\vec{\boldsymbol{B}}^*$ 为合量 $\langle \boldsymbol{B}|$ 的矢量，称矩阵 $\tilde{\boldsymbol{E}}^*$ 为共轭协变类张量。

在惯性系 S' 下，协变方程用矩阵表示为

$$\vec{\boldsymbol{X}}' = \tilde{\boldsymbol{E}}' \cdot \vec{\boldsymbol{B}}' \tag{1.6.21}$$

其共轭协变方程用矩阵表示为

$$\vec{\boldsymbol{X}}'^* = \tilde{\boldsymbol{E}}'^* \cdot \vec{\boldsymbol{B}}'^* \tag{1.6.22}$$

利用变换关系

$$\vec{\boldsymbol{X}}' = \tilde{\boldsymbol{A}} \cdot \vec{\boldsymbol{X}} \tag{1.6.23}$$

上式代入式（1.6.21），有

$$\tilde{\boldsymbol{A}} \cdot \vec{\boldsymbol{X}} = \tilde{\boldsymbol{E}}' \cdot \tilde{\boldsymbol{A}} \cdot \vec{\boldsymbol{B}}$$

两边左乘 $\tilde{\boldsymbol{A}}^{-1}$，并利用 $\tilde{\boldsymbol{A}}^{\mathrm{T}} \cdot \tilde{\boldsymbol{A}} = \tilde{\boldsymbol{A}}^{-1} \cdot \tilde{\boldsymbol{A}} = \tilde{I}$（单位张量），有

$$\vec{\boldsymbol{X}} = \tilde{\boldsymbol{A}}^{-1} \cdot \tilde{\boldsymbol{E}}' \cdot \tilde{\boldsymbol{A}} \cdot \vec{\boldsymbol{B}}$$

上式与式（1.6.19）比较，有

$$\tilde{\boldsymbol{E}} = \tilde{\boldsymbol{A}}^{-1} \cdot \tilde{\boldsymbol{E}}' \cdot \tilde{\boldsymbol{A}} \quad (\text{或}\, \tilde{\boldsymbol{E}}_{\mu\beta} = \tilde{\boldsymbol{A}}_{\upsilon\mu} \tilde{\boldsymbol{A}}_{\lambda\beta} \tilde{\boldsymbol{E}}'_{\upsilon\lambda}) \tag{1.6.24}$$

$$\tilde{\boldsymbol{E}}' = \tilde{\boldsymbol{A}} \cdot \tilde{\boldsymbol{E}} \cdot \tilde{\boldsymbol{A}}^{-1} \quad (\text{或}\, \tilde{\boldsymbol{E}}_{\mu\beta} = \tilde{\boldsymbol{A}}_{\mu\upsilon} \tilde{\boldsymbol{A}}_{\beta\lambda} \tilde{\boldsymbol{E}}'_{\upsilon\lambda}) \tag{1.6.25}$$

式（1.6.24）和式（1.6.25）就是协变张量的变换关系。取其复共轭，有

$$\tilde{\boldsymbol{E}}^* = \tilde{\boldsymbol{A}}^{-1*} \cdot \tilde{\boldsymbol{E}}'^* \cdot \tilde{\boldsymbol{A}}^* \quad (\text{或}\, \tilde{\boldsymbol{E}}^*_{\mu\beta} = \tilde{\boldsymbol{A}}^*_{\upsilon\mu} \tilde{\boldsymbol{A}}^*_{\lambda\beta} \tilde{\boldsymbol{E}}'^*_{\upsilon\lambda}) \tag{1.6.26}$$

$$\tilde{\boldsymbol{E}}'^* = \tilde{\boldsymbol{A}}^* \cdot \tilde{\boldsymbol{E}}^* \cdot \tilde{\boldsymbol{A}}^{-1*} \quad (\text{或}\, \tilde{\boldsymbol{E}}^*_{\mu\beta} = \tilde{\boldsymbol{A}}^*_{\mu\upsilon} \tilde{\boldsymbol{A}}^*_{\beta\lambda} \tilde{\boldsymbol{E}}'^*_{\upsilon\lambda}) \tag{1.6.27}$$

式（1.6.26）和式（1.6.27）就是共轭协变类张量的变换关系。

1.6.2 混合形态的合量和混合类张量在快度平移变换下的张量表示

1. 混合形态的合量在快度平移变换下的张量表示

对于任意混合形态的合量 $\langle C\rangle$，利用合量的 S 变换公式，有

$$\langle C'\rangle = \boldsymbol{e}^{\boldsymbol{\Phi}^*/2}\langle C\rangle \boldsymbol{e}^{-\boldsymbol{\Phi}^*/2} \tag{1.6.28a}$$

只考虑快度平移变换，有 $\boldsymbol{\Phi}=\mathrm{i}\boldsymbol{\Theta}$，上式变为

$$\langle C'\rangle = \boldsymbol{e}^{-\mathrm{i}\boldsymbol{\Theta}/2}\langle C\rangle \boldsymbol{e}^{\mathrm{i}\boldsymbol{\Theta}/2} \tag{1.6.28b}$$

式（1.6.28b）就是在 S 系中测得的混合形态的合量在快度平移变换下的变换关系。令

$$\begin{cases}\langle C\rangle = \langle C_0+\boldsymbol{C}\rangle,\ \langle C'\rangle = \langle C_0'+\boldsymbol{C}'\rangle \\ \overleftarrow{C} = \begin{bmatrix} C_0 \\ \boldsymbol{C}\end{bmatrix},\ \overleftarrow{C}' = \begin{bmatrix} C_0' \\ \boldsymbol{C}'\end{bmatrix}\end{cases}$$

利用上式和式（1.6.2）与式（1.6.6），得

$$\boldsymbol{e}^{\mathrm{i}\Theta/2} = a+\mathrm{i}\boldsymbol{\phi} = \sqrt{\frac{\gamma_u+1}{2}} + \mathrm{i}\frac{\boldsymbol{\beta}_u}{\beta_u}\sqrt{\frac{\gamma_u-1}{2}}$$

式（1.6.28b）为

$$\begin{aligned}(C_0'+\boldsymbol{C}') &= \boldsymbol{e}^{-\mathrm{i}\Theta/2}\otimes(C_0+\boldsymbol{C})\otimes\boldsymbol{e}^{\mathrm{i}\Theta/2} = (a-\mathrm{i}\boldsymbol{\phi})\otimes(C_0+\boldsymbol{C})\otimes(a+\mathrm{i}\boldsymbol{\phi}) \\ &= C_0 + (a-\mathrm{i}\boldsymbol{\phi})\otimes\boldsymbol{C}\otimes(a+\mathrm{i}\boldsymbol{\phi}) \\ &= S + [a\boldsymbol{C}+\mathrm{i}\boldsymbol{\phi}\cdot\boldsymbol{C}-\mathrm{i}\boldsymbol{\phi}\times\boldsymbol{C}]\otimes(a+\mathrm{i}\boldsymbol{\phi}) \\ &= C_0 + [a^2\boldsymbol{C}+\mathrm{i}a\boldsymbol{\phi}\cdot\boldsymbol{C}-\mathrm{i}2a\boldsymbol{\phi}\times\boldsymbol{C}] + \\ &\quad [-\mathrm{i}\boldsymbol{\phi}\cdot a\boldsymbol{C}-(\boldsymbol{\phi}\cdot\boldsymbol{C})\boldsymbol{\phi}+(\boldsymbol{\phi}\times\boldsymbol{C})\times\boldsymbol{\phi}] \\ &= C_0 + [a^2\boldsymbol{C}-\mathrm{i}2a\boldsymbol{\phi}\times\boldsymbol{C}] + [-(\boldsymbol{\phi}\cdot\boldsymbol{C})\boldsymbol{\phi}+(\boldsymbol{C}\boldsymbol{\phi}-\boldsymbol{\phi}\boldsymbol{C})\cdot\boldsymbol{\phi}] \\ &= C_0 + [(a^2+\boldsymbol{\phi}^2)\boldsymbol{C}-2\boldsymbol{\phi}\boldsymbol{\phi}\cdot\boldsymbol{C}] - \mathrm{i}2a\boldsymbol{\phi}\times\boldsymbol{C}\end{aligned}$$

$$= C_0 + \left[\left(\frac{\gamma_u+1}{2}+\frac{\gamma_u-1}{2}\right)\boldsymbol{C}-(\gamma_u-1)\frac{\boldsymbol{\beta}_u\boldsymbol{\beta}_u}{\beta_u^2}\cdot\boldsymbol{C}\right]-$$

$$\mathrm{i}2\sqrt{\frac{\gamma_u+1}{2}\cdot\frac{\gamma_u-1}{2}}\,\frac{\boldsymbol{\beta}_u}{\beta_u}\times\boldsymbol{C}$$

$$= C_0 + \left[\gamma_u\boldsymbol{C}-(\gamma_u-1)\frac{\boldsymbol{\beta}_u\boldsymbol{\beta}_u}{\beta_u^2}\cdot\boldsymbol{C}\right]-\mathrm{i}\gamma_u\boldsymbol{\beta}_u\times\boldsymbol{C} \tag{1.6.29}$$

定义三维矢量$\boldsymbol{\beta}_u$ 和 $\boldsymbol{\Theta}$ 的叉积张量分别为

$$\overleftrightarrow{\boldsymbol{\beta}}_{u反}=\begin{bmatrix}0 & -\beta_{u3} & \beta_{u2}\\ \beta_{u3} & 0 & -\beta_{u1}\\ -\beta_{u2} & \beta_{u1} & 0\end{bmatrix}$$

$$\overleftrightarrow{\boldsymbol{\Theta}}_{反}=\begin{bmatrix}0 & -\boldsymbol{\Theta}_3 & \boldsymbol{\Theta}_2\\ \boldsymbol{\Theta}_3 & 0 & -\boldsymbol{\Theta}_1\\ -\boldsymbol{\Theta}_2 & \boldsymbol{\Theta}_1 & 0\end{bmatrix}$$

对于任意三维矢量 $\boldsymbol{C}$，有

$$\begin{cases}\overleftrightarrow{\boldsymbol{\beta}}_{u反}\cdot\boldsymbol{C}=\boldsymbol{\beta}_u\times\boldsymbol{C}\\ \overleftrightarrow{\boldsymbol{\Theta}}_{反}\cdot\boldsymbol{C}=\boldsymbol{\Theta}\times\boldsymbol{C}\end{cases} \tag{1.6.30}$$

利用上式，式（1.6.29）可以写成矩阵或张量形式

$$\begin{cases}\overleftarrow{\boldsymbol{C}}=\tilde{\boldsymbol{T}}\cdot\overleftarrow{\boldsymbol{C}}\\ \tilde{\boldsymbol{T}}=\boldsymbol{e}^{\begin{bmatrix}0 & 0\\ 0 & -\mathrm{i}\overleftrightarrow{\boldsymbol{\Theta}}_{反}\end{bmatrix}}=\begin{bmatrix}1 & 0\\ 0 & \boldsymbol{e}^{-\mathrm{i}\overleftrightarrow{\boldsymbol{\Theta}}_{反}}\end{bmatrix}=\begin{bmatrix}1 & 0\\ 0 & \overleftrightarrow{\boldsymbol{T}}\end{bmatrix}\\ \overleftrightarrow{\boldsymbol{T}}=\boldsymbol{e}^{-\mathrm{i}\overleftrightarrow{\boldsymbol{\Theta}}_{反}}=\gamma_u\overleftrightarrow{\boldsymbol{I}}-(\gamma_u-1)\dfrac{\boldsymbol{\beta}_u\boldsymbol{\beta}_u}{\beta_u^2}-\mathrm{i}\gamma_u\overleftrightarrow{\boldsymbol{\beta}}_{u反}\end{cases} \tag{1.6.31}$$

对于变换张量$\tilde{\boldsymbol{T}}$，有$\tilde{\boldsymbol{T}}^{\mathrm{T}}=\tilde{\boldsymbol{T}}^{-1}$，所以混合形态的合量的快度平移变换是正交变换，$\tilde{\boldsymbol{T}}^{*\mathrm{T}}=\tilde{\boldsymbol{T}}$ 为厄米矩阵。上式或写成

$$\begin{cases} C_0' = C_0 \\ \boldsymbol{C}' = \overleftrightarrow{\boldsymbol{T}} \cdot \boldsymbol{C} \\ \overleftrightarrow{\boldsymbol{T}} = \boldsymbol{e}^{-\mathrm{i}\overleftrightarrow{\Theta}_{反}} = \gamma_u \overleftrightarrow{\boldsymbol{I}} - (\gamma_u - 1)\dfrac{\boldsymbol{\beta}_u \boldsymbol{\beta}_u}{\beta_u^2} - \mathrm{i}\gamma_u \overleftrightarrow{\boldsymbol{\beta}}_{u反} \end{cases} \tag{1.6.32}$$

显然，对于变换张量$\overleftrightarrow{\boldsymbol{T}}$，有$\overleftrightarrow{\boldsymbol{T}}^{\mathrm{T}} = \overleftrightarrow{\boldsymbol{T}}^{-1}$，所以混合形态的合量的矢量部分在快度平移变换是正交变换。由于有$\overleftrightarrow{\boldsymbol{T}}^{*\mathrm{T}} = \overleftrightarrow{\boldsymbol{T}}$，所以它又是厄米矩阵。

2. 混合类张量的快度平移变换

在惯性系下，物理学混合形态方程用矩阵表示为

$$\overleftarrow{\boldsymbol{X}} = \breve{\boldsymbol{E}} \cdot \overleftarrow{\boldsymbol{B}} \tag{1.6.33}$$

则称$\overleftarrow{\boldsymbol{X}}$为合量〈$\boldsymbol{X}$〉的矢量，称$\overleftarrow{\boldsymbol{B}}$为合量〈$\boldsymbol{B}$〉的矢量，称矩阵$\breve{\boldsymbol{E}}$为混合类张量。在惯性系$S'$下，物理学协混合形态方程用矩阵表示为

$$\overleftarrow{\boldsymbol{X}}' = \breve{\boldsymbol{E}}' \cdot \overleftarrow{\boldsymbol{B}}' \tag{1.6.34}$$

利用变换关系

$$\overleftarrow{\boldsymbol{X}}' = \tilde{T} \cdot \overleftarrow{\boldsymbol{X}} \tag{1.6.35}$$

上式代入式（1.6.34），有

$$\tilde{T} \cdot \overleftarrow{\boldsymbol{X}} = \breve{\boldsymbol{E}}' \cdot \tilde{T} \cdot \overleftarrow{\boldsymbol{B}}$$

两边左乘$\tilde{T}^{-1}$，并利用$\tilde{T}^{\mathrm{T}} \cdot \tilde{T} = \tilde{T}^{-1} \cdot \tilde{T} = \tilde{I}$（单位张量），有

$$\overleftarrow{\boldsymbol{X}} = \tilde{T}^{-1} \cdot \breve{\boldsymbol{E}}' \cdot \tilde{T} \cdot \overleftarrow{\boldsymbol{B}}$$

上式与式（1.6.34）比较，有

$$\breve{\boldsymbol{E}} = \tilde{T}^{-1} \cdot \breve{\boldsymbol{E}}' \cdot \tilde{T} \quad （或\tilde{E}_{\mu\beta} = \tilde{T}_{\upsilon\mu} \tilde{T}_{\lambda\beta} \tilde{E}'_{\upsilon\lambda}） \tag{1.6.36}$$

$$\breve{\boldsymbol{E}}' = \tilde{T} \cdot \breve{\boldsymbol{E}} \cdot \tilde{T}^{-1} \quad （或E'_{\mu\beta} = \tilde{T}_{\upsilon\mu} \tilde{T}_{\beta\lambda} \tilde{E}'_{\upsilon\lambda}） \tag{1.6.37}$$

式（1.6.36）和式（1.6.37）就是混合类张量的变换关系。取其复共轭，有

$$\breve{\boldsymbol{E}}^* = \tilde{T}^{-1*} \cdot \breve{\boldsymbol{E}}^* \cdot \tilde{T}^* \quad （或\tilde{E}^*_{\mu\beta} = \tilde{T}^*_{\upsilon\mu} \tilde{T}^*_{\lambda\beta} \tilde{E}'^*_{\upsilon\lambda}） \tag{1.6.38}$$

$$\breve{\boldsymbol{E}}^{*} = \widetilde{T}^{*} \cdot \boldsymbol{E}^{*} \cdot \widetilde{T}^{-1*} \quad (\text{或} \widetilde{E}_{\mu\beta}^{*} = \widetilde{T}_{\nu\mu}^{*} \widetilde{T}_{\lambda\beta}^{*} \widetilde{E}'^{*}_{\nu\lambda}) \tag{1.6.39}$$

式（1.6.38）和式（1.6.39）就是共轭混合类张量的变换关系。

1.6.3 合量在角位移变换下的张量表示

1. 半角位移矢量的展开

在角位移变换下，不论协变形态的合量 $|\boldsymbol{X}\rangle$，还是混合形态的合量 $\langle C\rangle$，都满足同样的变换关系

$$|\boldsymbol{X}'\rangle = \boldsymbol{e}^{\boldsymbol{\alpha}/2} \otimes |\boldsymbol{X}\rangle \otimes \boldsymbol{e}^{-\boldsymbol{\alpha}/2} \tag{1.6.40a}$$

$$\langle C'\rangle = \boldsymbol{e}^{\boldsymbol{\alpha}/2} \langle C\rangle \boldsymbol{e}^{-\boldsymbol{\alpha}/2} \tag{1.6.40b}$$

下面只考虑混合形态合量 $\langle C\rangle$。令

$$\boldsymbol{e}^{\alpha/2} = \cos\frac{\alpha}{2} + \sin\frac{\alpha}{2} = \cos\frac{\alpha}{2} + \frac{\alpha}{\alpha}\sin\frac{\alpha}{2} = \sqrt{\frac{1+\cos\alpha}{2}} + \frac{\alpha}{\alpha}\sqrt{\frac{1-\cos\alpha}{2}} \tag{1.6.41a}$$

$$\boldsymbol{e}^{-\alpha/2} = \cos\frac{\alpha}{2} - \sin\frac{\alpha}{2} = \cos\frac{\alpha}{2} - \frac{\alpha}{\alpha}\sin\frac{\alpha}{2} = \sqrt{\frac{1+\cos\alpha}{2}} - \frac{\alpha}{\alpha}\sqrt{\frac{1-\cos\alpha}{2}} \tag{1.6.41b}$$

上式就是半角位移矢量的展开式。

2. 变换张量

令

$$\begin{cases} c = \cos\dfrac{\boldsymbol{\alpha}}{2} \\ s = \dfrac{\boldsymbol{\alpha}}{\alpha}\sin\dfrac{\alpha}{2} \end{cases}$$

式（1.6.40b）成为

$$
\begin{aligned}
\langle C' \rangle &= (c+\boldsymbol{s})\otimes(C_0+\boldsymbol{C})\otimes(c-\boldsymbol{s}) = C_0 + (c+\boldsymbol{s})\otimes\boldsymbol{C}\otimes(c-\boldsymbol{s}) \\
&= C_0 + (-\boldsymbol{s}\cdot\boldsymbol{C} + c\boldsymbol{C} + \boldsymbol{s}\times\boldsymbol{C})\otimes(c-\boldsymbol{s}) \\
&= C_0 + (-\boldsymbol{s}\cdot\boldsymbol{C} + c\boldsymbol{C} + \boldsymbol{s}\times\boldsymbol{C})\otimes(c-\boldsymbol{s}) \\
&= C_0 + (-c\boldsymbol{s}\cdot\boldsymbol{C} + cc\boldsymbol{C} + c\boldsymbol{s}\times\boldsymbol{C}) - \\
&\quad [-\boldsymbol{s}\cdot\boldsymbol{C}\boldsymbol{s} - c\boldsymbol{C}\cdot\boldsymbol{s} + c\boldsymbol{C}\times\boldsymbol{s} + (\boldsymbol{s}\times\boldsymbol{C})\times\boldsymbol{s}] \\
&= C_0 + (-c\boldsymbol{s}\cdot\boldsymbol{C} + cc\boldsymbol{C} + c\boldsymbol{s}\times\boldsymbol{C}) \\
&\quad + [\boldsymbol{s}\cdot\boldsymbol{C}\boldsymbol{s} + c\boldsymbol{C}\cdot\boldsymbol{s} - c\boldsymbol{C}\times\boldsymbol{s} - (\boldsymbol{C}\boldsymbol{s} - \boldsymbol{s}\boldsymbol{C})\cdot\boldsymbol{s}] \\
&= C_0 + 2\boldsymbol{s}\boldsymbol{s}\cdot\boldsymbol{C} + (c^2 - s^2)\boldsymbol{C} + 2c\boldsymbol{s}\times\boldsymbol{C} \\
&= C_0 + (c^2 - s^2)\boldsymbol{C} + 2\boldsymbol{s}\boldsymbol{s}\cdot\boldsymbol{C} + 2c\boldsymbol{s}\times\boldsymbol{C} \\
&= C_0 + \left(\frac{1+\cos\alpha}{2} - \frac{1-\cos\alpha}{2}\right)\boldsymbol{C} + 2\,\frac{1-\cos\alpha}{2}\frac{\boldsymbol{\alpha}\boldsymbol{\alpha}}{\alpha^2}\cdot\boldsymbol{C} + \\
&\quad 2\sqrt{\frac{1+\cos\alpha}{2}}\sqrt{\frac{1-\cos\alpha}{2}}\,\frac{\boldsymbol{\alpha}}{\alpha}\times\boldsymbol{C} \\
&= C_0 + \cos\alpha\boldsymbol{C} + (1-\cos\alpha)\frac{\boldsymbol{\alpha}\boldsymbol{\alpha}}{\alpha^2}\cdot\boldsymbol{C} + \sin\alpha\,\frac{\boldsymbol{\alpha}}{\alpha}\times\boldsymbol{C}
\end{aligned} \tag{1.6.42}
$$

定义三维矢量 $\boldsymbol{\alpha}$ 的叉积张量

$$
\overleftrightarrow{\boldsymbol{\alpha}}_{\text{反}} = \begin{bmatrix} 0 & -\alpha_3 & \alpha_2 \\ \alpha_3 & 0 & -\alpha_1 \\ -\alpha_2 & \alpha_1 & 0 \end{bmatrix} \tag{1.6.43}
$$

对于任意三维矢量 $\boldsymbol{C}$，有

$$
\overleftrightarrow{\boldsymbol{\alpha}}_{\text{反}} \cdot \boldsymbol{C} = \boldsymbol{\alpha}\times\boldsymbol{C} \tag{1.6.44}
$$

令

$$
\begin{cases}
\langle C \rangle = \langle C_0 + \boldsymbol{C} \rangle,\ \langle C' \rangle = \langle C_0' + \boldsymbol{C}' \rangle \\
\overleftarrow{C} = \begin{bmatrix} C_0 \\ \boldsymbol{C} \end{bmatrix},\ \overleftarrow{C}' = \begin{bmatrix} C_0' \\ \boldsymbol{C}' \end{bmatrix}
\end{cases}
$$

则式（1.6.42）可以写成矩阵或张量形式（$\overleftarrow{C}$是混合形态矢量的特

有符号，$\vec{C}$是协变形态矢量的特有符号）

$$\begin{cases}\overleftarrow{\boldsymbol{C}}' = \tilde{R} \cdot \overleftarrow{\boldsymbol{C}} \text{ 或 } \overleftarrow{\boldsymbol{C}} = \tilde{R}^{\mathrm{T}} \cdot \overleftarrow{\boldsymbol{C}}' \\ \tilde{R} = \boldsymbol{e}^{\begin{bmatrix} 0 & 0 \\ 0 & \overleftrightarrow{\alpha}_{反} \end{bmatrix}} = \begin{bmatrix} 1 & 0 \\ 0 & \boldsymbol{e}^{\overleftrightarrow{\alpha}_{反}} \end{bmatrix} = \begin{bmatrix} 1 & 0 \\ 0 & \overleftrightarrow{R} \end{bmatrix} \\ \overleftrightarrow{R} = \boldsymbol{e}^{\overleftrightarrow{\alpha}_{反}} = \cos\alpha \overleftrightarrow{\boldsymbol{I}} + (1 - \cos\boldsymbol{\alpha}) \dfrac{\boldsymbol{\alpha\alpha}}{\alpha^2} + \sin\alpha \dfrac{\overleftrightarrow{\boldsymbol{\alpha}}_{反}}{\boldsymbol{\alpha}} \end{cases} \tag{1.6.45a}$$

容易验证，变换张量有$\tilde{R}^{\mathrm{T}} = \tilde{R}^{-1}$，$\tilde{R}^{*\mathrm{T}} = \tilde{R}^{-1}$，是正交变换，也是幺正变换。或写成三维形式

$$\begin{cases} C_0' = C_0 \\ \boldsymbol{C}' = \overleftrightarrow{R} \cdot \boldsymbol{C} \text{ 或 } \boldsymbol{C} = \overleftrightarrow{R}^{\mathrm{T}} \cdot \boldsymbol{C}' \\ \overleftrightarrow{R} = \boldsymbol{e}^{\overleftrightarrow{\alpha}_{反}} = \cos\alpha \overleftrightarrow{\boldsymbol{I}} + (1 - \cos\boldsymbol{\alpha}) \dfrac{\boldsymbol{\alpha\alpha}}{\alpha^2} + \sin\alpha \dfrac{\overleftrightarrow{\boldsymbol{\alpha}}_{反}}{\alpha} \end{cases} \tag{1.6.45b}$$

对于三维变换张量$\overleftrightarrow{R}$，容易验证$\overleftrightarrow{R}^{\mathrm{T}} = \overleftrightarrow{R}^{-1}$，$\overleftrightarrow{R}^{*\mathrm{T}} = \overleftrightarrow{R}^{-1}$，是正交变换，也是幺正变换。

1.6.4 S 变换的张量表示

1. 协变形态合量齐次 S 变换的张量表示

利用式（1.6.45a）及

$$\begin{cases} \overrightarrow{\boldsymbol{X}}' = \tilde{\boldsymbol{A}} \cdot \overrightarrow{\boldsymbol{X}} \\ \tilde{\boldsymbol{A}} = \boldsymbol{e}^{\begin{bmatrix} 0 & -\mathrm{i}\Theta \\ \mathrm{i}\Theta & 0 \end{bmatrix}} = \begin{bmatrix} \gamma_u & -\mathrm{i}\gamma_u \boldsymbol{\beta}_u \\ \mathrm{i}\gamma_u \boldsymbol{\beta}_u & \overleftrightarrow{\boldsymbol{I}} + \dfrac{(\gamma_u - 1)\boldsymbol{uu}}{u^2} \end{bmatrix} \end{cases}$$

得到协变形态合量的齐次 S 变换，即角位移与快度的复合变换表示

$$
\begin{cases}
\tilde{L} = \boldsymbol{e}^{\begin{bmatrix} 0 & -\mathrm{i}\Theta \\ \mathrm{i}\Theta & \overset{\leftrightarrow}{\alpha}_{反} \end{bmatrix}} \\
\vec{\boldsymbol{X}}' = \tilde{L} \cdot \vec{\boldsymbol{X}} \text{ 或 } \vec{\boldsymbol{X}} = \tilde{L}^{\mathrm{T}} \cdot \vec{\boldsymbol{X}}'
\end{cases}
\tag{1.6.46}
$$

2. 协变形态合量 S 变换的张量表示

考虑加速变换和角速度变换后，由式（1.6.46）可得协变形态合量 S 变换的一般形式

$$
\begin{cases}
\tilde{S} = \boldsymbol{e}^{\begin{bmatrix} 0 & -\mathrm{i}(\boldsymbol{\Theta}+\tau\overset{\leftrightarrow}{\boldsymbol{a}}_0/c) \\ \mathrm{i}(\boldsymbol{\Theta}+\tau\overset{\leftrightarrow}{\boldsymbol{a}}_0/c) & \overset{\leftrightarrow}{\boldsymbol{\alpha}}_{反}+\tau\overset{\leftrightarrow}{\boldsymbol{\omega}}_{反} \end{bmatrix}_{\tau\to 0}} \\
\vec{\boldsymbol{X}}' = \tilde{S} \cdot \vec{\boldsymbol{X}} \text{ 或 } \vec{\boldsymbol{X}} = \tilde{S}^{\mathrm{T}} \cdot \vec{\boldsymbol{X}}'
\end{cases}
\tag{1.6.47}
$$

3. 混合形态合量 S 变换的张量表示

利用

$$
\begin{cases}
\overleftarrow{\boldsymbol{C}}' = \tilde{R} \cdot \overleftarrow{\boldsymbol{C}} \text{ 或 } \overleftarrow{\boldsymbol{C}} = \tilde{R}^{\mathrm{T}} \cdot \overleftarrow{\boldsymbol{C}}' \\
\tilde{R} = \boldsymbol{e}^{\begin{bmatrix} 0 & 0 \\ 0 & \overset{\leftrightarrow}{\alpha}_{反} \end{bmatrix}} = \begin{bmatrix} 1 & 0 \\ 0 & \boldsymbol{e}^{\overset{\leftrightarrow}{\alpha}_{反}} \end{bmatrix} = \begin{bmatrix} 1 & 0 \\ 0 & \overset{\leftrightarrow}{R} \end{bmatrix} \\
\overset{\leftrightarrow}{R} = \boldsymbol{e}^{\overset{\leftrightarrow}{\alpha}_{反}} = \cos\alpha \overset{\leftrightarrow}{\boldsymbol{I}} + (1-\cos\boldsymbol{\alpha})\dfrac{\boldsymbol{\alpha\alpha}}{\alpha^2} + \sin\alpha \dfrac{\overset{\leftrightarrow}{\boldsymbol{\alpha}}_{反}}{\alpha}
\end{cases}
$$

及

$$
\begin{cases}
\overleftarrow{\boldsymbol{C}}' = \tilde{\boldsymbol{T}} \cdot \overleftarrow{\boldsymbol{C}} \text{ 或 } \overleftarrow{\boldsymbol{C}} = \tilde{\boldsymbol{T}}^{\mathrm{T}} \cdot \overleftarrow{\boldsymbol{C}}' \\
\tilde{\boldsymbol{T}} = \boldsymbol{e}^{\begin{bmatrix} 0 & 0 \\ 0 & -\mathrm{i}\overset{\leftrightarrow}{\Theta}_{反} \end{bmatrix}} = \begin{bmatrix} 1 & 0 \\ 0 & \boldsymbol{e}^{-\mathrm{i}\overset{\leftrightarrow}{\Theta}_{反}} \end{bmatrix} = \begin{bmatrix} 1 & 0 \\ 0 & \overset{\leftrightarrow}{\boldsymbol{T}} \end{bmatrix} \\
\overset{\leftrightarrow}{\boldsymbol{T}} = \boldsymbol{e}^{-\mathrm{i}\overset{\leftrightarrow}{\Theta}_{反}} = \gamma_u \overset{\leftrightarrow}{\boldsymbol{I}} - (\gamma_u - 1)\dfrac{\boldsymbol{\beta}_u\boldsymbol{\beta}_u}{\beta_u^2} - \mathrm{i}\gamma_u \overset{\leftrightarrow}{\boldsymbol{\beta}}_{u反}
\end{cases}
$$

得到混合形态合量的齐次 S 变换——角位移与快度的复合变换关

系为

$$\begin{cases}\overleftarrow{\boldsymbol{C}}' = \widetilde{M} \cdot \overleftarrow{\boldsymbol{C}} \text{ 或 } \overleftarrow{\boldsymbol{C}} = \widetilde{M}^{\mathrm{T}} \cdot \overleftarrow{\boldsymbol{C}}' \\ \widetilde{M} = \boldsymbol{e}^{\begin{bmatrix}0 & 0\\ 0 & \dot{\overleftrightarrow{\boldsymbol{\Theta}}}_{反}\end{bmatrix}} = \begin{bmatrix}1 & 0\\ 0 & \boldsymbol{e}^{\dot{\overleftrightarrow{\boldsymbol{\Theta}}}_{反}}\end{bmatrix} \\ \overleftrightarrow{\boldsymbol{\Theta}}_{反} = (\overleftrightarrow{\boldsymbol{\alpha}}_{反} + \mathrm{i}\,\overleftrightarrow{\boldsymbol{\Theta}}_{反})\end{cases} \tag{1.6.48}$$

再考虑加速变换和角速度变换，由上式可得到混合态合量 S 变换的张量表示

$$\begin{cases}\overleftarrow{\boldsymbol{C}}' = \widetilde{P} \cdot \overleftarrow{\boldsymbol{C}} \text{ 或 } \overleftarrow{\boldsymbol{C}} = \widetilde{P}^{\mathrm{T}} \cdot \overleftarrow{\boldsymbol{C}}' \\ \widetilde{P} = \boldsymbol{e}^{\begin{bmatrix}0 & 0\\ 0 & \dot{\overleftrightarrow{\boldsymbol{\Theta}}}_{反}\end{bmatrix}} = \begin{bmatrix}1 & 0\\ 0 & \overleftrightarrow{P}\end{bmatrix} \\ \overleftrightarrow{\boldsymbol{\Theta}}_{反} = \{\overleftrightarrow{\boldsymbol{\alpha}}_{反} + \overleftrightarrow{\boldsymbol{\omega}}_{反}\boldsymbol{\tau} + \mathrm{i}(\overleftrightarrow{\boldsymbol{\Theta}}_{反} + \boldsymbol{\tau}\overleftrightarrow{\boldsymbol{a}}_{反}/c)\}_{\tau\to 0} \\ \overleftrightarrow{P} = \boldsymbol{e}^{\dot{\overleftrightarrow{\boldsymbol{\Theta}}}_{反}}\end{cases} \tag{1.6.49a}$$

或

$$\begin{cases}C_0' = C_0 \\ \boldsymbol{C}' = \overleftrightarrow{P} \cdot \boldsymbol{C} \text{ 或 } \boldsymbol{C} = \overleftrightarrow{P}^{\mathrm{T}} \cdot \boldsymbol{C}' \\ \overleftrightarrow{\boldsymbol{\Theta}}_{反} = \{\overleftrightarrow{\boldsymbol{\alpha}}_{反} + \overleftrightarrow{\boldsymbol{\omega}}_{反}\boldsymbol{\tau} + \mathrm{i}(\overleftrightarrow{\boldsymbol{\Theta}}_{反} + \boldsymbol{\tau}\overleftrightarrow{\boldsymbol{a}}_{反}/c)\}_{\tau\to 0} \\ \overleftrightarrow{P} = \boldsymbol{e}^{\dot{\overleftrightarrow{\boldsymbol{\Theta}}}_{反}}\end{cases} \tag{1.6.49b}$$

通过以上建立的完备的四元空间解析几何，可以看出：

（1）描述自然规律的方程应符合其所规定的形式，并在其框架下展开和描述，通过 S 理论演变成线性代数系统，使那些受限于数学工具制约的科学家能够较轻松进入物理学领域进行探索。

（2）建立目前最完备的真空介质理论和参考系变换理论，使狭义相对论兼容于 S 理论之中，得到物理学家一直都期望得到但还没有完成的电磁理论的本构关系，衍生出自洽的电磁场新理论。

第2章

电磁本构理论的建立

本章利用 S 理论的自洽性来描述电磁相互作用规律，与麦克斯韦电磁理论主要的区别可用下表来表示：

S 理论本构方程组　　　　麦克斯韦方程组

$$\begin{cases} \nabla \cdot \boldsymbol{B} = 0 \\ \dfrac{\partial \boldsymbol{B}}{\partial t} + \nabla \times \boldsymbol{E} = 0 \\ \nabla \cdot \boldsymbol{D} = \rho_f + \rho' \\ \dfrac{\partial \boldsymbol{D}}{\partial t} - \nabla \times \boldsymbol{H} = -(\boldsymbol{j}_f + \boldsymbol{j}') \end{cases} \Leftrightarrow \begin{cases} \nabla \cdot \boldsymbol{B} = 0 \\ \dfrac{\partial \boldsymbol{B}}{\partial t} + \nabla \times \boldsymbol{E} = 0 \\ \nabla \cdot \boldsymbol{D} = \rho_f \\ \dfrac{\partial \boldsymbol{D}}{\partial t} - \nabla \times \boldsymbol{H} = -\boldsymbol{j}_f \end{cases}$$

在空间中，感生电荷密度 ρ' 与感生电流密度 $\boldsymbol{j}'$ 的存在，构成了 S 理论与麦克斯韦电磁理论之间的主要区别。由于感生电荷和感生电流仅存在于界面上，在各向同性的介质非界面中，这两组方程没有本质的不同。

但在界面上，一般情况下感生电荷和感生电流不为零，以此发现 S 理论与麦克斯韦电磁理论完全不同的边值关系及界面物理性质。

电磁相互作用的物质场方程在双共轭变换下具有不变性，这是电磁相互作用的本质特征，由此得到电磁理论的本构关系，及电位移和磁场强度的物理属性。本章在构建电磁本构方程组的基础上，

重点论述 S 理论在描述电磁相互作用规律时的完整性及自洽性。

2.1　真空电磁本构方程组

2.1.1　物质不灭定律与电极化势

在时空的某些区域存在一种超自然力，能使原生电荷 Q_τ 发生衰变。在整个宇宙及 Q_τ 周围分布着具有 S 变换不变性的物质漂移物 ϕ_0，称为固有势混合形态。其数学关系为

$$\begin{cases} Q = Q_\tau e^{-\tau/\tau_0} \\ q_{0f} = k\dfrac{\mathrm{d}Q}{\mathrm{d}\tau} = -k\dfrac{Q_\tau}{\tau_0}e^{-\tau/\tau_0} = -k\dfrac{Q}{\tau_0} \\ \phi_0 = \dfrac{q_{0f}}{4\pi\varepsilon_0 r} = -k\dfrac{Q_\tau e^{-\tau/\tau_0}}{4\pi\tau_0\varepsilon_0 r} = \phi_\tau e^{-\tau/\tau_0} \end{cases} \tag{2.1.1}$$

式中，Q 为剩余原生电荷；τ_0 为宇宙时间常数；$\phi_\tau = -k\dfrac{Q_\tau}{4\pi\tau_0\varepsilon_0 r}$。令 $k\approx-\tau_0$，有

$$q_{0f}\approx Q = Q_\tau e^{-\frac{\tau}{\tau_0}} \tag{2.1.2}$$

称为自由释放电荷，简称为自由电荷。它是不稳定的物理量，但变化非常慢（$\tau_0\to\infty$）。对于单位体积内静止的自由电荷用 ρ_{0f} 表示，近似满足电荷守恒定律：

$$\begin{cases} \dfrac{\mathrm{d}\rho_{0f}}{\mathrm{d}\tau} = -\dfrac{\rho_{0f}}{\tau_0}\to 0 \\ \dfrac{\mathrm{d}\rho_{0f}}{\mathrm{d}\tau} = \left(\dfrac{\partial\rho_{0f}}{\partial t} + \dfrac{\mathrm{d}\boldsymbol{x}}{\mathrm{d}t}\cdot\nabla\rho_{0f}\right)\dfrac{\mathrm{d}t}{\mathrm{d}\tau} = \left(\gamma\dfrac{\partial\rho_{0f}}{\partial t} + \gamma\boldsymbol{v}\cdot\nabla\rho_{0f}\right) = \dfrac{\partial\rho_f}{\partial t} + \nabla\cdot\boldsymbol{j}_f \end{cases} \tag{2.1.3}$$

有

$$\frac{\partial\rho_f}{\partial t}+\nabla\cdot\boldsymbol{j}_f=-\frac{\rho_{0f}}{\tau_0}\rightarrow 0 \tag{2.1.4}$$

上式也叫电流连续性方程。其中，

$$\begin{cases}\rho_f=\rho_{0f}\gamma\\ \boldsymbol{j}_f=\rho_{0f}\gamma\boldsymbol{v}\end{cases}$$

分别称为自由电荷密度和自由电流密度矢量，它们构成自由电荷密度协变形态合量：

$$|\boldsymbol{\rho}_f\rangle=|\rho_f-\mathrm{i}\boldsymbol{j}_f/c\rangle=|\gamma\rho_{0f}-\mathrm{i}\gamma\boldsymbol{v}\rho_{0f}/c\rangle=\frac{\rho_{0f}}{c}\left|\boldsymbol{V}\right\rangle=\rho_{0f}\,|\,e^{-\mathrm{i}\theta}\rangle \tag{2.1.5}$$

其中，

$$|\boldsymbol{V}\rangle=c\gamma-\mathrm{i}\gamma\boldsymbol{v}=|\,ce^{-\mathrm{i}\theta}\rangle$$

为带电粒子协变形态的速度合量，c 为光速。同理，定义

$$\begin{cases}\rho_{mf}=\rho_{0mf}\gamma\\ \boldsymbol{j}_{mf}=\rho_{0mf}\gamma\boldsymbol{v}\end{cases}$$

分别为自由磁荷密度和自由磁流密度矢量，它们构成协变形态的自由磁荷密度合量

$$|\rho_{mf}\rangle=\rho_{mf}-\mathrm{i}\boldsymbol{j}_{mf}/c=\gamma\rho_{0mf}-\mathrm{i}\gamma\boldsymbol{v}\rho_{0mf}/c=\frac{\rho_{0mf}}{c}\left|\boldsymbol{V}\right\rangle=\rho_{0mf}\,|\,e^{-\mathrm{i}\theta}\rangle \tag{2.1.6}$$

对于固有势

$$\phi_0=\phi_\tau e^{-\frac{t}{\tau_0}}$$

和磁固有势

$$\phi_{0m}=\phi_{\tau m}e^{-\frac{t}{\tau_0}}$$

也假设自由电磁质量势混合形态为 S 变换下的不变量，有

$$\begin{cases}\dfrac{d\phi_0}{d\tau}=-\dfrac{\phi_0}{\tau_0}\to 0,\ \dfrac{d\phi_{0m}}{d\tau}=-\dfrac{\phi_{0m}}{\tau_0}\to 0\\ \dfrac{d\phi_0}{d\tau}\Big/c^2=\left(\dfrac{\partial\phi_0}{c^2\partial t}+\dfrac{\partial X}{c^2\partial t}\cdot\nabla\phi_0\right)\dfrac{dt}{d\tau}=\left(\gamma\dfrac{\partial\phi_0}{c^2\partial t}+\gamma\boldsymbol{v}\cdot\nabla\phi_0/c^2\right)=-\dfrac{\phi_0}{c^2\tau_0}\\ \dfrac{d\phi_{0m}}{d\tau}\Big/c^2=\left(\dfrac{\partial\phi_{0m}}{c^2\partial t}+\dfrac{\partial X}{c^2\partial t}\cdot\nabla\phi_{0m}\right)\dfrac{dt}{d\tau}=\left(\gamma\dfrac{\partial\phi_{0m}}{c^2\partial t}+\gamma\boldsymbol{v}\cdot\nabla\phi_{0m}/c^2\right)=-\dfrac{\phi_{0m}}{c^2\tau_0}\end{cases}\tag{2.1.7}$$

$$\begin{cases}\phi=\gamma\phi_0,\boldsymbol{A}=\gamma\boldsymbol{v}\phi_0/c^2\\ \phi_m=\gamma\phi_{0m},\boldsymbol{A}_m=\gamma\boldsymbol{v}\phi_{0m}/c^2\end{cases}\tag{2.1.8}$$

$$\begin{cases}\dfrac{\partial\phi}{c^2\partial t}+\nabla\cdot\boldsymbol{A}=-\dfrac{\phi_0}{c^2\tau_0}\to 0\\ \dfrac{\partial\phi_m}{c^2\partial t}+\nabla\cdot\boldsymbol{A}_m=-\dfrac{\phi_{0m}}{c^2\tau_0}\to 0\end{cases}\tag{2.1.9}$$

式（2.1.9）称为物质不灭定律，也称为广义洛伦兹规范条件。固有势 ϕ_0 或磁固有势 ϕ_{0m}具有 S 变换下不变的特性。其中，

$$\begin{cases}|\boldsymbol{\Phi}_0\rangle=|\phi-ic\boldsymbol{A}\rangle=\dfrac{\phi_0}{c}\Big|\boldsymbol{V}\Big\rangle=\phi_0|e^{-i\theta}\rangle\\ |\boldsymbol{\Phi}_{0m}\rangle=|\phi_m-ic\boldsymbol{A}_m\rangle=\dfrac{\phi_{0m}}{c}\Big|\boldsymbol{V}\Big\rangle=\phi_{0m}|e^{-i\theta}\rangle\end{cases}\tag{2.1.10}$$

分别称为真空电极化势协变形态合量和真空磁极化势协变形态合量，而

$$\begin{cases}\phi=\gamma\phi_0\\ \boldsymbol{A}=\gamma\boldsymbol{v}\phi_0/c^2\end{cases}\tag{2.1.11a}$$

或

$$\begin{cases}\phi_m=\gamma\phi_{0m}\\ \boldsymbol{A}_m=\gamma\boldsymbol{v}\phi_{0m}/c^2\end{cases}\tag{2.1.11b}$$

则分别称为极化标势和极化矢势，或磁极化标势和磁极化矢势。

2.1.2　微分算符合量的协变形态和共轭协变形态

令

$$\begin{cases} |X\rangle = ct - \mathrm{i}\boldsymbol{X} \\ \langle X| = ct + \mathrm{i}\boldsymbol{X} \end{cases} \tag{2.1.12}$$

和

$$\begin{cases} \Diamond = \dfrac{\partial}{c\partial t} + \mathrm{i}\nabla \\ \Diamond^{*} = \dfrac{\partial}{c\partial t} - \mathrm{i}\nabla \end{cases} \tag{2.1.13}$$

由于

$$\tau = \frac{\sqrt{t^2c^2 - \boldsymbol{x}\cdot\boldsymbol{x}}}{c}$$

是 S 变换下的不变量，有

$$\begin{aligned} \Diamond\tau &= \frac{1}{c}\Diamond\sqrt{t^2c^2 - \boldsymbol{x}\cdot\boldsymbol{x}} = \frac{1}{c}\left(\frac{\partial}{c\partial t} + \mathrm{i}\nabla\right)\otimes\sqrt{t^2c^2 - \boldsymbol{x}\cdot\boldsymbol{x}} \\ &= \frac{1}{c}(ct - \mathrm{i}\boldsymbol{x}) = \frac{1}{c}\left|X\right\rangle \end{aligned}$$

右边是合量的协变形态，左边一定是合量的协变形态，记作

$$\begin{cases} |\Diamond\rangle = \dfrac{\partial}{c\partial t} + \mathrm{i}\nabla \\ \langle\Diamond| = \dfrac{\partial}{c\partial t} - \mathrm{i}\nabla \end{cases} \tag{2.1.14}$$

称为协变形态微分算符合量和共轭协变形态微分算符合量，分别描述一个共轭协变形态合量的梯度和一个协变形态合量的梯度。定义

$$\langle \Diamond \| \Diamond \rangle = \left\langle \frac{\partial}{c\partial t} + \mathrm{i}\nabla \middle\| \frac{\partial}{c\partial t} + \mathrm{i}\nabla \right\rangle \tag{2.1.15}$$

为物质算符混合形态。它作用在极化势时，可以生成物质场，用来描述极化势共轭协变形态合量场梯度的散度。而

$$|\Diamond\rangle\langle\Diamond| = \left|\frac{\partial}{c\partial t} + \mathrm{i}\nabla\right\rangle \left\langle\frac{\partial}{c\partial t} + \mathrm{i}\nabla\right| \tag{2.1.16}$$

为物质算符共轭混合形态，用来描述极化势协变形态合量场梯度的散度。

2.1.3 真空中的电磁本构方程组

1. 真空物质方程

令

$$|\boldsymbol{\Psi}\rangle = |\boldsymbol{\Phi}_0 + \mathrm{i}c\mu_0\boldsymbol{\Phi}_{0m}\rangle \tag{2.1.17}$$

为统一真空电磁极化势协变形态合量。令

$$\langle\boldsymbol{\Psi}| = \langle\boldsymbol{\Phi}_0 + \mathrm{i}c\mu_0\boldsymbol{\Phi}_{0m}| \tag{2.1.18}$$

为统一真空极化势共轭协变形态合量，其中 μ_0 为常数。令

$$\langle\Diamond\|\boldsymbol{\Psi}\rangle = \langle\Diamond\|\boldsymbol{\Phi}_0 + \mathrm{i}c\mu_0\boldsymbol{\Phi}_{0m}\rangle \tag{2.1.19}$$

为统一极化势梯度混合形态合量。令

$$|\Diamond\rangle\langle\Diamond\|\boldsymbol{\Psi}\rangle \tag{2.1.20}$$

为统一极化势梯度的散度协变形态合量。定义

$$|\Diamond\rangle\langle\Diamond\|\boldsymbol{\Phi}_0 + \mathrm{i}c\mu_0\boldsymbol{\Phi}_{0m}\rangle = |\boldsymbol{\rho}_f/\varepsilon_0\rangle + |\mathrm{i}c\rho_{fm}\rangle \tag{2.1.21}$$

为真空物质方程。其中，

$$|\boldsymbol{\rho}_f\rangle = |\rho_f - \mathrm{i}\boldsymbol{j}_f/c\rangle$$

为自由电荷密度协变形态，ρ_f 定义为自由电荷密度，$\boldsymbol{j}_f$ 定义为自由电流密度，

$$|\boldsymbol{\rho}_{fm}\rangle = |\rho_{fm} - \mathrm{i}\boldsymbol{j}_{fm}/c\rangle$$

为自由磁荷密度协变形态，ρ_{fm}定义为自由磁荷密度，$\boldsymbol{j}_{fm}$定义为自由磁流密度。

定义

$$\begin{cases}\langle \Diamond \| \boldsymbol{\Phi}_0 \rangle = \langle -c\boldsymbol{B} + \mathrm{i}\boldsymbol{E} \rangle \\ \langle \Diamond \| \boldsymbol{\Phi}_{0m} \rangle = \langle c\boldsymbol{D}_m + \mathrm{i}\boldsymbol{H}_m \rangle \end{cases} \tag{2.1.22a}$$

式（2.1.22a）左边展开，得

$$\begin{cases}\langle \Diamond \| \boldsymbol{\Phi}_0 \rangle = \left(\dfrac{\partial}{c\partial t} - \mathrm{i}\nabla\right) \otimes (\phi - \mathrm{i}c\boldsymbol{A}) \\ \qquad = c\left(\dfrac{\partial \phi}{c^2 \partial t} + \nabla \cdot \boldsymbol{A}\right) + \mathrm{i}\left(-\nabla\phi - \dfrac{\partial \boldsymbol{A}}{\partial t}\right) - c\nabla \times \boldsymbol{A} \\ \langle \Diamond \| \boldsymbol{\Phi}_{0m} \rangle = \left(\dfrac{\partial}{c\partial t} - \mathrm{i}\nabla\right) \otimes (\phi_m - \mathrm{i}c\boldsymbol{A}_m) \\ \qquad = c\left(\dfrac{\partial \phi_m}{c^2 \partial t} + \nabla \cdot \boldsymbol{A}_m\right) + \mathrm{i}\left(-\nabla\phi_m - \dfrac{\partial \boldsymbol{A}_m}{\partial t}\right) - c\nabla \times \boldsymbol{A}_m \end{cases}$$

$$\tag{2.1.22b}$$

式（2.1.22a）与上式对比，并利用式（2.1.9），有

$$\begin{cases}\dfrac{\partial \phi}{c^2 \partial t} + \nabla \cdot \boldsymbol{A} = 0 \\ \nabla \times \boldsymbol{A} = \boldsymbol{B} \\ -\nabla\phi - \dfrac{\partial \boldsymbol{A}}{\partial t} = \boldsymbol{E} \end{cases} \tag{2.1.23}$$

$$\begin{cases}\dfrac{\partial \phi_m}{c^2 \partial t} + \nabla \cdot \boldsymbol{A}_m = 0 \\ -\nabla \times \boldsymbol{A}_m = \boldsymbol{D}_m \\ -\nabla\phi_m - \dfrac{\partial \boldsymbol{A}_m}{\partial t} = \boldsymbol{H}_m \end{cases} \tag{2.1.24}$$

将式（2.1.23）及式（2.1.24）代入式（2.1.19），得

$$|\diamondsuit\rangle\langle\diamondsuit\|\boldsymbol{\Phi}_0+\mathrm{i}c\mu_0\boldsymbol{\Phi}_{0m}\rangle=(-c\boldsymbol{B}+\mathrm{i}\boldsymbol{E})+\mathrm{i}c\mu_0(c\boldsymbol{D}_m+\mathrm{i}\boldsymbol{H}_m)$$
$$=\mathrm{i}(\langle\mathrm{i}c\boldsymbol{B}+\boldsymbol{E}\rangle+\mathrm{i}c\mu_0\langle\boldsymbol{H}_m-\mathrm{i}c\boldsymbol{D}_m\rangle)$$
$$=\langle(-c\boldsymbol{B}-c\mu_0\boldsymbol{H}_m)+\mathrm{i}(\boldsymbol{E}+c^2\mu_0\boldsymbol{D}_m)\rangle \tag{2.1.25}$$

规定

$$\begin{cases}\boldsymbol{B}_m=\mu_0\boldsymbol{H}_m\\ \boldsymbol{E}_m=c^2\mu_0\boldsymbol{D}_m=\boldsymbol{D}_m/\varepsilon_0\end{cases} \tag{2.1.26a}$$

和

$$\begin{cases}\boldsymbol{B}_{总}=\boldsymbol{B}+\boldsymbol{B}_m\\ \boldsymbol{E}_{总}=\boldsymbol{E}+\boldsymbol{E}_m\end{cases} \tag{2.1.26b}$$

利用式（2.1.25），式（2.1.21）变成

$$|\diamondsuit\rangle\langle\diamondsuit\|\boldsymbol{\Phi}_0+\mathrm{i}c\mu_0\boldsymbol{\Phi}_{0m}\rangle=|\diamondsuit\rangle\langle-c(\boldsymbol{B}+\boldsymbol{B}_m)+\mathrm{i}(\boldsymbol{E}+\boldsymbol{E}_m)\rangle$$
$$=\left|\frac{\partial}{c\partial t}+\mathrm{i}\nabla\right\rangle\langle-c\boldsymbol{B}_{总}+\mathrm{i}\boldsymbol{E}_{总}\rangle$$
$$=\left|\frac{\partial(-c\boldsymbol{B}_{总})}{c\partial t}-\nabla\times\boldsymbol{E}_{总}+\mathrm{i}\left(\frac{\partial E_{总}}{c\partial t}-\nabla\times cB_{总}\right)-\right.$$
$$\left.\mathrm{i}\nabla\cdot(-c\boldsymbol{B}_{总}+\mathrm{i}\boldsymbol{E}_{总})\right\rangle$$
$$=|\boldsymbol{\rho}_f/\varepsilon_0\rangle+|\mathrm{i}c\boldsymbol{\rho}_{fm}\rangle \tag{2.1.27a}$$

两边对比，得

$$\begin{cases}\nabla\cdot\boldsymbol{B}_{总}=\rho_{fm}\\ \dfrac{\partial\boldsymbol{B}_{总}}{\partial t}+\nabla\times\boldsymbol{E}_{总}=-\boldsymbol{j}_{fm}\\ \nabla\cdot\boldsymbol{E}_{总}=\rho_f/\varepsilon_0\\ \dfrac{\partial\boldsymbol{E}_{总}}{c^2\partial t}-\nabla\times\boldsymbol{B}_{总}=-\mu_0\boldsymbol{j}_f\end{cases} \tag{2.1.27b}$$

其中，

$$1/(\varepsilon_0 c^2) = \mu_0 \tag{2.1.28}$$

式（2.1.27）就是满足自由电荷与自由磁荷守恒定律的物质方程，是电磁统一理论的数学表达式，说明物质产生于场在时空中非连续性质的一种表现形式。

2. 真空电磁场本构方程组

由于实验确定磁单极不存在，有

$$|\rho_{fm}\rangle = |\rho_{fm} - \mathrm{i}\boldsymbol{j}_{fm}/c\rangle = 0$$

或

$$\begin{cases} \rho_{fm} = 0 \\ \boldsymbol{j}_{fm} = 0 \end{cases}$$

可令

$$|\boldsymbol{\Phi}_{0m}\rangle = |\phi_m - \mathrm{i}\boldsymbol{A}_m/c\rangle = 0$$

或

$$\begin{cases} \phi_m = \gamma\phi_{0m} = 0 \\ \boldsymbol{A}_m = \gamma\boldsymbol{V}\phi_{0m}/c^2 = 0 \end{cases}$$

式（2.1.21）和式（2.1.22a）变成

$$\begin{cases} |\Diamond\rangle\langle\Diamond\|\boldsymbol{\Phi}_0\rangle = |\rho_f/\varepsilon_0\rangle \\ \langle\Diamond\|\boldsymbol{\Phi}_0\rangle = \langle -c\boldsymbol{B}_0 + \mathrm{i}E_0\rangle \end{cases} \tag{2.1.29a}$$

$$\Rightarrow \begin{cases} \nabla\cdot\boldsymbol{B}_0 = 0 \\ \dfrac{\partial\boldsymbol{B}_0}{\partial t} + \nabla\times\boldsymbol{E}_0 = 0 \\ \nabla\cdot\boldsymbol{E}_0 = \rho_f/\varepsilon_0 \\ \dfrac{\partial\boldsymbol{E}_0}{c^2\partial t} - \nabla\times\boldsymbol{B}_0 = -\mu_0\boldsymbol{j}_f \end{cases} \tag{2.1.29b}$$

式（2.1.29）就是真空电磁场本构方程组（即真空麦克斯韦方程组）。

2.1.4 电磁相互作用的本质特征

1. 双共轭变换不变性

$|\boldsymbol{\Phi}_0\rangle$ 的梯度的散度在双共轭变换下是不变性的，有

$$|\diamond\rangle\langle\diamond\|\boldsymbol{\Phi}_0\rangle=(|\diamond\rangle\langle\diamond\|\boldsymbol{\Phi}_0\rangle)^{*\#}=(\langle\diamond\|\diamond\rangle\langle\boldsymbol{\Phi}_0|)^{\#}$$

称为合量 $|\diamond\rangle\langle\diamond\|\boldsymbol{\Phi}_0\rangle$ 在双共轭变换下的不变性。因此，式（2.1.29a）还可以写成广义物质方程与双共轭变换不变性的组合，即

$$\begin{cases}|\diamond\rangle\langle\diamond\|\boldsymbol{\Phi}_0\rangle=|\boldsymbol{\rho}_f/\varepsilon_0\rangle+|\mathrm{i}c\boldsymbol{\rho}_{fm}\rangle\\|\diamond\rangle\langle\diamond\|\boldsymbol{\Phi}_0\rangle=(\langle\diamond\|\diamond\rangle\langle\boldsymbol{\Phi}_0|)^{\#}\\\langle\diamond\|\boldsymbol{\Phi}_0\rangle=\langle-c\boldsymbol{B}_0+\mathrm{i}\boldsymbol{E}_0\rangle\end{cases}\tag{2.1.30a}$$

或

$$\begin{cases}|\diamond\rangle\langle\diamond\|\boldsymbol{\Phi}_0\rangle=|\boldsymbol{\rho}_f/\varepsilon_0\rangle\\\langle\diamond\|\boldsymbol{\Phi}_0\rangle=\langle-c\mu_0\boldsymbol{H}_0+\mathrm{i}\boldsymbol{D}_0/\varepsilon_0\rangle\\\boldsymbol{B}_0=\mu_0\boldsymbol{H}_0,\ \boldsymbol{E}_0=\boldsymbol{D}_0/\varepsilon_0\end{cases}\tag{2.1.30b}$$

或

$$\begin{cases}\nabla\cdot\boldsymbol{H}_0=0\\\dfrac{\partial\boldsymbol{H}_0}{c^2\partial t}+\nabla\times\boldsymbol{D}_0=0\\\nabla\cdot\boldsymbol{D}_0=\rho_f\\\dfrac{\partial\boldsymbol{D}_0}{\partial t}-\nabla\times\boldsymbol{H}_0=-\boldsymbol{j}_f\\|\boldsymbol{\rho}_{fm}\rangle=0\end{cases}\tag{2.1.30c}$$

2. 真空态的电极化强度和磁极化强度

引入真空态的电极化强度矢量 $\boldsymbol{P}_0$，真空态的磁极化强度矢量 $\boldsymbol{P}_{0m}$，其定义如下：

$$\begin{cases} \boldsymbol{P}_0 = -\boldsymbol{D}_0 = -\varepsilon_0 \boldsymbol{E}_0 \\ \boldsymbol{P}_{0m} = -\mu_0 \boldsymbol{H}_0 = -\boldsymbol{B}_0 \end{cases} \tag{2.1.31}$$

式（2.1.30）变为

$$\begin{cases} |\diamond\rangle\langle\diamond\|\boldsymbol{\Phi}_0\rangle = |\boldsymbol{\rho}_f/\varepsilon_0\rangle + |\mathrm{i}c\boldsymbol{\rho}_{fm}\rangle \\ |\diamond\rangle\langle\diamond\|\boldsymbol{\Phi}_0\rangle = (\langle\diamond\|\diamond\rangle\langle\boldsymbol{\Phi}_0|)^{\#} \\ \langle\diamond\|\boldsymbol{\Phi}_0\rangle = \langle c\boldsymbol{P}_{0m} - \mathrm{i}\boldsymbol{P}_0/\varepsilon_0\rangle \end{cases} \tag{2.1.32a}$$

或

$$\begin{cases} \nabla \cdot \boldsymbol{P}_{0m} = 0 \\ \dfrac{\partial \boldsymbol{P}_{0m}}{\partial t} + \nabla \times \boldsymbol{P}_0/\varepsilon_0 = 0 \\ \nabla \cdot \boldsymbol{P}_0 = -\rho_f \\ \dfrac{\partial \boldsymbol{P}_0}{\partial t} - \nabla \times \boldsymbol{P}_{0m}/\mu_0 = \boldsymbol{j}_f \\ |\rho_{fm}\rangle = 0 \end{cases} \tag{2.1.32b}$$

式（2.1.32）就是真空电磁场本构方程组极化场强表示式。

真空电磁场本构方程组就是满足双共轭变换不变性的广义物质方程，反映电磁相互作用的本质特征。真空中的场强和磁感应强度代表了真空态的电极化强度矢量 $\boldsymbol{P}_0$ 和磁极化强度矢量 $\boldsymbol{P}_{0m}$，因此，类似地可以描述介质态的电极化强度和磁极化强度，为下面真空态与介质态的总体电磁规律的建立提供了一条简洁途径。

3. 电磁相互作用的本质特征假设

对于空间任意点的电磁相互作用满足：

（1）符合物质方程恒等式

$$|\diamond\rangle\langle\diamond\|\boldsymbol{\Phi}\rangle=|\boldsymbol{\rho}/\varepsilon_0\rangle+|\mathrm{i}c\boldsymbol{\rho}_{\Sigma m}\rangle$$

（2）符合双共轭变换不变性

$$|\diamond\rangle\langle\diamond\|\boldsymbol{\Phi}\rangle=(\langle\diamond\|\diamond\rangle\langle\boldsymbol{\Phi}|)^{\#}$$

（3）符合

$$\langle\diamond\|\boldsymbol{\Phi}\rangle=\langle c\boldsymbol{P}_{\Sigma}-\mathrm{i}\boldsymbol{P}_{\Sigma m}/\varepsilon_0\rangle$$

其中，$\boldsymbol{P}_{\Sigma}$ 为空间总电极化强度矢量；$\boldsymbol{P}_{\Sigma m}$ 为空间总磁极化强度矢量；$|\rho\rangle$ 为总电荷密度合量；$|\rho_{\Sigma m}\rangle$ 为总磁流密度合量；$\boldsymbol{\Phi}$ 为总极化势。

2.2 有介质时的电磁本构方程组

2.2.1 电磁方程组的初级形式

1. 介质态电磁方程组

仅考虑各向同性的电磁介质，引入介质态的电极化强度矢量 $\boldsymbol{P}$，磁极化强度矢量 $\boldsymbol{P}_m$。模仿式（2.1.32），得

$$\begin{cases}|\diamond\rangle\langle\diamond\|\boldsymbol{\Phi}_p\rangle=|\boldsymbol{\rho}_p/\varepsilon_0\rangle+|\mathrm{i}c\boldsymbol{\rho}_m\rangle\\ \langle\diamond\|\boldsymbol{\Phi}_p\rangle=\langle c\boldsymbol{P}_m-\mathrm{i}\boldsymbol{P}/\varepsilon_0\rangle\end{cases}\tag{2.2.1a}$$

或

$$\begin{cases}\nabla\cdot\boldsymbol{P}_m=-\rho_m\\ \dfrac{\partial\boldsymbol{P}_m}{\partial t}+\nabla\times\boldsymbol{P}/\varepsilon_0=\boldsymbol{j}_m\\ \nabla\cdot\boldsymbol{P}=-\rho_p\\ \dfrac{\partial\boldsymbol{P}}{\partial t}-\nabla\times\boldsymbol{P}_m/\mu_0=\boldsymbol{j}_p\end{cases}\tag{2.2.1b}$$

其中，ρ_p 定义为极化电荷密度；ρ_m 定义为磁化磁荷密度；$\boldsymbol{j}_m$ 定义为极化磁流密度；$\boldsymbol{j}_p$（有时用 $\boldsymbol{j}_M$ 表示）定义为磁化电流密度；

$$|\boldsymbol{\rho}_p\rangle = |\rho_p - \mathrm{i}\boldsymbol{j}_p/c\rangle$$

为极化电荷密度协变形态合量；

$$|\boldsymbol{\rho}_m\rangle = |\rho_m - \mathrm{i}\boldsymbol{j}_m/c\rangle$$

为磁化磁荷密度协变形态合量。

由于 $\boldsymbol{\Phi}_p$ 不是总场，一般情况下，有

$$\begin{cases} |\diamond\rangle\langle\diamond\|\boldsymbol{\Phi}_p\rangle \neq (|\diamond\rangle\langle\diamond\|\boldsymbol{\Phi}_p\rangle)^{*\#} = (\langle\diamond\|\diamond\rangle\langle\boldsymbol{\Phi}_p|)^{\#} \\ |\boldsymbol{\rho}_m\rangle = |\rho_m - \mathrm{i}\boldsymbol{j}_m/c\rangle \neq 0 \end{cases}$$

2. 真空态感生电磁方程组

现考虑有介质时的真空态感生极化场。利用式（2.2.1）形成的感生电磁方程组为

$$\begin{cases} |\diamond\rangle\langle\diamond\|\boldsymbol{\Phi}'\rangle = |\boldsymbol{\rho}'/\varepsilon_0\rangle + |\mathrm{i}c\boldsymbol{\rho}'_m\rangle \\ \langle\diamond\|\boldsymbol{\Phi}'\rangle = \langle c\boldsymbol{P}'_{0m} - \mathrm{i}\boldsymbol{P}'_0/\varepsilon_0\rangle \end{cases} \tag{2.2.2a}$$

$$\begin{cases} \nabla\cdot\boldsymbol{P}'_{0m} = -\rho'_m \\ \dfrac{\partial\boldsymbol{P}'_{0m}}{\partial t} + \nabla\times\boldsymbol{P}'_0/\varepsilon_0 = \boldsymbol{j}'_m \\ \nabla\cdot\boldsymbol{P}'_0 = -\rho' \\ \dfrac{\partial\boldsymbol{P}'_0}{\partial t} - \nabla\times\boldsymbol{P}'_{0m}/\mu_0 = \boldsymbol{j}' \end{cases} \tag{2.2.2b}$$

其中，ρ' 定义为真空态感生电荷密度；ρ'_m 定义为真空态感生磁荷密度；$\boldsymbol{j}'_m$ 定义为真空态感生磁流密度；$\boldsymbol{j}'$ 定义为真空态感生电流密度；

$$|\boldsymbol{\rho}'\rangle = |\rho' - \mathrm{i}\boldsymbol{j}'/c\rangle$$

为真空态感生电荷密度协变形态；

$$|\boldsymbol{\rho}'_m\rangle = |\rho'_m - \mathrm{i}\boldsymbol{j}'_m/c\rangle$$

为真空态感生磁荷密度协变形态；$\boldsymbol{P}'_{0m}$ 定义为真空态感生磁极化强度；$\boldsymbol{P}'_0$ 定义为真空态感生电极化强度。

由于 $\boldsymbol{\Phi}'$ 不是总场，一般情况下，有

$$\begin{cases} |\diamond\rangle\langle\diamond\|\boldsymbol{\Phi}'\rangle \neq (|\diamond\rangle\langle\diamond\|\boldsymbol{\Phi}'\rangle)^{*\#} = (\langle\diamond\|\diamond\rangle\langle\boldsymbol{\Phi}'|)^{\#} \\ |\mathrm{i}c\boldsymbol{\rho}'_m\rangle \neq 0 \end{cases}$$

3. 有介质时的电磁方程组

令

$$\begin{cases} |\boldsymbol{\Phi}\rangle = |\boldsymbol{\Phi}_0 + \boldsymbol{\Phi}' + \boldsymbol{\Phi}_p\rangle \\ \boldsymbol{P}_\Sigma = \boldsymbol{P}_0 + \boldsymbol{P}' + \boldsymbol{P} \\ \boldsymbol{P}_{\Sigma m} = \boldsymbol{P}_{0m} + \boldsymbol{P}'_m + \boldsymbol{P}_m \end{cases}$$

$$\begin{cases} |\boldsymbol{\rho}\rangle = |(\boldsymbol{\rho}_f + \boldsymbol{\rho}' + \boldsymbol{\rho}_p)\rangle = |\rho - \mathrm{i}\boldsymbol{j}/c\rangle \\ |\boldsymbol{\rho}_{\Sigma m}\rangle = |(\boldsymbol{\rho}_{fm} + \boldsymbol{\rho}'_m + \boldsymbol{\rho}_m)\rangle \end{cases}$$

有

$$\begin{cases} |\diamond\rangle\langle\diamond\|\boldsymbol{\Phi}\rangle = |\boldsymbol{\rho}/\varepsilon_0\rangle + |\mathrm{i}c\boldsymbol{\rho}_{\Sigma m}\rangle \\ |\diamond\rangle\langle\diamond\|\boldsymbol{\Phi}\rangle = (\langle\diamond\|\diamond\rangle\langle\boldsymbol{\Phi}|)^{\#} \\ \langle\diamond\|\boldsymbol{\Phi}\rangle = \langle c\boldsymbol{P}_{\Sigma m} - \mathrm{i}\boldsymbol{P}_\Sigma/\varepsilon_0\rangle \end{cases} \tag{2.2.3a}$$

或

$$\begin{cases} \nabla \cdot \boldsymbol{P}_{\Sigma m} = 0 \\ \dfrac{\partial \boldsymbol{P}_{\Sigma m}}{\partial t} + \nabla \times \boldsymbol{P}_\Sigma/\varepsilon_0 = 0 \\ \nabla \cdot \boldsymbol{P}_\Sigma = -\rho \\ \dfrac{\partial \boldsymbol{P}_\Sigma}{\partial t} - \nabla \times \boldsymbol{P}_{\Sigma m}/\mu_0 = \boldsymbol{j} \\ |\boldsymbol{\rho}_{\Sigma m}\rangle = |\rho_{\Sigma m} - \mathrm{i}\boldsymbol{j}_{\Sigma m}\rangle = 0 \end{cases} \tag{2.2.3b}$$

2.2.2　电磁本构公理

1. 极化场强本构公理

（1）介质的电极化强度规定为介质态的电极化强度，用符号 $\boldsymbol{P}$ 表示。

（2）电位移规定为真空态的电极化强度的负值，即

$$\begin{cases} \boldsymbol{P}_0 = -\boldsymbol{D}_0 \\ \boldsymbol{P}'_0 = -\boldsymbol{D}' \\ \boldsymbol{P}_0 + \boldsymbol{P}'_0 = -\boldsymbol{D} \end{cases} \tag{2.2.4a}$$

真空态的电极化可看作是自由电荷引起的真空态电极化与介质态极化引起的真空态感生电极化之和。

（3）电场强度规定为总电极化强度之和的负值的 $1/\varepsilon_0$ 倍，即

$$\boldsymbol{P}_\Sigma = \boldsymbol{P}_0 + \boldsymbol{P}'_0 + \boldsymbol{P} = \varepsilon_0 \boldsymbol{E} \tag{2.2.4b}$$

（4）磁场强度规定为真空态的磁极化强度的负值的 $1/\mu_0$ 倍，即

$$\begin{cases} \boldsymbol{P}_{0m} = -\mu_0 \boldsymbol{H}_0 \\ \boldsymbol{P}'_{0m} = -\mu_0 \boldsymbol{H}' \\ \boldsymbol{P}_{0m} + \boldsymbol{P}'_{0m} = -\mu_0 \boldsymbol{H} \end{cases} \tag{2.2.5a}$$

真空态的磁极化可看作是自由电流引起的真空态磁极化与介质态磁极化引起的真空态感生磁极化之和。

（5）磁感应强度规定为真空态和介质态的总磁极化强度之和的负值，即

$$\boldsymbol{P}_{\Sigma m} = \boldsymbol{P}_{0m} + \boldsymbol{P}'_{0m} + \boldsymbol{P}_m = -\boldsymbol{B} \tag{2.2.5b}$$

（6）磁化强度 $\boldsymbol{M}$ 规定为介质态的磁极化强度的负值的 $1/\mu_0$ 倍，即

$$\boldsymbol{P}_m = -\mu_0 \boldsymbol{M} \tag{2.2.5c}$$

上面六点可总结为

$$\begin{cases} \boldsymbol{E} = \dfrac{1}{\varepsilon_0}(\boldsymbol{D} - \boldsymbol{P})\,(\text{或}\ \boldsymbol{D} = \varepsilon_0 \boldsymbol{E} + \boldsymbol{P}) \\ \boldsymbol{B} = \mu_0(\boldsymbol{H} + \boldsymbol{M})\,(\text{或}\ \boldsymbol{H} = \boldsymbol{B}/\mu_0 - \boldsymbol{M}) \end{cases} \tag{2.2.6}$$

式（2.2.4）~式（2.2.6）就是极化场强本构公理的数学表示，式（2.2.6）与麦克斯韦电磁理论关于电位移和磁场强度的定义相一致。

2. 磁物质本构公理

由双共轭不变性得出

$$|\boldsymbol{\rho}_{\Sigma m}\rangle = 0 \tag{2.2.7}$$

的结论，可推得

$$\begin{cases} |\rho_m\rangle + |\rho'_m\rangle = 0 \\ |\rho_{fm}\rangle = 0 \end{cases} \tag{2.2.8}$$

式（2.2.8）表明，真空态协变形态感生磁荷合量$|\rho'_m\rangle$与磁介质磁化磁荷协变形态合量$|\rho_m\rangle$之和，在空间的任何地方均为零，与自由磁荷合量为零的性质具有一致的关系，即在空间任意位置总的磁荷协变态为零。

式（2.2.8）还可以写成

$$\begin{cases} \rho_{fm} = 0 \\ \boldsymbol{j}_{fm} = 0 \end{cases} \tag{2.2.9}$$

和

$$\begin{cases} \rho_m + \rho'_m = 0 \\ \boldsymbol{j}_m + \boldsymbol{j}'_m = 0 \end{cases} \tag{2.2.10}$$

这就是磁物质本构公理，说明在空间的任何地方磁物质总量为零。

3. 基本形态的介质边值本构公理

对于静电和恒磁情况，存在以下规律：

（1）在任意各向同性介质边界所确定的闭合面上的感生电荷总和等于零。

$$\begin{cases} -\oint_S \boldsymbol{D}_1' \cdot \mathrm{d}\boldsymbol{s} = \oint_S \sigma_1' \mathrm{d}\boldsymbol{s} = 0 (\text{在介质 1 中}) \\ -\oint_S \boldsymbol{D}_2' \cdot \mathrm{d}\boldsymbol{s} = \oint_S \sigma_2' \mathrm{d}\boldsymbol{s} = 0 (\text{在介质 2 中}) \end{cases} \tag{2.2.11}$$

或

$$\begin{cases} \oint_S (\boldsymbol{D}_1' + \boldsymbol{D}_2') \cdot \mathrm{d}\boldsymbol{s} = \oint_S (-\boldsymbol{D}_1' + \boldsymbol{D}_2') \cdot \boldsymbol{n} \mathrm{d}s = 0 \\ (\boldsymbol{D}_2' - \boldsymbol{D}_1') \cdot \boldsymbol{n} \neq 0 \end{cases}$$

式中，$\boldsymbol{n}$ 为介质 1 指向介质 2 的单位法线方向；σ_1' 和 σ_2' 分别为介质 1 表面上和介质 2 表面上的感生面电荷密度。

（2）在边界上任取一闭合回路 L，穿过此回路围成的曲面的感生电流之和为零。

边界上任取一闭合回路 L 上电流稳恒对感生磁场强度的回路积分为

$$\begin{cases} \oint_{L_1} \boldsymbol{H}_1' \cdot \mathrm{d}\boldsymbol{l} = I_1' = 0 (\text{在介质 1 中}) \\ \oint_{L_2} \boldsymbol{H}_2' \cdot \mathrm{d}\boldsymbol{l} = I_2' = 0 (\text{在介质 2 中}) \end{cases} \tag{2.2.12}$$

式中，I_1' 为穿过 L_1 回路在介质 1 表面上的感生面电流；I_2' 为穿过 L_2 回路在介质 2 表面上的感生面电流。或

$$\begin{cases} \oint_L (\boldsymbol{H}_1' + \boldsymbol{H}_2') \cdot \mathrm{d}\boldsymbol{l} = 0 \\ (\boldsymbol{H}_1' - \boldsymbol{H}_2') \times \boldsymbol{n} \neq 0 \end{cases} \tag{2.2.13}$$

（3）闭合面 S 所确定的边界上，对于对称形状的介质在边界上产生的感生场的极化势的衔接条件为

$$(|\boldsymbol{\Phi}_1'\rangle + |\boldsymbol{\Phi}_2'\rangle)_s = 0 \text{ 或} \begin{cases} (\phi_1' + \phi_2')_s = 0 \\ (\boldsymbol{A}_1' + \boldsymbol{A}_2')_s = 0 \end{cases} \tag{2.2.14a}$$

显然，上式具有协变性。

在恒场情况下，其主要推论为（详见下章的讨论）

$$\begin{cases} (\boldsymbol{D}_1' + \boldsymbol{D}_2') \times \boldsymbol{n} = 0 \\ (\boldsymbol{H}_1' + \boldsymbol{H}_2') \cdot \boldsymbol{n} = 0 \end{cases} \tag{2.2.14b}$$

式（2.2.14b）与式（2.2.14a）是等价的。一般情况下（极个别情况除外），有

$$\begin{cases} (\boldsymbol{D}_2' - \boldsymbol{D}_1') \cdot \boldsymbol{n} \neq 0 \\ (\boldsymbol{H}_2' - \boldsymbol{H}_1') \times \boldsymbol{n} \neq 0 \end{cases} \tag{2.2.15}$$

将式（2.2.14）与麦克斯韦电磁理论的介质边值条件

$$\begin{cases} (\boldsymbol{D}_2' - \boldsymbol{D}_1') \cdot \boldsymbol{n} = 0 \\ (\boldsymbol{H}_2' - \boldsymbol{H}_1') \times \boldsymbol{n} = 0 \end{cases} \tag{2.2.16}$$

对比，可知 S 理论与麦克斯韦电磁理论在边值关系上形成主要区别（在第 3 ~5 章中详细论述），在用麦克斯韦电磁理论能够解决的问题之中，一般也同时满足式（2.2.14）所确定的条件，说明 S 理论有比麦克斯韦电磁理论更广的适用范围。如果我们放弃式（2.2.14）的 S 理论一般边值关系，只考虑式（2.2.16）的麦克斯韦电磁理论所给定的边值关系，本书就变成了只单独叙述麦克斯韦电磁理论的极限理论。解决用麦克斯韦电磁理论不能解决的众多问题，才是 S 理论重点表述的内容。

2.2.3　电磁本构方程组

1. 介质态电磁本构方程组

利用式（2.2.4）及式（2.2.5）的 $\boldsymbol{P}_m = -\mu_0\boldsymbol{M}$，式（2.2.1）可以写成

$$\begin{cases} |\diamond\rangle\langle\diamond\|\boldsymbol{\Phi}_p\rangle = |\boldsymbol{\rho}_P/\varepsilon_0\rangle + |\mathrm{i}c\boldsymbol{\rho}_m\rangle \\ \langle\diamond\|\boldsymbol{\Phi}_p\rangle = \langle -c\mu_0\boldsymbol{M} - \mathrm{i}\boldsymbol{P}/\varepsilon_0\rangle \end{cases} \tag{2.2.17a}$$

或

$$\begin{cases} \nabla\cdot\boldsymbol{M} = \dfrac{\rho_m}{\mu_0} \\ \dfrac{\partial\boldsymbol{M}}{c^2\partial t} + \nabla\times\boldsymbol{P} = \varepsilon_0\boldsymbol{j}_m \\ \nabla\cdot\boldsymbol{P} = -\rho_p \\ \dfrac{\partial\boldsymbol{P}}{\partial t} + \nabla\times\boldsymbol{M} = \boldsymbol{j}_p \end{cases} \tag{2.2.17b}$$

2. 真空态感生电磁本构方程组

利用式（2.2.4）及式（2.2.5）的 $\boldsymbol{P}_0' = -\boldsymbol{D}'$ 和 $\boldsymbol{P}_{0m}' = -\mu_0\boldsymbol{H}'$，式（2.2.2）可以写成

$$\begin{cases} |\diamond\rangle\langle\diamond\|\boldsymbol{\Phi}'\rangle = |\boldsymbol{\rho}'/\varepsilon_0\rangle \\ \langle\diamond\|\boldsymbol{\Phi}'\rangle = \langle -c\mu_0\boldsymbol{H}' + \mathrm{i}\boldsymbol{D}'/\varepsilon_0\rangle \end{cases} \tag{2.2.18a}$$

或

$$\begin{cases}\nabla\cdot\boldsymbol{H}'=\dfrac{\rho'_m}{\mu_0}=-\dfrac{\rho_m}{\mu_0}\\ \dfrac{\partial\boldsymbol{H}'}{c^2\partial t}+\nabla\times\boldsymbol{D}'=-\boldsymbol{j}'_m=\boldsymbol{j}_m\\ \nabla\cdot\boldsymbol{D}'=\rho'\\ \dfrac{\partial\boldsymbol{D}'}{\partial t}-\nabla\times\boldsymbol{H}'=-\boldsymbol{j}'\end{cases}\tag{2.2.18b}$$

对于各向同性介质，介质内部有

$$\rho_m=\boldsymbol{j}_m=\rho'=\boldsymbol{j}'=0$$

式（2.2.18）可表示为

$$\begin{cases}|\diamond\rangle\langle\diamond\|\boldsymbol{\Phi}'\rangle=0(\text{介质内})\\ (|\boldsymbol{\Phi}'_1\rangle+|\boldsymbol{\Phi}'_2\rangle)_s=0(\text{基本形态介质界面上})\\ \langle\diamond\|\boldsymbol{\Phi}'\rangle=\langle-c\mu_0\boldsymbol{H}'+\mathrm{i}\boldsymbol{D}'/\varepsilon_0\rangle\end{cases}\tag{2.2.18c}$$

或

$$\begin{cases}\nabla\cdot\boldsymbol{H}'=0(\text{介质内})\\ \dfrac{\partial\boldsymbol{H}'}{c^2\partial t}+\nabla\times\boldsymbol{D}'=0(\text{介质内})\\ \nabla\cdot\boldsymbol{D}'=0(\text{介质内})\\ \dfrac{\partial\boldsymbol{D}'}{\partial t}-\nabla\times\boldsymbol{H}'=0(\text{介质内})\\ (\boldsymbol{D}'_1+\boldsymbol{D}'_2)|\times\boldsymbol{n}=0(\text{基本形态介质界面上})\\ (\boldsymbol{H}'_1+\boldsymbol{H}'_2)|\cdot\boldsymbol{n}=0(\text{基本形态介质界面上})\end{cases}\tag{2.2.18d}$$

3. 电磁总场本构方程组

由式（2.2.4）与式（2.2.5）叠加，式（2.2.3）可以写成

$$\begin{cases} |\diamondsuit\rangle\langle\diamondsuit\|\boldsymbol{\Phi}\rangle = |\dfrac{\boldsymbol{\rho}_f+\boldsymbol{\rho}'+\boldsymbol{\rho}_p}{\varepsilon_0}\rangle \\ \langle\diamondsuit\|\boldsymbol{\Phi}\rangle = \langle -c\boldsymbol{B}+\mathrm{i}\boldsymbol{E}\rangle \end{cases} \tag{2.2.19a}$$

$$\begin{cases} \nabla\cdot\boldsymbol{B}=0 \\ \dfrac{\partial\boldsymbol{B}}{\partial t}+\nabla\times\boldsymbol{E}=0 \\ \nabla\cdot\boldsymbol{E}=\dfrac{\rho_f+\rho'+\rho_p}{\varepsilon_0} \\ \dfrac{\partial\boldsymbol{E}}{c^2\partial t}-\nabla\times\boldsymbol{B}=-\mu_0(\boldsymbol{j}_f+\boldsymbol{j}'+\boldsymbol{j}_p) \end{cases} \tag{2.2.19b}$$

4. 真空态电磁本构方程组

由式（2.1.32 ）与式（2.2.3）叠加，得

$$\begin{cases} |\diamondsuit\rangle\langle\diamondsuit\|\boldsymbol{\Phi}_0+\boldsymbol{\Phi}'\rangle = |(\boldsymbol{\rho}_f+\boldsymbol{\rho}')/\varepsilon_0\rangle \\ \langle\diamondsuit\|\boldsymbol{\Phi}_0+\boldsymbol{\Phi}'\rangle = \langle -c\mu_0\boldsymbol{H}+\mathrm{i}\boldsymbol{D}/\varepsilon_0\rangle \end{cases} \tag{2.2.20a}$$

$$\begin{cases} \nabla\cdot\boldsymbol{H}=\dfrac{\rho_m'}{\mu_0}=-\dfrac{\rho_m}{\mu_0} \\ \dfrac{\partial\boldsymbol{H}}{c^2\partial t}+\nabla\times\boldsymbol{D}=-\boldsymbol{j}_m'=\boldsymbol{j}_m \\ \nabla\cdot\boldsymbol{D}=\rho_f+\rho' \\ \dfrac{\partial\boldsymbol{D}}{\partial t}-\nabla\times\boldsymbol{H}=-(\boldsymbol{j}_f+\boldsymbol{j}') \end{cases} \tag{2.2.20b}$$

5. 电磁本构方程组的标准形式

对式（2.2.19a）取双共轭变换，得

$$(|\diamondsuit\rangle\langle\diamondsuit\|\boldsymbol{\Phi}\rangle)^{*\#} = (\langle\diamondsuit\|\diamondsuit\rangle\langle\boldsymbol{\Phi}|)^{\#} = \left(\left\langle\dfrac{\boldsymbol{\rho}_f+\boldsymbol{\rho}'+\boldsymbol{\rho}_p}{\varepsilon_0}\right|\right)^{\#}$$

$$= \left| \frac{\boldsymbol{\rho}_f + \boldsymbol{\rho}' + \boldsymbol{\rho}_p}{\varepsilon_0} \right\rangle \tag{2.2.21}$$

利用式（2.2.21），有

$$\begin{cases} |\diamond\rangle\langle\diamond\|\boldsymbol{\Phi}\rangle - (\langle\diamond\|\diamond\rangle\langle\boldsymbol{\Phi}|)^{\#} = 0 \\ \langle\diamond\|\boldsymbol{\Phi}\rangle = \langle -c\boldsymbol{B} + \mathrm{i}\boldsymbol{E}\rangle \end{cases} \tag{2.2.22a}$$

$$\Rightarrow \begin{cases} \nabla\cdot\boldsymbol{B} = 0 \\ \dfrac{\partial \boldsymbol{B}}{\partial t} + \nabla\times\boldsymbol{E} = 0 \end{cases} \tag{2.2.22b}$$

同理，利用式（2.2.20a）并与其双共轭变换式相加，有

$$\begin{cases} |\diamond\rangle\langle\diamond\|\boldsymbol{\Phi}_0 + \boldsymbol{\Phi}'\rangle + (\langle\diamond\|\diamond\rangle\langle\boldsymbol{\Phi}_0 + \boldsymbol{\Phi}'|)^{\#} = 2\left|\dfrac{\boldsymbol{\rho}_f + \boldsymbol{\rho}'}{\varepsilon_0}\right\rangle \\ \langle\diamond\|\boldsymbol{\Phi}_0 + \boldsymbol{\Phi}'\rangle = \langle -c\mu_0\boldsymbol{H} + \mathrm{i}\boldsymbol{D}/\varepsilon_0\rangle \end{cases} \tag{2.2.23a}$$

$$\Rightarrow \begin{cases} \nabla\cdot\boldsymbol{D} = \rho_f + \rho' \\ \dfrac{\partial \boldsymbol{D}}{\partial t} - \nabla\times\boldsymbol{H} = -(\boldsymbol{j}_f + \boldsymbol{j}') \end{cases} \tag{2.2.23b}$$

式（2.2.22）与式（2.2.23）可以合成为

$$\begin{cases} |\diamond\rangle\langle\diamond\|\boldsymbol{\Phi}\rangle - (\langle\diamond\|\diamond\rangle\langle\boldsymbol{\Phi}|)^{\#} = 0 \\ |\diamond\rangle\langle\diamond\|\boldsymbol{\Phi}_0 + \boldsymbol{\Phi}'\rangle + (\langle\diamond\|\diamond\rangle\langle\boldsymbol{\Phi}_0 + \boldsymbol{\Phi}'|)^{\#} = 2\left|\dfrac{\boldsymbol{\rho}_f + \boldsymbol{\rho}'}{\varepsilon_0}\right\rangle \\ \langle\diamond\|\boldsymbol{\Phi}\rangle = \langle -c\boldsymbol{B} + \mathrm{i}\boldsymbol{E}\rangle \\ \langle\diamond\|\boldsymbol{\Phi}_0 + \boldsymbol{\Phi}'\rangle = \langle -c\mu_0\boldsymbol{H} + \mathrm{i}\boldsymbol{D}/\varepsilon_0\rangle \end{cases} \tag{2.2.24a}$$

$$
\begin{cases}
\nabla \cdot \boldsymbol{B}=0 \\
\dfrac{\partial \boldsymbol{B}}{\partial t}+\nabla \times \boldsymbol{E}=0 \\
\nabla \cdot \boldsymbol{D}=\rho_f+\rho' \\
\dfrac{\partial \boldsymbol{D}}{\partial t}-\nabla \times \boldsymbol{H}=-(\boldsymbol{j}_f+\boldsymbol{j}')
\end{cases} \tag{2.2.24b}
$$

上式就是有介质时的电磁本构方程组。仅考虑各向同性介质，式（2.2.24a）还可以写成

$$
\begin{cases}
|\diamond\rangle\langle\diamond\|\boldsymbol{\Phi}\rangle=\left|\dfrac{\rho}{\varepsilon_0}\right\rangle \\
|\boldsymbol{\Phi}\rangle=|\phi-\mathrm{i}c\boldsymbol{A}\rangle=\left|\dfrac{1}{\varepsilon_{\mathrm{r}}}(\phi_0+\phi')-\mathrm{i}c\mu_{\mathrm{r}}(\boldsymbol{A}_0+\boldsymbol{A}')\right\rangle+\text{常数} \\
|\boldsymbol{\rho}\rangle=|\rho-\mathrm{i}\boldsymbol{j}/c\rangle=\left|\dfrac{1}{\varepsilon_{\mathrm{r}}}(\rho_f+\rho')-\mathrm{i}\mu_{\mathrm{r}}(\boldsymbol{j}_f+\boldsymbol{j}')/c\right\rangle
\end{cases} \tag{2.2.24c}
$$

式中，ε_{r} 为相对介电常数；μ_{r} 为相对磁导率。

式（2.2.24c）中包含了双共轭变换不变性 $|\diamond\rangle\langle\diamond\|\boldsymbol{\Phi}\rangle-(\langle\diamond\|\diamond\rangle\langle\boldsymbol{\Phi}|)^{\#}=0$ 的结论。由于总场 $\boldsymbol{\Phi}$ 可通过感生场

$$|\boldsymbol{\Phi}'\rangle=|\phi'-\mathrm{i}c\mu_{\mathrm{r}}\boldsymbol{A}'\rangle$$

来确定，因此，建立求解 $|\boldsymbol{\Phi}'\rangle=|\phi'-\mathrm{i}c\mu_{\mathrm{r}}\boldsymbol{A}'\rangle$ 的法则在 S 理论中显得尤为重要。

6. 麦克斯韦方程组

令 $|\rho'\rangle=\left|\rho'-\mathrm{i}\dfrac{\boldsymbol{j}'}{c}\right\rangle=0$，式（2.2.24）变为

$$\begin{cases} |\diamond\rangle\langle\diamond\|\boldsymbol{\Phi}\rangle-(\langle\diamond\|\diamond\rangle\langle\boldsymbol{\Phi}|)^{\#}=0 \\ |\diamond\rangle\langle\diamond\|\boldsymbol{\Phi}_0+\boldsymbol{\Phi}'\rangle+(\langle\diamond\|\diamond\rangle\langle\boldsymbol{\Phi}_0+\boldsymbol{\Phi}'|)^{\#}=2\left|\dfrac{\boldsymbol{\rho}_f}{\varepsilon_0}\right\rangle \\ \langle\diamond\|\boldsymbol{\Phi}_0+\boldsymbol{\Phi}'\rangle=\langle-c\mu_0\boldsymbol{H}+\mathrm{i}\boldsymbol{D}/\varepsilon_0\rangle \\ \langle\diamond\|\boldsymbol{\Phi}\rangle=\langle-c\boldsymbol{B}+\mathrm{i}\boldsymbol{E}\rangle \end{cases} \tag{2.2.25a}$$

或

$$\begin{cases} |\diamond\rangle\langle\diamond\|\boldsymbol{\Phi}\rangle=\left|\dfrac{\boldsymbol{\rho}_f+\boldsymbol{\rho}_p}{\varepsilon_0}\right\rangle \\ |\boldsymbol{\Phi}\rangle=|\phi-\mathrm{i}c\boldsymbol{A}\rangle=\left|\dfrac{1}{\varepsilon_{\mathrm{r}}}(\phi_0+\phi')-\mathrm{i}c\mu_{\mathrm{r}}(\boldsymbol{A}_0+\boldsymbol{A}')\right\rangle+\text{常数} \\ |\boldsymbol{\rho}_f+\boldsymbol{\rho}_p\rangle=|(\rho_f+\rho_p)-\mathrm{i}(\boldsymbol{j}_f+\boldsymbol{j}_p)/c\rangle=\left|\dfrac{1}{\varepsilon_{\mathrm{r}}}\rho_f-\mathrm{i}\mu_{\mathrm{r}}\boldsymbol{j}_f/c\right\rangle \end{cases} \tag{2.2.25b}$$

或

$$\begin{cases} \nabla\cdot\boldsymbol{B}=0 \\ \dfrac{\partial\boldsymbol{B}}{\partial t}+\nabla\times\boldsymbol{E}=0 \\ \nabla\cdot\boldsymbol{D}=\rho_f \\ \dfrac{\partial\boldsymbol{D}}{\partial t}-\nabla\times\boldsymbol{H}=-\boldsymbol{j}_f \end{cases} \tag{2.2.25c}$$

式（2.2.25）就是麦克斯韦方程组。可见，麦克斯韦方程组是电磁本构方程组的一种极限形式，说明 S 理论包含了麦克斯韦电磁理论的核心内容。

2.3 电磁力方程的各种形式

2.3.1 自由带电粒子所受的电磁力

一个自由带电粒子，带电量为 q，在极化势合量 $|\boldsymbol{\Phi}\rangle$ 或极化场强

$$\langle \diamond | \boldsymbol{\Phi}\rangle = -c\boldsymbol{B} + \mathrm{i}\boldsymbol{E}$$

的作用下，其作用力合量为

$$\begin{cases} \left|\dfrac{\mathrm{d}(m_0 c e^{-\mathrm{i}\theta})}{\mathrm{d}\tau}\right\rangle = |\gamma\boldsymbol{\beta}\cdot\boldsymbol{f} - \mathrm{i}\gamma\boldsymbol{f}\rangle = |\boldsymbol{K}\rangle \\ |\boldsymbol{K}\rangle = \dfrac{q}{2c}\{\lceil \diamond | \boldsymbol{\Phi}\rceil |\boldsymbol{V}\rangle - |\boldsymbol{V}\rangle\langle \diamond | \boldsymbol{\Phi}\rangle\} \end{cases} \tag{2.3.1a}$$

利用 $\langle \diamond | \boldsymbol{\Phi}\rangle = \langle -c\boldsymbol{B} + \mathrm{i}\boldsymbol{E}\rangle$，得

$$\begin{aligned} |\boldsymbol{K}\rangle &= \frac{q}{2c}\{\lceil \diamond | \boldsymbol{\Phi}\rceil |\boldsymbol{V}\rangle - |\boldsymbol{V}\rangle\langle \diamond | \boldsymbol{\Phi}\rangle\} \\ &= \frac{q}{2}\{\lceil \diamond | \boldsymbol{\Phi}\rceil |e^{-\mathrm{i}\theta}\rangle - |e^{-\mathrm{i}\theta}\rangle\langle \diamond | \boldsymbol{\Phi}\rangle\} \\ &= \frac{q}{2}\{\lceil -c\boldsymbol{B} + \mathrm{i}\boldsymbol{E}\rceil |\gamma - \mathrm{i}\gamma\boldsymbol{\beta}\rangle - |\gamma - \mathrm{i}\gamma\boldsymbol{\beta}\rangle\langle -c\boldsymbol{B} + \mathrm{i}\boldsymbol{E}\rangle\} \\ &= \frac{q}{2}|(-c\boldsymbol{B} + \mathrm{i}\boldsymbol{E})^* \otimes (\gamma - \mathrm{i}\gamma\boldsymbol{\beta}) - (\gamma - \mathrm{i}\gamma\boldsymbol{\beta}) \otimes (-c\boldsymbol{B} + \mathrm{i}\boldsymbol{E})\rangle \\ &= |\gamma q\boldsymbol{\beta}\cdot\boldsymbol{E} - \mathrm{i}\gamma q(\boldsymbol{E} + \boldsymbol{v}\times\boldsymbol{B})\rangle \end{aligned} \tag{2.3.1b}$$

得

$$\begin{cases} \dfrac{\mathrm{d}(m_0\gamma\boldsymbol{v})}{\mathrm{d}t} = \dfrac{m_0\mathrm{d}(\gamma\boldsymbol{v})}{\mathrm{d}t} = \boldsymbol{f} \\ \boldsymbol{f} = q(\boldsymbol{E} + \boldsymbol{v}\times\boldsymbol{B}) \end{cases} \tag{2.3.2}$$

式（2.3.2）正是洛伦兹力公式。利用自由电荷密度协变形态合量

$$|\rho\rangle=\rho_0|e^{-\mathrm{i}\theta}\rangle=|\rho_0\gamma-\mathrm{i}\rho_0\gamma\boldsymbol{\beta}\rangle$$

$$\mathrm{d}q=\rho_0\mathrm{d}V_0=\gamma\rho_0\mathrm{d}V=\rho\mathrm{d}V$$

式中，固有体积元为 $\mathrm{d}V_0=\gamma\mathrm{d}V$；$\rho_0$ 为静止时带电体的自由电荷密度。得到运动物体的体积元 $\mathrm{d}V$ 所受的电磁力协变形态合量为

$$\begin{aligned}\mathrm{d}|\boldsymbol{K}\rangle&=\frac{\rho_0\mathrm{d}V_0}{2c}\{\lceil\Diamond|\boldsymbol{\Phi}\rceil|\boldsymbol{V}\rangle-|\boldsymbol{V}\rangle\langle\Diamond|\boldsymbol{\Phi}\rangle\}\\&=\mathrm{d}V_0|\gamma\rho_0\boldsymbol{\beta}\cdot\boldsymbol{E}-\mathrm{i}\gamma\boldsymbol{\rho}_0(\boldsymbol{E}+\boldsymbol{v}\times\boldsymbol{B})\rangle\\&=|\boldsymbol{K}_0\rangle\mathrm{d}V_0\end{aligned}\tag{2.3.3}$$

有

$$\begin{cases}|\boldsymbol{K}_0\rangle=|\rho\boldsymbol{\beta}\cdot\boldsymbol{E}-\mathrm{i}(\rho\boldsymbol{E}+\boldsymbol{j}\times\boldsymbol{B})\rangle\\\boldsymbol{j}=\rho\boldsymbol{v}\\\rho=\gamma\rho_0\end{cases}\tag{2.3.4}$$

式（2.3.4）是带电体所受电磁力密度合量公式。其中，固有体积元 $\mathrm{d}V_0$ 为不变量，$|\boldsymbol{K}_0\rangle$ 为协变形态的力密度合量。

2.3.2 自由磁荷粒子所受的电磁力

考虑一个带自由磁荷粒子（磁单极），带磁荷量为 q_m，在统一极化势

$$|\boldsymbol{\Psi}\rangle=|\boldsymbol{\Phi}+\mathrm{i}c\mu_0\boldsymbol{\Phi}_m\rangle$$

或统一极化场

$$\langle\Diamond|\boldsymbol{\Psi}\rangle=-c\boldsymbol{B}+\mathrm{i}\boldsymbol{E}$$

的作用下，自由磁荷粒子受力可写成协变形态合量形式，即

$$
\begin{aligned}
|\boldsymbol{K}_m\rangle &= |\gamma\boldsymbol{v}\cdot\boldsymbol{f}_m/c-\mathrm{i}\gamma\boldsymbol{f}_m\rangle \\
&= \frac{-\varepsilon_0 q_m}{2}(|\boldsymbol{V}\rangle\langle\Diamond|\boldsymbol{\Psi}\rangle+[\Diamond|\boldsymbol{\Psi}]|\boldsymbol{V}\rangle \\
&= \frac{-c\varepsilon_0 q_m}{2}(|\gamma-\mathrm{i}\gamma\boldsymbol{\beta}\rangle\langle-c\boldsymbol{B}+\mathrm{i}\boldsymbol{E}\rangle+[-c\boldsymbol{B}+\mathrm{i}\boldsymbol{E}]|\gamma-\mathrm{i}\gamma\boldsymbol{\beta}\rangle) \\
&= \frac{-c\varepsilon_0 q_m}{2}|(\gamma-\mathrm{i}\gamma\boldsymbol{\beta})\otimes(-c\boldsymbol{B}+\mathrm{i}\boldsymbol{E})+(-c\boldsymbol{B}-\mathrm{i}\boldsymbol{E})\otimes(\gamma-i\gamma\boldsymbol{\beta})\rangle \\
&= c\varepsilon_0|c\gamma q_m\boldsymbol{\beta}\cdot\boldsymbol{B}-\mathrm{i}\gamma q_m(c\boldsymbol{B}-\boldsymbol{\beta}\times\boldsymbol{E})\rangle
\end{aligned} \tag{2.3.5}
$$

其中，

$$
\boldsymbol{f}_m = c\varepsilon_0 q_m(c\boldsymbol{B}-\boldsymbol{\beta}\times\boldsymbol{E}) = q_m\left(\frac{\boldsymbol{B}}{\mu_0}-\varepsilon_0\boldsymbol{v}\times\boldsymbol{E}\right) \tag{2.3.6}
$$

讨论：在真空中，有

$$
\begin{cases}
\dfrac{\boldsymbol{B}}{\mu_0}=\boldsymbol{H} \\
\varepsilon_0\boldsymbol{E}=\boldsymbol{D}
\end{cases} \tag{2.3.7}
$$

得

$$
\boldsymbol{f}_m = q_m\left(\frac{\boldsymbol{B}}{\mu_0}-\varepsilon_0\boldsymbol{v}\times\boldsymbol{E}\right) = q_m(\boldsymbol{H}-\boldsymbol{v}\times\boldsymbol{D}) \tag{2.3.8}
$$

上式只在真空中成立。在各向同性介质中力的表达式应为式（2.3.6）。

2.3.3　带电磁混合粒子的电磁力

一个带自由磁荷和电荷的粒子，带磁荷量为 q_m，带电量为 q，在统一势场

$$
|\boldsymbol{\Psi}\rangle = |\boldsymbol{\Phi}+\mathrm{i}c\mu_0\boldsymbol{\Phi}_m\rangle
$$

或极化场

$$\langle \Diamond \mid \boldsymbol{\Psi} \rangle = -c\boldsymbol{B} + \mathrm{i}\boldsymbol{E}$$

的作用下，可写成协变形态形式，即

$$\begin{aligned}
\mid \boldsymbol{K}\rangle &= \frac{1}{2c}\{[\Diamond \mid \boldsymbol{\Psi}]\ulcorner q - \mathrm{i}c\varepsilon_0 q_m \urcorner \mid \boldsymbol{V}\rangle - \mid \boldsymbol{V}\rangle\langle q - \mathrm{i}c\varepsilon_0 q_m\rangle\langle \Diamond \mid \boldsymbol{\Psi}\rangle\} \\
&= \frac{1}{2}\{[-c\boldsymbol{B} + \mathrm{i}\boldsymbol{E}]\ulcorner q - \mathrm{i}c\varepsilon_0 q_m \urcorner \mid \gamma - \mathrm{i}\gamma\boldsymbol{\beta}\rangle - \\
&\quad \mid \gamma - \mathrm{i}\gamma\boldsymbol{\beta}\rangle\langle q - \mathrm{i}c\varepsilon_0 q_m\rangle\langle -c\boldsymbol{B} + \mathrm{i}\boldsymbol{E}\rangle\} \\
&= \frac{1}{2}\mid(-c\boldsymbol{B} - \mathrm{i}\boldsymbol{E})\otimes(q + \mathrm{i}c\varepsilon_0 q_m)\otimes(\gamma - \mathrm{i}\gamma\boldsymbol{\beta}) - (\gamma - \mathrm{i}\gamma\boldsymbol{\beta})\otimes \\
&\quad (q - \mathrm{i}c\varepsilon_0 q_m)\otimes(-c\boldsymbol{B} + \mathrm{i}\boldsymbol{E})\rangle \\
&= \mid \gamma q\boldsymbol{\beta}\cdot\boldsymbol{E} - \mathrm{i}\gamma q(\boldsymbol{E} + c\boldsymbol{\beta}\times\boldsymbol{B})\rangle + c\varepsilon_0 \mid c\gamma q_m\boldsymbol{\beta}\cdot\boldsymbol{B} - \\
&\quad \mathrm{i}\gamma q_m(c\boldsymbol{B} - \boldsymbol{\beta}\times\boldsymbol{E})\rangle \\
&= \mid \gamma\boldsymbol{\beta}\cdot\boldsymbol{f} - \mathrm{i}\gamma\boldsymbol{f}\rangle + \mid \gamma\boldsymbol{\beta}\cdot\boldsymbol{f}_m - \mathrm{i}\gamma\boldsymbol{f}_m\rangle \\
&= \mid \gamma\boldsymbol{\beta}\cdot(\boldsymbol{f} + \boldsymbol{f}_m) - \mathrm{i}\gamma(\boldsymbol{f} + \boldsymbol{f}_m)\rangle
\end{aligned} \tag{2.3.9}$$

$$\frac{\mathrm{d}(m_0\gamma\boldsymbol{v})}{\mathrm{d}t} = \boldsymbol{f} + \boldsymbol{f}_m = q(\boldsymbol{E} + \boldsymbol{v}\times\boldsymbol{B}) + q_m\left(\frac{\boldsymbol{B}}{\mu_0} - \varepsilon_0\boldsymbol{v}\times\boldsymbol{E}\right) \tag{2.3.10}$$

讨论：在没有介质时的真空，有

$$\begin{cases} \dfrac{\boldsymbol{B}}{\mu_0} = \boldsymbol{H} \\ \boldsymbol{E}/(\mu_0 c^2) = \varepsilon_0\boldsymbol{E} = \boldsymbol{D} \end{cases} \tag{2.3.11}$$

式（2.3.10）变为

$$\begin{aligned}
\boldsymbol{f} + \boldsymbol{f}_m &= q(\boldsymbol{E} + \boldsymbol{v}\times\boldsymbol{B}) + q_m\left(\frac{\boldsymbol{B}}{\mu_0} - \varepsilon_0\boldsymbol{v}\times\boldsymbol{E}\right) \\
&= q(\boldsymbol{E} + \boldsymbol{v}\times\boldsymbol{B}) + q_m(\boldsymbol{H} - \boldsymbol{v}\times\boldsymbol{D})
\end{aligned} \tag{2.3.12}$$

上式只适用于真空。

2.3.4 电磁总力密度合量

令

$$\begin{cases} dq = \sum_j (\rho_{0j} + \rho_j' + \rho_j) dV_0 = \sum_j (\rho_{0j} + \rho_j' + \rho_j) \gamma_j dV = \rho dV \\ \sum_j (\rho_{0j} + \rho_j' + \rho_j) \gamma_j = \rho \end{cases}$$

(2.3.13)

$$\begin{cases} | dqe^{-i\theta} \rangle = \left| \rho dV_0 - \frac{1}{c} i\boldsymbol{J} dV_0 \right\rangle \\ \rho = \sum_j (\rho_{0j} + \rho_j' + \rho_{pj}) \gamma_j \\ \boldsymbol{J} = \sum_j (\rho_{0j} + \rho_j' + \rho_j) \gamma_j \boldsymbol{v}_j = \boldsymbol{j}_0 + \boldsymbol{j}' + \boldsymbol{j}_M \end{cases}$$

由于

$$| \diamondsuit \rangle \langle \diamondsuit \| \boldsymbol{\Phi} \rangle = | \boldsymbol{\rho} \rangle / \varepsilon_0 = \left| \left(\rho - i\boldsymbol{J} \frac{1}{c} \right) \right\rangle \Big/ \varepsilon_0 = | \rho_0 e^{-i\theta} \rangle / \varepsilon_0$$

$$= \rho_0 | \boldsymbol{V} \rangle / (c\varepsilon_0) \tag{2.3.14}$$

代入式（2.3.3），得

$$d | \boldsymbol{K} \rangle = | \boldsymbol{K}_0 \rangle dV_0$$

$$= \frac{\varepsilon_0}{2} \{ \lceil \diamondsuit | \boldsymbol{\Phi} \rceil | \diamondsuit \rangle \langle \diamondsuit \| \boldsymbol{\Phi} \rangle - | \diamondsuit \rangle \langle \diamondsuit \| \boldsymbol{\Phi} \rangle \langle \diamondsuit | \boldsymbol{\Phi} \rangle \} dV_0$$

(2.3.15)

总力密度为

$$| \boldsymbol{K}_0 \rangle = \frac{\varepsilon_0}{2} \{ \lceil \diamondsuit | \boldsymbol{\Phi} \rceil | \diamondsuit \rangle \langle \diamondsuit \| \boldsymbol{\Phi} \rangle - | \diamondsuit \rangle \langle \diamondsuit \| \boldsymbol{\Phi} \rangle \langle \diamondsuit | \boldsymbol{\Phi} \rangle \}$$

(2.3.16)

式（2.3.16）就是用极化势合量表示的电磁总力密度合量。

2.3.5 电磁总力合量的对称张量表示

利用式（2.2.19b），得

$$\begin{cases} \nabla \cdot \boldsymbol{E} = \dfrac{\rho_0 + \rho' + \rho_p}{\varepsilon_0} \\ \dfrac{\partial \boldsymbol{E}}{c^2 \partial t} - \nabla \times \boldsymbol{B} = -\mu_0 (\boldsymbol{j}_0 + \boldsymbol{j}' + \boldsymbol{j}_M) \end{cases}$$

考虑静止时的带电粒子体积元 $\mathrm{d}V_0$，有

$$\begin{cases} \rho = \rho_0 + \rho' + \rho_p = \varepsilon_0 \nabla \cdot \boldsymbol{E} \\ \boldsymbol{J} = \boldsymbol{j}_{0j} + \boldsymbol{j}' + \boldsymbol{j}_p = \dfrac{1}{\mu_0} \nabla \times \boldsymbol{B} - \varepsilon_0 \dfrac{\partial \boldsymbol{E}}{\partial t} \end{cases} \tag{2.3.17}$$

得

$$\begin{aligned} |\rho\rangle &= \left|\left(\rho - \mathrm{i}\boldsymbol{J}\frac{1}{c}\right)\right\rangle = \left|\varepsilon_0 \nabla \cdot \boldsymbol{E} - \mathrm{i}\frac{1}{c}\left(\frac{1}{\mu_0}\nabla \times \boldsymbol{B} - \varepsilon_0 \frac{\partial \boldsymbol{E}}{\partial t}\right)\right\rangle \\ &= \varepsilon_0 |\diamond\rangle\langle\diamond\|\boldsymbol{\Phi}\rangle \end{aligned} \tag{2.3.18}$$

利用

$$\langle\diamond|\boldsymbol{\Phi}\rangle = \langle -c\boldsymbol{B} + \mathrm{i}\boldsymbol{E}\rangle$$

式（2.3.16）变为

$$\begin{aligned} |\boldsymbol{K}_0\rangle &= \frac{\varepsilon_0}{2}\{\lceil\diamond|\boldsymbol{\Phi}\rceil|\diamond\rangle\langle\diamond\|\boldsymbol{\Phi}\rangle - |\diamond\rangle\langle\diamond\|\boldsymbol{\Phi}\rangle\langle\diamond|\boldsymbol{\Phi}\rangle\} \\ &= \frac{1}{2}\{\lceil\diamond|\boldsymbol{\Phi}\rceil|\boldsymbol{\rho}\rangle - |\boldsymbol{\rho}\rangle\langle\diamond|\boldsymbol{\Phi}\rangle\} \\ &= \frac{1}{2}\left\{-(\mathrm{i}\boldsymbol{E} + c\boldsymbol{B}) \otimes \left(\varepsilon_0 \nabla \cdot \boldsymbol{E} - \mathrm{i}\frac{1}{c}\left(\frac{1}{\mu_0}\nabla \times \boldsymbol{B} - \varepsilon_0 \frac{\partial \boldsymbol{E}}{\partial t}\right)\right) - \right. \end{aligned}$$

$$\left(\varepsilon_0 \nabla \cdot \boldsymbol{E} - \mathrm{i}\,\frac{1}{c}\left(\frac{1}{\mu_0}\,\nabla \times \boldsymbol{B} - \varepsilon_0\,\frac{\partial \boldsymbol{E}}{\partial t}\right)\right)\otimes(\mathrm{i}\boldsymbol{E} - c\boldsymbol{B})\right\}$$

(2.3.19)

式（2.3.19）就是用极化场表示的电磁总力合量。对式（2.3.19）进行整理，得

$$\begin{aligned}
\boldsymbol{K}_0 &= \frac{\varepsilon_0}{2}\left\{-(\mathrm{i}\boldsymbol{E} + c\boldsymbol{B})\otimes\left(\nabla \cdot \boldsymbol{E} - \mathrm{i}\,\frac{1}{c}\left(\nabla \times \boldsymbol{B}c^2 - \frac{\partial \boldsymbol{E}}{\partial t}\right)\right) - \right.\\
&\left.\left(\nabla \cdot \boldsymbol{E} - \mathrm{i}\,\frac{1}{c}\left(\nabla \times \boldsymbol{B}c^2 - \frac{\partial \boldsymbol{E}}{\partial t}\right)\right)\otimes(\mathrm{i}\boldsymbol{E} - c\boldsymbol{B})\right\}\\
&= \frac{\varepsilon_0}{2}\left\{(-\mathrm{i}\boldsymbol{E} - c\boldsymbol{B})\nabla \cdot \boldsymbol{E} - \mathrm{i}(\mathrm{i}\boldsymbol{E} + c\boldsymbol{B}) \cdot \frac{1}{c}\left(\nabla \times \boldsymbol{B}c^2 - \frac{\partial \boldsymbol{E}}{\partial t}\right) + \right.\\
&\left.\mathrm{i}(\mathrm{i}\boldsymbol{E} + c\boldsymbol{B}) \times \frac{1}{c}\left(\nabla \times \boldsymbol{B}c^2 - \frac{\partial \boldsymbol{E}}{\partial t}\right)\right\} - \\
&\frac{\varepsilon_0}{2}\left\{(\mathrm{i}\boldsymbol{E} - c\boldsymbol{B})\nabla \cdot \boldsymbol{E} + \mathrm{i}(\mathrm{i}\boldsymbol{E} - c\boldsymbol{B}) \cdot \frac{1}{c}\left(\nabla \times \boldsymbol{B}c^2 - \frac{\partial \boldsymbol{E}}{\partial t}\right) + \right.\\
&\left.\mathrm{i}(\mathrm{i}\boldsymbol{E} - c\boldsymbol{B}) \times \frac{1}{c}\left(\nabla \times \boldsymbol{B}c^2 - \frac{\partial \boldsymbol{E}}{\partial t}\right)\right\}\\
&= \frac{\varepsilon_0}{2}\left\{(-\mathrm{i}2\boldsymbol{E})\nabla \cdot \boldsymbol{E} + (2\boldsymbol{E}) \cdot \frac{1}{c}\left(\nabla \times \boldsymbol{B}c^2 - \frac{\partial \boldsymbol{E}}{\partial t}\right) + \right.\\
&\left.\mathrm{i}(2c\boldsymbol{B}) \times \frac{1}{c}\left(\nabla \times \boldsymbol{B}c^2 - \frac{\partial \boldsymbol{E}}{\partial t}\right)\right\}\\
&= \varepsilon_0\left\{(-\mathrm{i}\boldsymbol{E})\nabla \cdot \boldsymbol{E} + (\boldsymbol{E}) \cdot \frac{1}{c}\left(\nabla \times \boldsymbol{B}c^2 - \frac{\partial \boldsymbol{E}}{\partial t}\right) + \right.\\
&\left.\mathrm{i}(c\boldsymbol{B}) \times \frac{1}{c}\left(\nabla \times \boldsymbol{B}c^2 - \frac{\partial \boldsymbol{E}}{\partial t}\right)\right\}\\
&= \varepsilon_0\left(\boldsymbol{E} \cdot (\nabla \times \boldsymbol{B})c - \boldsymbol{E} \cdot \frac{\partial \boldsymbol{E}}{c\partial t}\right) - \mathrm{i}\varepsilon_0\left[\boldsymbol{E}(\nabla \cdot \boldsymbol{E}) - \right.\\
&\left.c^2\boldsymbol{B} \times (\nabla \times \boldsymbol{B}) + \boldsymbol{B} \times \frac{\partial \boldsymbol{E}}{\partial t}\right)\right]
\end{aligned} \tag{2.3.20}$$

利用

$$\begin{cases} \nabla \times \boldsymbol{E} + \dfrac{\partial \boldsymbol{B}}{\partial t} = 0 \\ \nabla \cdot (\boldsymbol{E} \times \boldsymbol{B}) = (\nabla \times \boldsymbol{E}) \cdot \boldsymbol{B} - \boldsymbol{E} \cdot (\nabla \times \boldsymbol{B}) = -\dfrac{\partial \boldsymbol{B}}{\partial t} \cdot \boldsymbol{B} - \boldsymbol{E} \cdot (\nabla \times \boldsymbol{B}) \end{cases}$$

有

$$\boldsymbol{E} \cdot (\nabla \times \boldsymbol{B}) = -\frac{\partial \boldsymbol{B}}{\partial t} \cdot \boldsymbol{B} - \nabla \cdot (\boldsymbol{E} \times \boldsymbol{B}) \tag{2.3.21}$$

利用

$$\begin{cases} \nabla \times \boldsymbol{E} + \dfrac{\partial \boldsymbol{B}}{\partial t} = 0 \\ \nabla \cdot (\boldsymbol{E}\boldsymbol{E}) = (\nabla \cdot \boldsymbol{E})\boldsymbol{E} + (\boldsymbol{E} \cdot \nabla)\boldsymbol{E} \\ \nabla(\boldsymbol{E} \cdot \boldsymbol{E}) = 2\boldsymbol{E} \times (\nabla \times \boldsymbol{E}) + 2(\boldsymbol{E} \cdot \nabla)\boldsymbol{E} = -2\boldsymbol{E} \times \dfrac{\partial \boldsymbol{B}}{\partial t} + 2(\boldsymbol{E} \cdot \nabla)\boldsymbol{E} \end{cases}$$

有

$$\begin{cases} \nabla \cdot (\boldsymbol{E}\boldsymbol{E}) - (\nabla \cdot \boldsymbol{E})\boldsymbol{E} = (\boldsymbol{E} \cdot \nabla)\boldsymbol{E} \\ \dfrac{1}{2} \nabla(\boldsymbol{E} \cdot \boldsymbol{E}) + \boldsymbol{E} \times \dfrac{\partial \boldsymbol{B}}{\partial t} = (\boldsymbol{E} \cdot \nabla)\boldsymbol{E} \end{cases} \tag{2.3.22}$$

$$\nabla \cdot (\boldsymbol{E}\boldsymbol{E}) - \frac{1}{2} \nabla(\boldsymbol{E} \cdot \boldsymbol{E}) - \boldsymbol{E} \times \frac{\partial \boldsymbol{B}}{\partial t} = \boldsymbol{E}(\nabla \cdot \boldsymbol{E}) \tag{2.3.23}$$

利用

$$\begin{cases} \nabla \cdot \boldsymbol{B} = 0 \\ \nabla \cdot (\boldsymbol{B}\boldsymbol{B}) = (\nabla \cdot \boldsymbol{B})\boldsymbol{B} + (\boldsymbol{B} \cdot \nabla)\boldsymbol{B} \\ \qquad\qquad\quad = (\boldsymbol{B} \cdot \nabla)\boldsymbol{B} \\ \nabla(\boldsymbol{B} \cdot \boldsymbol{B}) = 2\boldsymbol{B} \times (\nabla \times \boldsymbol{B}) + 2(\boldsymbol{B} \cdot \nabla)\boldsymbol{B} \\ \qquad\qquad\quad = 2\boldsymbol{B} \times (\nabla \times \boldsymbol{B}) + 2\nabla \cdot (\boldsymbol{B}\boldsymbol{B}) \end{cases} \tag{2.3.24}$$

得

$$\frac{1}{2}\nabla(\boldsymbol{B}\cdot\boldsymbol{B})-\nabla\cdot(\boldsymbol{BB})=\boldsymbol{B}\times(\nabla\times\boldsymbol{B}) \tag{2.3.25}$$

式（2.3.21）~式（2.3.25）代入式（2.3.20），得

$$\begin{aligned}
\boldsymbol{K}_0 &= \varepsilon_0\left(c\boldsymbol{E}\cdot(\nabla\times\boldsymbol{B})-\boldsymbol{E}\cdot\frac{\partial\boldsymbol{E}}{c\partial t}\right)- \\
&\quad \mathrm{i}\varepsilon_0\left[\boldsymbol{E}(\nabla\cdot\boldsymbol{E})-c^2\boldsymbol{B}\times(\nabla\times\boldsymbol{B})-\frac{\partial\boldsymbol{E}}{\partial t}\times\boldsymbol{B})\right] \\
&= \left(c\varepsilon_0\left[-\frac{\partial\boldsymbol{B}}{\partial t}\cdot\boldsymbol{B}-\nabla\cdot(\boldsymbol{E}\times\boldsymbol{B})\right]-\boldsymbol{E}\cdot\frac{\partial\boldsymbol{E}}{c\partial t}\right)- \\
&\quad \mathrm{i}\varepsilon_0\left[\nabla\cdot(\boldsymbol{EE})-\nabla\frac{1}{2}(\boldsymbol{E}\cdot\boldsymbol{E})-\boldsymbol{E}\times\frac{\partial\boldsymbol{B}}{\partial t}\right]- \\
&\quad c^2\left[\nabla\frac{1}{2}(\boldsymbol{B}\cdot\boldsymbol{B})-\nabla\cdot(\boldsymbol{BB})\right]-\frac{\partial\boldsymbol{E}}{\partial t}\times\boldsymbol{B}\Bigg] \\
&= -\frac{1}{c}\left(\left[\frac{\frac{1}{2}\partial[(\varepsilon_0\boldsymbol{E}\cdot\boldsymbol{E}+c^2\varepsilon_0\boldsymbol{B}\cdot\boldsymbol{B})]}{\partial t}+\varepsilon_0c^2\,\nabla\cdot(\boldsymbol{E}\times\boldsymbol{B})\right]\right)- \\
&\quad \mathrm{i}\Bigg[\nabla\cdot[(\varepsilon_0\boldsymbol{EE})+\varepsilon_0c^2(\boldsymbol{BB})- \\
&\quad \frac{1}{2}[((\varepsilon_0\boldsymbol{E}\cdot\boldsymbol{E}+\varepsilon_0c^2(\boldsymbol{B}\cdot\boldsymbol{B}))\overleftrightarrow{\boldsymbol{I}}])]-\varepsilon_0\frac{\partial(\boldsymbol{E}\times\boldsymbol{B})}{\partial t}\Bigg]
\end{aligned} \tag{2.3.26}$$

令

$$\left\{\begin{array}{l} w=\dfrac{1}{2}\left[\left(\varepsilon_0\boldsymbol{E}\cdot\boldsymbol{E}+\dfrac{1}{\mu_0}\boldsymbol{B}\cdot\boldsymbol{B}\right)\right] \\ \overset{\leftrightarrow}{\boldsymbol{T}}=\dfrac{1}{2}\left(\varepsilon_0\boldsymbol{E}\cdot\boldsymbol{E}+\dfrac{1}{\mu_0}\boldsymbol{B}\cdot\boldsymbol{B}\right)\overset{\leftrightarrow}{\boldsymbol{I}}-(\varepsilon_0\boldsymbol{E}\boldsymbol{E})-\dfrac{1}{\mu_0}(\boldsymbol{B}\boldsymbol{B}) \\ \boldsymbol{g}=\varepsilon_0\boldsymbol{E}\times\boldsymbol{B}=\dfrac{\boldsymbol{S}}{c^2} \\ \boldsymbol{S}=\dfrac{1}{\mu_0}\boldsymbol{E}\times\boldsymbol{B} \\ \overrightarrow{\Diamond}=\begin{bmatrix}\dfrac{\partial}{c\partial t} & \mathrm{i}\nabla\end{bmatrix} \\ \widetilde{\boldsymbol{T}}=\begin{bmatrix}-w & \mathrm{i}\dfrac{\boldsymbol{S}}{c} \\ \mathrm{i}\dfrac{\boldsymbol{S}}{c} & \overset{\leftrightarrow}{\boldsymbol{T}}\end{bmatrix}=\begin{bmatrix}-w & \mathrm{i}c\boldsymbol{g} \\ \mathrm{i}\dfrac{\boldsymbol{S}}{c} & \overset{\leftrightarrow}{\boldsymbol{T}}\end{bmatrix} \end{array}\right. \tag{2.3.27}$$

在真空有

$$\varepsilon_0\boldsymbol{E}=\boldsymbol{D},\ \frac{1}{\mu_0}\boldsymbol{B}=\boldsymbol{H}$$

式（2.3.27）变为

$$\left\{\begin{array}{l} w=\dfrac{1}{2}[(\boldsymbol{D}\cdot\boldsymbol{E}+\boldsymbol{H}\cdot\boldsymbol{B})] \\ \overset{\leftrightarrow}{\boldsymbol{T}}=\dfrac{1}{2}[(\boldsymbol{D}\cdot\boldsymbol{E}+\boldsymbol{H}\cdot\boldsymbol{B})\overset{\leftrightarrow}{\boldsymbol{I}}-(\boldsymbol{D}\boldsymbol{E}+\boldsymbol{E}\boldsymbol{D}+\boldsymbol{H}\boldsymbol{B}+\boldsymbol{B}\boldsymbol{H})] \\ \boldsymbol{g}=\boldsymbol{D}\times\boldsymbol{B}=\dfrac{\boldsymbol{S}}{c^2} \end{array}\right. \tag{2.3.28a}$$

$$\left\{\begin{array}{l} \boldsymbol{S}=\boldsymbol{E}\times\boldsymbol{H} \\ \overrightarrow{\Diamond}=\begin{bmatrix}\dfrac{\partial}{c\partial t} & \mathrm{i}\nabla\end{bmatrix} \\ \widetilde{\boldsymbol{T}}=\begin{bmatrix}-w & \mathrm{i}\dfrac{\boldsymbol{S}}{c} \\ \mathrm{i}\dfrac{\boldsymbol{S}}{c} & \overset{\leftrightarrow}{\boldsymbol{T}}\end{bmatrix}=\begin{bmatrix}-w & \mathrm{i}c\boldsymbol{g} \\ \mathrm{i}\dfrac{\boldsymbol{S}}{c} & \overset{\leftrightarrow}{\boldsymbol{T}}\end{bmatrix} \end{array}\right. \tag{2.3.28b}$$

式（2.3.28）代入式（2.3.26），得

$$\begin{cases}\overrightarrow{\boldsymbol{K}}_0 = -\overrightarrow{\Diamond}\cdot\tilde{\boldsymbol{T}}\\ \overrightarrow{\boldsymbol{K}}_0 = [\boldsymbol{\beta}\cdot\boldsymbol{k}_0 \quad -\mathrm{i}\boldsymbol{k}_0]\\ \boldsymbol{k}_0 = \gamma\boldsymbol{f}_0\end{cases} \tag{2.3.29}$$

式（2.3.29）就是电磁总力合量的对称张量表示。

2.3.6　电磁总力合量的反对称张量表示

利用式（2.3.1），得

$$|\boldsymbol{K}\rangle = |\gamma\boldsymbol{\beta}\cdot\boldsymbol{f}-\mathrm{i}\gamma\boldsymbol{f}\rangle = \frac{q}{2c}\{\lceil\Diamond|\boldsymbol{\Phi}\rceil|\boldsymbol{V}\rangle - |\boldsymbol{V}\rangle\langle\Diamond|\boldsymbol{\Phi}\rangle\}$$

$$=\frac{q}{2}\{\lceil\Diamond|\boldsymbol{\Phi}\rceil|\boldsymbol{e}^{-\mathrm{i}\theta}\rangle - |\boldsymbol{e}^{-\mathrm{i}\theta}\rangle\langle\Diamond|\boldsymbol{\Phi}\rangle\}$$

$$=\frac{q}{2}\{\lceil -c\boldsymbol{B}+\mathrm{i}\boldsymbol{E}\rceil|\gamma-\mathrm{i}\gamma\boldsymbol{\beta}\rangle - |\gamma-\mathrm{i}\gamma\boldsymbol{\beta}\rangle\langle -c\boldsymbol{B}+\mathrm{i}\boldsymbol{E}\rangle\}$$

$$=\frac{q}{2}\{(-c\boldsymbol{B}-\mathrm{i}\boldsymbol{E})\otimes(\gamma-\mathrm{i}\gamma\boldsymbol{\beta}) - (\gamma-\mathrm{i}\gamma\boldsymbol{\beta})\otimes(-c\boldsymbol{B}+\mathrm{i}\boldsymbol{E})\} \tag{2.3.30}$$

采用矩阵或张量表示

$$\overrightarrow{\boldsymbol{K}} = \frac{q}{2}\{\overrightarrow{[(-c\boldsymbol{B}-\mathrm{i}\boldsymbol{E})\otimes(\gamma-\mathrm{i}\gamma\boldsymbol{\beta})]} - \overrightarrow{[(\gamma-\mathrm{i}\gamma\boldsymbol{\beta})\otimes(-c\boldsymbol{B}+\mathrm{i}\boldsymbol{E})]}\} \tag{2.3.31}$$

令

$$\begin{cases}\overrightarrow{\boldsymbol{K}} = \begin{bmatrix}\boldsymbol{\beta}\cdot\boldsymbol{\kappa}\\ -\mathrm{i}\boldsymbol{\kappa}\end{bmatrix};\ \dfrac{q}{c}\overrightarrow{\boldsymbol{V}} = \dfrac{q}{c}\begin{bmatrix}c\gamma\\ -\mathrm{i}\gamma\boldsymbol{v}\end{bmatrix}\\ \overleftrightarrow{\boldsymbol{B}}_{反} = \begin{bmatrix}0 & B_z & -B_y\\ -B_z & 0 & B_x\\ B_y & -B_x & 0\end{bmatrix};\ \overleftrightarrow{\boldsymbol{E}}_{反} = \begin{bmatrix}0 & E_z & -E_y\\ -E_z & 0 & E_x\\ E_y & -B_x & 0\end{bmatrix}\\ \overleftrightarrow{\boldsymbol{B}}_{反}\cdot\boldsymbol{v} = \boldsymbol{v}\times\boldsymbol{B};\ \boldsymbol{v}\cdot\overleftrightarrow{\boldsymbol{E}}_{反} = \boldsymbol{v}\times\boldsymbol{E}\end{cases} \tag{2.3.32}$$

得

$$\begin{cases}\overrightarrow{[(-c\boldsymbol{B}-\mathrm{i}\boldsymbol{E})\otimes q(\gamma-\mathrm{i}\gamma\boldsymbol{\beta})]}=\begin{bmatrix}0 & (c\boldsymbol{B}+\mathrm{i}\boldsymbol{E})\\ -(c\boldsymbol{B}+\mathrm{i}\boldsymbol{E}) & -(c\overleftrightarrow{\boldsymbol{B}}_{反}+\mathrm{i}\overleftrightarrow{\boldsymbol{E}}_{反})\end{bmatrix}\cdot\dfrac{q}{c}\overrightarrow{\boldsymbol{V}}\\ \overrightarrow{[(\gamma-\mathrm{i}\gamma\boldsymbol{\beta})\otimes(-c\boldsymbol{B}+\mathrm{i}\boldsymbol{E})]}=\begin{bmatrix}0 & -(-c\boldsymbol{B}+\mathrm{i}\boldsymbol{E})\\ (-c\boldsymbol{B}+\mathrm{i}\boldsymbol{E}) & -(-c\overleftrightarrow{\boldsymbol{B}}_{反}+\mathrm{i}\overleftrightarrow{\boldsymbol{E}}_{反})\end{bmatrix}\cdot\dfrac{q}{c}\overrightarrow{\boldsymbol{V}}\end{cases} \tag{2.3.33}$$

式（2.3.31）变为

$$\begin{aligned}\overrightarrow{\boldsymbol{K}}&=\frac{q}{2}\{\overrightarrow{[(-c\boldsymbol{B}-\mathrm{i}\boldsymbol{E})\otimes(\gamma-\mathrm{i}\gamma\boldsymbol{\beta})]}-\overrightarrow{[(\gamma-\mathrm{i}\gamma\boldsymbol{\beta})\otimes(-c\boldsymbol{B}+\mathrm{i}\boldsymbol{E})]}\}\\ &=\begin{bmatrix}0 & (c\boldsymbol{B}+\mathrm{i}\boldsymbol{E})\\ -(c\boldsymbol{B}+\mathrm{i}\boldsymbol{E}) & -(c\overleftrightarrow{\boldsymbol{B}}_{反}+\mathrm{i}\overleftrightarrow{\boldsymbol{E}}_{反})\end{bmatrix}\cdot\frac{q}{2}\overrightarrow{\boldsymbol{V}}-\\ &\quad\begin{bmatrix}0 & -(-c\boldsymbol{B}+\mathrm{i}\boldsymbol{E})\\ (-c\boldsymbol{B}+\mathrm{i}\boldsymbol{E}) & -(-c\overleftrightarrow{\boldsymbol{B}}_{反}+\mathrm{i}\overleftrightarrow{\boldsymbol{E}}_{反})\end{bmatrix}\cdot\frac{q}{2c}\overrightarrow{\boldsymbol{V}}\\ &=\left(\begin{bmatrix}0 & (c\boldsymbol{B}+\mathrm{i}\boldsymbol{E})\\ -(c\boldsymbol{B}+\mathrm{i}\boldsymbol{E}) & -(c\overleftrightarrow{\boldsymbol{B}}_{反}+\mathrm{i}\overleftrightarrow{\boldsymbol{E}}_{反})\end{bmatrix}-\right.\\ &\quad\left.\begin{bmatrix}0 & -(-c\boldsymbol{B}+\mathrm{i}\boldsymbol{E})\\ (-c\boldsymbol{B}+\mathrm{i}\boldsymbol{E}) & -(-c\overleftrightarrow{\boldsymbol{B}}_{反}+\mathrm{i}\overleftrightarrow{\boldsymbol{E}}_{反})\end{bmatrix}\right)\cdot\frac{q}{2c}\overrightarrow{\boldsymbol{V}}\\ &=\left(\begin{bmatrix}0 & \mathrm{i}\dfrac{\boldsymbol{E}}{c}\\ -\mathrm{i}\dfrac{\boldsymbol{E}}{c} & -\overleftrightarrow{\boldsymbol{B}}_{反}\end{bmatrix}\right)\cdot q\overrightarrow{\boldsymbol{V}}=\widetilde{\boldsymbol{F}}\cdot q\overrightarrow{\boldsymbol{V}}\end{aligned} \tag{2.3.34}$$

其中，

$$\widetilde{\boldsymbol{F}}=\begin{bmatrix}0 & \mathrm{i}\dfrac{\boldsymbol{E}}{c}\\ -\mathrm{i}\dfrac{\boldsymbol{E}}{c} & -\overleftrightarrow{\boldsymbol{B}}_{反}\end{bmatrix} \tag{2.3.35}$$

称为电磁场张量。式（2.3.34）还可以写成

$$\vec{\boldsymbol{K}} = q\vec{\boldsymbol{V}} \cdot \tilde{\vec{\boldsymbol{F}}}^{\mathrm{T}} = q[c\gamma \quad -\mathrm{i}\gamma\boldsymbol{v}]\begin{bmatrix} 0 & -\mathrm{i}\dfrac{\boldsymbol{E}}{c} \\ \mathrm{i}\dfrac{\boldsymbol{E}}{c} & \overleftrightarrow{\boldsymbol{B}}_{反} \end{bmatrix} \tag{2.3.36}$$

与现行教科书均采用的表示法相类似，式（2.3.36）就是电磁总力合量的反对称张量表示。

2.3.7　电磁空间密度与动量流密度

利用

$$\begin{cases} \boldsymbol{E} = -\nabla\phi - \dfrac{\partial \boldsymbol{A}}{\partial t} \\ \boldsymbol{B} = \nabla \times \boldsymbol{A} \\ \boldsymbol{k} = \gamma q(\boldsymbol{E} + \boldsymbol{v} \times \boldsymbol{B}) \end{cases} \tag{2.3.37}$$

及恒等式

$$\begin{cases} \dfrac{\mathrm{d}\boldsymbol{A}}{\mathrm{d}\tau} = \gamma\dfrac{\mathrm{d}\boldsymbol{A}}{\mathrm{d}t} = \gamma\dfrac{\partial \boldsymbol{A}}{\partial t} + (\gamma\boldsymbol{v} \cdot \nabla)\boldsymbol{A} \\ \boldsymbol{v} \times (\nabla \times \boldsymbol{A}) = \nabla(\boldsymbol{v} \cdot \boldsymbol{A}) - (\boldsymbol{v} \cdot \nabla)\boldsymbol{A} \end{cases} \tag{2.3.38}$$

由式（2.3.37）得

$$\begin{aligned} \boldsymbol{k} &= \gamma q\left(-\nabla\phi - \frac{\partial \boldsymbol{A}}{\partial t} + \boldsymbol{v} \times (\nabla \times \boldsymbol{A})\right) \\ &= \gamma q\left(-\nabla\phi - \frac{\partial \boldsymbol{A}}{\partial t} + \nabla(\boldsymbol{v} \cdot \boldsymbol{A}) - (\boldsymbol{v} \cdot \nabla)\boldsymbol{A}\right) \\ &= \gamma q\left(-\nabla(\phi - \boldsymbol{v} \cdot \boldsymbol{A}) - \frac{\mathrm{d}\boldsymbol{A}}{\mathrm{d}t}\right) \\ &= q\left(-\nabla(\gamma\phi - \gamma\boldsymbol{v} \cdot \boldsymbol{A}) - \gamma\frac{\mathrm{d}\boldsymbol{A}}{\mathrm{d}t}\right) = q\left(-\nabla n_e - \frac{\mathrm{d}\boldsymbol{A}}{\mathrm{d}\tau}\right) \end{aligned} \tag{2.3.39}$$

其中，

$$n_e = \gamma(\phi - \boldsymbol{v} \cdot \boldsymbol{A}) = \frac{1}{c}(\vec{\boldsymbol{V}} \cdot \vec{\boldsymbol{\Phi}}) = \text{不变量} \tag{2.3.40}$$

称作电磁空间密度。由于

$$\frac{\mathrm{d}\phi}{\mathrm{d}\tau} = \gamma \frac{\mathrm{d}\phi}{\mathrm{d}t} = \gamma \frac{\partial \phi}{\partial t} + (\gamma \boldsymbol{v} \cdot \nabla)\phi$$

有

$$\gamma(\boldsymbol{v} \cdot \nabla)\phi = \frac{\mathrm{d}\phi}{\mathrm{d}\tau} - \gamma \frac{\partial \phi}{\partial t} \tag{2.3.41}$$

利用式（2.3.41），有

$$\begin{aligned} k_0 &= \boldsymbol{\beta} \cdot \boldsymbol{k} = q\gamma\boldsymbol{\beta} \cdot \boldsymbol{E} = q\gamma\boldsymbol{\beta} \cdot \left(-\nabla\phi - \frac{\partial \boldsymbol{A}}{\partial t} \right) = q\left(-\gamma\boldsymbol{\beta} \cdot \nabla\phi - \gamma\boldsymbol{\beta} \cdot \frac{\partial \boldsymbol{A}}{\partial t} \right) \\ &= q\left(-\frac{\mathrm{d}\phi}{c\mathrm{d}\tau} + \gamma \frac{\partial \phi}{c\partial t} - \gamma\boldsymbol{\beta} \cdot \frac{\partial \boldsymbol{A}}{\partial t} \right) = q\left(\gamma \frac{\partial \phi}{c\partial t} - \gamma\boldsymbol{\beta} \cdot \frac{\partial \boldsymbol{A}}{\partial t} - \frac{\mathrm{d}\phi}{c\mathrm{d}\tau} \right) \\ &= q\left(\frac{\partial\left(u_0 \frac{\phi}{c} - \boldsymbol{u} \cdot \boldsymbol{A} \right)}{c\partial t} - \frac{\mathrm{d}\phi}{c\mathrm{d}\tau} \right) = q\left(\frac{\partial n_e}{c\partial t} - \frac{\mathrm{d}\phi}{c\mathrm{d}\tau} \right) \end{aligned} \tag{2.3.42}$$

将式（2.3.39）与式（2.3.42）合并，得

$$|\boldsymbol{K}\rangle = |k_0 - \mathrm{i}\boldsymbol{k}\rangle = q\left(\frac{\partial n_e}{c\partial t} - \frac{\mathrm{d}\phi}{c\mathrm{d}\tau} \right) + \mathrm{i}q\left(\nabla n_e + \frac{\mathrm{d}\boldsymbol{A}}{\mathrm{d}\tau} \right) = q\left(\Diamond n_e - \frac{\mathrm{d}\boldsymbol{\Phi}}{c\mathrm{d}\tau} \right) \tag{2.3.43}$$

电磁场的电动量流合量定义为

$$|\boldsymbol{J}_e\rangle = -\frac{\mathrm{d}\,|\boldsymbol{\Phi}\rangle}{c\mathrm{d}\tau} \tag{2.3.44}$$

电磁空间的梯度场定义为

$$|\boldsymbol{E}_e\rangle = |\Diamond\rangle n_e \tag{2.3.45}$$

式（2.3.44）和式（2.3.45）代入式（2.3.43），得

$$|\boldsymbol{K}\rangle = q\,|\boldsymbol{E}_e\rangle + q\,|\boldsymbol{J}_e\rangle \tag{2.3.46}$$

结论：电磁空间的梯度场的合量 $|\boldsymbol{E}_e\rangle$ 与该点的电动量流的合

量 $|\boldsymbol{J}_e\rangle$ 之和，构成电磁场一种表现方式（如同加速度可以分为法向加速度和切向加速度一样，只是加速度的一种表示），粒子受到的电磁场作用力的合量等于粒子的电荷与它们的乘积。

2.3.8　电磁场动力学方程的标准形式

由于 $|\boldsymbol{K}\rangle = m_0\left|\dfrac{\mathrm{d}\boldsymbol{V}}{\mathrm{d}\boldsymbol{\tau}}\right\rangle = m_0 c\left|\dfrac{\mathrm{d}e^{-\mathrm{i}\theta}}{\mathrm{d}\boldsymbol{\tau}}\right\rangle = \left|\dfrac{\mathrm{d}\boldsymbol{P}}{\mathrm{d}\boldsymbol{\tau}}\right\rangle$，则

$$|\boldsymbol{P}\rangle = m_0 |\boldsymbol{V}\rangle = |m_0 c e^{-\mathrm{i}\theta}\rangle = |m_0 c\boldsymbol{\gamma} - \mathrm{i}m_0 \boldsymbol{v}\boldsymbol{\gamma}\rangle$$

$|\boldsymbol{P}\rangle$ 为物体的动量的协变形态。定义

$$|\boldsymbol{P}_{\text{正}}\rangle = \left|\boldsymbol{P} + q\frac{\boldsymbol{\Phi}}{c}\right\rangle$$

为正则动量合量。式（2.3.43）变为

$$\left|\frac{\mathrm{d}\boldsymbol{P}_{\text{正}}}{\mathrm{d}\boldsymbol{\tau}}\right\rangle = q|\diamondsuit\rangle n_e \tag{2.3.47}$$

由于点电荷形成的 $\boldsymbol{\Phi}$，有

$$\begin{cases} |\boldsymbol{P}\rangle = m_0|\boldsymbol{V}\rangle = m_0 c|e^{-\mathrm{i}\theta}\rangle = |m_0 c\boldsymbol{\gamma} - \mathrm{i}\boldsymbol{v}\boldsymbol{\gamma}\rangle \\ |\boldsymbol{\Phi}\rangle = |\phi_0 e^{-\mathrm{i}\theta}\rangle \end{cases}$$

由式（2.3.47）得

$$\frac{\mathrm{d}|m_0 c e^{-\mathrm{i}\theta}\rangle}{\mathrm{d}\boldsymbol{\tau}} = -q\frac{\mathrm{d}|\phi_0 e^{-\mathrm{i}\theta}\rangle}{c\mathrm{d}\boldsymbol{\tau}} + q|\diamondsuit\rangle n_e \tag{2.3.48}$$

结论：①式（2.3.47）表示一个物体的正则动量对原时的变化率等于物体的电量乘以电磁空间的梯度；②式（2.3.48）表示极化势 $\phi_0 e^{-\mathrm{i}\theta}$对原时的变化率与作用力的联系，将引导我们从惯性系的认知中，进入 S 理论给出的非惯性系描述下的物理世界的运动规律。

2.4 电磁本构方程组的积分形式

2.4.1 积分变换

令 L 是面积 s 的回路，闭合面 S 为体积 V 的表面，下列积分算符变换关系成立：

$$\begin{cases}\left\langle \int\limits_V \mathrm{d}v\ \nabla \right| = \left\langle \oint\limits_S \mathrm{d}\boldsymbol{s} \right| \\ \left\langle \int\limits_s (\mathrm{d}\boldsymbol{s} \times \nabla) \right| = \left\langle \oint\limits_L \mathrm{d}\boldsymbol{l} \right| \end{cases} \tag{2.4.1}$$

将任意合量场 $|\boldsymbol{\Phi}\rangle = |\phi - \mathrm{i}\boldsymbol{A}\rangle$ 代入上式，有

$$\begin{cases}\left\langle \int\limits_V \mathrm{d}v\ \nabla \| \boldsymbol{\Phi} \right\rangle = \left\langle \oint\limits_S \mathrm{d}\boldsymbol{s} \| \boldsymbol{\Phi} \right\rangle \\ \left\langle \int\limits_s (\mathrm{d}s \times \nabla) \| \boldsymbol{\Phi} \right\rangle = \left\langle \oint\limits_L \mathrm{d}\boldsymbol{l} \| \boldsymbol{\Phi} \right\rangle \end{cases} \tag{2.4.2}$$

分量展开，得到

$$\begin{cases}\int\limits_V \mathrm{d}v\ \nabla\phi = \oint\limits_S \mathrm{d}\boldsymbol{s} \cdot \phi \\ \int\limits_V \mathrm{d}v\ \nabla \cdot \boldsymbol{A} = \oint\limits_S \mathrm{d}\boldsymbol{s} \cdot \boldsymbol{A} \\ \int\limits_V \mathrm{d}v\ \nabla \times \boldsymbol{A} = \oint\limits_S \mathrm{d}\boldsymbol{s} \times \boldsymbol{A} \end{cases} \tag{2.4.3a}$$

和

$$
\begin{cases}
\int\limits_{s}(\mathrm{d}\boldsymbol{s}\times\nabla)\phi=\oint\limits_{L}\mathrm{d}\boldsymbol{l}\phi \\
\int\limits_{s}(\mathrm{d}\boldsymbol{s}\times\nabla)\cdot\boldsymbol{A}=\int\limits_{s}(\nabla\times\boldsymbol{A})\cdot\mathrm{d}\boldsymbol{s} \\
\qquad\qquad\qquad\quad=\oint\limits_{L}\mathrm{d}\boldsymbol{l}\cdot\boldsymbol{A} \\
\int\limits_{s}(\mathrm{d}\boldsymbol{s}\times\nabla)\times\boldsymbol{A}=\oint\limits_{L}\mathrm{d}\boldsymbol{l}\times\boldsymbol{A}
\end{cases}
\tag{2.4.3b}
$$

上式就是积分变换公式。其中，

$$
\begin{cases}
\int\limits_{V}\mathrm{d}v\,\nabla\cdot\boldsymbol{A}=\oint\limits_{S}\mathrm{d}\boldsymbol{s}\cdot\boldsymbol{A} \\
\int\limits_{s}(\nabla\times\boldsymbol{A})\cdot\mathrm{d}\boldsymbol{s}=\oint\limits_{L}\mathrm{d}\boldsymbol{l}\cdot\boldsymbol{A}
\end{cases}
\tag{2.4.4}
$$

分别称为高斯定理和斯托克斯定理。

2.4.2　积分形式的电磁本构方程组

1. 真空态积分形式的电磁本构方程组

由

$$
\begin{cases}
\nabla\cdot\boldsymbol{B}=0 \\
\dfrac{\partial\boldsymbol{B}}{\partial t}+\nabla\times\boldsymbol{E}=0 \\
\nabla\cdot\boldsymbol{D}=\rho_f \\
\dfrac{\partial\boldsymbol{D}}{\partial t}-\nabla\times\boldsymbol{H}=-\boldsymbol{j}_f
\end{cases}
$$

利用积分变换关系式（2.4.4），得

$$
\begin{cases}
\oint_S \mathrm{d}\boldsymbol{s} \cdot \boldsymbol{B} = 0 \\
\oint_L \mathrm{d}\boldsymbol{l} \cdot \boldsymbol{E} = -\int_s \mathrm{d}\boldsymbol{s} \cdot \dfrac{\partial \boldsymbol{B}}{\partial t} \\
\oint_S \mathrm{d}\boldsymbol{s} \cdot \boldsymbol{E} = Q_f / \varepsilon_0 \\
\oint_L \mathrm{d}\boldsymbol{l} \cdot \boldsymbol{B} = \mu_0 I_f + \int_s \mathrm{d}\boldsymbol{s} \cdot \dfrac{\partial \boldsymbol{E}}{c^2 \partial t}
\end{cases}
\tag{2.4.5}
$$

式中，Q_f 为闭合面 S 所包的所有自由电荷；I_f 为穿过回路 L 的所有自由电流。即

$$
\begin{cases}
Q_f = \int_V \rho_f \mathrm{d}V \\
I_f = \int_s \boldsymbol{j}_f \cdot \mathrm{d}\boldsymbol{s}
\end{cases}
$$

式（2.4.5）就是真空积分形式的电磁本构方程组，与真空麦克斯韦方程组的积分形式一致。

2. 介质态电磁方程组的积分形式

由

$$
\begin{cases}
\nabla \cdot \boldsymbol{M} = \dfrac{\rho_m}{\mu_0} \\
\dfrac{\partial \boldsymbol{M}}{c^2 \partial t} + \nabla \times \boldsymbol{P} = \varepsilon_0 \boldsymbol{j}_m \\
\nabla \cdot \boldsymbol{P} = -\rho_p \\
\dfrac{\partial \boldsymbol{P}}{\partial t} + \nabla \times \boldsymbol{M} = \boldsymbol{j}_p
\end{cases}
$$

得

$$
\begin{cases}
\oint_S \mathrm{d}\boldsymbol{s} \cdot \boldsymbol{M} = Q_m/\mu_0 \\
\oint_L \mathrm{d}\boldsymbol{l} \cdot \boldsymbol{P} = -\int_S \mathrm{d}\boldsymbol{s} \cdot \dfrac{\partial \boldsymbol{M}}{c^2 \partial t} + \varepsilon_0 I_m \\
\oint_S \mathrm{d}\boldsymbol{s} \cdot \boldsymbol{P} = -Q_p \\
\oint_L \mathrm{d}\boldsymbol{l} \cdot \boldsymbol{M} = I_p - \int_S \mathrm{d}\boldsymbol{s} \cdot \dfrac{\partial \boldsymbol{P}}{\partial t}
\end{cases}
\tag{2.4.6}
$$

式中，Q_p 为闭合面 S 所包的所有极化电荷；I_p 为穿过回路 L 的所有磁化电流。即

$$
\begin{cases}
Q_p = \int_V \rho_p \mathrm{d}V \\
I_p = \int_s \boldsymbol{j}_p \cdot \mathrm{d}\boldsymbol{s}
\end{cases}
$$

3. 有介质时真空态电磁方程组的积分形式

利用

$$
\begin{cases}
\nabla \cdot \boldsymbol{H}' = -\dfrac{\rho_m}{\mu_0} \\
\dfrac{\partial \boldsymbol{H}'}{c^2 \partial t} + \nabla \times \boldsymbol{D}' = \boldsymbol{j}_m \\
\nabla \cdot \boldsymbol{D}' = \rho' \\
\dfrac{\partial \boldsymbol{D}'}{\partial t} - \nabla \times \boldsymbol{H}' = -\boldsymbol{j}'
\end{cases}
$$

及式（2.4.4），得

$$\begin{cases}\oint_S \mathrm{d}\boldsymbol{s}\cdot H' = -Q_m/\mu_0 \\ \oint_L \mathrm{d}\boldsymbol{l}\cdot D' = -\varepsilon_0\mu_0\int_S \mathrm{d}\boldsymbol{s}\cdot\dfrac{\partial\boldsymbol{H}}{\partial t} + \varepsilon_0 I_m \\ \oint_S \mathrm{d}\boldsymbol{s}\cdot D' = Q' \\ \oint_L \mathrm{d}\boldsymbol{l}\cdot H' = I' + \int_S \mathrm{d}\boldsymbol{s}\cdot\dfrac{\partial\boldsymbol{D}'}{\partial t}\end{cases} \tag{2.4.7}$$

式中，Q'为闭合面 S 所包的所有感生电荷；I'为穿过回路 L 的所有感生电流；Q_m 为闭合面 S 所包的所有磁化磁荷；I_m 为穿过回路 L 的所有极化磁流。即

$$\begin{cases}Q' = \int_V \rho'\mathrm{d}V \\ I' = \int_s \boldsymbol{j}'\cdot\mathrm{d}\boldsymbol{s}\end{cases}$$

和

$$\begin{cases}Q_m = \int_V \rho_m\mathrm{d}V \\ I_m = \int_s \boldsymbol{j}_m\cdot\mathrm{d}\boldsymbol{s}\end{cases}$$

由

$$\begin{cases}\nabla\cdot\boldsymbol{H} = \dfrac{\rho'_m}{\mu_0} = -\dfrac{\rho_m}{\mu_0} \\ \dfrac{\partial\boldsymbol{H}}{c^2\partial t} + \nabla\times\boldsymbol{D} = -\boldsymbol{j}'_m = \boldsymbol{j}_m \\ \nabla\cdot\boldsymbol{D} = \rho_f + \rho' \\ \dfrac{\partial\boldsymbol{D}}{\partial t} - \nabla\times\boldsymbol{H} = -(\boldsymbol{j}_f + \boldsymbol{j}')\end{cases}$$

及式（2.4.4），得

$$\begin{cases}\oint_S \mathrm{d}\boldsymbol{s}\cdot H=-Q_m/\mu_0\\ \oint_L \mathrm{d}\boldsymbol{l}\cdot D=-\varepsilon_0\mu_0\int_S \mathrm{d}\boldsymbol{s}\cdot\frac{\partial\boldsymbol{H}}{\partial t}+\varepsilon_0 I_m\\ \oint_S \mathrm{d}\boldsymbol{s}\cdot D=Q_f+Q'\\ \oint_L \mathrm{d}\boldsymbol{l}\cdot H=I_f+I'+\int_S \mathrm{d}\boldsymbol{s}\cdot\frac{\partial\boldsymbol{D}}{\partial t}\end{cases}\tag{2.4.8a}$$

4. 有介质时电磁方程组的积分形式

由

$$\begin{cases}\nabla\cdot\boldsymbol{B}=0\\ \frac{\partial\boldsymbol{B}}{\partial t}+\nabla\times\boldsymbol{E}=0\\ \nabla\cdot\boldsymbol{E}=\frac{\rho_f+\rho'+\rho_p}{\varepsilon_0}\\ \frac{\partial\boldsymbol{E}}{c^2\partial t}-\nabla\times\boldsymbol{B}=-\mu_0(\boldsymbol{j}_f+\boldsymbol{j}'+\boldsymbol{j}_p)\end{cases}\tag{2.4.8b}$$

得

$$\begin{cases}\oint_S \mathrm{d}\boldsymbol{s}\cdot\boldsymbol{B}=0\\ \oint_L \mathrm{d}\boldsymbol{l}\cdot\boldsymbol{E}+\int_S \mathrm{d}\boldsymbol{s}\cdot\frac{\partial\boldsymbol{B}}{\partial t}=0\\ \oint_S \mathrm{d}\boldsymbol{s}\cdot\boldsymbol{E}=\frac{1}{\varepsilon_0}(Q_f+Q'+Q_p)\\ \oint_L \mathrm{d}\boldsymbol{l}\cdot\boldsymbol{B}-\int_S \mathrm{d}\boldsymbol{s}\cdot\frac{\partial\boldsymbol{E}}{c^2\partial t}=\mu_0(I_f+I'+I_p)\end{cases}\tag{2.4.9}$$

由

$$\begin{cases} \nabla \cdot \boldsymbol{B} = 0 \\ \dfrac{\partial \boldsymbol{B}}{\partial t} + \nabla \times \boldsymbol{E} = 0 \\ \nabla \cdot \boldsymbol{D} = \rho_f + \rho' \\ \dfrac{\partial \boldsymbol{D}}{\partial t} - \nabla \times \boldsymbol{H} = -(\boldsymbol{j}_f + \boldsymbol{j}') \end{cases}$$

得

$$\begin{cases} \oint_S \mathrm{d}\boldsymbol{s} \cdot \boldsymbol{B} = 0 \\ \oint_L \mathrm{d}\boldsymbol{l} \cdot \boldsymbol{E} = -\int_S \mathrm{d}\boldsymbol{s} \cdot \dfrac{\partial \boldsymbol{B}}{\partial t} \\ \oint_S \mathrm{d}\boldsymbol{s} \cdot \boldsymbol{D} = Q_f + Q' \\ \oint_L \mathrm{d}\boldsymbol{l} \cdot \boldsymbol{H} = I_f + I' + \int_S \mathrm{d}\boldsymbol{s} \cdot \dfrac{\partial \boldsymbol{D}}{\partial t} \end{cases} \tag{2.4.10}$$

式（2.4.10）与麦克斯韦方程组比较，可看到出现感生电荷 Q' 和感生电流 I'。如果忽略这两个量，S 理论就自然过渡到麦克斯韦电磁理论，即麦克斯韦电磁理论是 S 理论的一种极限形式。

第 3 章

静电场中的新规律

本章研究的主要问题：在给定静止自由电荷分布的情况下，描述真空、介质或导体中的静电基本规律。

3.1　真空中的静电场与库仑定律

3.1.1　真空电磁本构方程组

1. 真空电磁本构方程组的微分形式和积分形式

$$\begin{cases}\nabla\cdot\boldsymbol{H}_0 = 0 \\ \nabla\times\boldsymbol{D}_0 = -\varepsilon_0\mu_0\dfrac{\partial\boldsymbol{H}_0}{\partial t} \\ \nabla\cdot\boldsymbol{D}_0 = Q_f \\ \nabla\times\boldsymbol{H}_0 = \boldsymbol{j}_f + \dfrac{\partial\boldsymbol{D}_0}{\partial t}\end{cases}$$

和

$$\begin{cases}\oint_S d\boldsymbol{s}\cdot\boldsymbol{H}_0=0\\ \oint_L d\boldsymbol{l}\cdot\boldsymbol{D}_0=-\varepsilon_0\mu_0\int_S d\boldsymbol{s}\cdot\dfrac{\partial\boldsymbol{H}_0}{\partial t}\\ \oint_S d\boldsymbol{s}\cdot\boldsymbol{D}_0=Q_f\\ \oint_L d\boldsymbol{l}\cdot\boldsymbol{H}_0=I_f+\int_S d\boldsymbol{s}\cdot\dfrac{\partial\boldsymbol{D}_0}{\partial t}\end{cases}$$

2. 真空静电场本构方程

真空静电场是静止自由电荷产生的电场，其特点为

$$\boldsymbol{j}_f=0,\boldsymbol{B}_0=\mu_0\boldsymbol{H}_0=0,\boldsymbol{H}_0=0$$

静电场可单独存在，$\boldsymbol{E}_0=\boldsymbol{D}_0/\varepsilon_0$，$\boldsymbol{D}_0$ 等均与 t 无关。真空静电场本构方程为

$$\begin{cases}\nabla\times\boldsymbol{D}_0=0\\ \nabla\cdot\boldsymbol{D}_0=\rho_f\end{cases}\tag{3.1.1a}$$

$$\begin{cases}\oint_L d\boldsymbol{l}\cdot\boldsymbol{D}_0=0\\ \oint_S d\boldsymbol{s}\cdot\boldsymbol{D}_0=Q_f\end{cases}\tag{3.1.1b}$$

真空静电场是无旋有源场，电荷是场源。

3.1.2 真空点自由电荷的电场分布与库仑定律

1. 球形点自由电荷的电场

假设有一个球形对称分布的自由点电荷 $Q_f=Q_0$，在 x'处静止，

其在 x 位置形成的电位移在同心球面上的值 $|\boldsymbol{D}_0|$ 为

$$\oint_S \mathrm{d}s \cdot \boldsymbol{D}_0 = 4\pi r^2 |\boldsymbol{D}_0| = Q_0$$

$$|\boldsymbol{D}_0| = \frac{Q_0}{4\pi r^2}, \boldsymbol{D}_0 = \frac{Q_0 \boldsymbol{r}}{4\pi r^3} = \frac{Q_0(\boldsymbol{x} - \boldsymbol{x}')}{4\pi |\boldsymbol{x} - \boldsymbol{x}'|^3}$$

电场强度为

$$\boldsymbol{E}_0 = \boldsymbol{D}_0/\varepsilon_0 = \frac{Q_0(\boldsymbol{x} - \boldsymbol{x}')}{4\pi\varepsilon_0 |\boldsymbol{x} - \boldsymbol{x}'|^3}$$

自由点电荷 q_0 受力由库仑定律得出，即

$$\boldsymbol{F} = q_0 \boldsymbol{E}_0 = \frac{q_0 Q_0 \boldsymbol{r}}{4\pi\varepsilon_0 r^3} \tag{3.1.2}$$

对于带电体（其体积为 V'，体积元 dV' 的位置坐标为 $\boldsymbol{x}'$），在 $\boldsymbol{x}$ 点形成的场强可用叠加法求得

$$\boldsymbol{E}_0 = \iiint_{V'} \frac{\mathrm{d}Q_0 \boldsymbol{r}}{4\pi\varepsilon_0 r^3} = \iiint_{V'} \frac{\rho_0(\boldsymbol{x}')\mathrm{d}V'(\boldsymbol{x} - \boldsymbol{x}')}{4\pi\varepsilon_0 |\boldsymbol{x} - \boldsymbol{x}'|^3} \tag{3.1.3}$$

2. 库仑定律与 ε_0 的确定

根据光速 c 的数值可得

$$\begin{cases} k = \dfrac{1}{4\pi\varepsilon_0} = \dfrac{1}{c^2 10^{-7}} \approx 9 \times 10^9 (\mathrm{m/F}) \\ \varepsilon_0 = \dfrac{1}{4\pi c^2 10^{-7}} = 8.85418 \times 10^{-12} (\mathrm{F/m}) \\ \mu_0 = \dfrac{1}{c^2 \varepsilon_0} = 4\pi \times 10^{-7} = 12.56637 \times 10^{-7} (\mathrm{N/A^2}) \end{cases} \tag{3.1.4}$$

3.2 有介质时的感生电荷与电场

3.2.1 感生静电场及其性质

1. 电磁本构方程组

介质态电磁本构方程组

$$\begin{cases} \nabla \cdot \boldsymbol{M} = \dfrac{\rho_m}{\mu_0} \\ \dfrac{\partial \boldsymbol{M}}{c^2 \partial t} + \nabla \times \boldsymbol{P} = \varepsilon_0 \boldsymbol{j}_m \\ \nabla \cdot \boldsymbol{P} = -\rho_p \\ \dfrac{\partial \boldsymbol{P}}{\partial t} + \nabla \times \boldsymbol{M} = \boldsymbol{j}_p \end{cases}$$

及

$$\begin{cases} \oint_S \mathrm{d}\boldsymbol{s} \cdot \boldsymbol{M} = Q_m / \mu_0 \\ \oint_L \mathrm{d}\boldsymbol{l} \cdot \boldsymbol{P} = -\int_S \mathrm{d}s \cdot \dfrac{\partial \boldsymbol{M}}{c^2 \partial t} + \varepsilon_0 I_m \\ \oint_S \mathrm{d}\boldsymbol{s} \cdot \boldsymbol{P} = -Q_p \\ \oint_L \mathrm{d}\boldsymbol{l} \cdot \boldsymbol{M} = I_p - \int_S \mathrm{d}s \cdot \dfrac{\partial \boldsymbol{P}}{\partial t} \end{cases}$$

真空态感生电磁本构方程组

$$\begin{cases}\nabla\cdot\boldsymbol{H}' = \dfrac{\rho'_m}{\mu_0} = -\dfrac{\rho_m}{\mu_0}\\ \dfrac{\partial\boldsymbol{H}'}{c^2\partial t} + \nabla\times\boldsymbol{D}' = -\boldsymbol{j}'_m = \boldsymbol{j}_m\\ \nabla\cdot\boldsymbol{D}' = \rho'\\ \dfrac{\partial\boldsymbol{D}'}{\partial t} - \nabla\times\boldsymbol{H}' = -\boldsymbol{j}'\end{cases}$$

及

$$\begin{cases}\oint_S \mathrm{d}\boldsymbol{s}\cdot\boldsymbol{H}' = -Q_m/\mu_0\\ \oint_L \mathrm{d}\boldsymbol{l}\cdot\boldsymbol{D}' = -\varepsilon_0\mu_0\int_S \mathrm{d}s\cdot\dfrac{\partial\boldsymbol{H}}{\partial t} + \varepsilon_0 I_m\\ \oint_S \mathrm{d}\boldsymbol{s}\cdot\boldsymbol{D}' = Q'\\ \oint_L \mathrm{d}\boldsymbol{l}\cdot\boldsymbol{H}' = I' + \int_S \mathrm{d}s\cdot\dfrac{\partial\boldsymbol{D}'}{\partial t}\end{cases}$$

对于各向同性介质，介质内部$\rho_m = \boldsymbol{j}_m = \rho' = \boldsymbol{j}' = 0$，可表示为

$$\begin{cases}|\,\diamond\rangle\langle\diamond\,\|\,\boldsymbol{\Phi}'\rangle = 0\text{（介质内）}\\ (|\,\boldsymbol{\Phi}'_1\rangle + |\,\boldsymbol{\Phi}'_2\rangle)_s = 0\text{（基本形态介质界面上）}\\ \langle\diamond\,\|\,\boldsymbol{\Phi}'\rangle = \langle -c\mu_0\boldsymbol{H}' + \mathrm{i}\boldsymbol{D}'/\varepsilon_0\rangle\end{cases}$$

或

$$\begin{cases}\nabla\cdot\boldsymbol{H}' = 0\text{（介质内）}\\ \dfrac{\partial\boldsymbol{H}'}{c^2\partial t} + \nabla\times\boldsymbol{D}' = 0\text{（介质内）}\\ \nabla\cdot\boldsymbol{D}' = 0\text{（介质内）}\\ \dfrac{\partial\boldsymbol{D}'}{\partial t} - \nabla\times\boldsymbol{H}' = 0\text{（介质内）}\\ (\boldsymbol{D}'_1 + \boldsymbol{D}'_2)\,|\times\boldsymbol{n} = 0\text{（基本形态介质界面上）}\\ (\boldsymbol{H}'_1 + \boldsymbol{H}'_2)\,|\cdot\boldsymbol{n} = 0\text{（基本形态介质界面上）}\end{cases}$$

电磁本构方程组

$$\begin{cases}\nabla\cdot\boldsymbol{B}=0\\ \dfrac{\partial\boldsymbol{B}}{\partial t}+\nabla\times\boldsymbol{E}=0\\ \nabla\cdot\boldsymbol{D}=\rho_f+\rho'\\ \dfrac{\partial\boldsymbol{D}}{\partial t}-\nabla\times\boldsymbol{H}=-(j_f+j')\end{cases}$$

及

$$\begin{cases}\oint_S \mathrm{d}\boldsymbol{s}\cdot\boldsymbol{B}=0\\ \oint_L \mathrm{d}\boldsymbol{l}\cdot\boldsymbol{E}=-\int_S \mathrm{d}s\cdot\dfrac{\partial\boldsymbol{B}}{\partial t}\\ \oint_S \mathrm{d}\boldsymbol{s}\cdot\boldsymbol{D}=Q_f+Q'\\ \oint_L \mathrm{d}\boldsymbol{l}\cdot\boldsymbol{H}=I_f+I'+\int_S \mathrm{d}s\cdot\dfrac{\partial\boldsymbol{D}}{\partial t}\end{cases}$$

2. 静电场的基本方程

有介质时的感生静电场特点为

$$\boldsymbol{H}'=0,\frac{\mathrm{d}\boldsymbol{H}'}{\mathrm{d}t}=0,\frac{\mathrm{d}\boldsymbol{D}'}{\mathrm{d}t}=0$$

但极化磁流不为零，$j_m\neq 0$。静电场可单独存在，感生场和极化强度场均是有源有旋场，而总场（场强）才是有源无旋场。

$$\begin{cases}\nabla\times\boldsymbol{P}=\varepsilon_0\boldsymbol{j}_m\\ \nabla\cdot\boldsymbol{P}=-\rho_p\end{cases}\tag{3.2.1a}$$

及

$$\begin{cases}\oint_L \mathrm{d}\boldsymbol{l}\cdot\boldsymbol{P}=\varepsilon_0 I_m\\ \oint_S \mathrm{d}\boldsymbol{s}\cdot\boldsymbol{P}=-Q_p\end{cases}\tag{3.2.1b}$$

$$\begin{cases}\nabla\times\boldsymbol{D}'=\boldsymbol{j}_m,\nabla\times\boldsymbol{D}=\boldsymbol{j}_m\\ \nabla\cdot\boldsymbol{D}'=\rho',\nabla\cdot\boldsymbol{D}=\rho_f+\rho'\end{cases}$$

及

$$\begin{cases}\oint_L \mathrm{d}\boldsymbol{l}\cdot\boldsymbol{D}'=\varepsilon_0 I_m\\ \oint_L \mathrm{d}\boldsymbol{l}\cdot\boldsymbol{D}=\varepsilon_0 I_m\\ \oint_S \mathrm{d}\boldsymbol{s}\cdot\boldsymbol{D}'=Q'\\ \oint_S \mathrm{d}\boldsymbol{s}\cdot\boldsymbol{D}'=Q_f+Q'\end{cases}\tag{3.2.2}$$

对于各向同性介质，介质内部

$$\rho_m=\boldsymbol{j}_m=\rho'=\boldsymbol{j}'=0$$

可表示为

$$\begin{cases}\nabla\times\boldsymbol{D}'=0(\text{介质内}),\nabla\cdot\boldsymbol{D}'=0(\text{介质内})\\ (\boldsymbol{D}_1'+\boldsymbol{D}_2')\mid\times\boldsymbol{n}=0(\text{基本形态介质界面上})\\ (\boldsymbol{H}_1'+\boldsymbol{H}_2')\mid\cdot\boldsymbol{n}=0(\text{基本形态介质界面上})\end{cases}$$

$$\begin{cases}\nabla\times\boldsymbol{E}=0\\ \nabla\cdot\boldsymbol{D}=\rho_f+\rho'\end{cases}\tag{3.2.3a}$$

及

$$\begin{cases}\oint_L \mathrm{d}\boldsymbol{l}\cdot\boldsymbol{E}=0\\ \oint_S \mathrm{d}\boldsymbol{s}\cdot\boldsymbol{D}=Q_f+Q'\end{cases}\tag{3.2.3b}$$

3. 等效的感生电位移势方法

由于真空态感生磁流 I'_m（$I'_m=-I_m$，I_m 为极化磁流）和真空态感生电荷 Q' 共同激发了感生静电场 $\boldsymbol{D}'$，并且真空态感生电荷和真空态感生磁流 I'_m 只分布在各向同性电介质的表面上，在各向同性均匀电介质内部，恒有

$$\begin{cases}\nabla\times\boldsymbol{D}'=0\\ \nabla\cdot\boldsymbol{D}'=0\end{cases}\tag{3.2.4}$$

式（3.2.4）称为内部无源无旋定律。在电介质内部是无旋场，故真空态感生电荷 Q' 与感生磁流 I'_m 共同生成的在电介质内部的电场 $\boldsymbol{D}'$，可以用等效的真空态感生 $\boldsymbol{D}'$势 ϕ'（注：感生 $\boldsymbol{D}'$势 ϕ' 是感生极化势的 ε_0 倍）来代替

$$\boldsymbol{D}'=-\nabla\phi'\tag{3.2.5}$$

引入感生 $\boldsymbol{D}'$势 ϕ' 可更方便描述 $\boldsymbol{D}'$的分布。这统称为等效 $\boldsymbol{D}'$势法。感生 $\boldsymbol{D}'$势 ϕ' 已包含了真空态感生电荷 Q' 和真空态感生磁流 I'_m 对 $\boldsymbol{D}'$ 的综合贡献。

4. 基本形态电介质及其反电介质

对于各向同性，相对介电常数为 ε_r 球形电介质、无限大平板电介质或与无限长带电直导线平行的无限长圆柱体电介质，统称为基本形态电介质，并称与这些形状完全一样且相对介电常数为 $\varepsilon'_r=1/\varepsilon_r$ 的电介质为反基本形态电介质。基本形态电介质引起的感生电位移 $\boldsymbol{D}'$与反基本形态电介质重合时，总附加电位移 $\boldsymbol{D}'$完全抵消。或

者说，相对介电常数为 ε_r 的电介质与其基本形状相同的相对介电常数为 $\varepsilon'_r = 1/\varepsilon_r$ 的电介质互为反电介质。

5. 感生电荷守恒定律

各区域电介质的（表面）感生面电荷之和为零，称为感生电荷守恒定律。

$$Q' = \oint_s \boldsymbol{D}' \cdot \mathrm{d}\boldsymbol{s} = -\oint_s \nabla \Phi \cdot \mathrm{d}\boldsymbol{s} = 0 \qquad (3.2.6)$$

3.2.2　电介质和导体的特点

1. 自由电荷定位定律

导体所带的自由电荷分布按孤立存在时的状态分布，其与外界作用无关，即自由电荷是一个纯粹的固定定位电荷。在其他自由电荷作用下，静电感应使导体处于静电平衡后，其导体上的自由电荷分布不变，导体所发生静电感应现象仅仅是感生电荷的移动。这个感生电荷过去称为感应电荷，现在统称为自由电荷定位定律，反映任何带电体所带的自由电荷的电势分布，不因外界改变而变化的性质，也称自由电荷不自由定律。目的是：①方便计算导体上自由电荷的电势分布；②是静电场满足唯一性定理的条件之一。

2. 基本形态电介质边界条件

设 $\boldsymbol{n}$ 为从电介质1指向电介质2的单位法向矢量。

$$\begin{cases} \boldsymbol{D}_0 = -\nabla \phi_0 \\ \boldsymbol{D}'_1 = -\nabla \phi'_1, \boldsymbol{D}'_2 = -\nabla \phi'_2 \\ \boldsymbol{E}_1 = (\boldsymbol{D}_0 + \boldsymbol{D}'_1)/\varepsilon_1, \boldsymbol{E}_2 = (\boldsymbol{D}_0 + \boldsymbol{D}'_2)/\varepsilon_2 \end{cases} \qquad (3.2.7)$$

这样，独立的基本形态电介质边界条件变为

$$\begin{cases}\nabla\times\boldsymbol{E}=0\Rightarrow\boldsymbol{n}\times\left(\dfrac{\boldsymbol{D}_0+\boldsymbol{D}_1'}{\varepsilon_1}-\dfrac{\boldsymbol{D}_0+\boldsymbol{D}_2'}{\varepsilon_2}\right)_s=0\\ \Rightarrow(\phi_0+\phi_1')_s/\varepsilon_1=(\phi_0+\phi_2')_s/\varepsilon_2+C\\ \nabla\cdot\boldsymbol{D}'=\rho'\Rightarrow\boldsymbol{n}\cdot(\boldsymbol{D}_2'-\boldsymbol{D}_1')=\sigma_1'+\sigma_2'=\sigma'\\ \nabla\times\boldsymbol{D}'=\varepsilon_0\boldsymbol{j}_m\Rightarrow\boldsymbol{n}\times(\boldsymbol{D}_2'-\boldsymbol{D}_1')=\varepsilon_0\boldsymbol{v}_m\\ \boldsymbol{n}\times(\boldsymbol{D}_1'+\boldsymbol{D}_2')\mid=0\Rightarrow(\phi_1'+\phi_2')\mid_s=C\end{cases}\tag{3.2.8}$$

其中，

$$\begin{cases}\sigma_1'=-\boldsymbol{n}_1\cdot\boldsymbol{D}_1'=-\boldsymbol{n}\cdot\boldsymbol{D}_1'\\ \sigma_2'=-\boldsymbol{n}_2\cdot\boldsymbol{D}_2'=\boldsymbol{n}\cdot\boldsymbol{D}_2'\end{cases}\tag{3.2.9a}$$

分别为介质 1 和介质 2 表面的感生面电荷密度。

$$\sigma'=(\sigma_1'+\sigma_2')=\boldsymbol{n}\cdot(\boldsymbol{D}_2'-\boldsymbol{D}_1')\tag{3.2.9b}$$

为介质交界面上总感生面电荷密度。其中，

$$\begin{cases}\boldsymbol{v}_{m1}=-\boldsymbol{v}_{m1}'=-\dfrac{1}{\varepsilon_0}\boldsymbol{n}_1\times\boldsymbol{D}_1'=-\dfrac{1}{\varepsilon_0}\boldsymbol{n}\times\boldsymbol{D}_1'\\ \boldsymbol{v}_{m2}=-\boldsymbol{v}_{m2}'=-\dfrac{1}{\varepsilon_0}\boldsymbol{n}_2\times\boldsymbol{D}_2'=\dfrac{1}{\varepsilon_0}\boldsymbol{n}\times\boldsymbol{D}_2'\end{cases}\tag{3.2.10a}$$

分别为介质 1 和介质 2 表面的极化面磁流密度。

$$\boldsymbol{v}_m=-\boldsymbol{v}_m'=\frac{1}{\varepsilon_0}\boldsymbol{n}\times(\boldsymbol{D}_2'-\boldsymbol{D}_1')\tag{3.2.10b}$$

为介质交界面上总极化面磁流密度，$\boldsymbol{v}_m'$ 为介质交界面上总感生面磁流密度。

3. 真空态感生 D' 势方程

在各向同性均匀的电介质内部，有

$$\begin{cases}\nabla\times\boldsymbol{D}'=0\Rightarrow\oint_L\boldsymbol{D}'\cdot\mathrm{d}\boldsymbol{l}=0\\ \nabla\cdot\boldsymbol{D}'=0\end{cases}\tag{3.2.11a}$$

电介质内部是无源无旋场。引入感应势 ϕ'，使 $\boldsymbol{D}' = -\nabla\phi'$，则电介质内部有

$$\nabla^2\phi' = 0 \tag{3.2.11b}$$

满足拉普拉斯方程。

4. 极化强度与极化电荷

在唯一确定了 $\boldsymbol{D}'$之后，由下式得出极化强度与其他量：

$$\begin{cases} \boldsymbol{P} = \chi_e\varepsilon_0\boldsymbol{E} = (\varepsilon - \varepsilon_0)\boldsymbol{E} \\ \boldsymbol{D} = \varepsilon\boldsymbol{E}(\text{或}\,\boldsymbol{D} = \varepsilon_0\boldsymbol{E} + \boldsymbol{P}) \\ \rho_{\boldsymbol{P}} = \dfrac{\varepsilon_{\mathrm{r}} - 1}{\varepsilon_{\mathrm{r}}}(\rho_0 + \rho') \\ \rho = \dfrac{1}{\varepsilon_{\mathrm{r}}}(\rho_0 + \rho') \\ \sigma_{\boldsymbol{P}} = -\boldsymbol{n}\cdot(\boldsymbol{P}_2 - \boldsymbol{P}_1) \\ v_m = \dfrac{1}{\varepsilon_0}\boldsymbol{n}\times(\boldsymbol{P}_2 - \boldsymbol{P}_1)(\Leftarrow \nabla\times\boldsymbol{P} = \varepsilon_0\boldsymbol{j}'_m) \end{cases} \tag{3.2.12}$$

式中，χ_e 为极化率；$\rho_{\boldsymbol{P}}$ 为极化电荷密度；$\sigma_{\boldsymbol{P}}$ 为交界面上极化面电荷密度；$\boldsymbol{v}_m$ 为介质交界面上的极化面磁流密度。

3.3　电介质和导体的边值关系

3.3.1　电介质中感生势的边值条件

孤立的基本形态电介质边值条件为

$$\frac{1}{\varepsilon_1}(\phi_0 + \phi'_1)_s = \frac{1}{\varepsilon_2}(\phi_0 + \phi'_2)_s + C \tag{3.3.1}$$

式中，ϕ_1' 和 ϕ_2' 分别为电介质 1 和电介质 2 的感生势；ε_1 与 ε_2 分别为电介质 1 和电介质 2 的介电常数。

将式（3.3.1）中的 ε_1 与 ε_2 互换，空间各点 $\boldsymbol{D}'$ 变号但其值不变，这个原理称为 $\boldsymbol{D}'$ 空间反射定律。必有 ϕ_1' 和 ϕ_2' 变号（$\boldsymbol{D}'$ 变号，ϕ' 必变号，顶多相差一个常数），有

$$\frac{1}{\varepsilon_2}(\phi_0 - \phi_1')_s = \frac{1}{\varepsilon_1}(\phi_0 - \phi_2')_s + C \tag{3.3.2}$$

式（3.3.1）与式（3.3.2）整理得

$$\begin{cases}\varepsilon_1(\phi_0 - \phi_1')_s = \varepsilon_2(\phi_0 - \phi_2')_s + C \\ \varepsilon_2(\phi_0 + \phi_1')_s = \varepsilon_1(\phi_0 + \phi_2')_s + C\end{cases} \tag{3.3.3}$$

上式相加或相减，得

$$\begin{cases}(\varepsilon_2 - \varepsilon_1)\phi_1'|_s = -(\varepsilon_2 - \varepsilon_1)\phi_2'|_s + C \\ (\varepsilon_2 - \varepsilon_1)\phi_0|_s + (\varepsilon_2 + \varepsilon_1)\phi_1'|_s = -(\varepsilon_2 - \varepsilon_1)\phi_0|_s + (\varepsilon_2 + \varepsilon_1)\phi_2'|_s + C\end{cases} \tag{3.3.4}$$

即

$$\begin{cases}\phi_1'|_s = -\phi_2'|_s + C \\ (\varepsilon_2 + \varepsilon_1)\phi_1'|_s = -(\varepsilon_2 - \varepsilon_1)\phi_0|_s + C\end{cases} \tag{3.3.5a}$$

或

$$\begin{cases}\phi_1'|_s = -\dfrac{(\varepsilon_2 - \varepsilon_1)}{(\varepsilon_2 + \varepsilon_1)}\phi_0|_s + C \\ \phi_2'|_s = \dfrac{(\varepsilon_2 - \varepsilon_1)}{(\varepsilon_2 + \varepsilon_1)}\phi_0|_s + C\end{cases} \tag{3.3.5b}$$

式（3.3.5）就是孤立的基本形态电介质感生势的边值条件。

3.3.2 导体的边值问题

导体边值条件为

$$\begin{cases}(\phi_0+\phi_1')=C(\text{导体内部})\\ \dfrac{1}{\varepsilon_2}\phi_2\,|_s=\dfrac{1}{\varepsilon_2}(\phi_0+\phi_2')\,|_s=C'(\text{导体表面})\end{cases}\tag{3.3.6}$$

由上式解得

$$\begin{cases}\phi_1'=-\phi_0+C\\ (\phi_2'-\phi_1')\,|_s=C_1\end{cases}\tag{3.3.7}$$

通过镜像法或其他方法联立 $\phi_1'=-\phi_0,\phi_2'|_s=-\phi_0|_s+C$ 可求出 ϕ_2'，再根据 $\phi_2=\phi_0+\phi_2'+C$ 求出 ϕ_2 或 $\boldsymbol{E}_2=-\nabla\phi_2/\varepsilon$，这是基本解题方法，在第4章的广义镜像法中会详细讨论。

3.3.3　平均电介质定则

在基本形态电介质1中没有自由电荷，且被电介质2充满整个空间时，根据式（3.3.5），有

$$\varphi_1'|=-\frac{(\varepsilon_2-\varepsilon_1)}{(\varepsilon_2+\varepsilon_1)}\phi_0|+C\tag{3.3.8}$$

其电势分布为

$$\begin{aligned}\varphi_1&=\frac{1}{\varepsilon_1}(\phi_0+\phi_1')=\frac{1}{\varepsilon_1}\left(1-\frac{(\varepsilon_2-\varepsilon_1)}{(\varepsilon_2+\varepsilon_1)}\right)\phi_0+C\\&=\frac{\phi_0}{(\varepsilon_2+\varepsilon_1)/2}+C\end{aligned}\tag{3.3.9}$$

其场强分布为

$$\begin{cases}\boldsymbol{E}=-\nabla\phi_1=\dfrac{\boldsymbol{D}_0}{(\varepsilon_2+\varepsilon_1)/2}=\dfrac{\boldsymbol{D}_0}{\bar{\varepsilon}}\\ \bar{\varepsilon}=(\varepsilon_2+\varepsilon_1)/2\end{cases}\tag{3.3.10}$$

式中，$\bar{\varepsilon}$ 为平均介电常数。

在电介质1中没有自由电荷，且被电介质2充满整个空间的区

域，如果是独立的基本形态电介质，其内部的电场强度等于自由电荷在无限空间中充满平均介电常数情况下的量值。这个现象称为平均电介质定则。

3.4 D′的唯一性定理

3.4.1 介质中 D′的唯一性定理

孤立的基本形状电介质内，假设有两组感生势的解 ϕ_i' 和 ϕ_i''，都满足式（3.2.11b），有

$$\begin{cases} \nabla^2\phi_1' = \nabla^2\phi_2' = 0 \\ \phi_1'|_s = -\dfrac{(\varepsilon_2 - \varepsilon_1)}{(\varepsilon_2 + \varepsilon_1)}\phi_0|_s + C \\ \phi_2'|_s = \dfrac{(\varepsilon_2 - \varepsilon_1)}{(\varepsilon_2 + \varepsilon_1)}\phi_0|_s + C \end{cases} \tag{3.4.1}$$

$$\begin{cases} \nabla^2\phi_1'' = \nabla^2\phi_2'' = 0 \\ \phi_1''|_s = -\dfrac{(\varepsilon_2 - \varepsilon_1)}{(\varepsilon_2 + \varepsilon_1)}\phi_0|_s + C \\ \phi_2''|_s = \dfrac{(\varepsilon_2 - \varepsilon_1)}{(\varepsilon_2 + \varepsilon_1)}\phi_0|_s + C \end{cases} \tag{3.4.2}$$

令 $\phi = \phi' - \phi''$，考虑交界面上总感生电荷

$$Q' = -\oint_s \nabla\phi' \cdot \mathrm{d}\boldsymbol{s} = 0, Q'' = -\oint_s \nabla\phi'' \cdot \mathrm{d}\boldsymbol{s} = 0$$

有

$$\begin{cases}\nabla^2\phi = 0\\ \phi|_s = \phi'|_s - \phi''|_s = C\\ \oint_s \nabla\phi\cdot d\boldsymbol{s} = 0\end{cases} \tag{3.4.3}$$

利用恒等式

$$\oint_s(\phi\nabla\phi)\cdot d\boldsymbol{s} = \int_V \nabla\cdot(\phi\nabla\phi)dV = \int_V(\nabla\phi)^2 dV + \int_V \phi\nabla^2\phi dV \tag{3.4.4}$$

式（3.4.3）和式（3.4.4）相比较，得

$$0 = \int_V(\nabla\phi)^2 dV + 0$$

即

$$\begin{cases}(\nabla\phi)^2 = 0, \nabla\phi \equiv 0, (\boldsymbol{D}' - \boldsymbol{D}'') = -\nabla\phi = 0\\ \boldsymbol{D}' = \boldsymbol{D}''\end{cases} \tag{3.4.5}$$

可见，孤立的基本形态电介质内的真空态感生电位移 $\boldsymbol{D}'$是唯一确定的。

3.4.2 有导体时 $\boldsymbol{D}'$的唯一性定理

设任意形状的导体被电介质包围，导体带自由电荷的电量为 Q，在导体外，假设感生势有解 ϕ'，在边界处，利用导体 $\phi_0 = C$ 和式（3.3.7）

$$\phi' = -\phi_0 + C$$

得

$$\phi'_s = C \text{ 及 } 0 = -\oint_s \nabla\phi'\cdot d\boldsymbol{s} \tag{3.4.6}$$

假设还有另一个解

$$\phi''_s = C' \text{ 及 } 0 = -\oint_s \nabla\phi'' \cdot \mathrm{d}\boldsymbol{s}$$

令 $\phi = \phi' - \phi''$，有

$$\phi_s = C'' \text{ 及 } 0 = -\oint_s \nabla\phi \cdot \mathrm{d}\boldsymbol{s}$$

再利用恒等式（3.4.4），得 $0 = \int_V (\nabla\phi)^2 \mathrm{d}V + 0$，即

$$(\nabla\phi)^2 = 0, \nabla\phi \equiv 0, (\boldsymbol{D}' - \boldsymbol{D}'') = -\nabla\phi = 0$$

$$\boldsymbol{D}' = \boldsymbol{D}'' \tag{3.4.7}$$

可见，任何有导体时孤立的基本形态电介质内的真空态感生电位移 $\boldsymbol{D}'$ 是唯一确定的。

3.5 电多极子

3.5.1 点电偶极子

点电偶极子是两个相距为 $2\boldsymbol{l}$ 的同量异号点电荷构成的系统，且

$$\boldsymbol{l} \to 0, \ \boldsymbol{p} = Q2\boldsymbol{l}$$

式中，$2\boldsymbol{l}$ 为负电荷至正电荷的位移，可取正电荷在 $\boldsymbol{l}$ 处，负电荷在 $-\boldsymbol{l}$ 处。对于点电偶极子（$\boldsymbol{l} \to 0$，$\boldsymbol{p} = Q2\boldsymbol{l}$），在 $\boldsymbol{x}$ 位置上，在原点附近的点电偶极子产生的电势为（忽略 $\boldsymbol{l}$ 的高次项）

$$\begin{aligned}\varphi &= \left(\frac{Q}{r_+} - \frac{Q}{r_-}\right)\frac{1}{4\pi\varepsilon_0} = Q\left(\frac{1}{|\boldsymbol{x} - \boldsymbol{l}|} - \frac{1}{|\boldsymbol{x} + \boldsymbol{l}|}\right)\frac{1}{4\pi\varepsilon_0} \\ &= \frac{Q2\boldsymbol{l} \cdot \boldsymbol{x}}{4\pi\varepsilon_0 R^3} = \frac{\boldsymbol{p} \cdot \boldsymbol{x}}{4\pi\varepsilon_0 R^3}\end{aligned} \tag{3.5.1}$$

其中，$R = |\boldsymbol{x}|$，平面为等势面（即 $\boldsymbol{p} \cdot \boldsymbol{x} = 0$ 的平面）

3.5.2　点电四极子

点电四极子是相距为$2\boldsymbol{l}'$的同量反向的两个点电偶极子构成的系统，且$\boldsymbol{l}'\to 0$，$\boldsymbol{p}=Q2\boldsymbol{l}$，$\boldsymbol{l}'$为点电偶极子$\boldsymbol{p}$移动的位移，$-\boldsymbol{l}'$为点电偶极子$-\boldsymbol{p}$移动的位移，它们原来处在原点（中和而互相抵消），发生位移后分别处在$\boldsymbol{l}'$和$-\boldsymbol{l}'$处，形成电四极子。在原点附近的点电四极子的电势为（忽略$\boldsymbol{l}'$的高次项）

$$
\begin{aligned}
\varphi &= \frac{\boldsymbol{p}\cdot(\boldsymbol{x}-\boldsymbol{l}')}{4\pi\varepsilon_0|(\boldsymbol{x}-\boldsymbol{l}')|^3}-\frac{\boldsymbol{p}\cdot(\boldsymbol{x}+\boldsymbol{l}')}{4\pi\varepsilon_0|(\boldsymbol{x}+\boldsymbol{l}')|^3}\\
&= \frac{\boldsymbol{p}\cdot(\boldsymbol{x}-\boldsymbol{l}')|(\boldsymbol{x}+\boldsymbol{l}')|^3}{4\pi\varepsilon_0|(\boldsymbol{x}-\boldsymbol{l}')|^3|(\boldsymbol{x}+\boldsymbol{l}')|^3}-\frac{\boldsymbol{p}\cdot(\boldsymbol{x}+\boldsymbol{l}')|(\boldsymbol{x}-\boldsymbol{l}')|^3}{4\pi\varepsilon_0|(\boldsymbol{x}-\boldsymbol{l}')|^3|(\boldsymbol{x}+\boldsymbol{l}')|^3}\\
&\approx \frac{(\boldsymbol{p}\cdot\boldsymbol{x}-\boldsymbol{p}\cdot\boldsymbol{l}')(R^2+2\boldsymbol{x}\cdot\boldsymbol{l}')^{\frac{3}{2}}-(\boldsymbol{p}\cdot\boldsymbol{x}+\boldsymbol{p}\cdot\boldsymbol{l}')(R^2-2\boldsymbol{x}\cdot\boldsymbol{l}')^{\frac{3}{2}}}{4\pi\varepsilon_0R^6}\\
&\approx \frac{(\boldsymbol{p}\cdot\boldsymbol{x}-\boldsymbol{p}\cdot\boldsymbol{l}')(1+2\boldsymbol{x}\cdot\boldsymbol{l}'/R^2)^{\frac{3}{2}}-(\boldsymbol{p}\cdot\boldsymbol{x}+\boldsymbol{p}\cdot\boldsymbol{l}')(1-2\boldsymbol{x}\cdot\boldsymbol{l}'/R^2)^{\frac{3}{2}}}{4\pi\varepsilon_0R^3}\\
&\approx \frac{(\boldsymbol{p}\cdot\boldsymbol{x}-\boldsymbol{p}\cdot\boldsymbol{l}')(1+3\boldsymbol{x}\cdot\boldsymbol{l}'/R^2)-(\boldsymbol{p}\cdot\boldsymbol{x}+\boldsymbol{p}\cdot\boldsymbol{l}')(1-3\boldsymbol{x}\cdot\boldsymbol{l}'/R^2)}{4\pi\varepsilon_0R^3}\\
&\approx \frac{6(\boldsymbol{p}\cdot\boldsymbol{x})\boldsymbol{x}\cdot\boldsymbol{l}'/R^2-2\boldsymbol{p}\cdot\boldsymbol{l}'}{4\pi\varepsilon_0R^3}=\frac{1}{2}\boldsymbol{x}\cdot\frac{12\boldsymbol{p}\boldsymbol{l}'-4(\boldsymbol{p}\cdot\boldsymbol{l}')\overleftrightarrow{\boldsymbol{I}}}{4\pi\varepsilon_0R^5}\cdot\boldsymbol{x}\\
&= \frac{1}{2}\frac{\boldsymbol{x}\cdot\overleftrightarrow{\boldsymbol{D}}\cdot\boldsymbol{x}}{4\pi\varepsilon_0R^5}
\end{aligned}
\tag{3.5.2}
$$

式中，$R=|\boldsymbol{x}|$；

$$\overleftrightarrow{\boldsymbol{D}}=12\boldsymbol{p}\boldsymbol{l}'-4(\boldsymbol{p}\cdot\boldsymbol{l}')\overleftrightarrow{\boldsymbol{I}} \tag{3.5.3}$$

或写成对称形式

$$\overleftrightarrow{\boldsymbol{D}}=3(\boldsymbol{p}2\boldsymbol{l}'+2\boldsymbol{l}'\boldsymbol{p})-2(\boldsymbol{p}\cdot 2\boldsymbol{l}')\overleftrightarrow{\boldsymbol{I}} \tag{3.5.4}$$

为电四极矩。利用公式

$$\begin{cases}\overleftrightarrow{I}:\nabla\nabla=\nabla\cdot\overleftrightarrow{I}\cdot\nabla=\nabla^2\\ \nabla\nabla\dfrac{1}{R}=-\nabla\dfrac{\boldsymbol{x}}{R^3}=\dfrac{3\boldsymbol{x}\boldsymbol{x}-R^2\overleftrightarrow{I}}{R^3}\\ \nabla\nabla\nabla\dfrac{1}{R}=\nabla\dfrac{3\boldsymbol{x}\boldsymbol{x}-R^2\overleftrightarrow{I}}{R^5}=3\left(R^2\ \dfrac{\overleftrightarrow{I}\boldsymbol{x}+2\boldsymbol{x}\overleftrightarrow{I}}{R^7}-\dfrac{5\boldsymbol{x}\boldsymbol{x}\boldsymbol{x}}{R^7}\right)\\ \overleftrightarrow{I}:\nabla\nabla\dfrac{1}{R}=0\ (\boldsymbol{r}\neq0)\\ \overleftrightarrow{I}:\boldsymbol{x}\boldsymbol{x}=R^2\\ \overleftrightarrow{I}:\boldsymbol{A}\boldsymbol{B}=\boldsymbol{A}\cdot\boldsymbol{B}\end{cases}\qquad(3.5.5)$$

有

$$\overleftrightarrow{\boldsymbol{D}}:\nabla\nabla\frac{1}{R}=(12\boldsymbol{p}\boldsymbol{l}'-4(\boldsymbol{p}\cdot\boldsymbol{l}')\overleftrightarrow{\boldsymbol{I}}):\frac{3\boldsymbol{x}\boldsymbol{x}-R^2\overleftrightarrow{I}}{R^5}$$

$$=12\boldsymbol{p}\boldsymbol{l}':\frac{3\boldsymbol{x}\boldsymbol{x}-R^2\overleftrightarrow{I}}{R^5}=6\ [6(\boldsymbol{p}\cdot\boldsymbol{x})(\boldsymbol{l}'\cdot\boldsymbol{x})-4(\boldsymbol{p}\cdot\boldsymbol{l}')R^2]\ \frac{1}{R^5}\qquad(3.5.6)$$

上式与式（3.5.2）比较，得

$$\varphi=\frac{1}{2}\cdot\frac{\boldsymbol{x}\cdot\overleftrightarrow{\boldsymbol{D}}\cdot\boldsymbol{x}}{4\pi\varepsilon_0R^5}=\frac{1}{6}\cdot\overleftrightarrow{\boldsymbol{D}}:\nabla\nabla\frac{1}{4\pi\varepsilon_0R}\qquad(3.5.7)$$

直接计算得 $\overleftrightarrow{\boldsymbol{D}}:\overleftrightarrow{I}=0$，对称张量 $\overleftrightarrow{\boldsymbol{D}}$ 的 6 个元素中，只有 5 个是独立的。

3.5.3 点电八极子

点电八极子是两个相距为 $2\boldsymbol{x}'$ 的同量反向点电四极子构成的系统，且 $\boldsymbol{x}'\to0$，$\overleftrightarrow{\boldsymbol{D}}=3(\boldsymbol{p}2\boldsymbol{l}'+2\boldsymbol{l}'\boldsymbol{p})-(\boldsymbol{p}\cdot2\boldsymbol{l}')\overleftrightarrow{\boldsymbol{I}}$，$\boldsymbol{x}'$ 为点电四极子

$\overleftrightarrow{\boldsymbol{D}}$移动的位移，$-\boldsymbol{x}'$为点电四极子$-\overleftrightarrow{\boldsymbol{D}}$移动的位移，它们原来处在原点（中和而相互抵消），发生位移后分别处在$\boldsymbol{x}'$和$-\boldsymbol{x}'$处，形成电八极子。在原点附近的点电八极子的电势为（忽略$\boldsymbol{x}'$的高次项）

$$\varphi=-\frac{1}{2}\cdot\frac{(\boldsymbol{x}+\boldsymbol{x}')\cdot\overleftrightarrow{\boldsymbol{D}}\cdot(\boldsymbol{x}+\boldsymbol{x}')}{4\pi\varepsilon_0|\boldsymbol{x}+\boldsymbol{x}'|^5}+\frac{1}{2}\cdot\frac{(\boldsymbol{x}-\boldsymbol{x}')\cdot\overleftrightarrow{\boldsymbol{D}}\cdot(\boldsymbol{x}-\boldsymbol{x}')}{4\pi\varepsilon_0|\boldsymbol{x}-\boldsymbol{x}'|^5}$$

$$\approx-\frac{1}{2}\left(R^5\frac{\boldsymbol{x}'\cdot\overleftrightarrow{\boldsymbol{D}}\cdot\boldsymbol{x}+\boldsymbol{x}\cdot\overleftrightarrow{\boldsymbol{D}}\cdot\boldsymbol{x}'}{4\pi\varepsilon_0|\boldsymbol{x}+\boldsymbol{x}'|^5\boldsymbol{x}-\boldsymbol{x}'|^5}-\frac{\boldsymbol{x}\cdot\overleftrightarrow{\boldsymbol{D}}\cdot\boldsymbol{x}R^5 5\boldsymbol{x}'\cdot\boldsymbol{x}}{4\pi\varepsilon_0|\boldsymbol{x}+\boldsymbol{x}'|^5|\boldsymbol{x}-\boldsymbol{x}'|^6}\right)+$$

$$\frac{1}{2}\left(-R^5\frac{\boldsymbol{x}'\cdot\overleftrightarrow{\boldsymbol{D}}\cdot\boldsymbol{x}+\boldsymbol{x}\cdot\overleftrightarrow{\boldsymbol{D}}\cdot x'}{4\pi\varepsilon_0|\boldsymbol{x}+\boldsymbol{x}'|^5\boldsymbol{x}-\boldsymbol{x}'|^5}+\frac{\boldsymbol{x}\cdot\overleftrightarrow{\boldsymbol{D}}\cdot\boldsymbol{x}R^5 5\boldsymbol{x}'\cdot\boldsymbol{x}}{4\pi\varepsilon_0|\boldsymbol{x}+\boldsymbol{x}'|^5|\boldsymbol{x}-\boldsymbol{x}'|^6}\right)$$

$$\approx-\frac{1}{2}\left(\frac{\boldsymbol{x}'\cdot\overleftrightarrow{\boldsymbol{D}}\cdot\boldsymbol{x}+\boldsymbol{x}\cdot\overleftrightarrow{\boldsymbol{D}}\cdot\boldsymbol{x}'}{4\pi\varepsilon_0R^5}-\frac{\boldsymbol{x}\cdot\overleftrightarrow{\boldsymbol{D}}\cdot r5\boldsymbol{x}'\cdot\boldsymbol{x}}{4\pi\varepsilon_0R^7}\right)+$$

$$\frac{1}{2}\left(-\frac{\boldsymbol{x}'\cdot\overleftrightarrow{\boldsymbol{D}}\cdot\boldsymbol{x}+\boldsymbol{x}\cdot\overleftrightarrow{\boldsymbol{D}}\cdot\boldsymbol{x}'}{4\pi\varepsilon_0R^5}+\frac{\boldsymbol{x}\cdot\overleftrightarrow{\boldsymbol{D}}\cdot\boldsymbol{x}5\boldsymbol{x}'\cdot\boldsymbol{x}}{4\pi\varepsilon_0R^7}\right)$$

$$=-\frac{\boldsymbol{x}'\cdot\overleftrightarrow{\boldsymbol{D}}\cdot\boldsymbol{x}+\boldsymbol{x}\cdot\overleftrightarrow{\boldsymbol{D}}\cdot\boldsymbol{x}'}{4\pi\varepsilon_0R^5}+5\frac{\boldsymbol{x}\cdot\overleftrightarrow{\boldsymbol{D}}\cdot\boldsymbol{x}(\boldsymbol{x}'\cdot\boldsymbol{x})}{4\pi\varepsilon_0R^7}$$

$$=-\frac{1}{2}\frac{2\boldsymbol{x}'\cdot\overleftrightarrow{\boldsymbol{D}}\cdot\boldsymbol{x}+\boldsymbol{x}\cdot\overleftrightarrow{\boldsymbol{D}}\cdot2\boldsymbol{x}'}{4\pi\varepsilon_0R^5}+5\frac{\boldsymbol{x}\cdot\overleftrightarrow{\boldsymbol{D}}\cdot\boldsymbol{x}(2\boldsymbol{x}'\cdot\boldsymbol{x})}{4\pi\varepsilon_0R^7}$$

$$=-\frac{R^2\boldsymbol{x}'\cdot\overleftrightarrow{\boldsymbol{D}}\cdot\boldsymbol{x}+R^2\boldsymbol{x}\cdot\overleftrightarrow{\boldsymbol{D}}\cdot x'-5\boldsymbol{x}\cdot\overleftrightarrow{\boldsymbol{D}}\cdot\boldsymbol{x}(\boldsymbol{x}'\cdot\boldsymbol{x})}{4\pi\varepsilon_0R^7}$$

$$=\frac{5\boldsymbol{x}\cdot\overleftrightarrow{\boldsymbol{D}}\cdot\boldsymbol{x}(\boldsymbol{x}'\cdot\boldsymbol{x})-2R^2\boldsymbol{x}'\cdot\overleftrightarrow{\boldsymbol{D}}\cdot\boldsymbol{x}}{4\pi\varepsilon_0R^7}\tag{3.5.8}$$

或

$$\varphi=\frac{-\boldsymbol{x}\cdot\overleftrightarrow{\boldsymbol{D}}\boldsymbol{x}':2R^2\overleftrightarrow{\boldsymbol{I}}+5\boldsymbol{x}\cdot\overleftrightarrow{\boldsymbol{D}}\boldsymbol{x}':\boldsymbol{x}\boldsymbol{x})}{4\pi\varepsilon_0R^7}$$

$$=\frac{\boldsymbol{x}\cdot\overleftrightarrow{\boldsymbol{D}}\boldsymbol{x}':(-2R^2\overleftrightarrow{\boldsymbol{I}}+5\boldsymbol{xx})}{4\pi\varepsilon_0R^7}$$

$$=(\overleftrightarrow{\boldsymbol{D}}\boldsymbol{x}')\therefore\frac{(-2R^2\overleftrightarrow{\boldsymbol{I}}\boldsymbol{x}+5\boldsymbol{xxx})}{4\pi\varepsilon_0R^7}\tag{3.5.9a}$$

或

$$\varphi=(\boldsymbol{x}'\overleftrightarrow{\boldsymbol{D}})\therefore\frac{(-2R^2\boldsymbol{x}\overleftrightarrow{\boldsymbol{I}}+5\boldsymbol{xxx})}{4\pi\varepsilon_0R^7}\tag{3.5.9b}$$

考虑与下节的点多级展开相对应，令

$$\varphi=-\frac{1}{6}\tilde{\boldsymbol{D}}\therefore\nabla\nabla\nabla\frac{1}{4\pi\varepsilon_0R}\tag{3.5.9c}$$

式中，“∴”表示三点乘；$\tilde{\boldsymbol{D}}$ 为点电八极矩。所以，关键的问题如何确定点电八极矩 $\tilde{\boldsymbol{D}}$ 的理想形式。下面参考电八极子的泰勒级数展开形式来确定。

3.5.4 电八极子的泰勒级数形式

由式（3.5.5）

$$\nabla\nabla\nabla\frac{1}{R}=3\left(R^2\frac{\overleftrightarrow{\boldsymbol{I}}\boldsymbol{x}+2\boldsymbol{x}\overleftrightarrow{\boldsymbol{I}}}{R^7}-\frac{5\boldsymbol{xxx}}{R^7}\right)$$

有

$$(\boldsymbol{x}'\overleftrightarrow{\boldsymbol{I}})\therefore\nabla\nabla\nabla\frac{1}{R}=3(\boldsymbol{x}'\overleftrightarrow{\boldsymbol{I}})\therefore\left(R^2\frac{\overleftrightarrow{\boldsymbol{I}}\boldsymbol{x}+2\boldsymbol{x}\overleftrightarrow{\boldsymbol{I}}}{R^7}-\frac{5\boldsymbol{xxx}}{R^7}\right)\frac{1}{4\pi\varepsilon_0R^7}=0\tag{3.5.10}$$

综合考虑式（3.5.8）~式（3.5.10），可设

$$\tilde{\boldsymbol{D}}=a\boldsymbol{x}'\overleftrightarrow{\boldsymbol{D}}+b\overleftrightarrow{\boldsymbol{D}}\boldsymbol{x}'+c\ (\overleftrightarrow{\boldsymbol{I}}\boldsymbol{x}')\ (\overleftrightarrow{\boldsymbol{D}}:\overleftrightarrow{\boldsymbol{I}})\tag{3.5.11}$$

式中，a，b，c 为待定系数。

利用式（3.5.9）及式（3.5.10），有

$$\varphi = -\frac{1}{6}\tilde{\boldsymbol{D}} \therefore \nabla\nabla\nabla\frac{1}{4\pi\varepsilon_0 R} = -\frac{1}{2}\tilde{\boldsymbol{D}} \therefore \left(R^2\frac{\overleftrightarrow{\boldsymbol{I}}\boldsymbol{x}+2\boldsymbol{x}\overleftrightarrow{\boldsymbol{I}}}{R^7} - \frac{5\boldsymbol{xxx}}{R^7}\right)\frac{1}{4\pi\varepsilon_0}$$

$$= -[a\boldsymbol{x}'\overleftrightarrow{\boldsymbol{D}} + b\overleftrightarrow{\boldsymbol{D}}\boldsymbol{x}' + c(\overleftrightarrow{\boldsymbol{I}}\boldsymbol{x}')(\overleftrightarrow{\boldsymbol{D}}:\overleftrightarrow{\boldsymbol{I}})] \therefore \left[(R^2(\overleftrightarrow{\boldsymbol{I}}\boldsymbol{x}+2\boldsymbol{x}\overleftrightarrow{\boldsymbol{I}}) - 5\boldsymbol{xxx})\frac{1}{4\pi\varepsilon_0 R^7}\right]\frac{1}{2}$$

$$= -[(2a+b)\boldsymbol{x}'\cdot\overleftrightarrow{\boldsymbol{D}}\cdot\boldsymbol{x}R^2 + (a+2b)\overleftrightarrow{\boldsymbol{D}}:\overleftrightarrow{\boldsymbol{I}}(\boldsymbol{x}'\cdot\boldsymbol{x})R^2 +$$
$$3c(\boldsymbol{x}'\cdot\boldsymbol{x})(\overleftrightarrow{\boldsymbol{D}}:\overleftrightarrow{\boldsymbol{I}})R^2 - 5c(\boldsymbol{x}'\cdot\boldsymbol{x})(\overleftrightarrow{\boldsymbol{D}}:\overleftrightarrow{\boldsymbol{I}})R^2 - 5(a+b)\boldsymbol{x}\cdot\overleftrightarrow{\boldsymbol{D}}\cdot$$
$$\boldsymbol{x}(\boldsymbol{x}'\cdot\boldsymbol{x})]\frac{1}{4\pi\varepsilon_0 R^7}\frac{1}{2}$$

$$= -[(2a+b)\boldsymbol{x}'\cdot\overleftrightarrow{\boldsymbol{D}}\cdot\boldsymbol{x}R^2 + (a+2b-2c)\overleftrightarrow{\boldsymbol{D}}:\overleftrightarrow{\boldsymbol{I}}(\boldsymbol{x}'\cdot\boldsymbol{x})R^2 -$$
$$5(a+b)\boldsymbol{x}\cdot\overleftrightarrow{\boldsymbol{D}}\cdot\boldsymbol{x}(\boldsymbol{x}'\cdot\boldsymbol{x})]\frac{1}{4\pi\varepsilon_0 R^7}\frac{1}{2} \tag{3.5.12}$$

与式(3.5.8)

$$\varphi = [-2\boldsymbol{x}'\cdot\overleftrightarrow{\boldsymbol{D}}\cdot\boldsymbol{x}R^2 + 5\boldsymbol{x}\cdot\overleftrightarrow{\boldsymbol{D}}\cdot\boldsymbol{x}(\boldsymbol{x}'\cdot\boldsymbol{x})]\frac{1}{4\pi\varepsilon_0 R^7}$$

比较得

$$\left.\begin{aligned}(2a+b)\frac{1}{2} &= 2\\(a+2b-2c)\frac{1}{2} &= 0\\(a+b)\frac{1}{2} &= 1\end{aligned}\right\}\Rightarrow\begin{cases}a=2\\b=0\\c=1\end{cases} \tag{3.5.13}$$

上式代入式（3.5.10）得

$$\begin{aligned}\tilde{\boldsymbol{D}} &= a\boldsymbol{x}'\overleftrightarrow{\boldsymbol{D}} + b\overleftrightarrow{\boldsymbol{D}}\boldsymbol{x}' + c(\overleftrightarrow{\boldsymbol{I}}\boldsymbol{x}')(\overleftrightarrow{\boldsymbol{D}}:\overleftrightarrow{\boldsymbol{I}})\\&= 2\boldsymbol{x}'\overleftrightarrow{\boldsymbol{D}} + (\overleftrightarrow{\boldsymbol{I}}\boldsymbol{x}')(\overleftrightarrow{\boldsymbol{D}}:\overleftrightarrow{\boldsymbol{I}})\end{aligned} \tag{3.5.14}$$

$$\varphi = -\frac{1}{6}\tilde{\boldsymbol{D}} \therefore \nabla\nabla\nabla\frac{1}{4\pi\varepsilon_0 R}$$

$$=\frac{1}{2}\tilde{\boldsymbol{D}}\therefore\ (5\boldsymbol{xxx}-\overleftrightarrow{I}\boldsymbol{x}-2\boldsymbol{x}\overleftrightarrow{I})\ \frac{1}{4\pi\varepsilon_0 R^7}\qquad(3.5.15)$$

式（3.5.15）就是点八极矩及其产生的电势。$\tilde{\boldsymbol{D}}$ 称为电八极矩。

3.6 电多级展开

在许多实际问题中，常常碰到电荷分布在一个小区域内，对于这样的系统产生的电场分布，我们可以用级数展开的方法来处理。

3.6.1 电势的多级展开

自由电荷分布在一个小区域内，在原点附近其电荷密度分布为 $\rho(\boldsymbol{x}')$，分布在体积 V 中，产生的电势为

$$\varphi(\boldsymbol{x})=\int_V\frac{\rho(x')}{4\pi\varepsilon_0\mid x'-x\mid}\mathrm{d}V'=\int_V\frac{\rho(x')}{4\pi\varepsilon_0 r}\mathrm{d}V'\qquad(3.6.1)$$

利用泰勒级数展开，得

$$\frac{1}{\mid\boldsymbol{x}'-\boldsymbol{x}\mid}=\frac{1}{r}=\frac{1}{r}\Big|_{x'=0}+(\boldsymbol{x}'\cdot\nabla')\frac{1}{r}\Big|_{x'=0}+\frac{1}{2}(\boldsymbol{x}'\cdot\nabla')^2\frac{1}{r}\Big|_{x'=0}+$$
$$\frac{1}{6}(\boldsymbol{x}'\cdot\nabla')^3\frac{1}{r}\Big|_{x'=0}+\cdots+\frac{1}{n!}(\boldsymbol{x}'\cdot\nabla')^n\frac{1}{r}\Big|_{x'=0}$$
$$=\frac{1}{\mid\boldsymbol{x}\mid}+\boldsymbol{x}'\cdot\left(\nabla'\frac{1}{r}\right)\Bigg|_{x'=0}+\frac{1}{2}\boldsymbol{x}'\boldsymbol{x}':\left(\nabla'\nabla'\frac{1}{r}\right)\Bigg|_{x'=0}+$$
$$\frac{1}{6}\boldsymbol{x}'\boldsymbol{x}'\boldsymbol{x}'\therefore\left(\nabla'\nabla'\nabla'\frac{1}{r}\right)\Bigg|_{x'=0}+\cdots+\frac{1}{n!}\boldsymbol{x}'^n(\cdot)^n\nabla'^n\frac{1}{r}\Big|_{x'=0}+\cdots$$

$$= \frac{1}{|\boldsymbol{x}|} - \boldsymbol{x}' \cdot \left(\nabla \frac{1}{r}\right)\Bigg|_{x'=0} + \frac{1}{2}\boldsymbol{x}'\boldsymbol{x}' : \left(\nabla\nabla\frac{1}{r}\right)\Bigg|_{x'=0} - \frac{1}{6}\boldsymbol{x}'\boldsymbol{x}'\boldsymbol{x}'$$

$$\therefore \left(\nabla\nabla\nabla\frac{1}{r}\right)\Bigg|_{x'=0} + \cdots + (-1)^n \frac{1}{n!}\boldsymbol{x}'^n (\cdot)^n \nabla^n \frac{1}{r}\Big|_{x'=0} + \cdots$$

$$= \frac{1}{R} - \boldsymbol{x}' \cdot \left(\nabla \frac{1}{R}\right) + \frac{1}{2}\boldsymbol{x}'\boldsymbol{x}' : \left(\nabla\nabla\frac{1}{R}\right) - \frac{1}{6}\boldsymbol{x}'\boldsymbol{x}'\boldsymbol{x}' \therefore \left(\nabla\nabla\nabla\frac{1}{R}\right) +$$

$$\cdots + (-1)^n \frac{1}{n!}\boldsymbol{x}'^n (\cdot)^n \nabla^n \frac{1}{R} + \cdots$$

其中，$\nabla = -\nabla', r|_{x'=0} = |\boldsymbol{x}| = R$，令

$Q = \int_V \rho(\boldsymbol{x}')\mathrm{d}V'$ 为体系的电量；

$\boldsymbol{P} = \int_V \boldsymbol{x}'\rho(\boldsymbol{x}')\mathrm{d}V'$ 为体系的电偶极矩；

$\overleftrightarrow{\boldsymbol{D}} = \int_V (3\boldsymbol{x}'\boldsymbol{x}' - \boldsymbol{x}'^2\overleftrightarrow{\boldsymbol{I}})\rho(\boldsymbol{x}')\mathrm{d}V'$ 为体系的电四极矩；

$\tilde{\boldsymbol{D}} = \int_V \left(\boldsymbol{x}'\boldsymbol{x}'\boldsymbol{x}' - \frac{1}{3}x'^2\boldsymbol{x}'\overleftrightarrow{\boldsymbol{I}}\right)\rho(\boldsymbol{x}')\mathrm{d}V'$ 为体系的电八极矩；

$\boldsymbol{D}^{(n)} = \int_V \boldsymbol{x}'^{(n)}\rho(\boldsymbol{x}')\mathrm{d}V'$ 为体系的电 2^n 极矩；

有

$$\varphi(\boldsymbol{x}) = \int_V \frac{\rho(\boldsymbol{x}')}{4\pi\varepsilon_0 r}\mathrm{d}V'$$

$$= \frac{Q}{4\pi}\frac{1}{R} - \boldsymbol{P} \cdot \left(\nabla\frac{1}{R}\right) + \frac{1}{6}\boldsymbol{D} : \left(\nabla\nabla\frac{1}{R}\right) - \frac{1}{6}\tilde{\boldsymbol{D}} \therefore \left(\nabla\nabla\nabla\frac{1}{R}\right) +$$

$$\cdots + (-1)^n \frac{1}{n!}\boldsymbol{D}^{(n)} (\cdot)^n \nabla^n \frac{1}{R} + \cdots \tag{3.6.2}$$

由于

$$\begin{cases}\overleftrightarrow{\boldsymbol{I}}:\nabla\nabla=\nabla\cdot\overleftrightarrow{\boldsymbol{I}}\cdot\nabla=\nabla^2\\ \nabla\nabla\dfrac{1}{R}=-\nabla\dfrac{\boldsymbol{x}}{R^3}=\dfrac{3\boldsymbol{xx}-R^2\overleftrightarrow{\boldsymbol{I}}}{R^3}\\ \nabla\dfrac{1}{R}=-\dfrac{\boldsymbol{x}}{R^3}\\ \nabla\nabla\nabla\dfrac{1}{R}=\nabla\dfrac{3\boldsymbol{xx}-R^2\overleftrightarrow{\boldsymbol{I}}}{R^5}=R^2\,\dfrac{3\overleftrightarrow{\boldsymbol{I}}\boldsymbol{x}+6\boldsymbol{x}\overleftrightarrow{\boldsymbol{I}}}{R^7}-\dfrac{15\boldsymbol{xxx}}{R^7}\\ \overleftrightarrow{\boldsymbol{I}}:\nabla\nabla\dfrac{1}{R}=0\ (\boldsymbol{r}\neq0)\\ \overleftrightarrow{\boldsymbol{I}}:\boldsymbol{xx}=R^2\\ \overleftrightarrow{\boldsymbol{I}}:\boldsymbol{AB}=\boldsymbol{A}\cdot\boldsymbol{B}\end{cases}\tag{3.6.3}$$

$$\begin{aligned}\varphi(\boldsymbol{x})&=\int_V\frac{\rho(\boldsymbol{x}')}{4\pi\varepsilon_0 r}\mathrm{d}V'\\&=\frac{Q}{4\pi\varepsilon_0}\frac{1}{R}+\frac{\boldsymbol{P}\cdot\boldsymbol{x}}{4\pi\varepsilon_0R^3}+\frac{1}{6}\cdot\frac{1}{4\pi\varepsilon_0R^3}\boldsymbol{D}:(3\boldsymbol{xx}-R^2\overleftrightarrow{I})+\frac{1}{6}\cdot\\&\quad\frac{1}{4\pi\varepsilon_0}\tilde{\boldsymbol{D}}\therefore\left(\frac{15\boldsymbol{xxx}}{R^7}-R^2\,\frac{3\overleftrightarrow{I}\boldsymbol{x}+6\boldsymbol{x}\overleftrightarrow{I}}{R^7}\right)+\\&\quad\cdots+(-1)^n\frac{1}{n!\ 4\pi\varepsilon_0}\boldsymbol{D}^{(n)}(\cdot)^n\nabla^n\frac{1}{R}+\cdots\end{aligned}\tag{3.6.4}$$

将式（3.5.15）代入式（3.6.4），得

$$\begin{aligned}\varphi(\boldsymbol{x})&=\frac{Q}{4\pi\varepsilon_0}\frac{1}{R}+\frac{\boldsymbol{P}\cdot\boldsymbol{x}}{4\pi\varepsilon_0R^3}+\frac{1}{6}\cdot\frac{1}{4\pi\varepsilon_0R^3}\boldsymbol{D}:(3\boldsymbol{xx}-R^2\overleftrightarrow{\boldsymbol{I}})+\\&\quad\frac{1}{2}\tilde{\boldsymbol{D}}\therefore[5\boldsymbol{xxx}-\overleftrightarrow{I}\boldsymbol{x}-2\boldsymbol{x}\overleftrightarrow{I}]\frac{1}{4\pi\varepsilon_0R^7}+\cdots\end{aligned}\tag{3.6.5}$$

式（3.6.5）就是电荷分布在一个小区域内，在远处产生的电势的近似值。可以根据不同情况，取其前几项进行计算，从而得出近似结果。

3.6.2　自由电荷体系在外电场中的能量

在外电场中，原点附近的自由电荷体系产生的电位移势 ϕ 可以级数展开为

$$\phi = \phi|_{x=0} + (\boldsymbol{x}\cdot\nabla)\phi|_{x=0} + \frac{1}{2}(\boldsymbol{xx}\cdot\nabla\nabla)\phi|_{x=0} + \frac{1}{6}(\boldsymbol{xxx}\cdot\nabla\nabla\nabla)\phi|_{x=0} + \cdots \tag{3.6.6}$$

体积为 V 的电荷体系在外电场中的能量为

$$\begin{aligned} W &= \int_V \rho(x)\,\frac{\phi_e}{\varepsilon}\mathrm{d}V \\ &= \int_V \frac{\rho(\boldsymbol{x})}{\varepsilon}\Big(\phi_e|_{x=0} + (\boldsymbol{x}\cdot\nabla)\phi_e|_{x=0} + \frac{1}{2}(\boldsymbol{xx}\cdot\nabla\nabla)\phi_e|_{x=0} + \\ &\quad \frac{1}{6}(3\boldsymbol{xxx}\cdot\nabla\nabla\nabla)\phi_e|_{x=0} + \cdots\Big)\mathrm{d}V \\ &= \frac{1}{\varepsilon}\Big[Q\phi_e|_{x=0} + (\boldsymbol{P}\cdot\nabla)\phi_e|_{x=0} + \frac{1}{6}(\overleftrightarrow{\boldsymbol{D}}:\nabla\nabla)\phi_e|_{x=0} + \\ &\quad \frac{1}{6}(\tilde{\boldsymbol{D}}\therefore\nabla\nabla\nabla)\phi_e|_{x=0} + \cdots\Big] \\ &= \frac{1}{\varepsilon}\Big[Q\phi_e|_{x=0} - \boldsymbol{P}\cdot\boldsymbol{E}_0 - \frac{1}{6}(\overleftrightarrow{\boldsymbol{D}}:\nabla)\boldsymbol{E}_0 - \frac{1}{6}(\tilde{\boldsymbol{D}}\therefore\nabla\nabla)\boldsymbol{E}_0 + \cdots\Big] \end{aligned} \tag{3.6.7}$$

3.6.3 电荷体系在外电场中的受力和力矩

1. 电荷体系在外电场中受力

（1）电荷受力：

$$\boldsymbol{f}_0 = -\nabla\frac{1}{\varepsilon}Q\phi_e|_{x=0} = \frac{1}{\varepsilon}Q\boldsymbol{D}|_{x=0} = Q\boldsymbol{E}|_{x=0} \tag{3.6.8}$$

（2）电偶极子受力：

$$\boldsymbol{f}_1 = -\frac{1}{\varepsilon}\nabla(\boldsymbol{P}\cdot\nabla)\phi_e|_{x=0} = -\frac{1}{\varepsilon}(\boldsymbol{P}\cdot\nabla\nabla)\phi_e|_{x=0} = (\boldsymbol{P}\cdot\nabla)\boldsymbol{E}|_{x=0} \tag{3.6.9}$$

（3）电四极子受力：

$$\boldsymbol{f}_2 = -\nabla\frac{1}{6\varepsilon}(\overleftrightarrow{\boldsymbol{D}}:\nabla\nabla)\phi_e|_{x=0} = -\frac{1}{6\varepsilon}(\overleftrightarrow{\boldsymbol{D}}:\nabla\nabla\nabla)\phi_e|_{x=0}$$

$$= \frac{1}{6}(\overleftrightarrow{\boldsymbol{D}}:\nabla\nabla)\boldsymbol{E}|_{x=0} \tag{3.6.10}$$

（4）电八极子受力：

$$\boldsymbol{f}_3 = -\nabla\frac{1}{6\varepsilon}(\tilde{\boldsymbol{D}}:\nabla\nabla\nabla)\phi_e|_{x=0} = -\frac{1}{6\varepsilon}(\tilde{\boldsymbol{D}}\therefore\ \nabla\nabla\nabla\nabla)\phi_e|_{x=0}$$

$$= \frac{1}{6}(\tilde{\boldsymbol{D}}\therefore\ \nabla\nabla\nabla)\boldsymbol{E}|_{x=0} \tag{3.6.11}$$

（5）体系受的合力：

$$f = f_0 + f_1 + f_2 + f_3 + \cdots$$

$$= Q\boldsymbol{E}_0 + (\boldsymbol{P}\cdot\nabla)\boldsymbol{E}_0 + \frac{1}{6}(\overleftrightarrow{\boldsymbol{D}}:\nabla\nabla)\boldsymbol{E}_0 + \frac{1}{6}(\tilde{\boldsymbol{D}}\therefore\ \nabla\nabla\nabla)\boldsymbol{E}_0 + \cdots \tag{3.6.12}$$

其中，$\boldsymbol{E}_0 = \boldsymbol{E}_{x=0}$为原点处的电场强度。

2. 电荷体系的在外电场中受的力矩

(1) 电偶极矩的力矩。在 $\boldsymbol{l}$ 及 $-\boldsymbol{l}$ 点场强及电荷受力分别为

$$\begin{cases}\boldsymbol{E}_l = \boldsymbol{E}_0 + (\boldsymbol{l}\cdot\nabla)\boldsymbol{E}_0 \\ \boldsymbol{E}_{-l} = \boldsymbol{E}_0 + (-\boldsymbol{l}\cdot\nabla)\boldsymbol{E}_0 \\ \boldsymbol{f}_l = Q\boldsymbol{E}_l \\ \boldsymbol{f}_{-l} = -Q\boldsymbol{E}_{-l}\end{cases} \tag{3.6.13}$$

相对 O 点的力矩为

$$\begin{aligned}\boldsymbol{L}_1 &= \boldsymbol{l}\times\boldsymbol{f}_l + (-\boldsymbol{l})\times\boldsymbol{f}_{-l} = Q\boldsymbol{l}\times\boldsymbol{E}_l + (-Q)(-\boldsymbol{l})\times\boldsymbol{E}_{-l} \\ &= 2Q\boldsymbol{l}\times\boldsymbol{E}_0 + 2Q\boldsymbol{l}\times(\boldsymbol{l}\cdot\nabla)\boldsymbol{E}_0 \\ &= \boldsymbol{P}\times\boldsymbol{E}_0 + \boldsymbol{P}\times(\boldsymbol{l}\cdot\nabla)\boldsymbol{E}_0 \\ &\approx \boldsymbol{P}\times\boldsymbol{E}_0 = \overleftrightarrow{\boldsymbol{P}}_{\text{反}}\cdot\boldsymbol{E}_0(\text{当 } \boldsymbol{l}\to 0 \text{ 时})\end{aligned} \tag{3.6.14}$$

式中，$\overleftrightarrow{\boldsymbol{P}}_{\text{反}}$ 为 $\boldsymbol{P}$ 的叉积张量。

(2) 电四极矩的力矩：

$$\begin{cases}\boldsymbol{E}_l' = \boldsymbol{E}_0 + (\boldsymbol{l}'\cdot\nabla)\boldsymbol{E}_0 \\ \boldsymbol{E}_{-l'} = \boldsymbol{E}_0 + (-\boldsymbol{l}'\cdot\nabla)\boldsymbol{E}_0 \\ \boldsymbol{P}_{-l'} = -\boldsymbol{P}_l' = -\boldsymbol{P}\end{cases} \tag{3.6.15}$$

利用式 (3.6.15)，电四极矩受的力矩为

$$\begin{aligned}\boldsymbol{L}_2 &= \boldsymbol{P}_l'\times\boldsymbol{E}_l' + \boldsymbol{P}_{-l'}\times\boldsymbol{E}_{-l'} = 2\boldsymbol{P}_l'\times(\boldsymbol{l}'\cdot\nabla)\boldsymbol{E}_0 \\ &= [2\boldsymbol{P}\times\boldsymbol{l}']\cdot\nabla\boldsymbol{E}_0 = \boldsymbol{S}\cdot\nabla\boldsymbol{E}_0\end{aligned} \tag{3.6.16}$$

式中，$\boldsymbol{S}=2\boldsymbol{P}\times\boldsymbol{l}'$ 定义为电四极面积矢量。

(3) 电八极矩的力矩。在 $\boldsymbol{l}''$ 及 $-\boldsymbol{l}''$ 点电四极面积矢量分别为

$$\begin{cases}\boldsymbol{S}_{l''} = \boldsymbol{S} \\ \boldsymbol{S}_{-l''} = -\boldsymbol{S}\end{cases}$$

在 $\boldsymbol{l}''$ 及 $-\boldsymbol{l}''$ 点的电场强度分别为

$$\begin{cases} \boldsymbol{E}_{l''} = \boldsymbol{E}_0 + (l'' \cdot \nabla)\boldsymbol{E}_0 \\ \boldsymbol{E}_{-l''} = \boldsymbol{E}_0 + (-\boldsymbol{l}'' \cdot \nabla)\boldsymbol{E}_0 \end{cases}$$

电八极矩的力矩为

$$\begin{aligned} \boldsymbol{L}_3 &= \boldsymbol{S}_{l''} \cdot \nabla \boldsymbol{E}_{l''} + \boldsymbol{S}_{-l''} \cdot \nabla \boldsymbol{E}_{-l''} = 2\ (\boldsymbol{S} \cdot \nabla)\ (l'' \cdot \nabla)\ \boldsymbol{E}_0 \\ &= 2\boldsymbol{S}\boldsymbol{l}'' : \nabla\nabla \boldsymbol{E}_0 = \overset{\leftrightarrow}{\boldsymbol{\Lambda}} : \nabla\nabla \boldsymbol{E}_0 \end{aligned} \tag{3.6.17}$$

式中，$\overset{\leftrightarrow}{\boldsymbol{\Lambda}} = 2\boldsymbol{S}\boldsymbol{l}''$ 定义为电八极并矢。

（4）体系受的合力矩：

$$\begin{aligned} \boldsymbol{L} &= \boldsymbol{L}_1 + \boldsymbol{L}_2 + \boldsymbol{L}_3 + \cdots = \boldsymbol{P} \times \boldsymbol{E}_0 + \boldsymbol{S} \cdot \nabla \boldsymbol{E}_0 + \overset{\leftrightarrow}{\boldsymbol{\Lambda}} : \nabla\nabla \boldsymbol{E}_0 + \cdots \\ &= \overset{\leftrightarrow}{\boldsymbol{P}}_{反} \cdot \boldsymbol{E}_0 + \boldsymbol{S} \cdot \nabla \boldsymbol{E}_0 + \overset{\leftrightarrow}{\boldsymbol{\Lambda}} : \nabla\nabla \boldsymbol{E}_0 + \cdots \end{aligned} \tag{3.6.18}$$

3.6.4 静电场的能量

在均匀各向同性线性介质中，且 $H=0$，$B=0$，能量密度为

$$w = \frac{1}{2}\boldsymbol{E} \cdot \boldsymbol{D} \tag{3.6.19a}$$

总能量为

$$W = \int_V \frac{1}{2}\boldsymbol{E} \cdot \boldsymbol{D} \mathrm{d}V (V \to \infty) \tag{3.6.19b}$$

由于

$$\boldsymbol{E} \cdot \boldsymbol{D} = -\nabla\varphi \cdot \boldsymbol{D} = -\nabla(\varphi \boldsymbol{D}) + \varphi \nabla \boldsymbol{D} = \rho_0 \varphi - \nabla \cdot (\varphi \boldsymbol{D})$$

式中，φ 为电势。式（3.6.19b）变为

$$W = \int_\infty \frac{1}{2}\boldsymbol{E} \cdot \boldsymbol{D} \mathrm{d}V = \frac{1}{2}\int_\infty \rho_0 \varphi \mathrm{d}V - \frac{1}{2}\int_\infty \nabla \cdot (\varphi \boldsymbol{D}) \mathrm{d}V \tag{3.6.20}$$

由于

$$\int_\infty \nabla \cdot (\varphi \boldsymbol{D}) \mathrm{d}V = \oint_\infty \varphi \boldsymbol{D} \cdot \mathrm{d}\boldsymbol{S} \to \frac{1}{R}\frac{1}{R^2}R^2 \mid_{R \to \infty} \to 0$$

式（3.6.20）变为

$$W=\int_{\infty}\frac{1}{2}\boldsymbol{E}\cdot\boldsymbol{D}\mathrm{d}V=\frac{1}{2}\int_{\infty}\rho_0\varphi\mathrm{d}V \qquad (3.6.21)$$

式（3.6.21）只适合于静电场情况，能量不仅分布在电荷区，而且存在于整个场中。注：若已知ρ，φ，总能量为$W=\frac{1}{2}\int_V\rho\varphi\mathrm{d}V$，但$\frac{1}{2}\rho\varphi$不代表能量密度。令$\varphi_e$，$\rho_e$分别为外电场的电势和电荷，电场总能量为

$$W=\frac{1}{2}\int_V(\rho+\rho_e)\cdot(\varphi+\varphi_e)\mathrm{d}V \qquad (3.6.22)$$

相互作用能为

$$W_i=W=\frac{1}{2}\int_V(\rho+\rho_e)\cdot(\varphi+\varphi_e)\mathrm{d}V-\left(\frac{1}{2}\int_V\rho_e\varphi_e\mathrm{d}V+\frac{1}{2}\int_V\rho\varphi\mathrm{d}V\right)$$

$$=\frac{1}{2}\int_V(\rho\varphi_e+\rho_e\varphi)\mathrm{d}V \qquad (3.6.23)$$

由于

$$\varphi=\frac{1}{4\pi\varepsilon}\int_V\frac{\rho(x')\mathrm{d}V'}{r},\varphi_e=\frac{1}{4\pi\varepsilon}\int_V\frac{\rho_e(x')\mathrm{d}V'}{r}$$

有

$$\rho\varphi_e=\rho_e\varphi \qquad (3.6.24)$$

式（3.6.24）代入式（3.6.23），得

$$W_i=\int_V\rho\varphi_e\mathrm{d}V \qquad (3.6.25)$$

式（3.6.25）就是电荷体在外场电势φ_e中的相互作用能。

3.7　局域作用定理

3.7.1　任意形状的永驻体的电场强度

在求电极化强度为$\boldsymbol{P}$（介电常数为ε）的任意形状的永驻体在

任意位置处的电场强度时，可先设任意形状的介质表面为S，表面的面极化电荷密度和面极化磁流密度分别为

$$\begin{cases}\sigma_P = \boldsymbol{n}\cdot\boldsymbol{P}\\ \boldsymbol{\upsilon}_m = -\dfrac{1}{\boldsymbol{\varepsilon}_0}\boldsymbol{n}\times\boldsymbol{P}\end{cases} \tag{3.7.1}$$

极化电荷产生的电场为

$$\boldsymbol{E}_1 = \oint\!\!\!\oint_S \frac{\sigma_P \mathrm{d}S'(\boldsymbol{x}-\boldsymbol{x}')}{4\pi\varepsilon_0|\boldsymbol{x}-\boldsymbol{x}'|^3} = \oint\!\!\!\oint_S \frac{\boldsymbol{P}\cdot\boldsymbol{n}\mathrm{d}S'(\boldsymbol{x}-\boldsymbol{x}')}{4\pi\varepsilon_0|\boldsymbol{x}-\boldsymbol{x}'|^3} = \oint\!\!\!\oint_S \frac{(\boldsymbol{P}\cdot\mathrm{d}\boldsymbol{S}')(\boldsymbol{x}-\boldsymbol{x}')}{4\pi\varepsilon_0|\boldsymbol{x}-\boldsymbol{x}'|^3} \tag{3.7.2}$$

由式（3.2.3），可推得

$$\oint_L \mathrm{d}\boldsymbol{l}\cdot\boldsymbol{D}' = -\varepsilon_0 I'_m \Rightarrow \oint_L \mathrm{d}\boldsymbol{l}\cdot\boldsymbol{E}_2 = -I'_m \Rightarrow \boldsymbol{E}_2 = -\oint\!\!\!\oint_s \frac{(\boldsymbol{\upsilon}'_m\mathrm{d}\boldsymbol{S}')\times(\boldsymbol{x}-\boldsymbol{x}')}{4\pi|\boldsymbol{x}-\boldsymbol{x}'|^3}$$

极化磁流产生的电场为

$$\begin{aligned}\boldsymbol{E}_2 &= -\oint\!\!\!\oint_s \frac{(\boldsymbol{\upsilon}'_m\mathrm{d}\boldsymbol{S}')\times(\boldsymbol{x}-\boldsymbol{x}')}{4\pi|\boldsymbol{x}-\boldsymbol{x}'|^3} = -\oint\!\!\!\oint_s \frac{(\boldsymbol{P}\times\mathrm{d}\boldsymbol{S}')\times(\boldsymbol{x}-\boldsymbol{x}')}{4\pi\varepsilon_0|\boldsymbol{x}-\boldsymbol{x}'^3}\\ &= -\oint\!\!\!\oint_s \frac{\mathrm{d}\boldsymbol{S}'(\boldsymbol{x}-\boldsymbol{x}')\cdot\boldsymbol{P}-\boldsymbol{P}\mathrm{d}\boldsymbol{S}'\cdot(\boldsymbol{x}-\boldsymbol{x}')}{4\pi\boldsymbol{\varepsilon}_0|\boldsymbol{x}-\boldsymbol{x}'|^3}\end{aligned} \tag{3.7.3}$$

总电场为

$$\begin{aligned}\boldsymbol{E}_p &= \boldsymbol{E}_1 + \boldsymbol{E}_2\\ &= \oint\!\!\!\oint_s \frac{(\boldsymbol{P}\cdot\mathrm{d}\boldsymbol{S}')(\boldsymbol{x}-\boldsymbol{x}')}{4\pi\varepsilon_0|\boldsymbol{x}-\boldsymbol{x}'|^3} - \oint\!\!\!\oint_s \frac{\mathrm{d}\boldsymbol{S}'(\boldsymbol{x}-\boldsymbol{x}')\cdot\boldsymbol{P}-\boldsymbol{P}\mathrm{d}\boldsymbol{S}'\cdot(\boldsymbol{x}-\boldsymbol{x}')}{4\pi\varepsilon_0|\boldsymbol{x}-\boldsymbol{x}'|^3}\\ &= -\oint\!\!\!\oint_s \frac{-(\boldsymbol{P}\cdot\mathrm{d}\boldsymbol{S}')(\boldsymbol{x}-\boldsymbol{x}')+\mathrm{d}\boldsymbol{S}'(\boldsymbol{x}-\boldsymbol{x}')\cdot\boldsymbol{P}-\boldsymbol{P}\mathrm{d}\boldsymbol{S}'\cdot(\boldsymbol{x}-\boldsymbol{x}')}{4\pi\varepsilon_0|\boldsymbol{x}-\boldsymbol{x}'|^3}\\ &= \oint\!\!\!\oint_S \frac{\boldsymbol{P}\times((\boldsymbol{x}-\boldsymbol{x}')\times\mathrm{d}\boldsymbol{S}')}{4\pi\varepsilon_0|\boldsymbol{x}-\boldsymbol{x}'|^3} + \oint\!\!\!\oint_S \frac{\boldsymbol{P}\mathrm{d}\boldsymbol{S}'\cdot(\boldsymbol{x}-\boldsymbol{x}')}{4\pi\varepsilon_0|\boldsymbol{x}-\boldsymbol{x}'|^3} = \frac{-1}{4\pi\varepsilon_0}[\boldsymbol{P}\times\boldsymbol{\Theta}+\boldsymbol{P}\Omega]\end{aligned} \tag{3.7.4}$$

其中，

$$\begin{cases} \Omega = -\oint\!\!\!\oint_S \frac{\mathrm{d}\boldsymbol{S}'\cdot(\boldsymbol{x}-\boldsymbol{x}')}{|\boldsymbol{x}-\boldsymbol{x}'|^3} = \oint\!\!\!\oint_S \frac{\mathrm{d}\boldsymbol{S}'\cdot(\boldsymbol{x}'-\boldsymbol{x})}{|\boldsymbol{x}-\boldsymbol{x}'|^3} \\ \boldsymbol{\Theta} = -\oint\!\!\!\oint_S \frac{\mathrm{d}\boldsymbol{S}'\cdot(\boldsymbol{x}'-\boldsymbol{x})}{|\boldsymbol{x}-\boldsymbol{x}'|^3} = \oint\!\!\!\oint_S \frac{\mathrm{d}\boldsymbol{S}'\cdot(\boldsymbol{x}'-\boldsymbol{x})}{|\boldsymbol{x}-\boldsymbol{x}'|^3} \end{cases} \tag{3.7.5}$$

由于

$$\Omega = \oint\!\!\!\oint_s \frac{\mathrm{d}\boldsymbol{S}'\cdot(\boldsymbol{x}'-\boldsymbol{x})}{|\boldsymbol{x}-\boldsymbol{x}'|^3} = \oint\!\!\!\oint_s \mathrm{d}\Omega = \begin{cases} 4\pi, \boldsymbol{X}\in V \\ 0, \boldsymbol{X}\notin V \end{cases}$$

$$\begin{aligned} \boldsymbol{\Theta} &= \oint\!\!\!\oint_s \frac{(\boldsymbol{x}'-\boldsymbol{x})\times\mathrm{d}\boldsymbol{S}'}{|x'-x|^3} = \oint\!\!\!\oint_s \nabla\frac{1}{|x'-x|}\times\mathrm{d}\boldsymbol{S}' \\ &= -\iiint_{V'} \nabla\times\nabla\frac{1}{|x'-x|}\mathrm{d}V' = 0 \end{aligned}$$

所以

$$\boldsymbol{E}_p = \boldsymbol{E}_1 + \boldsymbol{E}_2 = -\frac{1}{4\pi\varepsilon_0}(\boldsymbol{P}\times\boldsymbol{\Theta} + \boldsymbol{P}\Omega) = \begin{cases} -\dfrac{\boldsymbol{P}}{\varepsilon_0}, \boldsymbol{X}\in V \\ 0, \boldsymbol{X}\notin V \end{cases} \tag{3.7.6}$$

3.7.2　结论

（1）任意形状均匀极化的电介质，其体积为 V，其在 V 外单独产生的 $\boldsymbol{E}_p$ 为 0，$\boldsymbol{P}$ 好像不对 V 外部单独产生影响，这种现象称为局域作用定理。局域作用定理说明，内外电场的关联程度，完全由边值关系确定。

（2）在 V 内 $\boldsymbol{E}$ 为一个常矢量，这个常矢量为 $\boldsymbol{E}_p = -\boldsymbol{P}/\varepsilon_0$，正是 $\boldsymbol{P}$ 产生的电场，即在 V 内 $\boldsymbol{P}$ 产生自己。

（3）同理，当 V 内真空态极化时，真空态极化强度为 $-\boldsymbol{D}$，产生的场强为 $\boldsymbol{E}_0' = \boldsymbol{D}/\varepsilon_0$，其在 V 外单独产生的 $\boldsymbol{E}_0'$ 为 0，好像不对 V 外部单独产生影响。

（4）在 V 内真空态和介质态的总场强为

$$\boldsymbol{E}_{总} = \boldsymbol{E}_0' + \boldsymbol{E}_p = \boldsymbol{D}/\varepsilon_0 - \boldsymbol{P}/\varepsilon_0$$

即

$$\boldsymbol{D} = \boldsymbol{\varepsilon}_0 \boldsymbol{E}_{总} + \boldsymbol{P} \tag{3.7.7}$$

式（3.7.7）正是电磁本构公理，且在麦克斯韦电磁理论中是电位移 $\boldsymbol{D}$ 的定义式。

第 4 章

静电场边值问题的新解法

本章主要介绍静电场边值问题的一些求解方法。由于 S 理论主要依托感生电位移的性质确定其他物理量的存在条件，在边值关系上，与麦克斯韦电磁理论的边值关系对比，显示出完全不同的形式，并使得对静电问题的求解方法发生变化。

本章首先引进静电场的感生电荷产生的感生电位移 $\boldsymbol{D}'$，并讨论 $\boldsymbol{D}'$的一些基本特性；引入电位移 $\boldsymbol{D}$ 的高斯定理法，然后讨论广义静电镜像法、感生势分离变量法等。

本章重点：$\boldsymbol{D}$ 的高斯定理法，广义静电镜像法，感生势分离变量法。

4.1　D 的高斯定理法

根据电磁本构方程组及积分变换，有

$$\begin{cases} \nabla\cdot\boldsymbol{D} = \rho_0 + \rho' \\ \oiint \mathrm{d}\boldsymbol{S}\cdot\boldsymbol{D} = \iiint\limits_v \mathrm{d}V\,\nabla\cdot\boldsymbol{D} = \iiint\limits_v \mathrm{d}V(\rho_0 + \rho') = q_0 + q' \end{cases}$$

式中，$\boldsymbol{D}$ 为真空态的电位移矢量；ρ_0 为自由电荷密度；ρ' 为真空态的感生电荷密度。

上式就是电位移高斯定理。对于整块电介质及其表面而言，有

$$\iiint_v \rho' \mathrm{d}V = \sum_i q_i' = 0 \text{ 或 } \oiint \mathrm{d}\boldsymbol{S} \cdot \boldsymbol{D}' = \sum_i \sigma_i' S_i = 0$$

为界面感生电荷守恒定律。

在各向同性电介质内部及在给定真空态电位移 $\boldsymbol{D}$ 的情况下，介质内部空间 $q'=0$，而闭合界面上各点 σ' 不一定为零，但总和为零。即

$$\sum_i \boldsymbol{S}_i \cdot \boldsymbol{D}_i = \sum_i \frac{4\pi r^2 q_0 + S_i \sigma_i'}{4\pi r^2} = q_0 \left(\text{其中} \sum_i \sigma_i' S_i = 0 \right)$$

在各向同性电介质内部及在真空态电位移 $\boldsymbol{D}$ 平行于界面的情况下，空间各点都有 $q'=0$，界面上也有 $\sigma'=0$。但一般情况下，感生电荷常表现相对自由电荷偏心，使产生的 $\boldsymbol{D}$ 不具有球对称，显示感生电位移 $\boldsymbol{D}'$ 存在的特殊价值。公式

$$\oiint \mathrm{d}\boldsymbol{S} \cdot \boldsymbol{D} = \sum_i \boldsymbol{S}_i \cdot \boldsymbol{D}_i = q_0 \tag{4.1.1}$$

成立的条件是：介质表面没有穿过高斯面，边值关系为：

（1）总感生电荷守恒

$$\sum_i q_i' = 0$$

（2）界面上 $\boldsymbol{E}_{1t} = \boldsymbol{E}_{2t}$，即

$$\boldsymbol{n} \times \left(\frac{1}{\varepsilon_1} \boldsymbol{D}_1 - \frac{1}{\varepsilon_2} \boldsymbol{D}_2 \right) = 0 \text{，或} \frac{1}{\varepsilon_1} D_{1t} = \frac{1}{\varepsilon_2} D_{2t} \tag{4.1.2}$$

对于孤立的基本形态电介质边界，感生势 ϕ' 与其 $\boldsymbol{D}$ 势 ϕ，有如下关系：

$$\begin{cases} (\phi_1' + \phi_2')_s = C \\ \left(\dfrac{1}{\varepsilon_1} \phi_1 - \dfrac{1}{\varepsilon_2} \phi_2 \right)_s = C' \end{cases} \tag{4.1.3}$$

式（4.1.1）就是点电荷体系电位移方程，并称式（4.1.2）和式（4.1.3）为带电体的电位移边值关系，对于多个点电荷形成的带电体均成立。

例 4－1　以原点为顶点，多种电介质各占用一部分立体角空间，已知立体角为 Ω_1 的空间的介电常数为 ε_1，Ω_2 的空间的介电常数为 ε_2，……，Ω_i 的空间的介电常数为 ε_i。原点有一自由点电荷 Q，求：任意 r 点的场强分布。

解：在原点有多个真空态感生电荷分别为 Q_1' 和 $Q_2'+\cdots$，电荷守恒 $Q_1'+Q_2'+\cdots=0$，设 $\boldsymbol{E}$ 沿半径方向。取以电荷 Q 为球心，半径为 r 的球面为高斯面，有

$$\oiint \boldsymbol{D}\cdot \mathrm{d}\boldsymbol{S}=\oiint \boldsymbol{D}\cdot r^2\mathrm{d}\Omega=Q,\text{或}\ D_1\Omega_1 r^2+\cdots+D_i\Omega_i r^2+\cdots=Q$$

$$\begin{cases}\Omega_1+\cdots+\Omega_i+\cdots=4\pi\\ \boldsymbol{E}_{1t}=\boldsymbol{E}_{it}\ \text{或}\ E_1=E_i=\cdots=E\end{cases}$$

$$D_1\Omega_1 r^2+\cdots+D_i\Omega_i r^2+\cdots=Q\ \text{或}\ \varepsilon_1 E\Omega_1 r^2+\cdots+\varepsilon_i E\Omega_i r^2+\cdots=Q$$

$$\begin{cases}\boldsymbol{D}_1=\dfrac{\varepsilon_1 Q\boldsymbol{r}}{(\varepsilon_1\Omega_1+\cdots+\varepsilon_i\Omega_i+\cdots)r^3},\boldsymbol{E}_1=\dfrac{Q\boldsymbol{r}}{(\varepsilon_1\Omega_1+\cdots+\varepsilon_i\Omega_i+\cdots)r^3}(\Omega\in\Omega_1)\\ \boldsymbol{D}_i=\dfrac{\varepsilon_i Q\boldsymbol{r}}{(\varepsilon_1\Omega_1+\cdots+\varepsilon_i\Omega_i+\cdots)r^3},\boldsymbol{E}_i=\dfrac{Q\boldsymbol{r}}{(\varepsilon_1\Omega_1+\cdots+\varepsilon_i\Omega_i+\cdots)r^3}(\Omega\in\Omega_i)\end{cases}$$

（4.1.4）

结论：多种电介质各占用一部分立体角空间分布的带电体的电场强度分布具有球对称性，而其电位移分布不具有球对称分布的特点。

例 4－2　已知 $z>0$ 的空间的介电常数为 ε_1，$z<0$ 的空间的介电常数为 ε_2，以原点为圆心，有一带电量为 Q 半径为 R 的金属球。求：（1）等效的真空态感生电荷分布；（2）任意 r 点的场强

分布。

解：

（1）在球内：$r<R$

$$\boldsymbol{E}_3=0,\ \boldsymbol{D}_3=0$$

（2）在球外：$r>R$，存在等效的真空态感生电荷

$$\begin{cases}\oiint \boldsymbol{D}_0\cdot \mathrm{d}\boldsymbol{S}=Q\\ \oiint \boldsymbol{D}'\cdot \mathrm{d}\boldsymbol{S}=D_1'2\pi r^2+D_2'2\pi r^2=Q_1'+Q_2'=0\end{cases}$$

$$\boldsymbol{D}_0=\frac{Q}{4\pi r^3}\boldsymbol{r},\boldsymbol{D}_1'=\frac{Q}{2\pi r^3}\boldsymbol{r},\boldsymbol{D}_2'=\frac{Q_2'}{2\pi r^3}\boldsymbol{r}=\frac{-Q'}{2\pi r^3}\boldsymbol{r}$$

$$\boldsymbol{E}_1=\frac{\boldsymbol{D}_0+\boldsymbol{D}_1'}{\varepsilon_1}=\frac{Q+2Q'}{4\pi\varepsilon_1 r^3}\boldsymbol{r},\boldsymbol{E}_2=\frac{\boldsymbol{D}_0+\boldsymbol{D}_2'}{\varepsilon_2}=\frac{Q-2Q'}{4\pi\varepsilon_2 r^3}\boldsymbol{r} \tag{4.1.5a}$$

由于$|\boldsymbol{E}_1|=|\boldsymbol{E}_2|=E$，得

$$\frac{Q+2Q'}{\varepsilon_1}=\frac{Q-2Q'}{\varepsilon_2}$$

移项，得

$$Q'=\frac{(\varepsilon_1-\varepsilon_2)Q}{2(\varepsilon_2+\varepsilon_1)}=-Q''$$

将其代入式（4.1.5a），得

$$\begin{cases}\boldsymbol{D}_1=\dfrac{\varepsilon_1 Q\boldsymbol{r}}{2\pi(\varepsilon_1+\varepsilon_2)r^3},\boldsymbol{E}_1=\dfrac{Q\boldsymbol{r}}{2\pi(\varepsilon_1+\varepsilon_2)r^3}(z<0)\\ \boldsymbol{D}_2=\dfrac{\varepsilon_2 Q\boldsymbol{r}}{2\pi(\varepsilon_1+\varepsilon_2)r^3},\boldsymbol{E}_2=\dfrac{Q\boldsymbol{r}}{2\pi(\varepsilon_1+\varepsilon_2)r^3}(z>0)\\ \boldsymbol{D}_0=\dfrac{Q\boldsymbol{r}}{4\pi r^3},\boldsymbol{E}_0=\dfrac{Q\boldsymbol{r}}{4\pi\varepsilon_0 r^3}\end{cases} \tag{4.1.5b}$$

结论：在大平面介质交界面上的带电金属球的电场强度分布具有球对称性，而其电位移分布不是球对称的。等效的真空态感生电荷的存在，是造成 **D** 非对称分布的原因。

例 4-3　以 O 点为圆心的电介质球半径为 R，介电常数为 ε_1，外部充满介电常数为 ε_2 的电介质，有一点电荷 Q 位于 $Z=R$ 的球面上，求：(1) 等效的真空态感生电荷分布；(2) 任意 r 点的场强分布。

解：等效的感生电荷分布在球面上，在界面上感生势之和为常数，电势相等。利用高斯定理，设球内外的感生势分别为

$$\begin{cases}\phi_1' = \dfrac{Q_1'}{4\pi|\boldsymbol{r}-R\boldsymbol{k}|}+C \\ \phi_2' = \dfrac{Q_2''}{4\pi|\boldsymbol{r}|}+\dfrac{Q_2'}{4\pi|\boldsymbol{r}-R\boldsymbol{k}|}\end{cases} \tag{4.1.6}$$

总 **D** 势为

$$\begin{cases}\phi_1 = \phi_0+\phi_1' = \dfrac{Q+Q_1'}{4\pi|\boldsymbol{r}-R\boldsymbol{k}|}+C \\ \phi_2 = \phi_0+\phi_2' = \dfrac{Q_2''}{4\pi|\boldsymbol{r}|}+\dfrac{Q+Q_2'}{4\pi|\boldsymbol{r}-R\boldsymbol{k}|}\end{cases} \tag{4.1.7}$$

感生电荷守恒：

$$Q_1''+Q_1'=0,\ Q_2''+Q_2'=0\ (Q_1''\text{在无限远处})$$

由式（4.1.3），边值关系为

$$\begin{cases}(\phi_1'+\phi_2')_{|\boldsymbol{r}|=R} = \left(\dfrac{Q_1'}{4\pi|\boldsymbol{r}-R\boldsymbol{k}|}+\dfrac{Q_2''}{4\pi|\boldsymbol{r}|}+\dfrac{Q_2'}{4\pi|\boldsymbol{r}-R\boldsymbol{k}|}\right)\Bigg|_{|\boldsymbol{r}|=R} = C \\ \left(\dfrac{1}{\varepsilon_1}\phi_1-\dfrac{1}{\varepsilon_2}\phi_2\right)_{|\boldsymbol{r}|=R} \\ \quad = \left(\dfrac{Q+Q_1'}{4\pi\varepsilon_1|\boldsymbol{r}-R\boldsymbol{k}|}-\dfrac{Q_2''}{4\pi\varepsilon_2|\boldsymbol{r}|}-\dfrac{Q+Q_2'}{4\pi\varepsilon_2|\boldsymbol{r}-R\boldsymbol{k}|}\right)\Bigg|_{|\boldsymbol{r}|=R} = C'\end{cases}$$

(4.1.8)

得

$$\begin{cases} \dfrac{Q''_2}{4\pi R} = C \\ Q'_1 = Q''_2 = -Q'_2 = \dfrac{\varepsilon_1 - \varepsilon_2}{\varepsilon_1 + \varepsilon_2}Q \end{cases}$$

代入式（4.1.7），得

$$\begin{cases} \phi'_1 = \dfrac{\varepsilon_1 - \varepsilon_2}{\varepsilon_1 + \varepsilon_2}\dfrac{Q}{4\pi|\boldsymbol{r} - R\boldsymbol{k}|} + \dfrac{\varepsilon_1 - \varepsilon_2}{\varepsilon_1 + \varepsilon_2}\dfrac{Q}{4\pi R} + C \\ \phi'_2 = \dfrac{\varepsilon_1 - \varepsilon_2}{\varepsilon_1 + \varepsilon_2}\dfrac{Q}{4\pi|\boldsymbol{r}|} - \dfrac{\varepsilon_1 - \varepsilon_2}{\varepsilon_1 + \varepsilon_2}\dfrac{Q}{4\pi|\boldsymbol{r} - R\boldsymbol{k}|} + C \end{cases} \tag{4.1.9}$$

$$\begin{cases} \boldsymbol{D}_0 = \dfrac{Q(\boldsymbol{r} - R\boldsymbol{k})}{4\pi|\boldsymbol{r} - R\boldsymbol{k}|^3} \\ \boldsymbol{D}'_1 = \dfrac{\varepsilon_1 - \varepsilon_2}{\varepsilon_1 + \varepsilon_2}\dfrac{Q(\boldsymbol{r} - R\boldsymbol{k})}{4\pi|\boldsymbol{r} - R\boldsymbol{k}|^3} \\ \boldsymbol{D}'_2 = \dfrac{\varepsilon_1 - \varepsilon_2}{\varepsilon_1 + \varepsilon_2}\dfrac{Q\boldsymbol{r}}{4\pi|\boldsymbol{r}|^3} - \dfrac{\varepsilon_1 - \varepsilon_2}{\varepsilon_1 + \varepsilon_2}\dfrac{Q(\boldsymbol{r} - R\boldsymbol{k})}{4\pi|\boldsymbol{r} - R\boldsymbol{k}|^3} \end{cases} \tag{4.1.10}$$

$$\begin{cases} \boldsymbol{E}_1 = \dfrac{1}{\varepsilon_1}(\boldsymbol{D}_0 + \boldsymbol{D}'_1) = \dfrac{2}{\varepsilon_1 + \varepsilon_2}\dfrac{Q(\boldsymbol{r} - R\boldsymbol{k})}{4\pi|\boldsymbol{r} - R\boldsymbol{k}|^3}(r < R) \\ \boldsymbol{E}_2 = \dfrac{1}{\varepsilon_2}(\boldsymbol{D}_0 + \boldsymbol{D}'_2) = \dfrac{\varepsilon_1 - \varepsilon_2}{\varepsilon_1 + \varepsilon_2}\dfrac{Q\boldsymbol{r}}{4\pi\varepsilon_2|\boldsymbol{r}|^3} + \dfrac{2}{\varepsilon_1 + \varepsilon_2} \\ \qquad \dfrac{Q(\boldsymbol{r} - R\boldsymbol{k})}{4\pi|\boldsymbol{r} - R\boldsymbol{k}|^3}(\boldsymbol{r} > R) \end{cases} \tag{4.1.11}$$

例 4-4 无限长电介质柱（以 X 轴为轴）半径为 R，介电常数为 ε_1，外部充满介电常数为 ε_2 的电介质。有一带电直导线与轴平行，其线电荷密度为 λ，位于 $Z = R$ 的柱面上。求：（1）等效的真空态感生电荷分布；（2）任意 r 点的场强分布。

解： 等效的感生电荷分布在柱面上；在交界面上感生势之和为

常数；电势相等。利用高斯定理，设电介质柱内外感生势分别为（λ_1''在无限远处）

$$
\begin{cases}
\phi_1' = \dfrac{\lambda_1' \ln|\boldsymbol{r} - R\boldsymbol{k}|}{2\pi} + C_1 (r < R) \\
\phi_2' = \dfrac{\lambda_2'' \ln|\boldsymbol{r}|}{2\pi} + \dfrac{\lambda_2' \ln|\boldsymbol{r} - R\boldsymbol{k}|}{2\pi} + C_2 (r < R)
\end{cases}
\tag{4.1.12}
$$

感生电荷守恒：$\lambda_1' + \lambda_1'' = 0, \lambda_2'' + \lambda_2' = 0$，满足边值关系

$$
\begin{cases}
(\phi_1' + \phi_2')_{|\boldsymbol{r}|=R} = \\
\left(\dfrac{\lambda_1' \ln|\boldsymbol{r} - R\boldsymbol{k}|}{2\pi} + \dfrac{\lambda_2'' \ln|\boldsymbol{r}|}{2\pi} + \dfrac{\lambda_2' \ln|\boldsymbol{r} - R\boldsymbol{k}|}{2\pi}\right)\Big|_{|\boldsymbol{r}|=R} = C_1 \\
\left(\dfrac{1}{\varepsilon_1}\phi_1 - \dfrac{1}{\varepsilon_2}\phi_2\right)_{|\boldsymbol{r}|=R} = \\
\left(\dfrac{(\lambda + \lambda_1')\ln|\boldsymbol{r} - R\boldsymbol{k}|}{2\pi\varepsilon_1} - \dfrac{\lambda_2'' \ln|\boldsymbol{r}|}{2\pi\varepsilon_2} - \dfrac{(\lambda + \lambda_2')\ln|\boldsymbol{r} - R\boldsymbol{k}|}{2\pi\varepsilon_2}\right)\Bigg|_{|\boldsymbol{r}|=R} = C_2
\end{cases}
$$

得

$$
\begin{cases}
\dfrac{\lambda_2''}{4\pi R} = C_1 \\
\lambda_1' = \lambda_2'' = -\lambda_2' = \dfrac{\varepsilon_1 - \varepsilon_2}{\varepsilon_1 + \varepsilon_2}\lambda
\end{cases}
$$

代入式（4.1.12），得

$$
\begin{cases}
\phi_1' = \dfrac{\varepsilon_1 - \varepsilon_2}{\varepsilon_1 + \varepsilon_2}\lambda \dfrac{\ln|\boldsymbol{r} - R\boldsymbol{k}|}{2\pi} + C' \\
\phi_2' = \dfrac{\varepsilon_1 - \varepsilon_2}{\varepsilon_1 + \varepsilon_2}\lambda \dfrac{\ln|\boldsymbol{r}|}{2\pi} - \dfrac{\varepsilon_1 - \varepsilon_2}{\varepsilon_1 + \varepsilon_2}\lambda \dfrac{\ln|\boldsymbol{r} - R\boldsymbol{k}|}{2\pi} + C
\end{cases}
$$

$$\begin{cases} \boldsymbol{D}_0 = -\nabla\cdot\phi = \dfrac{\lambda(\boldsymbol{r}-R\boldsymbol{k})}{2\pi|\boldsymbol{r}-R\boldsymbol{k}|^2} \\ \boldsymbol{D}_1' = -\nabla\cdot\phi_1' = \dfrac{\varepsilon_1-\varepsilon_2}{\varepsilon_1+\varepsilon_2}\dfrac{\lambda(\boldsymbol{r}-R\boldsymbol{k})}{2\pi|\boldsymbol{r}-R\boldsymbol{k}|^2} \\ \boldsymbol{D}_2' = -\nabla\cdot\phi_2' = \dfrac{\varepsilon_1-\varepsilon_2}{\varepsilon_1+\varepsilon_2}\dfrac{\lambda\boldsymbol{r}}{2\pi|\boldsymbol{r}|^2} - \dfrac{\varepsilon_1-\varepsilon_2}{\varepsilon_1+\varepsilon_2}\dfrac{\lambda(\boldsymbol{r}-R\boldsymbol{k})}{2\pi|\boldsymbol{r}-R\boldsymbol{k}|^2} \end{cases}$$

$$\begin{cases} \boldsymbol{E}_1 = \dfrac{1}{\varepsilon_1}(\boldsymbol{D}_0+\boldsymbol{D}_1') = \dfrac{2}{\varepsilon_1+\varepsilon_2}\dfrac{\lambda(\boldsymbol{r}-R\boldsymbol{k})}{2\pi|\boldsymbol{r}-R\boldsymbol{k}|^2}(r<R) \\ \boldsymbol{E}_2 = \dfrac{1}{\varepsilon_2}(\boldsymbol{D}_0+\boldsymbol{D}_2') = \dfrac{\varepsilon_1-\varepsilon_2}{\varepsilon_1+\varepsilon_2}\dfrac{\lambda\boldsymbol{r}}{2\pi\varepsilon_2|\boldsymbol{r}|^2} + \dfrac{2}{\varepsilon_1+\varepsilon_2} \\ \quad \dfrac{\lambda(\boldsymbol{r}-R\boldsymbol{k})}{2\pi|\boldsymbol{r}-R\boldsymbol{k}|^2}(\boldsymbol{r}>R) \end{cases}$$

4.2 广义静电镜像法原理

广义静电镜像法是用假想的真空态感生电荷来等效地代替基本形态的电介质（或导体）边界面上的面感生电荷和面感生磁流产生的感生电位移分布，然后用空间感生镜像点电荷的感生势的叠加给出感生势（或感生电位移）分布。

（1）基本条件：

①所求区域内只能有少数几个规则自由电荷体或自由点电荷（只有这样的自由电荷带电体产生的感生像电荷才能计算出结果），即

$$\begin{cases} \phi_0 = \dfrac{q}{4\pi|\boldsymbol{r}-a\boldsymbol{k}|}, \boldsymbol{D}_0 = -\nabla\phi_0 = \dfrac{q(\boldsymbol{r}-a\boldsymbol{k})}{4\pi|\boldsymbol{r}-a\boldsymbol{k}|^3} \\ \boldsymbol{E} = -\dfrac{1}{\varepsilon}\nabla\left(\phi_0 + \sum\phi_i'\right) \end{cases}$$

②电介质或导体边界面形状规则，一定是孤立的基本形态电介质或导体，具有对称性。

③导体上的自由电荷分布不因外界影响而移动，其产生的自由电荷电场固定不变，不因感生电荷存在而变化。

④假想感生像电荷必须放在所求区域之外。

⑤不同分区的假想感生像电荷不同。

⑥有两种以上电介质时，可将一些感生像电荷当作自由电荷处理，然后用叠加法求之。

⑦在静电场情况下，计算导体外的电场时，导体可以当作介电常数为无限大的电介质处理。

（2）孤立基本形态介质交界面边值条件：

$$\begin{cases}(\phi_2' + \phi_1')_s = C \\ \left(\dfrac{1}{\varepsilon_1}\phi_1 - \dfrac{1}{\varepsilon_2}\phi_2\right)_{|\boldsymbol{r}| = R} = C'\end{cases} \tag{4.2.1a}$$

或

$$\begin{cases}\phi_1'|_s = -\dfrac{(\varepsilon_2 - \varepsilon_1)}{(\varepsilon_2 + \varepsilon_1)}\phi_0|_s + C \\ \phi_2'|_s = \dfrac{(\varepsilon_2 - \varepsilon_1)}{(\varepsilon_2 + \varepsilon_1)}\phi_0|_s + C\end{cases} \tag{4.2.1b}$$

平均电介质定则

$$\begin{cases}\phi_1' = -\dfrac{(\varepsilon_2 - \varepsilon_1)}{(\varepsilon_2 + \varepsilon_1)}\phi_0 + C\left(\text{或 } q_1' = -\dfrac{(\varepsilon_2 - \varepsilon_1)}{(\varepsilon_2 + \varepsilon_1)}q\right) \\ \boldsymbol{D}_1' = -\nabla\phi_1' = \dfrac{(\varepsilon_2 - \varepsilon_1)}{(\varepsilon_2 + \varepsilon_1)}\boldsymbol{D}_0 \\ \boldsymbol{E}_1 = \dfrac{1}{(\varepsilon_2 + \varepsilon_1)/2}\boldsymbol{D}_0 \\ \text{（被电介质 2 包围的孤立基本形态电介质 1）}\end{cases}$$

（3）导体内部及导体介质交界面边值条件：

$$\begin{cases} \phi_1' = -\phi_0 + C(\text{导体内部}) \\ (\phi_2' - \phi_1')_s = C(\text{导体界面上}) \end{cases} \tag{4.2.2}$$

对于孤立基本形状的对称导体可看成超电体（$\varepsilon \to \infty$的电介质），利用介质交界面边值条件求解，二者结果是一致的。

（4）任意电介质中感生像电荷守恒：

$$\sum_i q_i' = 0 \tag{4.2.3}$$

（5）根据唯一性定理，由试探解变成唯一解。

注：任意介质交界面一般情况下$(\phi_2' + \phi_1')|_s \neq C$，只有孤立基本形态电介质才成立，但对导体表面形状没有限制。

4.2.1 平面广义静电镜像法

例4－5 在$z>0$区域充满介电常数为ε的电介质，在$z<0$区域充满导体，有一自由点电荷位于$\boldsymbol{r}'=a\boldsymbol{k}$的位置上。求：空间$\boldsymbol{r}$点的电场强度。

方法步骤：（1）空间自由电荷的电位移势和电位移分布

$$\phi_0 = \frac{q}{4\pi|\boldsymbol{r} - a\boldsymbol{k}|}, \boldsymbol{D}_0 = -\nabla\phi_0 = \frac{q(\boldsymbol{r} - a\boldsymbol{k})}{4\pi|\boldsymbol{r} - a\boldsymbol{k}|^3}$$

（2）边值条件及感生电荷守恒

$$\begin{cases} \phi_1 = \phi_0 + \phi_1' = C \\ (\phi_2' - \phi_1') = C \\ q_2' + q_2'' = 0 \end{cases}$$

（3）满足边值条件及感生电荷守恒的解

$$\begin{cases} q_2' = -q, \text{位于}\boldsymbol{r}' = -a\boldsymbol{k}\text{处} \\ q_2'' = q, \text{位于}\boldsymbol{r}' = -\infty\text{处} \end{cases}$$

$$\begin{cases} \phi_0 = \dfrac{q}{4\pi|\boldsymbol{r}-a\boldsymbol{k}|}, \boldsymbol{D}_0 = -\nabla\phi_0 = \dfrac{q(\boldsymbol{r}-a\boldsymbol{k})}{4\pi|\boldsymbol{r}-a\boldsymbol{k}|^3} \\ \phi_2' = \dfrac{q'}{4\pi|\boldsymbol{r}-a\boldsymbol{k}|}, \phi_2'' = \dfrac{q''}{4\pi|\boldsymbol{r}|} \end{cases}$$

（4）根据 $\boldsymbol{E}_2 = -\dfrac{1}{\varepsilon}\nabla(\phi_0 + \phi_2' + \phi_2'')$ 求出 $\boldsymbol{E}_2$。

解：（1）导体边值条件，由式（4.2.2），得

$$\begin{cases} \phi_1 = \phi_0 + \phi_1' = C(\text{导体内部}) \\ (\phi_2' - \phi_1') = C(\text{导体界面上}) \end{cases}$$

有 $\phi_1' = -\dfrac{q}{4\pi|\boldsymbol{r}-a\boldsymbol{k}|} + C$。令试探解

$$\begin{cases} q_2' = -q, \text{位于 } \boldsymbol{r}' = -a\boldsymbol{k} \text{ 处} \\ \phi_2' = \dfrac{q_2'}{4\pi|\boldsymbol{r}+a\boldsymbol{k}|} + C = \dfrac{-q}{4\pi|\boldsymbol{r}+a\boldsymbol{k}|} + C \end{cases}$$

$$\begin{cases} \phi_0 = \dfrac{q}{4\pi|\boldsymbol{r}-a\boldsymbol{k}|}, \boldsymbol{D}_0 = -\nabla\phi_0 = \dfrac{q(\boldsymbol{r}-a\boldsymbol{k})}{4\pi|\boldsymbol{r}-a\boldsymbol{k}|^3} \\ \phi_2' = \dfrac{q'}{4\pi|\boldsymbol{r}-a\boldsymbol{k}|}, \phi_2'' = \dfrac{q''}{4\pi|\boldsymbol{r}|} \end{cases}$$

满足

$$\begin{cases} \phi_1 = \phi_0 + \phi_1' = C(\text{导体内部}) \\ (\phi_2' - \phi_1') = C(\text{导体界面上}) \\ \phi_0 = \dfrac{q}{4\pi|\boldsymbol{r}-a\boldsymbol{k}|} \end{cases}$$

边值条件，根据唯一性定理，也是唯一解

$$\begin{cases}\phi_1 = \phi_0 + \phi_1' = C(z < 0) \\ \phi_2 = \phi_0 + \phi_2' = \dfrac{q}{4\pi|\boldsymbol{r} - a\boldsymbol{k}|} + \dfrac{-q}{4\pi|\boldsymbol{r} + a\boldsymbol{k}|} + C(z > 0) \\ \boldsymbol{E}_1 = -\nabla\phi_1/\varepsilon_0 = -\nabla(\phi_0 + \phi_1')/\varepsilon_0 = 0(z < 0) \\ \boldsymbol{E}_2 = -\nabla\phi_2/\varepsilon = \dfrac{q(\boldsymbol{r} - a\boldsymbol{k})}{4\pi\varepsilon|\boldsymbol{r} - a\boldsymbol{k}|^3} + \dfrac{-q(\boldsymbol{r} + a\boldsymbol{k})}{4\pi\varepsilon|\boldsymbol{r} + a\boldsymbol{k}|^3}(z > 0)\end{cases} \tag{4.2.4}$$

例 4－6 在 $z>0$ 区域充满介电常数为 ε_2 的电介质，在 $z<0$ 区域充满介电常数为 ε_1 的电介质，有一自由点电荷位于 $\boldsymbol{r}'=a\boldsymbol{k}$ 的位置上。求：空间 $\boldsymbol{r}$ 点的电场强度。

方法步骤：(1) 介质中自由电荷的电位移势和电位移分布为

$$\phi_0 = \frac{q}{4\pi|\boldsymbol{r} - a\boldsymbol{k}|}, \boldsymbol{D}_0 = -\nabla\phi_0 = \frac{q(\boldsymbol{r} - a\boldsymbol{k})}{4\pi|\boldsymbol{r} - a\boldsymbol{k}|^3}$$

(2) 边值条件及电荷守恒：

$$\begin{cases}(\phi_2 + \phi_1)_s = C \\ \left(\dfrac{1}{\varepsilon_1}\phi_1 - \dfrac{1}{\varepsilon_2}\phi_2\right)_{|r| = R} = C \\ q_2' + q_2'' = 0\end{cases}$$

或根据平均电介质定则

$$\begin{cases}q_1' = -\dfrac{(\varepsilon_2 - \varepsilon_1)}{(\varepsilon_2 + \varepsilon_1)}q(\text{位于自由电荷处}) \\ \phi_1' = \dfrac{q_1'}{4\pi|\boldsymbol{r} - a\boldsymbol{k}|} + C = -\dfrac{(\varepsilon_2 - \varepsilon_1)}{(\varepsilon_2 + \varepsilon_1)}\phi_0 + C \\ \phi_1 = \phi_0 + \phi_1' = \dfrac{\varepsilon_1\phi_0}{(\varepsilon_2 + \varepsilon_1)/2} + C \\ \boldsymbol{E}_1 = -\nabla\phi/\varepsilon_1 = \dfrac{\boldsymbol{D}_0}{(\varepsilon_2 + \varepsilon_1)/2}\end{cases}$$

(3) 满足边值条件及电荷守恒的解：

$$\begin{cases} q_1' = -kq \text{ 位于 } \boldsymbol{r}' = a\boldsymbol{k} \text{ 处}, q_1'' = -q_1' \text{位于 } \boldsymbol{r}' = \infty \text{处} \\ q_2' = kq \text{ 位于 } \boldsymbol{r}' = -a\boldsymbol{k} \text{ 处}, q_2'' = -q_2' \text{位于 } \boldsymbol{r}' = -\infty \text{处} \end{cases}$$

$$\begin{cases} k = \dfrac{(\varepsilon_2 - \varepsilon_1)}{(\varepsilon_2 + \varepsilon_1)} \\ q_1' = -\dfrac{(\varepsilon_2 - \varepsilon_1)}{(\varepsilon_2 + \varepsilon_1)}q \\ q_2' = \dfrac{(\varepsilon_2 - \varepsilon_1)}{(\varepsilon_2 + \varepsilon_1)}q \end{cases}$$

和

$$\begin{cases} \phi_2' = \dfrac{q'}{4\pi|\boldsymbol{r} + a\boldsymbol{k}|} \\ \phi_1' = \dfrac{q''}{4\pi|\boldsymbol{r} - a\boldsymbol{k}|} \end{cases}$$

(4) 根据 $\phi_1 = \phi_0 + \phi_1' + C$ 求出 $\boldsymbol{E}_1 = -\nabla\phi_1/\varepsilon$，再根据 $\phi_2 = \phi_0 + \phi_2' + C$ 求出 $\boldsymbol{E}_2 = -\nabla\phi_2/\varepsilon$。

解：$z<0$ 区域没有自由电荷，根据平均电介质定则

$$\begin{cases} q_1' = -\dfrac{(\varepsilon_2 - \varepsilon_1)}{(\varepsilon_2 + \varepsilon_1)}q, \text{位于自由电荷处} \\ \phi_1' = \dfrac{q_1'}{4\pi|\boldsymbol{r} - a\boldsymbol{k}|} + C = -\dfrac{(\varepsilon_2 - \varepsilon_1)}{(\varepsilon_2 + \varepsilon_1)}\phi_0 + C \\ \phi_1 = \phi_0 + \phi_1' = \dfrac{\varepsilon_1\phi_0}{(\varepsilon_2 + \varepsilon_1)/2} + C \\ \boldsymbol{E}_1 = -\nabla\phi/\varepsilon_1 = \dfrac{\boldsymbol{D}_0}{(\varepsilon_2 + \varepsilon_1)/2} \end{cases} \tag{4.2.5}$$

其中，$\phi_0 = \dfrac{q}{4\pi|\boldsymbol{r} - a\boldsymbol{k}|}$，$\boldsymbol{D}_0 = -\nabla\phi_0 = \dfrac{q(\boldsymbol{r} - a\boldsymbol{k})}{4\pi|\boldsymbol{r} - a\boldsymbol{k}|^3}$。

在 $z>0$ 区域：设试探解为

$$
\begin{cases}
q_2' = -q_1' = \dfrac{(\varepsilon_2 - \varepsilon_1)}{(\varepsilon_2 + \varepsilon_1)} q(\text{位于 } \boldsymbol{r} = -a\boldsymbol{k} \text{ 的位置上}) \\
\phi_2' = \dfrac{q'}{4\pi |\boldsymbol{r} + a\boldsymbol{k}|} + C \\
\phi_2 = \phi_0 + \phi_2' = \dfrac{\varepsilon_2 \phi_0}{(\varepsilon_2 + \varepsilon_1)/2} + C \\
\boldsymbol{E}_2 = -\nabla\phi/\varepsilon_2 = \dfrac{\boldsymbol{D}_0}{(\varepsilon_2 + \varepsilon_1)/2}
\end{cases}
$$

满足

$$
\begin{cases}
(\phi_2' + \phi_1')|_s = C \\
\left(\dfrac{1}{\varepsilon_1}\phi_1 - \dfrac{1}{\varepsilon_2}\phi_2\right)\Bigg|_{|\boldsymbol{r}| = R} = C \\
q_2' + q_2'' = 0
\end{cases}
$$

边值条件及电荷守恒。根据唯一性定理，也是唯一解为

$$
\begin{cases}
\phi_2' = \dfrac{(\varepsilon_2 - \varepsilon_1)}{(\varepsilon_2 + \varepsilon_1)} \dfrac{q}{4\pi |\boldsymbol{r} + a\boldsymbol{k}|} + C \\
\phi_2 = \phi_0 + \phi_2' = \dfrac{q}{4\pi |\boldsymbol{r} - a\boldsymbol{k}|} + \dfrac{(\varepsilon_2 - \varepsilon_1)}{(\varepsilon_2 + \varepsilon_1)} \dfrac{q}{4\pi |\boldsymbol{r} + a\boldsymbol{k}|} + C \\
\boldsymbol{E}_2 = -\nabla\phi/\varepsilon_2 = \dfrac{q(\boldsymbol{r} - a\boldsymbol{k})}{4\pi\varepsilon_2 |\boldsymbol{r} - a\boldsymbol{k}|^3} + \dfrac{(\varepsilon_2 - \varepsilon_1)}{(\varepsilon_2 + \varepsilon_1)\varepsilon_2} \dfrac{q(\boldsymbol{r} + a\boldsymbol{k})}{4\pi |\boldsymbol{r} + a\boldsymbol{k}|^3}
\end{cases}
\tag{4.2.6}
$$

讨论：(1) 由于交界面感生面电荷密度

$$
\sigma' = \boldsymbol{n} \cdot (\boldsymbol{D}_2 - \boldsymbol{D}_1)|_{z=0} = -\boldsymbol{k} \cdot (\nabla\phi_2 - \nabla\phi_1)|_{z=0}
$$

$$
= \boldsymbol{k} \cdot \left(\frac{q(\boldsymbol{r} - a\boldsymbol{k})}{4\pi |\boldsymbol{r} - a\boldsymbol{k}|^3} + \frac{(\varepsilon_2 - \varepsilon_1)}{(\varepsilon_2 + \varepsilon_1)} \frac{q(\boldsymbol{r} + a\boldsymbol{k})}{4\pi |\boldsymbol{r} + a\boldsymbol{k}|^3} - \frac{2\varepsilon_1}{(\varepsilon_2 + \varepsilon_1)} \frac{q(\boldsymbol{r} - a\boldsymbol{k})}{4\pi |\boldsymbol{r} - a\boldsymbol{k}|^3}\right)\Bigg|_{z=0}
$$

$$
= \boldsymbol{k} \cdot \left(\frac{q(\boldsymbol{r} + a\boldsymbol{k})}{|\boldsymbol{r} + a\boldsymbol{k}|^3} + \frac{q(\boldsymbol{r} - a\boldsymbol{k})}{|\boldsymbol{r} - a\boldsymbol{k}|^3}\right) \frac{(\varepsilon_2 - \varepsilon_1)}{4\pi(\varepsilon_2 + \varepsilon_1)}\Bigg|_{z=0} = 0
$$

其中，

$$|\boldsymbol{r}_{z=0}-a\boldsymbol{k}|=|\boldsymbol{r}_{z=0}+a\boldsymbol{k}|,\boldsymbol{k}\cdot\boldsymbol{r}_{z=0}=0$$

结果显示，交界面感生面电荷密度为零，这个结果符合麦克斯韦电磁理论的定解条件。用麦克斯韦电磁理论的镜像法求解此问题，也得到相同的结果。

（2）$\varepsilon_1\to\infty$ 介质 1 为超电体，有

$$\begin{cases}q_1'=q(\text{位于自由电荷处})\\ \phi_1'=\phi_0+C\\ \phi_1=C\\ \boldsymbol{E}_1=-\nabla\phi_1/\varepsilon_1=0\end{cases}$$

$$\begin{cases}\phi_2'=-\dfrac{q}{4\pi|\boldsymbol{r}+a\boldsymbol{k}|}+C\\ \phi_2=\phi_0+\phi_2'=\dfrac{q}{4\pi|\boldsymbol{r}-a\boldsymbol{k}|}-\dfrac{q}{4\pi|\boldsymbol{r}+a\boldsymbol{k}|}+C\\ \boldsymbol{E}_2=-\nabla\phi/\varepsilon_2=\dfrac{q(\boldsymbol{r}-a\boldsymbol{k})}{4\pi\varepsilon_2|\boldsymbol{r}-a\boldsymbol{k}|^3}-\dfrac{q(\boldsymbol{r}+a\boldsymbol{k})}{4\pi\varepsilon_2|\boldsymbol{r}+a\boldsymbol{k}|^3}\end{cases}$$

此结果与 $z<0$ 区域当成导体的结论是一致的。

例4－7　在 $z>0$ 区域充满介电常数为 ε_2 的电介质，有一自由点电荷位于 $\boldsymbol{r}'=a\boldsymbol{k}$ 的位置上。在 $z<0$ 区域，设由两种电介质 ε_1 和 ε_3 组成，ε_1 的介质板厚度为 b，紧邻 ε_2 的电介质，如图 4－1，求：空间 $\boldsymbol{r}$ 点的电场强度。

解：（1）电介质 ε_3 中的总场。

ε_2 传给 ε_1 电介质的感生电场的透射解为（将 ε_3 看成 ε_1）

$$\begin{cases}q_1'=\varepsilon_{1-2}q(\text{位于自由电荷处})\\ \phi_1'=\varepsilon_{1-2}\phi_0+C=\dfrac{\varepsilon_{1-2}q}{4\pi|\boldsymbol{r}-a\boldsymbol{k}|}+C\end{cases}\qquad(4.2.7)$$

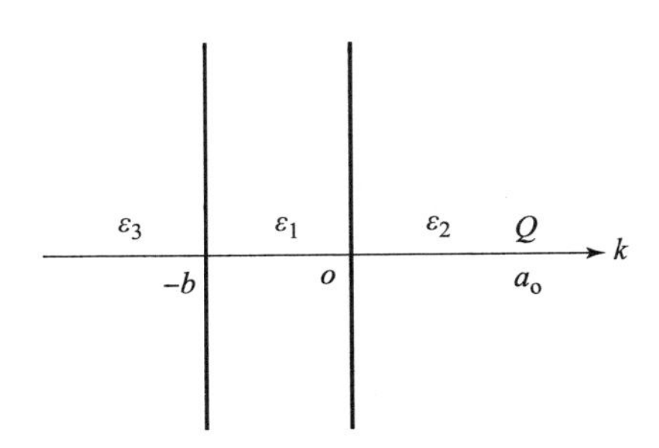

图4-1：例4-7图

式中，$\varepsilon_{1-2}=\dfrac{\varepsilon_1-\varepsilon_2}{\varepsilon_2+\varepsilon_1}$,$\varepsilon_{2-1}=\dfrac{\varepsilon_2-\varepsilon_1}{\varepsilon_2+\varepsilon_1}$,$\phi_0=\dfrac{q}{4\pi|\boldsymbol{r}-a\boldsymbol{k}|}$。

ε_1 传给 ε_2 电介质的感生电场的反射解为（将 ε_3 看成 ε_1）

$$\begin{cases}q_2'=-\varepsilon_{1-2}q,\text{位于}-a\boldsymbol{k}\text{处}\\ \phi_2'=-\dfrac{\varepsilon_{1-2}q}{4\pi|\boldsymbol{r}+a\boldsymbol{k}|}+C\\ (\text{满足}(\phi_2'+\phi_1')_{z=0}=C)\end{cases}\tag{4.2.8}$$

将 $q+q_1'=(1+\varepsilon_{1-2})q$ 看成自由电荷，置于自由电荷位置处。在电介质 ε_3 中感生电场的透射解为（将 ε_2 看成 ε_1）

$$\begin{cases}q_3=(1+\varepsilon_{1-2})q(\text{位于自由电荷处})\\ q_3''=\varepsilon_{3-1}q_3=\varepsilon_{3-1}(1+\varepsilon_{1-2})q(\text{位于自由电荷处})\\ \phi_3''=\dfrac{q_3''}{4\pi|\boldsymbol{r}-a\boldsymbol{k}|}+C=\dfrac{\varepsilon_{3-1}(1+\varepsilon_{1-2})q}{4\pi|\boldsymbol{r}-a\boldsymbol{k}|}+\mathrm{C}\end{cases}\tag{4.2.9}$$

式（4.2.8）和式（4.2.9）电介质 ε_3 中的总场为（没有反射解）

$$\begin{cases}\phi_3=\dfrac{q_3}{4\pi|\boldsymbol{r}-a\boldsymbol{k}|}+\phi_3''=\dfrac{(1+\varepsilon_{1-2})q}{4\pi|\boldsymbol{r}-a\boldsymbol{k}|}+\dfrac{\varepsilon_{3-1}(1+\varepsilon_{1-2})q}{4\pi|\boldsymbol{r}-a\boldsymbol{k}|}+C\\ \quad=\dfrac{(1+\varepsilon_{3-1})(1+\varepsilon_{1-2})q}{4\pi|\boldsymbol{r}-a\boldsymbol{k}|}+C\\ \boldsymbol{E}_3=-\nabla\phi_3/\varepsilon_3=\dfrac{(1+\varepsilon_{1-2})(1+\varepsilon_{3-1})q(\boldsymbol{r}-a\boldsymbol{k})}{4\pi\varepsilon_3|\boldsymbol{r}-a\boldsymbol{k}|^3}\end{cases}$$

(4.2.10)

（2）电介质 ε_1 中的总场。

ε_3 传给 ε_1 感生电场的反射解为（将 ε_2 看成 ε_1）

$$\begin{cases} q_1'' = -q_3'' = -\varepsilon_{3-1}(1+\varepsilon_{1-2})q(\text{位于}\boldsymbol{R}=-(2b+a)\boldsymbol{k}\text{处}) \\ \phi_1'' = \dfrac{q_1''}{4\pi|\boldsymbol{r}+(2b+a)\boldsymbol{k}|}+C = -\dfrac{\varepsilon_{3-1}(1+\varepsilon_{1-2})q}{4\pi|\boldsymbol{r}+(2b+a)\boldsymbol{k}|}+C \\ (\text{满足}(\phi_1''+\phi_3'')_{z=b}=C) \end{cases} \tag{4.2.11}$$

电介质 ε_1 中总电场为

$$\begin{cases} \phi_1 = \phi_0+\phi_1'+\phi_1'' = \dfrac{q}{4\pi|\boldsymbol{r}-a\boldsymbol{k}|}+\dfrac{\varepsilon_{1-2}q}{4\pi|\boldsymbol{r}-a\boldsymbol{k}|}-\dfrac{\varepsilon_{3-1}(1+\varepsilon_{1-2})q}{4\pi|\boldsymbol{r}+(2b+a)\boldsymbol{k}|}+C \\ \quad = \dfrac{(1+\varepsilon_{1-2})q}{4\pi|\boldsymbol{r}-a\boldsymbol{k}|}-\dfrac{\varepsilon_{3-1}(1+\varepsilon_{1-2})q}{4\pi|\boldsymbol{r}+(2b+a)\boldsymbol{k}|}+C \\ \quad = (1+\varepsilon_{1-2})\left(\dfrac{q}{4\pi|\boldsymbol{r}-a\boldsymbol{k}|}-\dfrac{\varepsilon_{3-1}q}{4\pi|\boldsymbol{r}+(2b+a)\boldsymbol{k}|}\right)+C \\ \boldsymbol{E}_1 = -\nabla\phi_1/\varepsilon_1 \\ \quad = (1+\varepsilon_{1-2})\left(\dfrac{q(\boldsymbol{r}-a\boldsymbol{k})}{4\pi\varepsilon_1|\boldsymbol{r}-a\boldsymbol{k}|^3}-\dfrac{\varepsilon_{3-1}q(\boldsymbol{r}+(2b+a)\boldsymbol{k})}{4\pi\varepsilon_1|\boldsymbol{r}+(2b+a)\boldsymbol{k}|^3}\right) \\ \quad = \dfrac{q_{\text{等效}}(\boldsymbol{r}-a\boldsymbol{k})}{4\pi\varepsilon_1|\boldsymbol{r}-a\boldsymbol{k}|^3}-\dfrac{\varepsilon_{3-1}q_{\text{等效}}(\boldsymbol{r}+(2b+a)\boldsymbol{k})}{4\pi\varepsilon_1|\boldsymbol{r}+(2b+a)\boldsymbol{k}|^3} \end{cases} \tag{4.2.12}$$

式中，$q_{\text{等效}}=q(1+\varepsilon_{1-2})$ 为电介质 ε_2 在电介质 ε_1 中的等效电荷。

（3）电介质 ε_2 中的总场。

将

$$q_1''=-\varepsilon_{3-1}q_3''=-\varepsilon_{3-1}(q+\varepsilon_{1-2}q)=Q_0$$

看成自由电荷，位于 $\boldsymbol{R}=-(2b+a)\boldsymbol{k}$ 处，ε_1 传给 ε_2 感生电场的透射解为（将 ε_3 看成 ε_1）

$$
\begin{cases}
q_2'' = -\varepsilon_{1-2}q_1'' = \varepsilon_{1-2}\varepsilon_{3-1}q_3'' = \varepsilon_{1-2}\varepsilon_{3-1}(q+\varepsilon_{1-2}q) \\
\quad (\text{位于 } \boldsymbol{R} = -(2b+a)\boldsymbol{k} \text{ 处}) \\
\phi_2'' = \dfrac{Q_0 + q_{21}''}{4\pi|\boldsymbol{r}+(2b+a)\boldsymbol{k}|} + C \\
\quad = \dfrac{-\varepsilon_{3-1}(q+\varepsilon_{1-2}q) + \varepsilon_{1-2}\varepsilon_{3-1}(q+\varepsilon_{1-2}q)}{4\pi|\boldsymbol{r}+(2b+a)\boldsymbol{k}|} + C \\
\quad = \dfrac{(\varepsilon_{1-2}^2 - 1)\varepsilon_{3-1}q}{4\pi|\boldsymbol{r}+(2b+a)\boldsymbol{k}|} + C \\
\quad (\text{满足}(\phi_1'' + \phi_2'')_{z=0} = C)
\end{cases}
\tag{4.2.13}
$$

利用式（4.2.12）和式（4.2.13），电介质 ε_2 中总电场为

$$
\begin{cases}
\phi_2 = \phi_0 + \phi_{2'} + \phi_{2''} = \dfrac{q}{4\pi|\boldsymbol{r}-a\boldsymbol{k}|} - \dfrac{\varepsilon_{1-2}q}{4\pi|\boldsymbol{r}+a\boldsymbol{k}|} + \\
\quad \dfrac{\varepsilon_{1-2}\varepsilon_{3-1}(q+\varepsilon_{1-2}q)}{4\pi|\boldsymbol{r}+(2b+a)\boldsymbol{k}|} + C \\
\boldsymbol{E}_2 = -\nabla\phi_2/\varepsilon_2 = \dfrac{q(\boldsymbol{r}-a\boldsymbol{k})}{4\pi\varepsilon_2|\boldsymbol{r}-a\boldsymbol{k}|^3} - \dfrac{\varepsilon_{1-2}q(\boldsymbol{r}+a\boldsymbol{k})}{4\pi\varepsilon_2|\boldsymbol{r}+a\boldsymbol{k}|^3} + \\
\quad \dfrac{(\varepsilon_{1-2}^2-1)\varepsilon_{3-1}q(\boldsymbol{r}+(2b+a)\boldsymbol{k})}{4\pi\varepsilon_2|\boldsymbol{r}+(2b+a)\boldsymbol{k}|^3}
\end{cases}
\tag{4.2.14}
$$

由式（4.2.10）、式（4.2.12）和式（4.2.14），得

$$\begin{cases} \boldsymbol{E}_3 = \dfrac{(1+\varepsilon_{1-2})(1+\varepsilon_{3-1})q(\boldsymbol{r}-a\boldsymbol{k})}{4\pi\varepsilon_3|\boldsymbol{r}-a\boldsymbol{k}|^3} \\ \boldsymbol{E}_1 = \dfrac{q_{\text{等效}}(\boldsymbol{r}-a\boldsymbol{k})}{4\pi\varepsilon_1|\boldsymbol{r}-a\boldsymbol{k}|^3} + \dfrac{\varepsilon_{1-3}q_{\text{等效}}(\boldsymbol{r}+(2b+a)\boldsymbol{k})}{4\pi\varepsilon_1|\boldsymbol{r}+(2b+a)\boldsymbol{k}|^3} \\ \boldsymbol{E}_2 = \dfrac{q(\boldsymbol{r}-a\boldsymbol{k})}{4\pi\varepsilon_2|\boldsymbol{r}-a\boldsymbol{k}|^3} - \dfrac{\varepsilon_{1-2}q(\boldsymbol{r}+a\boldsymbol{k})}{4\pi\varepsilon_2|\boldsymbol{r}+a\boldsymbol{k}|^3} + \\ \qquad \dfrac{(\varepsilon_{1-2}^2-1)\varepsilon_{3-1}q(\boldsymbol{r}+(2b+a)\boldsymbol{k})}{4\pi\varepsilon_2|\boldsymbol{r}+(2b+a)\boldsymbol{k}|^3} \end{cases} \tag{4.2.15}$$

式中，$q_{\text{等效}} = q(1+\varepsilon_{1-2})$。

讨论：(1) 当 $b\to 0$ 和 $\varepsilon_3 = \varepsilon_2$ 时，为薄膜介质两面的场强分布，由式（4.2.15），有

$$\begin{cases} \boldsymbol{E}_3 = \dfrac{(1-\varepsilon_{1-2}^2)q(\boldsymbol{r}-a\boldsymbol{k})}{4\pi\varepsilon_2|\boldsymbol{r}-a\boldsymbol{k}|^3} \\ \boldsymbol{E}_1 = \dfrac{q_{\text{等效}}(\boldsymbol{r}-a\boldsymbol{k})}{4\pi\varepsilon_1|\boldsymbol{r}-a\boldsymbol{k}|^3} + \dfrac{\varepsilon_{1-2}q_{\text{等效}}(\boldsymbol{r}+a\boldsymbol{k})}{4\pi\varepsilon_1|\boldsymbol{r}+a\boldsymbol{k}|^3} \\ \boldsymbol{E}_2 = \dfrac{q(\boldsymbol{r}-a\boldsymbol{k})}{4\pi\varepsilon_2|\boldsymbol{r}-a\boldsymbol{k}|^3} - \dfrac{\varepsilon_{1-2}^3 qq(\boldsymbol{r}+a\boldsymbol{k})}{4\pi\varepsilon_2|\boldsymbol{r}+a\boldsymbol{k}|^3} \end{cases}$$

(2) 当 $\varepsilon_1\to\infty$ 时，由式（4.2.15），有

$$\begin{cases} \boldsymbol{E}_3 = 0 \\ \boldsymbol{E}_1 = 0 \\ \boldsymbol{E}_2 = \dfrac{q(\boldsymbol{r}-a\boldsymbol{k})}{4\pi\varepsilon_2|\boldsymbol{r}-a\boldsymbol{k}|^3} - \dfrac{q(\boldsymbol{r}+a\boldsymbol{k})}{4\pi\varepsilon_2|\boldsymbol{r}+a\boldsymbol{k}|^3} \end{cases}$$

(3) 当 $\varepsilon_2 = \varepsilon_1$ 时，有

$$\begin{cases} \boldsymbol{E}_3 = \dfrac{(1+\varepsilon_{3-1})q(\boldsymbol{r}-a\boldsymbol{k})}{4\pi\varepsilon_3|\boldsymbol{r}-a\boldsymbol{k}|^3} \\ \boldsymbol{E}_1 = \dfrac{q(\boldsymbol{r}-a\boldsymbol{k})}{4\pi\varepsilon_1|\boldsymbol{r}-a\boldsymbol{k}|^3} + \dfrac{\varepsilon_{1-3}q(\boldsymbol{r}+(2b+a)\boldsymbol{k})}{4\pi\varepsilon_1|\boldsymbol{r}+(2b+a)\boldsymbol{k}|^3} \\ \boldsymbol{E}_2 = \dfrac{q(\boldsymbol{r}-a\boldsymbol{k})}{4\pi\varepsilon_1|\boldsymbol{r}-a\boldsymbol{k}|^3} + \dfrac{\varepsilon_{1-3}q(\boldsymbol{r}+(2b+a)\boldsymbol{k})}{4\pi\varepsilon_1|\boldsymbol{r}+(2b+a)\boldsymbol{k}|^3} \end{cases}$$

（4）当 $\varepsilon_3=\varepsilon_1$ 时，有

$$\begin{cases} \boldsymbol{E}_3 = \dfrac{(1+\varepsilon_{1-2})q(\boldsymbol{r}-a\boldsymbol{k})}{4\pi\varepsilon_1|\boldsymbol{r}-a\boldsymbol{k}|^3} \\ \boldsymbol{E}_1 = \dfrac{(1+\varepsilon_{1-2})q(\boldsymbol{r}-a\boldsymbol{k})}{4\pi\varepsilon_1|\boldsymbol{r}-a\boldsymbol{k}|^3} \\ \boldsymbol{E}_2 = \dfrac{q(\boldsymbol{r}-a\boldsymbol{k})}{4\pi\varepsilon_2|\boldsymbol{r}-a\boldsymbol{k}|^3} - \dfrac{\varepsilon_{1-2}q(\boldsymbol{r}+a\boldsymbol{k})}{4\pi\varepsilon_2|\boldsymbol{r}+a\boldsymbol{k}|^3} \end{cases}$$

4.2.2 球面广义静电镜像法

例4－8 半径为 R 的导体球，球外充满介电常数为 ε 的电介质，有一自由点电荷位于 $a\boldsymbol{k}(a>R)$ 的位置上。求：空间 $\boldsymbol{r}$ 点的电场强度。

方法步骤：（1）空间自由电荷的电位移势和电位移分布：

$$\phi_0 = \frac{q}{4\pi|\boldsymbol{r}-a\boldsymbol{k}|}, \boldsymbol{D}_0 = -\nabla\phi_0 = \frac{q(\boldsymbol{r}-a\boldsymbol{k})}{4\pi|\boldsymbol{r}-a\boldsymbol{k}|^3}$$

（2）边值条件及电荷守恒：

$$\begin{cases} \phi_1 = \phi_1' + \phi_0 = C \\ (\phi_2' - \phi_1')_s = C \\ q_2' + q_2'' = 0 \end{cases}$$

（3）满足边值条件及电荷守恒的解：

$$\begin{cases} q_2' = -q\dfrac{R}{a}, \text{位于 } \boldsymbol{r}' = b\boldsymbol{k} \text{ 处，且 } b = \dfrac{R^2}{a} \\ q_2'' = q\dfrac{R}{a}, \text{位于 } \boldsymbol{r}' = 0 \text{ 处} \end{cases}$$

（4）根据 $\phi_2 = \phi_0 + \phi_2' + \phi_2'' + C$ 求出 $\boldsymbol{E}_2 = -\nabla\phi_2/\varepsilon$。

解：

$$\begin{cases} q_2' = -q\dfrac{R}{a} \text{ 位于 } \boldsymbol{r}' = b\boldsymbol{k} \text{ 处，且 } b = \dfrac{R^2}{a} \\ q_2'' = q\dfrac{R}{a} \text{ 位于 } \boldsymbol{r}' = 0 \text{ 处} \end{cases}$$

设试探解

$$\begin{cases} \phi_1' = -\phi_0 + C = -\dfrac{q}{4\pi|\boldsymbol{r} - a\boldsymbol{k}|} + C \\ \phi_2' = \dfrac{q_2'}{4\pi|\boldsymbol{r} - b\boldsymbol{k}|} + \dfrac{q_2''}{4\pi|\boldsymbol{r}|} + C = \dfrac{-qR/a}{4\pi\left|\boldsymbol{r} - \dfrac{R^2}{a}\boldsymbol{k}\right|} + \dfrac{qR/a}{4\pi|\boldsymbol{r}|} + C \end{cases}$$

可以证明满足

$$\begin{cases} \phi_1 = \phi_1' + \phi_0 = C \\ (\phi_2' - \phi_1') = C \\ q_2' + q_2'' = 0 \end{cases}$$

导体边值条件，根据唯一性定理，也是唯一解：

$$\begin{cases} \phi_1 = \phi_1' + \phi_0 = C \\ \phi_2 = \phi_0 + \phi_2' = \dfrac{q}{4\pi|\boldsymbol{r} - a\boldsymbol{k}|} + \dfrac{-q\dfrac{R}{a}}{4\pi\left|\boldsymbol{r} - \dfrac{R^2}{a}\boldsymbol{k}\right|} + \dfrac{q\dfrac{R}{a}}{4\pi|\boldsymbol{r}|} + \mathrm{C} \\ \boldsymbol{E}_2 = -\nabla\phi_2/\varepsilon = \dfrac{q(\boldsymbol{r} - a\boldsymbol{k})}{4\pi\varepsilon|\boldsymbol{r} - a\boldsymbol{k}|^3} + \dfrac{-q\dfrac{R}{a}\left(\boldsymbol{r} - \dfrac{R^2}{a}\boldsymbol{k}\right)}{4\pi\varepsilon\left|\boldsymbol{r} - \dfrac{R^2}{a}\boldsymbol{k}\right|^3} + \dfrac{q\dfrac{R}{a}\boldsymbol{r}}{4\pi\varepsilon|\boldsymbol{r}|^3} \\ \boldsymbol{E}_1 = -\nabla\phi_1/\varepsilon_0 = -\nabla(\phi_0 + \phi_1')/\varepsilon_0 = 0 \end{cases}$$

（4. 2. 16）

例4－9 在半径为R的球体内充满介电常数为ε_1的电介质，在球体外充满介电常数为ε_2的电介质，有一自由点电荷位于$\boldsymbol{a}=a\boldsymbol{k}(a>R)$的位置上。求空间$\boldsymbol{r}$点的电场强度。

方法步骤：(1) 空间自由电荷的电位移势和电位移分布为

$$\phi_0=\frac{q}{4\pi|\boldsymbol{r}-a\boldsymbol{k}|},\boldsymbol{D}_0=-\nabla\phi_0=\frac{q(\boldsymbol{r}-a\boldsymbol{k})}{4\pi|\boldsymbol{r}-a\boldsymbol{k}|^3}$$

(2) 边值关系及电荷守恒：

$$\begin{cases}(\phi_1'+\phi_2')_s=C\\ \left(\dfrac{1}{\varepsilon_1}\phi_1-\dfrac{1}{\varepsilon_2}\phi_2\right)_s=C'\\ q_1'+q_1''=0,q_2'+q_2''=0\end{cases}$$

平均电介质定则

$$\begin{cases}\phi_1'=-\dfrac{(\varepsilon_2-\varepsilon_1)}{(\varepsilon_2+\varepsilon_1)}\phi_0+C\left(\text{或 }q_1=-\dfrac{(\varepsilon_2-\varepsilon_1)}{(\varepsilon_2+\varepsilon_1)}q\right)\\ \boldsymbol{E}_1=\dfrac{1}{(\varepsilon_2+\varepsilon_1)/2}\boldsymbol{D}_0\\ \text{(介质 1 被介质 2 包围的孤立基本形态电介质)}\end{cases}$$

(3) 满足边值关系及电荷守恒的解：

$$\begin{cases}q_2'=-q\dfrac{(\varepsilon_1-\varepsilon_2)}{(\varepsilon_2+\varepsilon_1)}\dfrac{R}{a},\text{位于 }\boldsymbol{r}'=b\boldsymbol{k}\text{ 处,且 }b=\dfrac{R^2}{a}\\ q_2''=q\dfrac{(\varepsilon_1-\varepsilon_2)}{(\varepsilon_2+\varepsilon_1)}\dfrac{R}{a},\text{位于 }\boldsymbol{r}'=0\text{ 处}\end{cases}$$

$$\begin{cases}\phi_2''=\dfrac{q_2''}{4\pi|\boldsymbol{r}|}\\ \phi_2'=\dfrac{q_2'}{4\pi|\boldsymbol{r}-b\boldsymbol{k}|}\end{cases}$$

（4）根据 $\phi_2 = \phi_0 + \phi_2' + \phi_2'' + C$ 求出 $\boldsymbol{E}_2 = -\nabla\phi_2/\varepsilon$。

解：（1）球内：根据平均电介质定则

$$\begin{cases} q_1' = \dfrac{(\varepsilon_1 - \varepsilon_2)}{(\varepsilon_2 + \varepsilon_1)} q (\text{位于 } \boldsymbol{r}' = a\boldsymbol{k} \text{ 处}), \phi_1' = \dfrac{q_1'}{4\pi|\boldsymbol{r} - a\boldsymbol{k}|} + C \\ \phi_1 = \phi_0 + \phi_1' = \dfrac{\varepsilon_1\phi_0}{(\varepsilon_2 + \varepsilon_1)/2} + C, \boldsymbol{E}_1 = \dfrac{\boldsymbol{D}_0}{(\varepsilon_2 + \varepsilon_1)/2} \end{cases} \tag{4.2.17}$$

式中，$\phi_0 = \dfrac{q}{4\pi|\boldsymbol{r} - a\boldsymbol{k}|}$；$\boldsymbol{D}_0 = -\nabla\phi_0 = \dfrac{q(\boldsymbol{r} - a\boldsymbol{k})}{4\pi|\boldsymbol{r} - a\boldsymbol{k}|^3}$。

（2）在球外区域：设试探解

$$\begin{cases} q_2' = q\dfrac{(\varepsilon_2 - \varepsilon_1)}{(\varepsilon_2 + \varepsilon_1)}\dfrac{R}{a}, \text{位于 } b\boldsymbol{k} = \dfrac{R^2}{a}\boldsymbol{k} \text{ 点} \\ q_2'' = -q\dfrac{(\varepsilon_2 - \varepsilon_1)}{(\varepsilon_2 + \varepsilon_1)}\dfrac{R}{a}, \text{位于 } o \text{ 点} \\ \phi_2' = \dfrac{q\dfrac{(\varepsilon_2 - \varepsilon_1)}{(\varepsilon_2 + \varepsilon_1)}\dfrac{R}{a}}{4\pi|\boldsymbol{r} - b\boldsymbol{k}|} + C; \phi_2'' = \dfrac{-q\dfrac{(\varepsilon_2 - \varepsilon_1)}{(\varepsilon_2 + \varepsilon_1)}\dfrac{R}{a}}{4\pi|\boldsymbol{r}|} + C \end{cases}$$

满足

$$(\phi_2' + \phi_2'' + \phi_1')|_{r=R} = \left(\dfrac{q\dfrac{(\varepsilon_2 - \varepsilon_1)}{(\varepsilon_2 + \varepsilon_1)}\dfrac{R}{a}}{4\pi\left|\boldsymbol{r} - \dfrac{R^2}{a}\boldsymbol{k}\right|} + \dfrac{-q\dfrac{(\varepsilon_2 - \varepsilon_1)}{(\varepsilon_2 + \varepsilon_1)}\dfrac{R}{a}}{4\pi|\boldsymbol{r}|} - \dfrac{q\dfrac{(\varepsilon_2 - \varepsilon_1)}{(\varepsilon_2 + \varepsilon_1)}\dfrac{R}{a}}{4\pi|\boldsymbol{r} - a\boldsymbol{k}|}\right)\Bigg|_{r=R} = 0$$

的边值条件，根据唯一性定理，也是唯一解

$$\begin{cases}\phi_2'+\phi_2''=\dfrac{q}{4\pi|\boldsymbol{r}-a\boldsymbol{k}|}+\dfrac{\varepsilon_{2-1}q\dfrac{R}{a}}{4\pi\left|\boldsymbol{r}-\dfrac{R^2}{a}\boldsymbol{k}\right|}+\dfrac{-\varepsilon_{2-1}q\dfrac{R}{a}}{4\pi|\boldsymbol{r}|}+C\\ \boldsymbol{D}_2'=-\nabla(\phi_2'+\phi_2'')=\dfrac{\varepsilon_{2-1}q\dfrac{R}{a}\left(\boldsymbol{r}-\dfrac{R^2}{a}\boldsymbol{k}\right)}{4\pi\left|\boldsymbol{r}-\dfrac{R^2}{a}\boldsymbol{k}\right|^3}+\dfrac{-\varepsilon_{2-1}q\dfrac{R}{a}\boldsymbol{r}}{4\pi|\boldsymbol{r}|^3}\\ \boldsymbol{E}_2=-\nabla\phi_2/\varepsilon_2=\dfrac{q(\boldsymbol{r}-a\boldsymbol{k})}{4\pi\varepsilon_2|\boldsymbol{r}-a\boldsymbol{k}|^3}+\dfrac{\varepsilon_{2-1}q\dfrac{R}{a}\left(\boldsymbol{r}-\dfrac{R^2}{a}\boldsymbol{k}\right)}{4\pi\varepsilon_2\left|\boldsymbol{r}-\dfrac{R^2}{a}\boldsymbol{k}\right|^3}+\dfrac{-\varepsilon_{2-1}q\dfrac{R}{a}\boldsymbol{r}}{4\pi\varepsilon_2|\boldsymbol{r}|^3}\end{cases}\tag{4.2.18}$$

讨论：

（1）由于

$$\begin{aligned}\sigma'&=\boldsymbol{n}\cdot(\boldsymbol{D}_2'-\boldsymbol{D}_1')|_{r=R}\\ &=\frac{\boldsymbol{R}}{R}\cdot\left[\frac{\varepsilon_{2-1}\dfrac{qR}{a}\left(\boldsymbol{R}-\dfrac{R^2}{a}\boldsymbol{k}\right)}{4\pi\left|\boldsymbol{R}-\dfrac{R^2}{a}\boldsymbol{k}\right|^3}+\frac{-\varepsilon_{2-1}\dfrac{qR}{a}\boldsymbol{R}}{4\pi R^3}-\varepsilon_{2-1}\frac{q(\boldsymbol{R}-a\boldsymbol{k})}{4\pi|\boldsymbol{R}-a\boldsymbol{k}|^3}\right]\Bigg|_{r=R}\\ &=\frac{\varepsilon_{2-1}q}{4\pi}\left(-\frac{\dfrac{R}{a}\boldsymbol{k}\cdot\boldsymbol{R}}{L'^3}+\frac{\dfrac{a}{R}\boldsymbol{k}\cdot\boldsymbol{R}}{L^3}\right)+\frac{\varepsilon_{2-1}qR}{4\pi}\left[\frac{R/a}{L'^3}-\frac{R/a}{R^3}-\frac{1}{L^3}\right]\Bigg|_{r=R}\\ &=\frac{\varepsilon_{2-1}q\boldsymbol{k}\cdot\boldsymbol{R}|_{r=R}}{4\pi}\left(-\frac{1}{L'^2L}+\frac{1}{L'L^2}\right)+\frac{\varepsilon_{2-1}qR}{4\pi}\left[\frac{1}{L'^2L}-\frac{1}{L^3}\right]-\frac{\varepsilon_{2-1}q}{4\pi}\frac{1}{aR}\\ &=-\frac{\varepsilon_{2-1}qk\cdot R|_{r=R}}{4\pi}\left(\frac{L-L'}{L'^2L^2}\right)+\frac{\varepsilon_{2-1}qR}{4\pi}\left(\frac{L^2-L'^2}{L'^2L^3}\right)-\frac{\varepsilon_{2-1}q}{4\pi}\frac{1}{aR}\\ &=-\frac{\varepsilon_{2-1}qR(L-L')}{4\pi L'L^3}\cos\theta+\frac{\varepsilon_{2-1}qR}{4\pi}\left(\frac{L^2-L'^2}{L'^2L^3}\right)-\frac{\varepsilon_{2-1}q}{4\pi}\frac{1}{aR}\\ &=\frac{\varepsilon_{2-1}qR(L-L')}{4\pi L'^2L^3}(L+L'-L'\cos\theta)-\frac{\varepsilon_{2-1}q}{4\pi}\frac{1}{aR}\\ &=\frac{\varepsilon_{2-1}qR(L-L')}{4\pi L'^2L^3}\left(L+2L'\sin^2\frac{\theta}{2}\right)-\frac{\varepsilon_{2-1}q}{4\pi}\frac{1}{aR}\end{aligned}\tag{4.2.19a}$$

其中，

$$\begin{cases} L = |\boldsymbol{R} - a\boldsymbol{k}|_{r=R} \\ L' = \left|\boldsymbol{R} - \dfrac{R^2}{a}\boldsymbol{k}\right|_{r=R} \end{cases}$$

当 $R \to \infty$ 时，界面为平面，$L = L', a \to R, \theta \to 0$，有

$$\sigma' = \boldsymbol{n} \cdot (\boldsymbol{D}_2' - \boldsymbol{D}_1')|_{r=R} = \frac{\varepsilon_{2-1} qR(L - L')}{4\pi L'^2 L^3}\left(L + 2L' \sin^2 \frac{\theta}{2}\right)$$

$$- \frac{\varepsilon_{2-1} q}{4\pi}\frac{1}{aR} = 0 \tag{4.2.19b}$$

说明无限大平板界面上无感生净电荷，麦克斯韦电磁理论适用于解决此类特殊问题。

当 $a \to \infty$ 时，均匀磁场 $L \approx a \to \infty, L' \approx a$。

$$\sigma' = \boldsymbol{n} \cdot (\boldsymbol{D}_2' - \boldsymbol{D}_1')|_{r=R}$$

$$= \frac{\boldsymbol{R}}{R} \cdot \left[\frac{\varepsilon_{2-1}\dfrac{qR}{a}\left(\boldsymbol{R} - \dfrac{R^2}{a}\boldsymbol{k}\right)}{4\pi\left|\boldsymbol{R} - \dfrac{R^2}{a}\boldsymbol{k}\right|^3} + \frac{-\varepsilon_{2-1}\dfrac{qR}{a}\boldsymbol{R}}{4\pi R^3} - \varepsilon_{2-1}\frac{q(\boldsymbol{R} - a\boldsymbol{k})}{4\pi|\boldsymbol{R} - a\boldsymbol{k}|^3}\right]$$

$$= \frac{\boldsymbol{R}}{R} \cdot \left[\frac{\varepsilon_{2-1}\dfrac{qR}{a}\left(\boldsymbol{R} - \dfrac{R^2}{a}\boldsymbol{k}\right)R^3}{4\pi L'^3 R^3} + \frac{-\varepsilon_{2-1}\dfrac{qR}{a}\boldsymbol{R}L'^3}{4\pi L'^3 R^3} - \varepsilon_{2-1}\boldsymbol{D}_0\right]$$

$$= \frac{\boldsymbol{R}}{R} \cdot \left[\frac{\varepsilon_{2-1}\dfrac{qR}{a}\left(\boldsymbol{R} - \dfrac{R^2}{a}\boldsymbol{k}\right)R^3}{4\pi L'^3 R^3} + \frac{-\varepsilon_{2-1}\dfrac{qR}{a}\boldsymbol{R}R^3\left(1 - 3\dfrac{1}{a}\boldsymbol{k} \cdot \boldsymbol{R}\right)}{4\pi L'^3 R^3} - \varepsilon_{2-1}\boldsymbol{D}_0\right]$$

$$= \frac{\boldsymbol{R}}{R} \cdot \left[-\frac{\varepsilon_{2-1}\dfrac{qR}{a}\left(\dfrac{R^2}{a}\boldsymbol{k}\right)R^3}{4\pi L'^3 R^3} + \frac{\varepsilon_{2-1}\dfrac{qR}{a}\boldsymbol{R}R^3\left(3\dfrac{1}{a}\boldsymbol{k} \cdot \boldsymbol{R}\right)}{4\pi L'^3 R^3} - \varepsilon_{2-1}\boldsymbol{D}_0\right]$$

$$= 2\frac{\varepsilon_{2-1}\dfrac{q}{a}R^2\left(\dfrac{1}{a}\boldsymbol{k} \cdot \boldsymbol{R}\right)}{4\pi R^3} - \varepsilon_{2-1}\boldsymbol{D}_0\Bigg] = 2\frac{\varepsilon_{2-1}\boldsymbol{D}_0 \cdot \boldsymbol{R}}{R} - \varepsilon_{2-1}\frac{\boldsymbol{R}}{R} \cdot \boldsymbol{D}_0\Bigg]$$

$$= \frac{\varepsilon_{2-1}\boldsymbol{D}_0 \cdot \boldsymbol{R}}{R} \neq 0 \tag{4.2.19c}$$

其中，

$$\boldsymbol{D}_0 = \frac{q(\boldsymbol{R} - \boldsymbol{a}k)}{4\pi|\boldsymbol{R} - a\boldsymbol{k}|^3} \approx -\frac{q\boldsymbol{k}}{4\pi a^2}$$

一般情况下，界面上的感生电荷密度与点电荷的距离的平方成反比，或者说，界面上的感生电荷密度与自有场成正比，即

$$\sigma' \propto D_0 \propto \frac{1}{a^2} \tag{4.2.19d}$$

(2) $\varepsilon_1 \to \infty$ 为超电体，有

$$\begin{cases} q_1' = q\text{(位于自由电荷处)} \\ \phi_1' = \phi_0 + C \\ \phi_1 = \phi_0 + \phi_1' = 2\phi_0 + C \neq 0 \\ \boldsymbol{E}_1 = -\nabla\phi_1/\varepsilon_1 = 0 \end{cases}$$

$$\begin{cases} \phi_2 = \dfrac{q}{4\pi|\boldsymbol{r} - a\boldsymbol{k}|} + \dfrac{-q\dfrac{R}{a}}{4\pi\left|\boldsymbol{r} - \dfrac{R^2}{a}\boldsymbol{k}\right|} + \dfrac{q\dfrac{R}{a}}{4\pi|\boldsymbol{r}|} + C \\ \boldsymbol{E}_2 = \dfrac{q(\boldsymbol{r} - a\boldsymbol{k})}{4\pi\varepsilon_2|\boldsymbol{r} - a\boldsymbol{k}|^3} - \dfrac{q\dfrac{R}{a}\left(\boldsymbol{r} - \dfrac{R^2}{a}\boldsymbol{k}\right)}{4\pi\varepsilon_2\left|\boldsymbol{r} - \dfrac{R^2}{a}\boldsymbol{k}\right|^3} + \dfrac{q\dfrac{R}{a}\boldsymbol{r}}{4\pi\varepsilon_2|\boldsymbol{r}|^3} \end{cases}$$

可见，在静电场情况下，超电体球外的电场分布与相同情况下的同形状的导体球体外的电场相等价。

4.2.3 柱面广义静电镜像法

例 4-10 在半径为 R 的沿 z 轴方向的无限长导体柱，其外充满介电常数为 ε 的电介质，有一线电荷密度为 λ 的无限长带电直导线与导体柱平行，位于柱体横切面上平面矢量 $\boldsymbol{\rho}' = a\boldsymbol{i}(a > R)$ 的位置上。求：距离轴线为 $\boldsymbol{\rho}$ 点的电场强度。

方法步骤：（1）空间自由电荷的电位移势和电位移分布：

$$\phi_0 = -\frac{\lambda \ln|\rho - a\boldsymbol{i}|}{2\pi} + C, \boldsymbol{E}_0 = -\nabla\phi_0/\varepsilon = \frac{\lambda(\rho - a\boldsymbol{i})}{2\pi\varepsilon|\rho - a\boldsymbol{i}|^2}$$

（2）边值条件及电荷守恒：

$$\begin{cases}\phi_0 + \phi_1' = C_1(\text{导体柱内部}) \\ (\phi_2' - \phi_1')|_s = C_3(\text{导体感生势综合边值条件}) \\ \lambda_2' + \lambda_2'' = 0\end{cases}$$

（3）满足边值条件及稳恒电流条件的解：

$$\begin{cases}\lambda_2' = -\lambda, \text{位于}\,\rho' = b\boldsymbol{i}\,\text{处，且}\, b = \dfrac{R^2}{a} \\ \lambda_2'' = \lambda, \text{位于}\,\rho'' = 0\,\text{处}\end{cases}$$

$$\begin{cases}\phi_1' = -\phi_0 + C \\ \phi_2' = -\dfrac{\lambda'\ln|\boldsymbol{\rho} - b\boldsymbol{i}|}{2\pi} + C \\ \phi_2'' = -\dfrac{\lambda''\ln|\boldsymbol{\rho}|}{2\pi} + C\end{cases}$$

（4）根据 $\phi_2 = \phi_0 + \phi_2' + \phi_2'' + C$ 求出 $\boldsymbol{E}_2 = -\nabla\phi_2/\varepsilon$。

解：设试探解

$$\begin{cases}\phi_1' = -\phi_0 + C = \dfrac{\lambda\ln|\rho - a\boldsymbol{i}|}{2\pi} + C \\ \phi_2' = \dfrac{-\lambda'\ln|\rho - b\boldsymbol{i}|}{2\pi} + C = \dfrac{\lambda\ln\left|\boldsymbol{\rho} - \dfrac{R^2}{a}\boldsymbol{i}\right|}{2\pi} + C \\ \phi_2'' = \dfrac{-\lambda''\ln|\rho|}{2\pi} + C = -\dfrac{\lambda\ln\rho}{2\pi} + C\end{cases}$$

可以证明，满足

$$(\phi_2' + \phi_2'' - \phi_1')|_{\rho=R} = \left(\frac{\lambda\ln\left|\rho - \dfrac{R^2}{a}\boldsymbol{i}\right|}{2\pi} - \frac{\lambda\ln\rho}{2\pi} - \frac{\lambda\ln|\rho - a\boldsymbol{i}|}{2\pi}\right)\Bigg|_{\rho=R} + C = C'$$

的边值条件，根据唯一性定理，也是唯一解

$$\begin{cases}\phi_2 = \phi_0 + \phi_2' + \phi_2'' = -\dfrac{\lambda\ln|\rho - a\boldsymbol{i}|}{2\pi} + \dfrac{\lambda\ln\left|\rho - \dfrac{R^2}{a}\boldsymbol{i}\right|}{2\pi} - \dfrac{\lambda\ln\rho}{2\pi} + C \\ \boldsymbol{E}_2 = -\nabla\phi_2/\varepsilon = \dfrac{\lambda(\rho - a\boldsymbol{i})}{2\pi\varepsilon|\rho - a\boldsymbol{i}|^2} + \dfrac{-\lambda\left(\rho - \dfrac{R^2}{a}\boldsymbol{i}\right)}{2\pi\varepsilon\left|\rho - \dfrac{R^2}{a}\boldsymbol{i}\right|^2} + \dfrac{\lambda\rho}{2\pi\varepsilon\rho^2}\end{cases}$$

例 4－11 在半径为 R 沿 z 轴方向的无限长柱内充满介电常数为 ε_1 的电介质，外部充满介电常数为 ε_2 的电介质。有一线电荷密度为 λ 的无限长带电直导线与导体柱平行，位于柱体横切面上的平面矢量 $\boldsymbol{\rho}' = a\boldsymbol{i}(a > R)$ 的位置上。求距轴线为 $\boldsymbol{\rho}$ 点的电场强度。

方法步骤：（1）空间自由电荷的电位移势和电位移分布：

$$\phi_0 = -\frac{\lambda\ln|\boldsymbol{\rho} - a\boldsymbol{i}|}{2\pi} + C, \boldsymbol{E}_0 = -\nabla\phi_0/\varepsilon = \frac{\lambda(\boldsymbol{\rho} - a\boldsymbol{i})}{2\pi\varepsilon|\boldsymbol{\rho} - a\boldsymbol{i}|^2}$$

（2）介质边值条件与电荷守恒：

$$\begin{cases}\dfrac{1}{\varepsilon_1}\phi_1|_s - \dfrac{1}{\varepsilon_2}\phi_2|_s = C_1(\text{电势边值条件}) \\ (\phi_2' + \phi_1')|_s = C_3(\text{感生势边值条件}) \\ \lambda_2' + \lambda_2'' = 0\end{cases}$$

平均电介质定则：

$$\begin{cases}\lambda_1' = \dfrac{(\varepsilon_1 - \varepsilon_2)}{(\varepsilon_2 + \varepsilon_1)}\lambda(\text{位于自由电荷处}) \\ \phi_1' = \dfrac{(\varepsilon_1 - \varepsilon_2)}{(\varepsilon_2 + \varepsilon_1)}\phi_0 + C \\ \phi_1 = \phi_0 + \phi_1' = \dfrac{\varepsilon_1\phi_0}{(\varepsilon_2 + \varepsilon_1)/2} + C \\ \boldsymbol{E}_1 = -\nabla\phi_1/\varepsilon_1 = \dfrac{\boldsymbol{D}_0}{(\varepsilon_2 + \varepsilon_1)/2}\end{cases}$$

（3）满足介质边值条件与电荷守恒的解：

$$\begin{cases}\lambda_2' = -\lambda, \text{位于} \boldsymbol{\rho}' = b\boldsymbol{i} \text{处}, \text{且} b = \dfrac{R^2}{a} \\ \lambda_2'' = \lambda, \text{位于} \boldsymbol{\rho}'' = 0 \text{处}\end{cases}$$

$$\phi_2' = -\frac{\lambda_2' \ln|\boldsymbol{\rho} - a\boldsymbol{i}|}{2\pi} + C$$

$$\phi_2'' = -\frac{\lambda_2'' \ln|\boldsymbol{\rho} - a\boldsymbol{i}|}{2\pi} + C$$

（4）根据 $\phi_2 = \phi_0 + \phi_2' + \phi_2''$ 求出 $\boldsymbol{E}_2 = -\dfrac{\partial \phi_1}{\partial \boldsymbol{\rho}} \Big/ \varepsilon_1$。

解：（1）柱内：根据介质边值条件为及平均电介质定则，有

$$\begin{cases}\lambda_1' = \dfrac{(\varepsilon_1 - \varepsilon_2)}{(\varepsilon_2 + \varepsilon_1)} \lambda (\text{位于自由电荷处}) \\ \phi_1' = \dfrac{(\varepsilon_1 - \varepsilon_2)}{(\varepsilon_2 + \varepsilon_1)} \phi_0 + C \\ \phi_1 = \phi_0 + \phi_1' = \dfrac{\varepsilon_1 \phi_0}{(\varepsilon_2 + \varepsilon_1)/2} + C \\ \boldsymbol{E}_1 = -\dfrac{\partial \phi_1}{\partial |\boldsymbol{\rho}|} / \varepsilon_1 = \dfrac{\boldsymbol{D}_0}{(\varepsilon_2 + \varepsilon_1)/2}\end{cases} \tag{4.2.20}$$

式中，$\phi_0 = -\dfrac{\lambda \ln|\boldsymbol{\rho} - a\boldsymbol{i}|}{2\pi}$；$\boldsymbol{D}_0 = -\dfrac{\partial \phi_0}{\partial |\rho|} = \dfrac{q(\boldsymbol{\rho} - a\boldsymbol{i})}{2\pi|\boldsymbol{\rho} - a\boldsymbol{i}|^2}$。

（2）在球外：设试探解为

$$\begin{cases}\lambda_2' = \dfrac{(\varepsilon_2 - \varepsilon_1)}{(\varepsilon_2 + \varepsilon_1)}\lambda\text{，位于}\boldsymbol{\rho} = b\boldsymbol{i}\text{点，}b = \dfrac{R^2}{a} \\ \lambda_2'' = -\dfrac{(\varepsilon_2 - \varepsilon_1)}{(\varepsilon_2 + \varepsilon_1)}\lambda\text{，位于}\boldsymbol{\rho} = 0\text{点} \\ \phi_2' = -\dfrac{\lambda' \ln|\boldsymbol{\rho} - b\boldsymbol{i}|}{2\pi} + C = -\dfrac{\dfrac{(\varepsilon_2 - \varepsilon_1)}{(\varepsilon_2 + \varepsilon_1)}\lambda \ln|\boldsymbol{\rho} - b\boldsymbol{i}|}{2\pi} + C \\ \phi_2'' = -\dfrac{\lambda_2'' \ln|\boldsymbol{\rho}|}{2\pi} + C = \dfrac{\dfrac{(\varepsilon_2 - \varepsilon_1)}{(\varepsilon_2 + \varepsilon_1)}\lambda \ln|\boldsymbol{\rho}|}{2\pi} + C\end{cases}$$

可以证明，满足$(\phi_2' + \phi_2'' + \phi_1')_s = C$的边值条件，根据唯一性定理，也是唯一解

$$\begin{cases}\phi_2 = \phi_0 + \phi_2' + \phi_2'' = -\dfrac{\lambda|\boldsymbol{\rho} - a\boldsymbol{i}|}{2\pi} - \dfrac{\dfrac{(\varepsilon_2 - \varepsilon_1)}{(\varepsilon_2 + \varepsilon_1)}\lambda \ln|\boldsymbol{\rho} - b\boldsymbol{i}|}{2\pi} + \\ \qquad \dfrac{\dfrac{(\varepsilon_2 - \varepsilon_1)}{(\varepsilon_2 + \varepsilon_1)}\lambda \ln|\boldsymbol{\rho}|}{2\pi} + C \\ \boldsymbol{E}_2 = -\dfrac{\partial\phi_2}{\partial|\boldsymbol{\rho}|}\Big/\varepsilon_2 = \dfrac{q(\boldsymbol{\rho} - a\boldsymbol{i})}{2\pi\varepsilon_2|\boldsymbol{\rho} - a\boldsymbol{i}|^2} + \dfrac{\lambda\dfrac{(\varepsilon_2 - \varepsilon_1)}{(\varepsilon_2 + \varepsilon_1)}\left(\boldsymbol{\rho} - \dfrac{R^2}{a}\boldsymbol{i}\right)}{2\pi\varepsilon_2\left|\boldsymbol{\rho} - \dfrac{R^2}{a}\boldsymbol{i}\right|^2} - \\ \qquad \dfrac{\lambda\dfrac{(\varepsilon_2 - \varepsilon_1)}{(\varepsilon_2 + \varepsilon_1)}\boldsymbol{\rho}}{2\pi\varepsilon_2|\boldsymbol{\rho}|^2}\end{cases} \tag{4.2.21}$$

讨论：（1）由于

$$\frac{R}{r_2} = \frac{a}{r_1};r_1 = |\boldsymbol{\rho} - a\boldsymbol{i}|_{|\boldsymbol{\rho}|=R};\boldsymbol{r}_2 = |\boldsymbol{\rho} - b\boldsymbol{i}|_{|\boldsymbol{\rho}|=R}$$

可以证明，交界面上的感生净电荷

$$\boldsymbol{\sigma}' = \boldsymbol{n}\cdot(\boldsymbol{D}_2-\boldsymbol{D}_1)_{r-R} = -\frac{\boldsymbol{\rho}}{R}\cdot\nabla(\boldsymbol{\phi}_2'+\boldsymbol{\phi}_2'-\boldsymbol{\phi}_1')_{|\boldsymbol{\rho}|=R}$$

$$=\frac{\boldsymbol{\rho}}{R}\cdot\left[\frac{\lambda\dfrac{\varepsilon_2-\varepsilon_1}{\varepsilon_2+\varepsilon_1}\left(\boldsymbol{\rho}-\dfrac{R^2}{a}\boldsymbol{i}\right)}{2\pi\left|\boldsymbol{\rho}-\dfrac{R^2}{a}\boldsymbol{k}\right|^2}+\frac{-\lambda\dfrac{\varepsilon_2-\varepsilon_1}{\varepsilon_2+\varepsilon_1}\boldsymbol{\rho}}{2\pi|\boldsymbol{\rho}|^2}-\frac{\varepsilon_1-\varepsilon_2}{(\varepsilon_2+\varepsilon_1)}\frac{\lambda(\boldsymbol{\rho}-a\boldsymbol{i})}{2\pi|\boldsymbol{\rho}-a\boldsymbol{i}|^2}\right]_{|\boldsymbol{\rho}|=R}$$

$$=\lambda\frac{\varepsilon_2-\varepsilon_1}{\varepsilon_2+\varepsilon_1}\frac{\boldsymbol{\rho}}{R}\cdot\left[\left[\frac{a^2(\boldsymbol{\rho}/R^2-a\boldsymbol{i})}{2\pi r_1^2}+\frac{-\boldsymbol{\rho}}{2\pi R^2}+\frac{(\boldsymbol{\rho}-a\boldsymbol{i})}{2\pi r_1^2}\right]\right._{|\boldsymbol{\rho}|=R}$$

$$=\frac{\lambda}{2\pi R}\frac{\varepsilon_2-\varepsilon_1}{\varepsilon_2+\varepsilon_1}\left[\frac{a^2-a\boldsymbol{i}\cdot\boldsymbol{\rho}}{r_1^2}-1+\frac{\boldsymbol{\rho}^2-a\boldsymbol{i}\cdot\boldsymbol{\rho}}{r_1^2}\right]_{|\boldsymbol{\rho}|=R}$$

$$=\frac{\lambda}{2\pi Rr_1^2}\frac{\varepsilon_2-\varepsilon_1}{\varepsilon_2+\varepsilon_1}[a^2+\boldsymbol{\rho}^2-2a\boldsymbol{i}\cdot\boldsymbol{\rho}-r_1^2]_{|\boldsymbol{\rho}=R|}$$

$$=\frac{\lambda}{2\pi Rr_1^2}\frac{\varepsilon_2-\varepsilon_1}{\varepsilon_2+\varepsilon_1}[|\boldsymbol{\rho}-a\boldsymbol{i}|^2_{|\boldsymbol{\rho}|=R}-r_1^2]=0 \qquad (4.2.22)$$

结果显示，交界面感生净面电荷密度之和为零，这个结果符合麦克斯韦电磁理论的定解条件。用麦克斯韦电磁理论的镜像法求解此问题，也得到相同的结果。

（2）令 $\varepsilon_1\to\infty$ 为超电体，有

$$\begin{cases}\lambda_1'=\lambda(\text{位于自由电荷处})\\ \phi_1'=\phi_0+C\\ \phi_1=\phi_0+\phi_1'=2\phi_0+C\neq0\\ \boldsymbol{E}_1=-\dfrac{\partial\phi_1}{\partial|\boldsymbol{\rho}|}\Big/\varepsilon_1=\dfrac{\boldsymbol{D}_0}{(\varepsilon_2+\varepsilon_1)/2}=0\end{cases}$$

$$\begin{cases}\phi_2=-\dfrac{\lambda|\boldsymbol{\rho}-a\boldsymbol{i}|}{2\pi}+\dfrac{\lambda\ln|\boldsymbol{\rho}-b\boldsymbol{i}|}{2\pi}-\dfrac{\lambda\ln|\boldsymbol{\rho}|}{2\pi}+C\\ \boldsymbol{E}_2=-\dfrac{\partial\phi_2}{\partial|\boldsymbol{\rho}|}\Big/\varepsilon_2=\dfrac{q(\boldsymbol{\rho}-a\boldsymbol{i})}{2\pi\varepsilon_2|\boldsymbol{\rho}-a\boldsymbol{i}|^2}-\dfrac{\lambda\left(\boldsymbol{\rho}-\dfrac{R^2}{a}\boldsymbol{i}\right)}{2\pi\varepsilon_2\left|\boldsymbol{\rho}-\dfrac{R^2}{a}\boldsymbol{i}\right|^2}+\dfrac{\lambda\boldsymbol{\rho}}{2\pi\varepsilon_2|\boldsymbol{\rho}|^2}\end{cases}$$

此结论与导体柱的结论是一致的。可见，在静电场情况下，超电体

柱外的电场分布与同样情况下导体柱体外的电场相同。

4.3 感生势分离变量法

4.3.1 拉普拉斯方程的适用条件

（1）空间处处自由电荷密度$\rho_0 = 0$，自由电荷只分布在某些介质（如导体）表面上，将这些表面视为区域边界，可以用拉普拉斯方程求解。

（2）在所求区域介质中有自由电荷分布，若这个自由电荷分布在真空中或导体中，产生的自由电荷的势为已知。

（3）若所求区域为分区均匀介质，则不同介质交界面上有感生面电荷。则区域V中$\boldsymbol{D}$势可表示为两部分的和$\phi = \phi_0 + \phi'$，ϕ不满足$\nabla^2\phi = 0$，但ϕ'满足$\nabla^2\phi' = 0$，仍可用拉普拉斯方程求解。

4.3.2 拉普拉斯方程在几种坐标系中解的形式

直角坐标、球坐标和柱坐标的拉普拉斯方程分别为

直角坐标：

$$\nabla^2\phi' = \frac{\partial^2\phi'}{\partial x^2} + \frac{\partial^2\phi'}{\partial y^2} + \frac{\partial^2\phi'}{\partial z^2} = 0$$

球坐标：

$$\nabla^2\phi' = \frac{1}{r^2}\frac{\partial}{\partial r}\left(r^2\frac{\partial\phi'}{\partial r}\right) + \frac{1}{r^2\sin\theta}\frac{\partial}{\partial\theta}\left(\sin\theta\frac{\partial\phi'}{\partial\theta}\right) + \frac{1}{r^2\sin\theta}\frac{\partial^2\phi'}{\partial\Phi^2} = 0$$

柱坐标：

$$\nabla^2\phi' = \frac{1}{\rho}\frac{\partial}{\partial\rho}\left(\rho\frac{\partial\phi'}{\partial\rho}\right) + \frac{1}{\rho^2}\frac{\partial^2}{\partial\phi^2} + \frac{\partial^2\phi'}{\partial z^2} = 0$$

球坐标中的通解为

$$\phi'(R,\theta,\Phi) = \sum_{nm}\left(a_{nm}R^n + \frac{b_{nm}}{R^{n+1}}\right)P_n^m(\cos\theta)\cos m\Phi + \sum_{nm}\left(c_{nm}R^n + \frac{d_{nm}}{R^{n+1}}\right)P_n^m(\cos\theta)\sin m\Phi$$

其中，$0\leqslant\theta<\pi$；$n=0,1,2,\cdots$。$P_n^m(\cos\theta)$ 为缔合勒让德函数（连带勒让德函数）。

（1）在旋转不变时，ϕ' 不依赖于 Φ，即 ϕ' 具有轴对称性。通解为

$$\phi'(R,\theta) = \sum_{n}\left(a_nR^n + \frac{b_n}{R^{n+1}}\right)P_n(\cos\theta)$$

其中，$P_n(\cos\theta)$ 为勒让德函数，$P_0(\cos\theta)=1$；$P_1(\cos\theta)=\cos\theta$；

$$P_2(\cos\theta) = \frac{1}{2}(3\cos^2\theta-1)\cdots$$

（2）若 ϕ' 与 θ,Φ 均无关，即 ϕ' 具有球对称性，则通解为

$$\phi'(R) = a + \frac{b}{R}$$

4.3.3　解题步骤

（1）选择坐标系和势参考点：

①坐标系选择主要根据区域中分界面形状；

②参考点主要根据电荷分布是有限还是无限。

（2）分析对称性，分区写出拉普拉斯方程在所选坐标系中的通解：

$$\begin{cases}\phi_1'(R,\theta) = \sum_{n}\left(a_nR^n + \dfrac{b_n}{R^{n+1}}\right)P_n(\cos\theta)\\ \phi_2'(R,\theta) = \sum_{n}\left(a_n'R^n + \dfrac{b_n'}{R^{n+1}}\right)P_n(\cos\theta)\end{cases}$$

（3）根据具体边值关系确定常数。一般在均匀场中，有 $\boldsymbol{E}=E_0\boldsymbol{e}_z$ 或 $\boldsymbol{D}=D_0\boldsymbol{e}_z$，$\phi|_\infty\to\phi_0=-D_0R\cos\theta=-D_0z$；$\phi'|_\infty\to 0$（直角坐标或柱坐标）。

（4）孤立基本形态介质交界面边值条件：

$$\begin{cases}(\phi_2'+\phi_1')|_s=C\\ \left(\dfrac{1}{\varepsilon_1}\phi_1-\dfrac{1}{\varepsilon_2}\phi_2\right)\Bigg|_{|r|=R}=C'\end{cases}\tag{4.3.1a}$$

或

$$\begin{cases}\phi_1'|_s=-\dfrac{(\varepsilon_2-\varepsilon_1)}{(\varepsilon_2+\varepsilon_1)}\phi_0|_s+C\\ \phi_2'|_s=\dfrac{(\varepsilon_2-\varepsilon_1)}{(\varepsilon_2+\varepsilon_1)}\phi_0|_s+C\end{cases}\tag{4.3.1b}$$

（5）导体内部及导体介质交界面边值条件：

$$\begin{cases}\phi_1'=-\phi_0+C(\text{导体内部})\\ (\phi_2'-\phi_1')_s=C(\text{导体界面上})\end{cases}\tag{4.3.2}$$

或给定总电荷 Q，或给定 σ，接地时，有 $(\phi_0+\phi'|_s)\dfrac{1}{\varepsilon}=0$。

（6）任意导体或电介质，都有感生像电荷

$$\sum_i q_i'=0$$

4.3.4 应用实例

例4－12 设有半径为 R_0 的介质球，其介电常数为 ε_1，外部介电常数为 ε_2，放在均匀的外电场 $\boldsymbol{D}_0$ 中，即 $\phi_0=-D_0R\cos\theta=-D_0z$。求：空间点 (R,θ) 处的电场分布。

解：（1）球内、外的通解分别为

$$\begin{cases}\phi_1'(R,\theta) = \sum_n \left(a_n R^n + \dfrac{b_n}{R^{n+1}}\right) P_n(\cos\theta), R < R_0 \\ \phi_2'(R,\theta) = \sum_n \left(a_n' R^n + \dfrac{b_n'}{R^{n+1}}\right) P_n(\cos\theta), R > R_0\end{cases}$$

（2）在无穷远处，$R \to \infty$，有

$$\phi_2'(R,\theta) = \sum_n \left(a_n' R^n + \frac{b_n'}{R^{n+1}}\right) P_n(\cos\theta) \to 0$$

得

$$\begin{cases}a_n' = 0 \\ \phi_2'(R,\theta) = \sum_n \dfrac{b_n'}{R^{n+1}} P_n(\cos\theta)\end{cases}$$

（3）在球心上，$R \to 0, \phi_1'(R,\theta)$ 有限值，即

$$\phi_1'(R,\theta) = \sum_n \left(a_n R^n + \frac{b_n}{R^{n+1}}\right) P_n(\cos\theta) \to \text{有界}$$

有

$$\begin{cases}b_n = 0 \\ \phi_1'(R,\theta) = \sum_n a_n R^n P_n(\cos\theta)\end{cases}$$

（4）球面边值关系：

$$\begin{cases}\phi_1'|_s + \phi_2'|_s = C \\ \dfrac{1}{\varepsilon_1}(\phi_0 + \phi_1')_s = \dfrac{1}{\varepsilon_2}(\phi_0 + \phi_2')_s \\ \phi_0|_s = -D_0 R_0 \cos\theta\end{cases} \text{或} \begin{cases}\phi_1'|_s = \varepsilon_{1-2}\phi_0|_s + C \\ \phi_2'|_s = -\varepsilon_{1-2}\phi_0|_s + C' \\ \phi_0|_s = -D_0 R_0 \cos\theta \\ \varepsilon_{1-2} = \dfrac{\varepsilon_1 - \varepsilon_2}{\varepsilon_1 + \varepsilon_2}\end{cases}$$

有

$$\begin{cases}\sum_n a_n R^n P_n(\cos\theta)|_{R_0} = \varepsilon_{1-2}\phi_0|_s + C = -\varepsilon_{1-2} D_0 R_0 \cos\theta + C \\ \sum_n \dfrac{b_n'}{R_0^{n+1}} P_n(\cos\theta) = \varepsilon_{1-2} D_0 R_0 \cos\theta + C'\end{cases}$$

取变量 $P_n(\cos\theta)$ 项系数两边相等，可保持等式始终成立，化简得到

$$\begin{cases}(n=0): a_0 = C, b_0' = R_0 C' \\ (n=1): a_1 = -\varepsilon_{1-2} D_0, b_1' = \varepsilon_{1-2} D_0 R_0^3 \\ (n \neq 0,1): a_n = 0, b_n' = 0\end{cases}$$

(5) 考虑像感生电荷守恒

$$\oint_S \nabla\phi_2' \cdot \mathrm{d}s = 0$$

得

$$C' = 0, b_0' = 0$$

(6) 结果：

$$\begin{cases}\phi_1'(R,\theta) = -\varepsilon_{1-2} D_0 R\cos\theta + C = -\varepsilon_{1-2}\boldsymbol{D}_0 \cdot \boldsymbol{x} + C \\ \phi_2'(R,\theta) = \dfrac{\varepsilon_{1-2} D_0 R_0^3}{R^2}\cos\theta = \dfrac{R_0^3}{R^3}\varepsilon_{1-2}\boldsymbol{D}_0 \cdot \boldsymbol{x}\end{cases} \tag{4.3.3}$$

$$\begin{cases}\varphi_1 = \dfrac{1}{\varepsilon_1}(\phi_0 + \phi_1') = \dfrac{1}{\varepsilon_1}(-\boldsymbol{D}_0 \cdot \boldsymbol{x} - \varepsilon_{1-2}\boldsymbol{D}_0 \cdot \boldsymbol{x} + C) \\ \varphi_2 = \dfrac{1}{\varepsilon_2}(\phi_0 + \phi_2') = \dfrac{1}{\varepsilon_2}\left(-\boldsymbol{D}_0 \cdot \boldsymbol{x} + \dfrac{R_0^3}{R^3}\varepsilon_{1-2}\boldsymbol{D}_0 \cdot \boldsymbol{x}\right)\end{cases} \tag{4.3.4}$$

令

$$\boldsymbol{P}' = 4\pi\varepsilon_{1-2} R_0^3 \boldsymbol{D}_0$$

为等效感生电偶极矩，有

$$\begin{cases}\varphi_1 = \dfrac{1}{\varepsilon_1}(\phi_0 + \phi_1') = -2\dfrac{\boldsymbol{D}_0 \cdot \boldsymbol{x}}{\varepsilon_1 + \varepsilon_2} \\ \varphi_2 = \dfrac{1}{\varepsilon_2}(\phi_0 + \phi_2') = -\dfrac{1}{\varepsilon_2}\boldsymbol{D}_0 \cdot \boldsymbol{x} + \dfrac{\boldsymbol{P}' \cdot \boldsymbol{x}}{4\pi\varepsilon_2 R^3}\end{cases} \tag{4.3.5}$$

$$\begin{cases}\boldsymbol{D}_1' = -\nabla\phi_1'(R,\theta) = \varepsilon_{1-2}\boldsymbol{D}_0 \\ \boldsymbol{D}_2' = -\nabla\phi_2'(R,\theta) = \varepsilon_{1-2}\dfrac{R_0^3}{R^5}(3\boldsymbol{x}\boldsymbol{D}_0 \cdot \boldsymbol{x} - R^2\boldsymbol{D}_0)\end{cases} \tag{4.3.6}$$

$$\sigma' = \boldsymbol{n} \cdot (\boldsymbol{D}_2' - \boldsymbol{D}_1') = \frac{\boldsymbol{R}}{R} \cdot \left(\varepsilon_{1-2} \frac{R_0^3}{R^5} (3\boldsymbol{R}\boldsymbol{D}_0 \cdot \boldsymbol{R} - R^2 \boldsymbol{D}_0) - \varepsilon_{1-2} \boldsymbol{D}_0 \right)$$

$$= \left(\varepsilon_{1-2} \frac{2}{R} - \varepsilon_{1-2} \frac{1}{R} \right) \boldsymbol{R} \cdot \boldsymbol{D}_0 = \frac{\boldsymbol{R}}{R} \cdot \boldsymbol{D}_0 = \varepsilon_{1-2} \boldsymbol{n} \cdot \boldsymbol{D}_0 \neq 0$$

(4. 3. 7)

可见，ε_2 中感生电荷激发的不均匀感生电场 $\boldsymbol{D}_2'$等价于在原点放一个等效电偶极子，其等效电偶极矩为 $\boldsymbol{P}' = 4\pi R_0^3 \dfrac{\varepsilon_1 - \varepsilon_2}{\varepsilon_1 + \varepsilon_2} \boldsymbol{D}_0$（注：不等于球内均匀感生电场 $\boldsymbol{D}_1' = \dfrac{\varepsilon_1 - \varepsilon_2}{\varepsilon_1 + \varepsilon_2} \boldsymbol{D}_0$ 与其球体积的乘积）。

例 4－13　设有一半径为 R_0 的导体球，外部介电常数为 ε，置于均匀的外电场 $\boldsymbol{D}_0$ 中，$\phi_0 = -\boldsymbol{D}_0 \cdot \boldsymbol{r} = -D_0 R\cos\theta = -D_0 z$。求空间电场分布。

解：（1）球内、外的通解分别为

$$\begin{cases} \phi_1'(R,\theta) = \sum\limits_n \left(a_n R^n + \dfrac{b_n}{R^{n+1}} \right) P_n(\cos\theta) = C \\ \phi_2'(R,\theta) = \sum\limits_n \left(a_n' R^n + \dfrac{b_n'}{R^{n+1}} \right) P_n(\cos\theta) \end{cases}$$

（2）在无穷远处，$R \to \infty$，

$$\phi_2'(R,\theta) = \sum_n \left(a_n' R^n + \frac{b_n'}{R^{n+1}} \right) P_n(\cos\theta) \to 0$$

有

$$\begin{cases} a_n' = 0 \\ \phi_2'(R,\theta) = \sum\limits_n \dfrac{b_n'}{R^{n+1}} P_n(\cos\theta) \end{cases}$$

（3）在球内部，有界，$\phi_0 + \phi_1' = C$，

$$\phi_1'(R,\theta) = \sum_n \left(a_n R^n + \frac{b_n}{R^{n+1}} \right) P_n(\cos\theta) = C - \phi_0$$

$$= C + D_0 R\cos\theta$$

$$b_n = 0, a_0 = C, a_1 = D_0, a_n = 0\ (\text{其他})$$

（4）在球面上，$\phi_1'|_s - \phi_2'|_{R=R_0} = C$，有

$$\sum_n \frac{b_n'}{R^{n+1}} P_n(\cos\theta)\ |_{R_0} = C + D_0 R_0 \cos\theta$$

$$b_0 = R_0 C, b_1' = D_0 R_0^3, b_n' = 0 (n \neq 0, 1)$$

$$\phi_2'(R,\theta) = \sum_n \frac{b_n'}{R^{n+1}} P_n(\cos\theta) = D_0 \frac{R_0^3}{R^2}\cos\theta = \frac{R_0^3}{R^3}\boldsymbol{D}_0 \cdot \boldsymbol{r}$$

（5）结果：

$$\begin{cases} \phi_1'(R,\theta) = D_0 R\cos\theta \\ \phi_2'(R,\theta) = \dfrac{R_0^3}{R^3}\boldsymbol{D}_0 \cdot \boldsymbol{r} \end{cases}$$

$$\begin{cases} \varphi_1 = \dfrac{1}{\varepsilon_0}(\phi_0 + \phi_1') = 0 \\ \varphi_2 = \dfrac{1}{\varepsilon}(\phi_0 + \phi_2') = \dfrac{1}{\varepsilon}\left(-\boldsymbol{D}_0 \cdot \boldsymbol{r} + \dfrac{R_0^3}{R^3}\boldsymbol{D}_0 \cdot \boldsymbol{r}\right) \end{cases}$$

令

$$\boldsymbol{P}' = 4\pi R_0^3 \boldsymbol{D}_0$$

为等效感生电偶极矩，有

$$\begin{cases} \varphi_1 = 0 \\ \varphi_2 = -\dfrac{1}{\varepsilon_2}\boldsymbol{D}_0 \cdot \boldsymbol{r} + \dfrac{\boldsymbol{P}' \cdot \boldsymbol{r}}{4\pi\varepsilon_2 R^3} \end{cases}$$

可见，ε 中感生电荷激发的不均匀感生电场 $\boldsymbol{D}_2'$ 等价于在原点放一个等效电偶极子，其等效电偶极矩为

$$\boldsymbol{P} = 4\pi R_0^3 \boldsymbol{D}_0$$

与球内均匀感生电场 $\boldsymbol{D}_1'$ 无关。而球内的均匀感生电场 $\boldsymbol{D}_1'$ 只在球内激发感生电场，其值恒等于 $\boldsymbol{D}_1' = -\boldsymbol{D}_0'$，相互抵消。

4.4　界面附近电力线的折向规律

4.4.1　平面界面的折向规律

在 $z>0$ 区域充满介电常数为 ε_2 的电介质，在 $z<0$ 区域充满介电常数为 ε_1 的电介质，有自由点电荷位于 $\boldsymbol{r}'=a\boldsymbol{k}$ 的位置上。根据式（4.2.5）和式（4.2.6），在 $z<0$ 区域充满介电常数为 ε_1 的电介质的场为

$$\boldsymbol{D}_1=\boldsymbol{D}_0+\boldsymbol{D}_1'=\frac{q(\boldsymbol{r}-a\boldsymbol{k})}{4\pi|\boldsymbol{r}-a\boldsymbol{k}|^3}-\varepsilon_{2-1}\frac{q(\boldsymbol{r}-a\boldsymbol{k})}{4\pi|\boldsymbol{r}-a\boldsymbol{k}|^3}$$

$$=\frac{2\varepsilon_1}{(\varepsilon_2+\varepsilon_1)}\frac{q(\boldsymbol{r}-a\boldsymbol{k})}{4\pi|\boldsymbol{r}-a\boldsymbol{k}|^3}=\frac{2\varepsilon_1}{(\varepsilon_2+\varepsilon_1)}\boldsymbol{D}_0 \qquad (4.4.1)$$

其中，

$$\boldsymbol{D}_0=\frac{q(\boldsymbol{r}-a\boldsymbol{k})}{4\pi|\boldsymbol{r}-a\boldsymbol{k}|^3}$$

$$\varepsilon_{2-1}=\frac{(\varepsilon_2-\varepsilon_1)}{(\varepsilon_2+\varepsilon_1)}$$

在 $z>0$ 区域充满介电常数为 ε_2 的电介质的场为

$$\boldsymbol{D}_2=\boldsymbol{D}_0+\boldsymbol{D}_2'=\frac{q(\boldsymbol{r}-a\boldsymbol{k})}{4\pi|\boldsymbol{r}-a\boldsymbol{k}|^3}+\varepsilon_{2-1}\frac{q(\boldsymbol{r}+a\boldsymbol{k})}{4\pi|\boldsymbol{r}+a\boldsymbol{k}|^3} \qquad (4.4.2)$$

电荷放在介质2中，在介质1中，电位移线 $\boldsymbol{D}_1$ 与法向的夹角

$$\tan\theta_1=\frac{D_{1\tau}}{D_{1n}}=\frac{D_{0\tau}}{D_{0n}} \qquad (4.4.3)$$

在介质 1 中，电位移线 $\boldsymbol{D}_2$ 与法向的夹角

$$\tan\theta_2 = \frac{D_{2\tau}}{D_{2n}} = \frac{D_{0\tau} + D'_{2\tau}}{D_{0n} + D'_{2n}} = \frac{D_{0\tau} + \varepsilon_{2-1} D_{0\tau}}{D_{0n} - \varepsilon_{2-1} D_{0n}} = \frac{1 + \varepsilon_{2-1}}{1 - \varepsilon_{2-1}} \frac{D_{0\tau}}{D_{0n}} \tag{4.4.4}$$

式（4.4.3）与式（4.4.4）比较，得

$$\frac{\tan\theta_2}{\tan\theta_1} = \frac{1 + \varepsilon_{2-1}}{1 - \varepsilon_{2-1}} = \frac{\varepsilon_2}{\varepsilon_1} \tag{4.4.5}$$

上式就是交界面为无限大平面时的电力线的折向规律，此结论对于任意电荷形成的电场均成立。

讨论：（1）$\varepsilon_1 \to \infty$ 为超电体，

$$\frac{\tan\theta_2}{\tan\theta_1} = \frac{1 + \varepsilon_{2-1}}{1 - \varepsilon_{2-1}} = \frac{\varepsilon_2}{\varepsilon_1} = 0, \tan\theta_2 \to 0 \tag{4.4.6}$$

说明导体外的电力线垂直导体表面。

（2）设电荷放在介质 1 中，结果与式（4.4.5）相同，说明式（4.4.5）是无限大界面的 $\boldsymbol{D}$ 线一般关系，与电荷场源无关。

4.4.2 球面界面的折向规律

在半径为 R 的球体内区域充满介电常数为 ε_1 的电介质，在球体外充满介电常数为 ε_2 的电介质，有一自由点电荷位于 $\boldsymbol{r}' = a\boldsymbol{k}$（$a > R$）的位置上。

由式（4.2.18），在球体内、外的电介质的场强分别为

$$
\begin{cases}
\boldsymbol{D}_1|_R = (1-\varepsilon_{2-1})\dfrac{q(\boldsymbol{r}-a\boldsymbol{k})}{4\pi|\boldsymbol{r}-a\boldsymbol{k}|^3}\Bigg|_R = (1-\varepsilon_{2-1})\boldsymbol{D}_0|_R \\
\boldsymbol{D}_2|_R = \dfrac{q(\boldsymbol{r}-a\boldsymbol{k})}{4\pi|\boldsymbol{r}-a\boldsymbol{k}|^3}\Bigg|_R + \dfrac{q\varepsilon_{2-1}\dfrac{R}{a}\left(\boldsymbol{r}-\dfrac{R^2}{a}\boldsymbol{k}\right)}{4\pi\left|\boldsymbol{r}-\dfrac{R^2}{a}\boldsymbol{k}\right|^3}\Bigg|_R + \dfrac{-q\varepsilon_{2-1}\dfrac{R}{a}\boldsymbol{r}}{4\pi|\boldsymbol{r}|^3}\Bigg|_R \\
= \dfrac{q(\boldsymbol{R}-a\boldsymbol{k})}{4\pi r_1^3} + \dfrac{q\varepsilon_{2-1}\dfrac{R}{a}\left(\boldsymbol{R}-\dfrac{R^2}{a}\boldsymbol{k}\right)}{4\pi r_2^3} + \dfrac{-q\varepsilon_{2-1}\dfrac{R}{a}\boldsymbol{R}}{4\pi R^3} \\
\varepsilon_{2-1} = \dfrac{(\varepsilon_2-\varepsilon_1)}{(\varepsilon_2+\varepsilon_1)}, \boldsymbol{D}_0 = \dfrac{q(\boldsymbol{r}-a\boldsymbol{k})}{4\pi|\boldsymbol{r}-a\boldsymbol{k}|^3} \\
r_1 = |\boldsymbol{r}-a\boldsymbol{k}|, r_2 = \left|\boldsymbol{r}-\dfrac{R^2}{a}\boldsymbol{k}\right| \\
\boldsymbol{R} = \boldsymbol{r}|_{r=R}
\end{cases}
$$

电荷放在介质 2 中，令 θ_1 为电位移线 $\boldsymbol{D}_1$ 与法向的夹角：

$$
\begin{cases}
\boldsymbol{D}_{1t} = (1-\varepsilon_{2-1})\boldsymbol{D}_{0t} \\
\boldsymbol{D}_{1n} = (1-\varepsilon_{2-1})\boldsymbol{D}_{0n}
\end{cases};\ \tan\theta_1 = \frac{D_{1t}}{D_{1n}} = \frac{D_{0t}}{D_{0n}}
$$

再考虑电位移线 $\boldsymbol{D}_2$ 切向分量

$$
\boldsymbol{D}_{2\mathrm{t}} = \boldsymbol{D}_2|_R \times \frac{\boldsymbol{R}}{R} = -\left(\frac{qa}{4\pi r_1^3} + \frac{q\varepsilon_{2-1}\dfrac{R}{a}\dfrac{R^2}{a}}{4\pi r_2^3}\right)\boldsymbol{k} \times \frac{\boldsymbol{R}}{R}
$$

将 $\dfrac{1}{r_1} = \dfrac{R/a}{r_2}$ 代入上式，有

$$
\begin{cases}
\boldsymbol{D}_{2\mathrm{t}} = \boldsymbol{D}_2|_R \times \dfrac{\boldsymbol{R}}{R} = -\left(\dfrac{qa}{4\pi r_1^3} + \dfrac{qa\varepsilon_{2-1}}{4\pi r_1^3}\right)\boldsymbol{k} \times \dfrac{\boldsymbol{R}}{R} = \dfrac{\boldsymbol{R}}{R} \times \boldsymbol{k}\dfrac{qa}{4\pi r_1^3}(1+\varepsilon_{2-1}) \\
D_{2t} = (1+\varepsilon_{2-1})\dfrac{qa}{4\pi r_1^3}\sin\boldsymbol{\alpha}
\end{cases}
$$

其中，$\sin\boldsymbol{\alpha} = \dfrac{\boldsymbol{R}}{R} \times \boldsymbol{k}$。

再考虑电位移线 $\boldsymbol{D}_2$ 法向分量：令 $\cos\boldsymbol{\alpha} = \boldsymbol{k} \cdot \dfrac{\boldsymbol{R}}{R}$，有

$$D_{2n} = \left[\frac{q(\boldsymbol{R} - a\boldsymbol{k})}{4\pi r_1^3} + \frac{q\varepsilon_{2-1}\dfrac{R}{a}\left(\boldsymbol{R} - \dfrac{R^2}{a}\boldsymbol{k}\right)}{4\pi r_2^3} + \frac{-q\varepsilon_{2-1}\dfrac{R}{a}\boldsymbol{R}}{4\pi R^3}\right] \cdot \frac{\boldsymbol{R}}{R}$$

$$= \left[\frac{q(\boldsymbol{R})}{4\pi r_1^3} + \frac{q\varepsilon_{2-1}\dfrac{R}{a}(\boldsymbol{R})}{4\pi r_2^3} + \frac{-q\varepsilon_{2-1}\dfrac{R}{a}\boldsymbol{R}}{4\pi R^3}\right] \cdot \frac{\boldsymbol{R}}{R} +$$

$$\left[\frac{q(-a\boldsymbol{k})}{4\pi r_1^3} + \frac{q\varepsilon_{2-1}\dfrac{R}{a}\left(-\dfrac{R^2}{a}\boldsymbol{k}\right)}{4\pi r_2^3}\right] \cdot \frac{\boldsymbol{R}}{R}$$

$$= \left[\frac{qR^2}{4\pi R r_1^3} + \frac{qa^2\varepsilon_{2-1}\dfrac{R^3}{a^3}}{4\pi R r_2^3}\right] - \left[\frac{qa}{4\pi r_1^3} + \frac{qa\varepsilon_{2-1}\dfrac{R}{a}\left(\dfrac{R^2}{a^2}\right)}{4\pi r_2^3}\right]\boldsymbol{k} \cdot \frac{\boldsymbol{R}}{R} - \frac{q\varepsilon_{2-1}\dfrac{R^2}{a}}{4\pi R^3}$$

$$= \frac{q}{4\pi R r_1^3}(R^2 + a^2\varepsilon_{2-1}) - \left[\frac{qa}{4\pi r_1^3}(1 + \varepsilon_{2-1})\right]\cos\boldsymbol{\alpha} - \frac{q\varepsilon_{2-1}\dfrac{R^2}{a}}{4\pi R^3}$$

令 θ_2 为电位移线 $\boldsymbol{D}_2$ 与法向的夹角，有

$$\tan\theta_2 = \frac{D_{2t}}{D_{2n}} \neq \frac{\varepsilon_2}{\varepsilon_1}\tan\theta_1$$

或

$$\frac{\tan\theta_2}{\tan\theta_1} \neq \frac{\varepsilon_2}{\varepsilon_1}$$

上式就是交界面为球面时的电力线的折向规律。

结论：球面界面的电力线折向不严格满足

$$\frac{\tan\theta_2}{\tan\theta_1} = \frac{\varepsilon_2}{\varepsilon_1}$$

这意味着，不同的界面形状，会有不同的电力线折向规律。但把曲面近似看成无限大平面时，$\dfrac{\tan\theta_2}{\tan\theta_1} = \dfrac{\varepsilon_2}{\varepsilon_1}$ 会是非常精确的折向规律。

4.4.3　柱面界面的反射与折射规律

在半径为 R 的无限长柱内充满介电常数为 ε_1 的电介质，外部充满介电常数为 ε_2 的电介质。有一线电荷密度为 λ 的无限长带电直导线与导体柱平行，位于 $\boldsymbol{\rho}' = a\boldsymbol{i}(a > R)$ 的位置上。根据式（4.2.17）和式（4.2.18），空间电场为

$$\boldsymbol{D}_1 = (1 - \varepsilon_{2-1}) \frac{q(\boldsymbol{\rho} - a\boldsymbol{i})}{2\pi |\boldsymbol{\rho} - a\boldsymbol{i}|^2} = (1 - \varepsilon_{2-1})\boldsymbol{D}_0$$

$$\boldsymbol{D}_2 = \frac{q(\boldsymbol{\rho} - a\boldsymbol{i})}{2\pi |\boldsymbol{\rho} - a\boldsymbol{i}|^2} + \frac{\lambda\varepsilon_{2-1}\left(\boldsymbol{\rho} - \frac{R^2}{a}\boldsymbol{i}\right)}{2\pi\left|\boldsymbol{\rho} - \frac{R^2}{a}\boldsymbol{i}\right|^2} - \frac{\lambda\varepsilon_{2-1}\boldsymbol{\rho}}{2\pi|\boldsymbol{\rho}|^2}$$

在介质 1 中，令电力线的折射规律

$$\begin{cases} D_{1t} = (1 - \varepsilon_{2-1})D_{0t} \\ D_{1n} = (1 - \varepsilon_{2-1})D_{0n} \end{cases}$$

$$D_{2t} = D_{0t} + D'_{2t} = D_{0t} - D'_{1t} = (1 + \varepsilon_{2-1})D_{0t}$$

$$D_{2n} = D_{1n} = D_{0n} + D'_{1n} = (1 - \varepsilon_{2-1})D_{0n}$$

得

$$\frac{D_{1t}}{D_{1n}} = \tan\theta_1$$

利用

$$\begin{cases} \sigma' = \boldsymbol{n} \cdot (\boldsymbol{D}_2 - \boldsymbol{D}_1)|_{r=R} = 0(\text{或 } D_{2n} - D_{1n} = 0) \\ D'_{2t} + D'_{1t} = 0 \end{cases}$$

得

$$\begin{cases} D_{2t} = D_{0t} + D'_{2t} = D_{0t} - D'_{1t} = (1 + \varepsilon_{2-1})D_{0t} \\ D_{2n} = D_{1n} = (1 - \varepsilon_{2-1})D_{0n} \end{cases}$$

$$\frac{D_{2t}}{D_{2n}}=\frac{(1+\varepsilon_{2-1})D_{0t}}{(1-\varepsilon_{2-1})D_{0n}}=\frac{\varepsilon_2 D_{0t}}{\varepsilon_1 D_{0n}}=\tan\theta_2$$

$$\frac{\tan\theta_2}{\tan\theta_1}=\frac{\varepsilon_2}{\varepsilon_1}$$

结论：

（1）除无限大平面的介质交界面的折射规律和无限长圆柱体界面的折射率满足

$$\frac{\varepsilon_1}{\varepsilon_2}=\frac{\tan\theta_1}{\tan\theta_2}$$

外，其他交界面情况下，折射关系较为复杂，没有一定的几何关系。

（2）在大多数情况下，交界面可按无限大平面来对待，电力线折射近似满足

$$\frac{\varepsilon_1}{\varepsilon_2}=\frac{\tan\theta_1}{\tan\theta_2}$$

的几何定律。

第 5 章

稳恒磁场中的新规律

本章研究的主要问题：在给定稳恒的自由电流分布的情况下，描述真空或磁介质中的稳恒磁场基本规律。

5.1　真空中的恒磁场与毕奥－萨伐尔定律

5.1.1　真空电磁本构方程组

1. 微分形式和积分形式真空电磁本构方程组

$$\begin{cases}\nabla\cdot\boldsymbol{H}_0 = 0\\ \nabla\times\boldsymbol{D}_0 = -\varepsilon_0\mu_0\dfrac{\partial\boldsymbol{H}_0}{\partial t}\\ \nabla\cdot\boldsymbol{D}_0 = Q_f\\ \nabla\times\boldsymbol{H}_0 = \boldsymbol{j}_f+\dfrac{\partial\boldsymbol{D}_0}{\partial t}\end{cases}$$

$$\begin{cases} \oint_S \mathrm{d}\boldsymbol{s} \cdot \boldsymbol{H}_0 = 0 \\ \oint_L \mathrm{d}\boldsymbol{l} \cdot \boldsymbol{D}_0 = -\varepsilon_0\mu_0 \int_S \mathrm{d}\boldsymbol{s} \cdot \dfrac{\partial \boldsymbol{H}_0}{\partial t} \\ \oint_S \mathrm{d}\boldsymbol{s} \cdot \boldsymbol{D}_0 = Q_f \\ \oint_L \mathrm{d}\boldsymbol{l} \cdot \boldsymbol{H}_0 = I_f + \int_S \mathrm{d}\boldsymbol{s} \cdot \dfrac{\partial \boldsymbol{D}_0}{\partial t} \end{cases}$$

2. 真空稳恒磁场本构方程

真空稳恒磁场是运动的自由电荷在真空产生的，其特点为：

（1）$\boldsymbol{D}=0$ 或 $\boldsymbol{E}=0$ 磁场可单独存在；

（2）$\boldsymbol{B}=\boldsymbol{B}_0$ 或 $\boldsymbol{H}=\boldsymbol{H}_0$ 等均与 t 无关。

真空稳恒磁场方程为

微分形式

$$\begin{cases} \nabla \cdot \boldsymbol{H}_0 = 0 \\ \nabla \times \boldsymbol{H}_0 = \boldsymbol{j}_f \end{cases} \tag{5.1.1}$$

积分形式

$$\begin{cases} \oint_S \mathrm{d}\boldsymbol{s} \cdot \boldsymbol{H}_0 = 0 \\ \oint_L \mathrm{d}\boldsymbol{l} \cdot \boldsymbol{H}_0 = I_f \end{cases} \tag{5.1.2}$$

真空稳恒磁场是有旋无源场。

3. 磁位移矢量 $\boldsymbol{D}_m$ 的引入

假设有一个运动点自由电荷在真空中的电流密度矢量为

$$\boldsymbol{j}_f = q_f \boldsymbol{v} \delta(\boldsymbol{r})$$

由于

$$\nabla\times\left(\boldsymbol{v}\times\frac{q_f\boldsymbol{r}}{4\pi r^3}\right)=\left(\nabla\cdot\frac{q_f\boldsymbol{r}}{4\pi r^3}\right)\boldsymbol{v}=q_f\boldsymbol{v}\delta(\boldsymbol{r})=\nabla\times\boldsymbol{H}_0$$

其形成的磁场强度为 $\boldsymbol{H}_0$，则

$$\begin{cases}\boldsymbol{H}_0=\dfrac{q_f\boldsymbol{v}\times\boldsymbol{r}}{4\pi r}=\boldsymbol{v}\times\boldsymbol{D}_m\\ \boldsymbol{j}_f=\nabla\times\boldsymbol{H}_0\\ \boldsymbol{D}_m=\dfrac{q_f\boldsymbol{r}}{4\pi r^3}\end{cases}\tag{5.1.3}$$

$\boldsymbol{D}_m$ 称为运动点电荷产生的磁位移矢量。运动的点自由电荷的磁场本构方程为

$$\begin{cases}\nabla\cdot\boldsymbol{H}_0=0\\ \nabla\times\boldsymbol{H}_0=q_f\boldsymbol{v}\delta(\boldsymbol{r})\end{cases}\tag{5.1.4}$$

或

$$\begin{cases}\nabla\cdot\boldsymbol{D}_m=q_f\delta(\boldsymbol{r})\\ \nabla\times\boldsymbol{D}_m=0\\ \boldsymbol{H}_0=\boldsymbol{v}\times\boldsymbol{D}_m\\ \boldsymbol{B}_0=\mu_0\boldsymbol{v}\times\boldsymbol{D}_m\end{cases}\tag{5.1.5}$$

其积分关系为

$$\oiint \mathrm{d}\boldsymbol{s}\cdot\boldsymbol{D}_m=q_f\tag{5.1.6}$$

以电荷为圆心，取对称的同心球面，有

$$\oint_S\mathrm{d}\boldsymbol{s}\cdot\boldsymbol{D}_m=4\pi r^2D_m=q_f$$

$$D_m=\frac{q_f}{4\pi r^2},\boldsymbol{D}_m=\boldsymbol{D}=\frac{q_f\boldsymbol{r}}{4\pi r^3}\tag{5.1.7}$$

可见，真空似稳态情况下，运动点自由电荷的磁位移等于其静止时

的电位移矢量（注：在没有介质界面影响的情况下）。运动点自由电荷激发的磁感应强度为

$$\boldsymbol{B}_0 = \mu_0 \boldsymbol{v} \times \boldsymbol{D}_m = \frac{\mu_0 q_f \boldsymbol{v} \times \boldsymbol{r}}{4\pi r^3}$$

或电流元 $\boldsymbol{v}\rho_f \mathrm{d}V$ 激发的磁感应强度为

$$\mathrm{d}\boldsymbol{B}_0 = \frac{\mu_0 \boldsymbol{v}\rho_f \times \boldsymbol{r}}{4\pi r^3}\mathrm{d}V$$

对于线电流元，$I\mathrm{d}l = \boldsymbol{v}\rho_f \mathrm{d}V$，上式变为

$$\mathrm{d}\boldsymbol{B}_0 = \frac{\mu_0 I\mathrm{d}l \times \boldsymbol{r}}{4\pi r^3}$$

上式就是毕奥－萨伐尔定律。处在原点的以速度 $\boldsymbol{u}$ 运动的点电荷 Q_f 的受力，由安培定律得出：

$$\boldsymbol{F} = Q_f \boldsymbol{u} \times \boldsymbol{B}_0 = \frac{\mu_0 q_f Q_f \boldsymbol{u} \times (\boldsymbol{v} \times \boldsymbol{r})}{4\pi r^3} \tag{5.1.8}$$

5.1.2　电荷与电流的单位确定法

根据光速 c 的数值可得

$$\begin{cases} k = \dfrac{1}{4\pi\varepsilon_0} = \dfrac{1}{c^2 10^{-7}} \approx 9 \times 10^9 (\mathrm{m/F}) \\ \varepsilon_0 = \dfrac{1}{4\pi c^2 10^{-7}} = 8.854\,18 \times 10^{-12} (\mathrm{F/m}) \\ \mu_0 = \dfrac{1}{c^2 \varepsilon_0} = 4\pi \times 10^{-7} = 12.566\,37 \times 10^{-7} (\mathrm{H/m}) \end{cases} \tag{5.1.9}$$

设运动点自由电荷 q_f 的运动速度为 $\boldsymbol{v}$，电荷元 $p_f \mathrm{d}V$ 的运动速度也为 $\boldsymbol{v}$。

令 $\boldsymbol{u} \parallel \boldsymbol{v} \perp \boldsymbol{r}$，$Q_f = q_f$，$j = | Q_f \boldsymbol{u} | = | q_f \boldsymbol{v} |$，根据安培定律式 (5.1.8)，有

$$|\boldsymbol{F}| = |Q_f \boldsymbol{u} \times \boldsymbol{B}_0| = \left|\frac{\mu_0 q_f Q_f \boldsymbol{u} \times (\boldsymbol{v} \times \boldsymbol{r})}{4\pi r^3}\right| = \frac{\mu_0 j^2}{4\pi r^2}$$

当 $r = 1, j = 1$ 时，规定

$$|\boldsymbol{F}| = 4\pi \times 10^{-7}\mathrm{N}$$

令电流体矢量$\boldsymbol{j}$的单位 A · m（安培 · 米），从而得到电流 I 的单位 A（安培），和电荷的单位 C = A · s（库仑 = 安培 · 秒）。

5.2　有介质时的感生电流与磁场

5.2.1　感生恒磁场及其性质

1. 电磁本构方程组

有介质存在时，除去真空态以外的部分，称为介质态。介质态电磁本构方程组：

$$\begin{cases} \nabla \cdot \boldsymbol{M} = \dfrac{\rho_m}{\mu_0} \\ \dfrac{\partial \boldsymbol{M}}{c^2 \partial t} + \nabla \times \boldsymbol{P} = \varepsilon_0 \boldsymbol{j}_m \\ \nabla \cdot \boldsymbol{P} = -\rho_p \\ \dfrac{\partial \boldsymbol{P}}{\partial t} + \nabla \times \boldsymbol{M} = \boldsymbol{j}_p \end{cases} \text{及} \begin{cases} \oiint\limits_S \mathrm{d}\boldsymbol{s} \cdot \boldsymbol{M} = Q_m/\mu_0 \\ \oint\limits_L \mathrm{d}\boldsymbol{l} \cdot \boldsymbol{P} = -\int\limits_S \mathrm{d}\boldsymbol{s} \cdot \dfrac{\partial \boldsymbol{M}}{c^2 \partial t} + \varepsilon_0 I_m \\ \oiint\limits_S \mathrm{d}\boldsymbol{s} \cdot \boldsymbol{P} = -Q_p \\ \oint\limits_L \mathrm{d}\boldsymbol{l} \cdot \boldsymbol{M} = I_p - \int\limits_S \mathrm{d}\boldsymbol{s} \cdot \dfrac{\partial \boldsymbol{P}}{\partial t} \end{cases} \tag{5.2.1}$$

真空态电磁本构方程组：

$$\begin{cases}\nabla \cdot \boldsymbol{H}' = \dfrac{\rho'_m}{\mu_0} = -\dfrac{\rho_m}{\mu_0} \\ \dfrac{\partial \boldsymbol{H}'}{c^2 \partial t} + \nabla \times \boldsymbol{D}' = -\boldsymbol{j}'_m = \boldsymbol{j}_m \\ \nabla \cdot \boldsymbol{D}' = \rho' \\ \dfrac{\partial \boldsymbol{D}'}{\partial t} - \nabla \times \boldsymbol{H}' = -\boldsymbol{j}'\end{cases} \text{及} \begin{cases}\oiint_S \mathrm{d}\boldsymbol{s} \cdot \boldsymbol{H}' = -Q_m/\mu_0 \\ \oint_L \mathrm{d}\boldsymbol{l} \cdot \boldsymbol{D}' = -\varepsilon_0\mu_0 \int_S \mathrm{d}\boldsymbol{s} \cdot \dfrac{\partial \boldsymbol{H}}{\partial t} + \varepsilon_0 I_m \\ \oiint_S \mathrm{d}\boldsymbol{s} \cdot \boldsymbol{D}' = Q' \\ \oint_L \mathrm{d}\boldsymbol{l} \cdot \boldsymbol{H}' = I' + \int_S \mathrm{d}\boldsymbol{s} \cdot \dfrac{\partial \boldsymbol{D}'}{\partial t}\end{cases} \tag{5.2.2}$$

考虑整体效应，电磁本构方程组为

$$\begin{cases}\nabla \cdot \boldsymbol{B} = 0 \\ \dfrac{\partial \boldsymbol{B}}{\partial t} + \nabla \times \boldsymbol{E} = 0 \\ \nabla \cdot \boldsymbol{D}' = \rho_f + \rho' \\ \dfrac{\partial \boldsymbol{D}}{\partial t} - \nabla \times \boldsymbol{H} = -(\boldsymbol{j}_f + \boldsymbol{j}')\end{cases} \text{及} \begin{cases}\oiint_S \mathrm{d}\boldsymbol{s} \cdot \boldsymbol{B} = 0 \\ \oint_L \mathrm{d}\boldsymbol{l} \cdot \boldsymbol{E} = -\int_S \mathrm{d}\boldsymbol{s} \cdot \dfrac{\partial \boldsymbol{B}}{\partial t} \\ \oiint_S \mathrm{d}\boldsymbol{s} \cdot \boldsymbol{D} = Q_f + Q' \\ \oint_L \mathrm{d}\boldsymbol{l} \cdot \boldsymbol{H}' = I_f + I' + \int_S \mathrm{d}\boldsymbol{s} \cdot \dfrac{\partial \boldsymbol{D}}{\partial t}\end{cases} \tag{5.2.3}$$

2. 恒磁场的基本方程

有介质时的感生恒磁场特点为 $\boldsymbol{D}' = 0$，$\dfrac{\mathrm{d}\boldsymbol{D}'}{\mathrm{d}t} = 0$，$\dfrac{\mathrm{d}\boldsymbol{H}'}{\mathrm{d}t} = 0$，但磁化电流不为零（$\boldsymbol{j}_p \neq 0$）。恒磁场可单独存在，感生磁场和磁化强度场均是有旋有源场，而总场（场强）才是有旋无源场。

介质态静磁本构方程组：

$$\begin{cases}\nabla\cdot\boldsymbol{M}=\dfrac{\rho_m}{\mu_0}\\ \nabla\times\boldsymbol{M}=\boldsymbol{j}_p\end{cases}\tag{5.2.4a}$$

及

$$\begin{cases}\oint_S \mathrm{d}\boldsymbol{s}\cdot\boldsymbol{M}=Q_m/\mu_0\\ \oint_L \mathrm{d}\boldsymbol{l}\cdot\boldsymbol{M}=I_p\end{cases}\tag{5.2.4b}$$

真空态静磁本构方程组：

$$\begin{cases}\nabla\cdot\boldsymbol{H}'=-\dfrac{\rho_m}{\mu_0},\nabla\cdot\boldsymbol{H}=-\dfrac{\rho_m}{\mu_0}\\ \nabla\times\boldsymbol{H}'=\boldsymbol{j}',\nabla\times\boldsymbol{H}=\boldsymbol{j}_f+\boldsymbol{j}'\end{cases}\tag{5.2.5a}$$

及

$$\begin{cases}\oint_S \mathrm{d}\boldsymbol{s}\cdot\boldsymbol{H}'=-Q_m/\mu_0,\oint_S \mathrm{d}\boldsymbol{s}\cdot\boldsymbol{H}=-Q_m/\mu_0\\ \oint_L \mathrm{d}\boldsymbol{l}\cdot\boldsymbol{H}'=I',\oint_L \mathrm{d}\boldsymbol{l}\cdot\boldsymbol{H}=I_f+I'\end{cases}\tag{5.2.5b}$$

静磁本构方程组：

$$\begin{cases}\nabla\cdot\boldsymbol{B}=0\\ \nabla\times\boldsymbol{H}=\boldsymbol{j}_f+\boldsymbol{j}'\end{cases}\tag{5.2.6a}$$

及

$$\begin{cases}\oint_S \mathrm{d}\boldsymbol{s}\cdot\boldsymbol{B}=0\\ \oint_L \mathrm{d}\boldsymbol{l}\cdot\boldsymbol{H}=I_f+I'\end{cases}\tag{5.2.6b}$$

3. 磁位移高斯定理

有介质时，电磁本构方程及积分变换为

$$\begin{cases} \nabla \times \boldsymbol{H} = \boldsymbol{j}_f + \boldsymbol{j}' + \dfrac{\partial \boldsymbol{D}}{\partial t} \\ \oiint \mathrm{d}\boldsymbol{s} \times \boldsymbol{H} = \iiint\limits_v \mathrm{d}V\, \nabla \times \boldsymbol{H} \end{cases} \tag{5.2.7}$$

利用上式，有

$$\oiint \mathrm{d}\boldsymbol{s} \times \boldsymbol{H} = \iiint\limits_v \left(\boldsymbol{j}_f + \boldsymbol{j}' + \frac{\partial \boldsymbol{D}}{\partial t} \right) \mathrm{d}V \tag{5.2.8}$$

似稳场近似下，用 $\boldsymbol{D}_m$ 代替 $\boldsymbol{D}$，上式变为

$$\oiint \mathrm{d}\boldsymbol{s} \times \boldsymbol{H} = \iiint\limits_v \left(\boldsymbol{j}_f + \boldsymbol{j}' + \frac{\partial \boldsymbol{D}_m}{\partial t} \right) \mathrm{d}V \tag{5.2.9}$$

$\boldsymbol{D}_m$ 一般情况下不具有对称特性（注：介质界面使 $\boldsymbol{D}_m$ 发生偏折），在 $\boldsymbol{x} = \boldsymbol{x}_0$ 点存在运动点电荷，在空间的自由电流密度和感生电流密度分布分别为

$$\boldsymbol{j}_f = Q_f \boldsymbol{v} \boldsymbol{\delta}(\boldsymbol{x} - \boldsymbol{x}_0) \tag{5.2.10a}$$

$$\boldsymbol{j}' = Q' \boldsymbol{v} \boldsymbol{\delta}(\boldsymbol{x} - \boldsymbol{x}_0) \tag{5.2.10b}$$

Q' 称为磁化电荷，是感生电流产生磁场的一种等效产生源，它直接激发磁位移。令运动电荷的 $\boldsymbol{H} = \boldsymbol{v} \times \boldsymbol{D}_m$，$\boldsymbol{D}_m$ 为运动电荷产生的磁位移矢量。有

$$\mathrm{d}\boldsymbol{s} \times \boldsymbol{H} = \mathrm{d}\boldsymbol{s} \times (\boldsymbol{v} \times \boldsymbol{D}_m) = \boldsymbol{v}(\mathrm{d}\boldsymbol{s} \cdot \boldsymbol{D}_m) - \boldsymbol{D}_m(\boldsymbol{v} \cdot \mathrm{d}\boldsymbol{s}) \tag{5.2.11}$$

利用恒等式和积分变换公式

$$\begin{cases} \dfrac{\mathrm{d}\boldsymbol{D}_m}{\mathrm{d}t} = \dfrac{\partial \boldsymbol{D}_m}{\partial t} + (\boldsymbol{v} \cdot \nabla)\boldsymbol{D}_m = 0 \\ \oiint (\boldsymbol{v} \cdot \mathrm{d}\boldsymbol{s})\boldsymbol{D}_m = \iiint\limits_v (\boldsymbol{v} \cdot \nabla)\boldsymbol{D}_m \mathrm{d}V \end{cases} \tag{5.2.12}$$

将式（5.2.10）~式（5.2.12）代入式（5.2.9），得

$$\oiint \mathrm{d}\boldsymbol{s} \times \boldsymbol{H} = \iiint\limits_v \left(\boldsymbol{j}_f + \boldsymbol{j}' + \frac{\partial \boldsymbol{D}_m}{\partial t} \right) \mathrm{d}V$$

$$\oiint[v(\mathrm{d}\boldsymbol{s}\cdot\boldsymbol{D}_m)-\boldsymbol{D}_m(\boldsymbol{v}\cdot\mathrm{d}\boldsymbol{s})]=\iiint\limits_v[Q\boldsymbol{v}\boldsymbol{\delta}(\boldsymbol{x}-\boldsymbol{x}_0)+Q'\boldsymbol{v}\boldsymbol{\delta}(\boldsymbol{x}-\boldsymbol{x}_0)-(\boldsymbol{v}\cdot\nabla)\boldsymbol{D}_m]\mathrm{d}V$$

$$v\oiint\mathrm{d}\boldsymbol{s}\cdot\boldsymbol{D}_m-\oiint\boldsymbol{D}_m(\boldsymbol{v}\cdot\mathrm{d}\boldsymbol{s})=Q\boldsymbol{v}+Q'\boldsymbol{v}-\iiint\limits_{\boldsymbol{v}}(v\cdot\nabla)\boldsymbol{D}_m\mathrm{d}\boldsymbol{V}$$

得

$$\oiint\mathrm{d}\boldsymbol{s}\cdot\boldsymbol{D}_m=Q_f+Q_i' \tag{5.2.13}$$

这就是介质磁位移高斯定理。

式（5.2.13）与式（5.2.9）并不是两个独立的方程，它们是等价的关系。取适当的体积 V，在稳恒情况下，有

$$\sum\boldsymbol{j}'=\sum_i Q_i'\boldsymbol{v}=0$$

$$\sum_i Q_i'=0$$

代入式（5.2.13），有

$$\oiint\mathrm{d}\boldsymbol{s}\cdot\boldsymbol{D}_m=Q_f \tag{5.2.14}$$

此时磁位移的通量 $\oiint\mathrm{d}\boldsymbol{s}\cdot\boldsymbol{D}_m$ 只与自由电荷有关。

对于由自由电流形成的磁位移的方程为

$$\oiint\mathrm{d}\boldsymbol{s}\cdot\boldsymbol{D}_m=I_f+I' \tag{5.2.15}$$

取适当的体积 V，在稳恒情况下，有

$$I'=0$$

解出 $\boldsymbol{D}_m$ 后，可根据

$$\mathrm{d}\boldsymbol{H}=\mathrm{d}\boldsymbol{l}\times\boldsymbol{D}_m \tag{5.2.16}$$

$$\boldsymbol{H}=\int_L\mathrm{d}\boldsymbol{l}\times\boldsymbol{D}_m \tag{5.2.17}$$

求其形成的磁场强度分布。

4. 真空态感生磁场强度 $\boldsymbol{H}'$

在磁介质附近，真空态产生感生磁场强度 $\boldsymbol{H}'$，其与自由电流在真空态产生磁场强度 $\boldsymbol{H}_0$ 的组合，决定磁感应强度的分布。即

$$\boldsymbol{B} = \mu(\boldsymbol{H}_0 + \boldsymbol{H}') \tag{5.2.18}$$

场方程和边值条件为

$$\begin{cases} \nabla \times \boldsymbol{H}' = \boldsymbol{j}' \\ \nabla \cdot \boldsymbol{B} = 0 \\ (\boldsymbol{H}'_1 + \boldsymbol{H}'_2) \cdot \boldsymbol{n} = 0 \end{cases} \tag{5.2.19}$$

或

$$\begin{cases} \oint_L \mathrm{d}\boldsymbol{l} \cdot \boldsymbol{H}' = I' \\ [\mu_2(\boldsymbol{H}_0 + \boldsymbol{H}'_2) - \mu_1(\boldsymbol{H}_0 + \boldsymbol{H}'_1)] \cdot \boldsymbol{n} = 0 \\ (\boldsymbol{H}'_1 + \boldsymbol{H}'_2) \cdot \boldsymbol{n} = 0 \text{ 或}(\boldsymbol{A}'_1 + \boldsymbol{A}'_2)_s = 0 \end{cases} \tag{5.2.20}$$

5. 等效的感生矢势方法

由于真空态感生电流 I' 和真空态感生磁荷 Q'_m 共同激发静磁场强度 $\boldsymbol{H}'$，且它们都分布在介质表面上，故在各向同性均匀磁介质内部，恒有

$$\begin{cases} \nabla \times \boldsymbol{H}' = 0 \\ \nabla \cdot \boldsymbol{H}' = 0 \end{cases}$$

上式称为内部无源无旋定律。在磁介质内部是无源场，故真空态感生电流 I' 和真空态感生磁荷 Q'_m 共同激发静磁场强度 $\boldsymbol{H}'$，可以用等效的真空态感生矢势 $\boldsymbol{A}'$来代替

$$\boldsymbol{H}' = \nabla \times \boldsymbol{A}' \tag{5.2.21}$$

引入感生矢势 $\boldsymbol{A}'$可更方便描述磁场的分布。这统称为等效 $\boldsymbol{A}'$势法。

感生 $\boldsymbol{A}'$ 已包含了真空态感生电流 I' 和真空态感生磁荷 Q'_m 的共同贡献。

6. 感生电流稳恒定律

穿过磁介质的任意横截面的感生电流之和为零。这统称为感生电流稳恒定律。

$$\int_{\text{界面}S} \boldsymbol{j}' \cdot \mathrm{d}\boldsymbol{s} = I'_{\text{界面}S} = 0 \tag{5.2.22}$$

5.2.2　磁介质的特点

1. 基本形态磁介质及其反磁介质

对于各向同性球形电介质、各向同性无限大平板电介质及各向同性无限长圆柱体，磁导率为 μ_{r} 的磁介质，统称为基本形态磁介质。称与这些形状完全一样且磁导率为 $\mu'_{\mathrm{r}} = 1/\mu_{\mathrm{r}}$ 的电介质为基本形态反磁介质。或者说，磁导率为 μ_{r} 的磁介质与其原始形状相同的介电常数为 $\mu'_{\mathrm{r}} = 1/\mu_{\mathrm{r}}$ 的磁介质互为反磁介质。

基本形态磁介质及其反磁介质的电磁性质：在其他条件不变的情况下，基本形态磁介质引起的感生磁场强度与基本形态反磁介质引起的感生磁场强度，大小相等方向相反。

2. 孤立导体自由电流定位法则

孤立导体运动时所形成的自由电流分布按孤立存在时的状态分布，其与外界作用无关，即自由电流是一个纯粹的固定定位电流。一旦自由电流使导体处于电磁平衡后，其导体上的自由电荷或电流的分布都不变。一个导体发生稳恒磁感应现象仅仅是感生电流的移动。这统称为孤立导体的自由电流定位法则，反映了任何带电体所带的自由电流的矢势 $\boldsymbol{A}_0$ 分布不因外界作用而变化的性质，也称自由电流不自由定律。目的是：①方便计算导体上自由电流的矢势 $\boldsymbol{A}_0$ 分布；②是稳恒磁场满足唯一性定理的条件要求之一。

3. 磁荷分布规律

唯一确定了 $\boldsymbol{H}'$之后，由 $\boldsymbol{B}=(\boldsymbol{H}+\boldsymbol{M})\mu_0$ 得

$$\begin{cases}\boldsymbol{M}=\chi_m\boldsymbol{H}=\chi_m(\boldsymbol{H}_0+\boldsymbol{H}')\\ \boldsymbol{B}=(\boldsymbol{H}+\boldsymbol{M})\mu_0=\mu_0(1+\chi_m)(\boldsymbol{H}_0+\boldsymbol{H}')=\mu_0\mu_r\boldsymbol{H}\end{cases} \tag{5.2.23}$$

式中，χ_m 为介质的磁化率；$\mu_r=1+\chi_m$ 为介质的相对磁导率；$\mu=\mu_0\mu_r$ 为介质的磁导率。

$$\begin{cases}\rho_{mf}/\mu_0=\nabla\cdot\boldsymbol{H}_0=0\\ \rho'_m/\mu_0=\nabla\cdot\boldsymbol{H}'\\ \rho_m/\mu_0=\nabla\cdot\boldsymbol{M}\end{cases} \tag{5.2.24}$$

式中，ρ_{mf} 为自由磁荷密度；ρ'_m 为介质的感生磁荷密度；ρ_m 为介质的磁化磁荷密度；$\mu=\mu_0\mu_r$ 为介质的磁导率。由于

$$\rho'_m+\rho_m=0 \tag{5.2.25}$$

得

$$\begin{cases}\nabla\cdot\boldsymbol{H}_0=0\\ \nabla\cdot\boldsymbol{H}'=-\rho_m/\mu_0\\ \nabla\cdot\boldsymbol{M}=\rho_m/\mu_0\\ \nabla\cdot\boldsymbol{B}=\nabla(\boldsymbol{M}+\boldsymbol{H}_0+\boldsymbol{H}')\mu_0=0\end{cases} \tag{5.2.26}$$

5.3 磁介质的边值关系

5.3.1 磁介质的边值基本关系

1. 磁介质交界面上的磁荷与电流

设界面有自由电荷，在磁介质界面法向有

$$\begin{cases}\rho_{0m}/\mu_0 = \nabla\cdot\boldsymbol{H}_0 = 0 \Rightarrow 0 = \boldsymbol{n}\cdot(\boldsymbol{H}_{02}-\boldsymbol{H}_{01})\\ -\rho_m/\mu_0 = \nabla\cdot\boldsymbol{H}' \Rightarrow \sigma_m/\mu_0 = \boldsymbol{n}\cdot(\boldsymbol{H}'_2-\boldsymbol{H}'_1)\\ \rho_m/\mu_0 = \nabla\cdot\boldsymbol{M} \Rightarrow -\sigma_m/\mu_0 = \boldsymbol{n}\cdot(\boldsymbol{M}_2-\boldsymbol{M}_1)\\ \rho_B = \nabla\cdot\boldsymbol{B} = 0 \Rightarrow 0 = \boldsymbol{n}\cdot(\boldsymbol{B}_2-\boldsymbol{B}_1)\end{cases}$$

在磁介质界面切向有

$$\begin{cases}\nabla\times\boldsymbol{H}' = \boldsymbol{j}' \Rightarrow \boldsymbol{n}\times(\boldsymbol{H}'_2-\boldsymbol{H}'_1) = \boldsymbol{\upsilon}'\\ \nabla\times\boldsymbol{H} = \boldsymbol{j}_f+\boldsymbol{j}' \Rightarrow \boldsymbol{n}\times(\boldsymbol{H}'_2-\boldsymbol{H}'_1) = \boldsymbol{\upsilon}_f+\boldsymbol{\upsilon}'\\ \nabla\times\boldsymbol{M} = \boldsymbol{j} \Rightarrow \boldsymbol{n}\times(\boldsymbol{M}_2-\boldsymbol{M}_1) = \boldsymbol{\upsilon}\\ \nabla\times\boldsymbol{B} = \mu_0\boldsymbol{j}_f \Rightarrow \boldsymbol{n}\times(\boldsymbol{B}_2-\boldsymbol{B}_1) = \mu_0(\boldsymbol{\upsilon}_f+\boldsymbol{\upsilon}'+\boldsymbol{\upsilon})\end{cases}$$

2. 磁位移边值关系

考虑似稳态运动点电荷，其速度为 v，其在空间产生的磁感应强度为 $\boldsymbol{B}$，磁场强度为 $\boldsymbol{H}$。由于在界面上有 $\nabla\cdot(\boldsymbol{B}_2-\boldsymbol{B}_1)=0$，或 $\boldsymbol{n}\cdot(\boldsymbol{B}_2-\boldsymbol{B}_1)=0$，令 $\boldsymbol{H}=\boldsymbol{v}\times\boldsymbol{D}_m$，$\boldsymbol{D}_m$ 定义为磁位移矢量。由式(5.1.3)，有

$$\begin{cases}B_{1n} = B_{2n}\\ \mu_1(\boldsymbol{v}\times\boldsymbol{D}_{m1})_n = \mu_2(\boldsymbol{v}\times\boldsymbol{D}_{m2})_n\end{cases}\tag{5.3.1}$$

整理得

$$\boldsymbol{n}\cdot(\mu_1\boldsymbol{v}\times\boldsymbol{D}_{m1}-\mu_2 v\times\boldsymbol{D}_{m2})=0$$

或

$$\boldsymbol{v}\cdot(\mu_1\boldsymbol{n}\times\boldsymbol{D}_{m1}-\mu_2\boldsymbol{n}\times\boldsymbol{D}_{m2})=0$$

$\boldsymbol{v}$ 为任意，有

$$\boldsymbol{n}\times(\mu_1\boldsymbol{D}_{m1}-\mu_2\boldsymbol{D}_{m2})=0\text{ 或 }\mu_1 D_{\parallel m1}=\mu_2 D_{\parallel m2} \tag{5.3.2}$$

上式就是似稳态运动点电荷的磁位移边值关系。对于多个运动点电荷形成的带电体的磁位移的边值关系，上式也成立。这种关系可称为似稳态运动带电体的磁位移边值关系。

3. 磁导体边值关系

磁导率为 μ_0，静磁平衡时其内部磁感应强度恒为零的假想磁介质，称为磁导体。磁导体边值条件为

$$\begin{cases}(\boldsymbol{A}_0+\boldsymbol{A}'_1)=C'(\text{磁导体内部})\\ \mu(\boldsymbol{A}'_2+\boldsymbol{A}_0)|_s-\mu_0(\boldsymbol{A}'_1+\boldsymbol{A}_0)|_s=C\end{cases} \tag{5.3.3}$$

磁导体边值关系为

$$\begin{cases}\boldsymbol{A}'_2|_s-\boldsymbol{A}_1|_s=C_0\\ (\boldsymbol{A}'_1+\boldsymbol{A}_0)|_s=C'\end{cases} \tag{5.3.4}$$

通过磁镜像法与 $\boldsymbol{A}'_2|_s=-\boldsymbol{A}_0|_s+C$ 可求出 $\boldsymbol{A}'_2$，再根据 $\boldsymbol{A}_2=\boldsymbol{A}_0+\boldsymbol{A}'_2$ 求出磁导体外部的 $\boldsymbol{A}_2$ 及 $\boldsymbol{B}_2=\mu_2\nabla\times\boldsymbol{A}_2$。

5.3.2 孤立基本形态磁介质的平均磁介质定则

1. 孤立基本形态磁介质边界条件

设 $\boldsymbol{n}$ 为界面从磁介质 1 指向磁介质 2 的单位法向矢量，由

$$\begin{cases}\boldsymbol{B}_1=\mu_1(\boldsymbol{H}_0+\boldsymbol{H}_1')\\ \boldsymbol{B}_2=\mu_2(\boldsymbol{H}_0+\boldsymbol{H}_2')\\ \boldsymbol{H}_0=\nabla\times\boldsymbol{A}_0\\ \boldsymbol{H}_1'=\nabla\times\boldsymbol{A}_1'\\ \boldsymbol{H}_2'=\nabla\times\boldsymbol{A}_2'\end{cases} \tag{5.3.5}$$

得独立的原始形态磁介质边界条件及静磁场方程

$$\begin{cases}\boldsymbol{n}\cdot(\boldsymbol{H}_1'+\boldsymbol{H}_2')|_s=0\\ \nabla\cdot\boldsymbol{B}=0\Rightarrow\boldsymbol{n}\cdot[\mu_1(\boldsymbol{H}_0+\boldsymbol{H}')_1-\mu_2(\boldsymbol{H}_0+\boldsymbol{H}_2')]|_s=0\end{cases} \tag{5.3.6}$$

可推得

$$\begin{cases}(\boldsymbol{A}_2'+\boldsymbol{A}_1')|_s=C\\ \mu_2(\boldsymbol{A}_0+\boldsymbol{A}_2')|_s-\mu_1(\boldsymbol{A}_0+\boldsymbol{A}_1')|_s=C\end{cases} \tag{5.3.7}$$

式（5.3.7）就是用势表示的基本形态磁介质边界条件，式（5.3.6）就是用极化场表示的基本形态磁介质边界条件。

对于孤立基本形态磁介质的磁位移边值关系，可由

$$\begin{cases}\boldsymbol{n}\cdot(\boldsymbol{H}_1'+\boldsymbol{H}_2')|_s=0\\ \boldsymbol{n}\cdot(\boldsymbol{B}_2-\boldsymbol{B}_1)=0\\ \boldsymbol{H}_1'=\boldsymbol{v}\times\boldsymbol{D}_{m1}'\\ \boldsymbol{H}_2'=\boldsymbol{v}\times\boldsymbol{D}_{m2}'\end{cases}$$

再考虑式（5.3.2），得

$$\begin{cases}\boldsymbol{n}\times(\mu_1\boldsymbol{D}_{m1}-\mu_2\boldsymbol{D}_{m2})=0\\ \boldsymbol{n}\cdot[(\boldsymbol{v}\times\boldsymbol{D}_{m1}')+(\boldsymbol{v}\times\boldsymbol{D}_{m1}')]=0\end{cases}$$

考虑 $\boldsymbol{v}$ 任意，或写成

$$\begin{cases}\boldsymbol{n}\times[\mu_1(\boldsymbol{D}_{0m}+\boldsymbol{D}_{0m1}')-\mu_2(\boldsymbol{D}_{0m}+\boldsymbol{D}_{m2}')]=0\\ \boldsymbol{n}\times(\boldsymbol{D}_{m1}'+\boldsymbol{D}_{m1}')=0\end{cases} \tag{5.3.8}$$

式（5.3.8）就是用磁位移表示的基本形态磁介质边界条件。

2. 边值的解

独立的基本形态磁介质边值条件为

$$\mu_1(\boldsymbol{A}_0+\boldsymbol{A}_1')\mid_s=\mu_2(\boldsymbol{A}_0+\boldsymbol{A}_2')\mid_s \tag{5.3.9a}$$

将 μ_1 与 μ_2 互换，空间各点 $\boldsymbol{H}'$变号但其值不变，这个原理称为 $\boldsymbol{H}'$空间反射定律。必有 $\boldsymbol{A}_1'$和 $\boldsymbol{A}_2'$都同时变号（$\boldsymbol{A}_1'$变为 $-\boldsymbol{A}_1'$，顶多相差一个常数），有

$$\mu_2(\boldsymbol{A}_0-\boldsymbol{A}_1')\mid_s=\mu_1(\boldsymbol{A}_0-\boldsymbol{A}_2')|_s+C \tag{5.3.9b}$$

由式（5.3.8）和式（5.3.9）整理得

$$\begin{cases}\mu_1(\boldsymbol{A}_0+\boldsymbol{A}_1')|_s=\mu_2(\boldsymbol{A}_0+\boldsymbol{A}_2')|_s\\ \mu_2(\boldsymbol{A}_0-\boldsymbol{A}_1')|_s=\mu_1(\boldsymbol{A}_0-\boldsymbol{A}_2')|_s+C\end{cases} \tag{5.3.10}$$

上式相加或相减，得

$$\begin{cases}(\mu_1-\mu_2)\boldsymbol{A}_1'|_s=(\mu_2-\mu_1)\boldsymbol{A}_2'|_s+C\\ (\mu_1+\mu_2)\boldsymbol{A}_1'|_s=(\mu_2+\mu_1)\boldsymbol{A}_2'|_s-2(\mu_1-\mu_2)\boldsymbol{A}_0-C\end{cases} \tag{5.3.11}$$

即

$$\begin{cases}\boldsymbol{A}_1'|_s+\boldsymbol{A}_2'|_s=C\\ \boldsymbol{A}_2'|_s-\boldsymbol{A}_1'|_s=2\dfrac{\mu_1-\mu_2}{\mu_1+\mu_2}\boldsymbol{A}_0+C\end{cases} \tag{5.3.12}$$

或

$$\begin{cases}\boldsymbol{A}_1'|_s=-\dfrac{\mu_1-\mu_2}{\mu_1+\mu_2}\boldsymbol{A}_0\mid_s+C\\ \boldsymbol{A}_2'|_s=\dfrac{\mu_1-\mu_2}{\mu_1+\mu_2}\boldsymbol{A}_0\mid_s+C\end{cases} \tag{5.3.13}$$

式（5.3.13）就是孤立的基本形态磁介质感生矢势的边值的解。

3. 平均磁介质定则

在磁介质 1 没有自由电荷，且被磁介质 2 充满整个空间时，由式（5. 3. 13）得其矢势分布为

$$\boldsymbol{A}_1 = \boldsymbol{A}_0 + \boldsymbol{A}'_1 = \boldsymbol{A}_0 - \frac{\mu_1 - \mu_2}{\mu_1 + \mu_2}\boldsymbol{A}_0 + C = \frac{2\mu_2}{\mu_1 + \mu_2}\boldsymbol{A}_0 + C \tag{5.3.14}$$

其磁感应强度分布为

$$\boldsymbol{B}_1 = \mu_1 \nabla \times \boldsymbol{A}_1 = \frac{2\mu_1\mu_2}{\mu_1 + \mu_2}\boldsymbol{B}_0 = \frac{1}{\frac{1}{2}\left(\frac{1}{\mu_1} + \frac{1}{\mu_2}\right)}\boldsymbol{B}_0 = \bar{\mu}\boldsymbol{B}_0 \tag{5.3.15}$$

其中，

$$\bar{\mu} = \frac{2\mu_1\mu_2}{\mu_1 + \mu_2}$$

式中，$\bar{\mu}$ 为两种磁介质的平均磁导率。

在磁介质 1 没有自由电流，且被磁介质 2 充满整个空间的区域，如果其是孤立的基本形态磁介质，其内部的磁感应强度等于自由电流将平均磁导率的磁介质充满整个空间时的量值。这个结论称为平均磁介质定则。

5. 4　磁场唯一性定理

5. 4. 1　$\boldsymbol{A}'$的唯一性定理

对于独立的原始形状磁介质，根据

$$\begin{cases} \boldsymbol{A}_1'|_s = -\dfrac{\mu_1 - \mu_2}{\mu_1 + \mu_2}\boldsymbol{A}_0|_s + C \\ \boldsymbol{A}_2'|_s = \dfrac{\mu_1 - \mu_2}{\mu_1 + \mu_2}\boldsymbol{A}_0|_s + C \end{cases}$$

设介质1中有两组解 $\boldsymbol{A}'$，$\boldsymbol{A}''$，有

$$\begin{cases} \boldsymbol{A}'|_s = -\dfrac{\mu_1 - \mu_2}{\mu_1 + \mu_2}\boldsymbol{A}_0|_s + C' \\ \boldsymbol{A}''|_s = -\dfrac{\mu_1 - \mu_2}{\mu_1 + \mu_2}\boldsymbol{A}_0|_s + C'' \end{cases} \tag{5.4.1}$$

它们相减，得

$$\boldsymbol{A}'|_s - \boldsymbol{A}''|_s = C \tag{5.4.2}$$

令 $\Lambda = \boldsymbol{A}' - \boldsymbol{A}''$，考虑

$$\begin{cases} \nabla\cdot\boldsymbol{A}' = 0, \nabla\cdot\boldsymbol{A}'' = 0 \\ \nabla^2\boldsymbol{A}' = 0, \nabla^2\boldsymbol{A}'' = 0 \\ \oint_s(\nabla\times\boldsymbol{A}')\cdot\mathrm{d}\boldsymbol{s} = \oint_s(\nabla\times\boldsymbol{A}'')\cdot\mathrm{d}\boldsymbol{s} = 0 \end{cases} \tag{5.4.3}$$

得

$$\begin{cases} \nabla\cdot\Lambda = 0; \nabla^2\Lambda = 0 \\ \Lambda|_s = C; \oint_s(\nabla\times\Lambda)\cdot\mathrm{d}\boldsymbol{s} = 0 \end{cases} \tag{5.4.4}$$

利用高斯定理

$$\begin{aligned} \int_v \nabla\cdot(\Lambda\times(\nabla\times\Lambda))\mathrm{d}V &= \oint_s(\Lambda\times(\nabla\times\Lambda))\cdot\mathrm{d}\boldsymbol{s} \\ &= C\times\oint_s(\nabla\times\Lambda)\cdot\mathrm{d}\boldsymbol{s} = 0 \end{aligned} \tag{5.4.5}$$

及恒等关系式

$$\begin{cases}\int_v \nabla\cdot(\Lambda\times(\nabla\times\Lambda))\mathrm{d}V = \int_v(\nabla\times\Lambda)^2\mathrm{d}V + \int_v(\nabla\times(\nabla\times\Lambda))\mathrm{d}V = 0\\ \nabla\times(\nabla\times\Lambda) = \nabla\times\boldsymbol{H} = 0\end{cases} \tag{5.4.6}$$

由式（5.4.5）与式（5.4.6），得

$$\int_v(\nabla\times\Lambda)^2\mathrm{d}V = 0\text{，即}\nabla\times\Lambda = 0$$

$$\nabla\times\boldsymbol{A}' = \nabla\times\boldsymbol{A}'',\boldsymbol{H}' = \boldsymbol{H}'' \tag{5.4.7}$$

可见，独立的原始形态磁介质1内的静磁场，其真空态感生磁场强度 $\boldsymbol{H}' = \boldsymbol{H}''$ 是唯一确定的。同理，可证独立的原始形态磁介质2内的静磁场，其真空态感生磁场强度 $\boldsymbol{H}' = \boldsymbol{H}''$ 也是唯一确定的。

5.4.2 有磁导体时 $\boldsymbol{A}'$ 的唯一性定理

磁导体边值条件为

磁导体内部：

$$\mu_0(\boldsymbol{A}_0 + \boldsymbol{A}_1') = C \tag{5.4.8}$$

磁导体边值关系：

$$\begin{cases}\boldsymbol{A}_2'|_s + \boldsymbol{A}_0|_s = C\\ \mu_2(\boldsymbol{A}_2' + \boldsymbol{A}_0)|_s = \mu_0(\boldsymbol{A}_1' + \boldsymbol{A}_0)|_s\end{cases} \tag{5.4.9}$$

设介质2中还有另一个解 $\boldsymbol{A}_2''$，也满足式（5.4.8）及式（5.4.9），令 $\Lambda = \boldsymbol{A}_2' - \boldsymbol{A}_2''$，有

$$\begin{cases}\nabla\cdot\boldsymbol{A}_2' = 0,\nabla\cdot\boldsymbol{A}_2'' = 0\\ \nabla^2\boldsymbol{A}_2' = 0,\nabla^2\boldsymbol{A}_2'' = 0\\ \oint_s(\nabla\times\boldsymbol{A}_2')\cdot\mathrm{d}\boldsymbol{s} = \oint_s(\nabla\times\boldsymbol{A}_2'')\cdot\mathrm{d}\boldsymbol{s} = 0\end{cases} \tag{5.4.10}$$

得

$$\begin{cases}\nabla\cdot\Lambda = 0;\nabla^2\Lambda = 0\\ \Lambda\mid_s = \boldsymbol{C};\oint_s(\nabla\times\Lambda)\cdot \mathrm{d}\boldsymbol{s} = 0\end{cases}\tag{5.4.11}$$

利用高斯定理

$$\begin{aligned}\int_v\nabla\cdot(\Lambda\times(\nabla\times\Lambda))\mathrm{d}V &= \oint_s(\Lambda\times(\nabla\times\Lambda))\cdot\mathrm{d}\boldsymbol{s}\\ &= C\times\oint_s(\nabla\times\Lambda)\cdot\mathrm{d}\boldsymbol{s} = 0\end{aligned}\tag{5.4.12}$$

及恒等关系式

$$\begin{cases}\int_v\nabla\cdot(\Lambda\times(\nabla\times\Lambda))\mathrm{d}V = \int_v(\nabla\times\Lambda)^2\mathrm{d}V + \int_v(\nabla\times(\nabla\times\Lambda))\mathrm{d}V = 0\\ \nabla\times(\nabla\times\Lambda) = \nabla\times\boldsymbol{H} = 0\end{cases}\tag{5.4.13}$$

由式（5.4.12）与式（5.4.13），得

$$\int_v(\nabla\times\Lambda)^2\mathrm{d}V = 0\text{，即 }\nabla\times\Lambda = 0$$

$$\nabla\times\boldsymbol{A}'_2 = \nabla\times\boldsymbol{A}''_2,\boldsymbol{H}'_2 = \boldsymbol{H}''_2\tag{5.4.14}$$

可见，独立的原始形态磁介质 2 内的静磁场，其真空态感生磁场强度 $\boldsymbol{H}'_2=\boldsymbol{H}''_2$是唯一确定的。

5.5 磁多极子及其展开

5.5.1 点磁偶极子

磁偶极子是磁矩 $\boldsymbol{m}=IS\boldsymbol{n}$ 构成的系统。点磁偶极子是 $IS\to m$，$S\to 0$ 构成的系统。令 $r=|\boldsymbol{x}-\boldsymbol{x}'|$ 且 $x'\ll x=R$，其磁感应强度的矢

势为（忽略 $\boldsymbol{x}'$的高次项）

$$\begin{aligned}
\boldsymbol{\varLambda} &= \oint_L \frac{\mu I \mathrm{d}\boldsymbol{l}}{4\pi r} = \oint_L \frac{\mu I \mathrm{d}\boldsymbol{x}'}{4\pi |\boldsymbol{x} - \boldsymbol{x}'|} = \oint_L \frac{\mu I \mathrm{d}\boldsymbol{x}'}{4\pi \sqrt{R^2 - 2\boldsymbol{x}' \cdot \boldsymbol{x} + x'^2}} \\
&\approx \mu \oint_L \frac{I \mathrm{d}\boldsymbol{x}'(\boldsymbol{x} \cdot \boldsymbol{x}')}{4\pi R} = \frac{\mu}{2} \oint_L \frac{I \mathrm{d}\boldsymbol{x}'(\boldsymbol{x} \cdot \boldsymbol{x}') - I\boldsymbol{x}'(\boldsymbol{x} \cdot \mathrm{d}\boldsymbol{x}')}{4\pi R} \\
&= \frac{\mu}{2} \oint_L \frac{I \mathrm{d}\boldsymbol{x}'(\boldsymbol{x} \cdot \boldsymbol{x}') - I\boldsymbol{x}'(\boldsymbol{x} \cdot \mathrm{d}\boldsymbol{x}')}{4\pi R} = \oint_L \frac{\mu}{2} I(\boldsymbol{x}' \times \mathrm{d}\boldsymbol{x}') \times \frac{\boldsymbol{x}}{4\pi R} \\
&= \frac{\mu \boldsymbol{m} \times \boldsymbol{x}}{4\pi R}
\end{aligned} \tag{5.5.1}$$

上式利用了公式

$$\begin{cases}
0 = I\oint_L \mathrm{d}[(\boldsymbol{x}' \cdot \boldsymbol{x})\boldsymbol{x}'] = I\oint_L [(\mathrm{d}\boldsymbol{x}' \cdot \boldsymbol{x})\boldsymbol{x}'] + I\oint_L [(\boldsymbol{x}' \cdot \boldsymbol{x})\mathrm{d}\boldsymbol{x}'] \\
\mathrm{d}\boldsymbol{x}' = \mathrm{d}\boldsymbol{l}
\end{cases} \tag{5.5.2}$$

和磁偶极矩的定义式

$$\boldsymbol{m} = \oint_L \frac{1}{2} I(\boldsymbol{x}' \times \mathrm{d}\boldsymbol{x}') \tag{5.5.3}$$

其产生的磁感应强度为

$$\boldsymbol{B} = \nabla \times \boldsymbol{\varLambda} = \frac{\mu}{4\pi} \nabla \times \left(\frac{\boldsymbol{m} \times \boldsymbol{x}}{R^3} \right) = \frac{\mu}{4\pi} \frac{3\boldsymbol{x}(\boldsymbol{m} \cdot \boldsymbol{x}) - R^2 \boldsymbol{m}}{R^5} \tag{5.5.4}$$

其中，$R = |\boldsymbol{x}|$。

5.5.2　点磁四极子

点磁四极子是相距为 $2\boldsymbol{l}'$的同值且反向的两个点磁偶极子构成的系统，并且 $\boldsymbol{l}' \to 0$，$\boldsymbol{m} = I\boldsymbol{S} = IS\boldsymbol{n}$，$\boldsymbol{l}'$为点磁电偶极子 $\boldsymbol{m}$ 移动的位移，$-\boldsymbol{l}'$为点磁偶极子 $-\boldsymbol{m}$ 移动的位移，它们原来处在原点（中和而相

互抵消)，发生位移后分别处在 $\boldsymbol{l}'$ 和 $-\boldsymbol{l}'$ 处，形成磁四极子。磁四极子的磁感应强度的矢势为（忽略 $\boldsymbol{l}'$ 的高次项）

$$\begin{aligned}
\Lambda &= \frac{\mu \boldsymbol{m}\times(\boldsymbol{r}-\boldsymbol{l}')}{4\pi|(\boldsymbol{r}-\boldsymbol{l}')|^3} - \frac{\mu \boldsymbol{m}\times(\boldsymbol{r}+\boldsymbol{l}')}{4\pi|(\boldsymbol{r}+\boldsymbol{l}')|^3} \\
&= \frac{\mu \boldsymbol{m}\times(\boldsymbol{r}-\boldsymbol{l}')|(\boldsymbol{r}+\boldsymbol{l}')|^3}{4\pi|(\boldsymbol{r}-\boldsymbol{l}')|^3|(\boldsymbol{r}+\boldsymbol{l}')|^3} - \frac{\mu \boldsymbol{m}\times(\boldsymbol{r}+\boldsymbol{l}')|(\boldsymbol{r}-\boldsymbol{l}')|^3}{4\pi|(\boldsymbol{r}-\boldsymbol{l}')|^3|(\boldsymbol{r}+\boldsymbol{l}')|^3} \\
&= -\mu\frac{(\boldsymbol{m}\times\boldsymbol{r}+\boldsymbol{m}\times\boldsymbol{l}')(R^2-2\boldsymbol{r}\cdot\boldsymbol{l}')^{\frac{3}{2}} - (\boldsymbol{m}\times\boldsymbol{r}-\boldsymbol{m}\times\boldsymbol{l}')(R^2+2\boldsymbol{r}\cdot\boldsymbol{l}')^{\frac{3}{2}}}{4\pi R^6} \\
&= -\mu\frac{(\boldsymbol{m}\times\boldsymbol{r}+\boldsymbol{m}\times\boldsymbol{l}')(1-2\boldsymbol{r}\cdot\boldsymbol{l}'/R^2)^{\frac{3}{2}} - (\boldsymbol{m}\times\boldsymbol{r}-\boldsymbol{m}\times\boldsymbol{l}')(1+2\boldsymbol{r}\cdot\boldsymbol{l}'/R^2)^{\frac{3}{2}}}{4\pi R^3} \\
&= -\mu\frac{(\boldsymbol{m}\times\boldsymbol{r}+\boldsymbol{m}\times\boldsymbol{l}')(1-3\boldsymbol{r}\cdot\boldsymbol{l}'/R^2) - (\boldsymbol{m}\times\boldsymbol{r}-\boldsymbol{m}\times\boldsymbol{l}')(1+3\boldsymbol{r}\cdot\boldsymbol{l}'/R^2)}{4\pi R^3} \\
&= \mu\frac{6(\boldsymbol{m}\times\boldsymbol{r})\boldsymbol{r}\cdot\boldsymbol{l}'/R^2 - 2\boldsymbol{m}\times\boldsymbol{l}'}{4\pi R^3} = 2\mu\overset{\leftrightarrow}{\boldsymbol{m}}_{反}\,\boldsymbol{l}':\frac{3\boldsymbol{r}\boldsymbol{r}-R^2\overset{\leftrightarrow}{\boldsymbol{I}}}{4\pi R^5} \\
&= \mu\tilde{M}:\frac{3\boldsymbol{r}\boldsymbol{r}-R^2\overset{\leftrightarrow}{\boldsymbol{I}}}{4\pi R^5} = \frac{\mu}{4\pi}\tilde{\boldsymbol{M}}:\nabla\nabla\left(\frac{1}{R}\right)
\end{aligned} \tag{5.5.5}$$

上式中利用了恒等式

$$\begin{cases}
\overset{\leftrightarrow}{\boldsymbol{m}}_{反}\cdot\boldsymbol{l}' = \overset{\leftrightarrow}{\boldsymbol{m}}\times\boldsymbol{l}' \\
\boldsymbol{l}'\cdot\overset{\leftrightarrow}{\boldsymbol{I}} = \boldsymbol{l}' \\
\overset{\leftrightarrow}{\boldsymbol{m}}_{反}\,\boldsymbol{l}':\overset{\leftrightarrow}{\boldsymbol{I}} = \overset{\leftrightarrow}{\boldsymbol{m}}\times\boldsymbol{l}' \\
\overset{\leftrightarrow}{\boldsymbol{m}}_{反}\,\boldsymbol{l}':\boldsymbol{r}\boldsymbol{r} = \overset{\leftrightarrow}{\boldsymbol{m}}\times\boldsymbol{r}(\boldsymbol{l}'\cdot\boldsymbol{r}) \\
\nabla\nabla\frac{1}{R} = -\nabla\frac{\boldsymbol{x}}{R^3} = \frac{3\boldsymbol{x}\boldsymbol{x}-R^2\overset{\leftrightarrow}{I}}{R^3}
\end{cases} \tag{5.5.6}$$

其中，

$$\tilde{\boldsymbol{M}} = 2\overset{\leftrightarrow}{m}_{反}\,\boldsymbol{l}' \tag{5.5.7}$$

定义为磁四极矩。其产生的磁感应强度为

$$\boldsymbol{B} = \nabla\times\Delta = \mu\left(\tilde{\boldsymbol{M}}:\frac{3\boldsymbol{r}\boldsymbol{r}-R^2\overset{\leftrightarrow}{\boldsymbol{I}}}{4\pi R^5}\right) = \mu\tilde{\boldsymbol{M}}:\nabla\nabla\left(\frac{1}{R}\right)$$

5.5.3　磁多级展开

在许多实际问题中，常常碰到电流分布在一个小区域内，对于这样的系统产生的磁场分布，我们可以用级数展开的方法来处理。

电流体磁感应强度的矢势

$$A(\boldsymbol{x}) = \int_V \frac{\mu \boldsymbol{j}(\boldsymbol{x}')}{4\pi r}\mathrm{d}V' \tag{5.5.8}$$

由于

$$\begin{aligned}\frac{1}{r} &= \frac{1}{|\boldsymbol{x}-\boldsymbol{x}'|} = \frac{1}{|\boldsymbol{x}-\boldsymbol{x}'|}\Big|_{x'=0} + (\boldsymbol{x}'\cdot\nabla')\left(\frac{1}{\boldsymbol{r}}\right)\Big|_{x'=0} + \\ &\quad \frac{1}{2}(\boldsymbol{x}'\cdot\nabla')^2\frac{1}{\boldsymbol{r}}\Big|_{x'=0} + \cdots \\ &= \frac{1}{|\boldsymbol{x}|} - \boldsymbol{x}'\cdot\left(\nabla\frac{1}{\boldsymbol{r}}\right)\Big|_{x'=0} + \frac{1}{2}\boldsymbol{x}'\boldsymbol{x}':\left(\nabla\nabla\frac{1}{\boldsymbol{r}}\right)\Big|_{x'=0} + \cdots \\ &= \frac{1}{R} - \boldsymbol{x}'\cdot\left(\nabla\frac{1}{R}\right) + \frac{1}{2}\boldsymbol{x}'\boldsymbol{x}':\left(\nabla\nabla\frac{1}{R}\right) + \cdots\end{aligned} \tag{5.5.9}$$

式中，$\nabla = -\nabla'$；$r|_{x'=0} = |\boldsymbol{x}| = R$。令

$Q_{mf} = \int_V \mu j(\boldsymbol{x}')\mathrm{d}V' = 0$ 为稳恒电流条件；

$\overleftrightarrow{\boldsymbol{m}}_{反} = \int_V \boldsymbol{j}(\boldsymbol{x}')\boldsymbol{x}'\mathrm{d}V'$ 为体系的磁偶极矩叉积张量；

$\boldsymbol{m} = \frac{1}{2}\int_V \boldsymbol{x}' \times \boldsymbol{j}(\boldsymbol{x}')\mathrm{d}V'$ 为体系的磁偶极矩；

$\tilde{\boldsymbol{M}} = \frac{1}{2}\int_V \boldsymbol{j}(\boldsymbol{x}')\boldsymbol{x}'\boldsymbol{x}'\mathrm{d}V'$ 为体系的磁四极矩。

有

$$\begin{aligned}A(\boldsymbol{x}) &= \int_V \frac{\mu \boldsymbol{j}(\boldsymbol{x}')}{4\pi r}\mathrm{d}V' \\ &= \int_V \frac{\mu \boldsymbol{j}(\boldsymbol{x}')}{4\pi R}\mathrm{d}V' - \mu\overleftrightarrow{\boldsymbol{m}}_{反}\cdot\left(\nabla\frac{1}{R}\right) + \mu\tilde{\boldsymbol{M}}:\left(\nabla\nabla\frac{1}{R}\right) + \cdots\end{aligned}$$

$$= 0 - \mu \boldsymbol{m} \times \left(\nabla \frac{1}{R}\right) + \mu \tilde{\boldsymbol{M}}:\left(\nabla\nabla \frac{1}{R}\right) + \cdots$$

$$= \frac{\mu \mathrm{m} \times \boldsymbol{x}}{4\pi R^3} + \mu \tilde{\boldsymbol{M}}:\frac{R^2 \overleftrightarrow{\boldsymbol{I}} - 3\boldsymbol{x}\boldsymbol{x}}{4\pi R^5} + \cdots$$

$$= \frac{\mu \overleftrightarrow{\boldsymbol{m}}_{反} \cdot \boldsymbol{x}}{4\pi R^3} + \mu \tilde{\boldsymbol{M}}:\frac{R^2 \overleftrightarrow{\boldsymbol{I}} - 3\boldsymbol{r}\boldsymbol{r}}{4\pi R^5} + \cdots$$

$$= \Lambda^{(2)}(\boldsymbol{x}) + \Lambda^{(3)}(\boldsymbol{x}) + \cdots \tag{5.5.10}$$

其中，

$$\Lambda^{(0)}(\boldsymbol{x}) = \int_V \frac{\mu \boldsymbol{j}(\boldsymbol{x}')}{4\pi R} \mathrm{d}V' = 0, \int_V \boldsymbol{j}(\boldsymbol{x}') \mathrm{d}V' = 0 \text{ 稳恒条件}$$

$$\Lambda^{(1)}(\boldsymbol{x}) = \frac{\mu \overleftrightarrow{\boldsymbol{m}}_{反} \cdot \boldsymbol{x}}{4\pi R^3} = \frac{\mu \boldsymbol{m} \times \boldsymbol{x}}{4\pi R^3} = -\mu \overleftrightarrow{\boldsymbol{m}}_{反} \cdot \left(\nabla \frac{1}{R}\right) \tag{5.5.11}$$

为磁偶极子的磁场强度的矢势。

$$\Lambda^{(2)}(\boldsymbol{x}) = \mu \tilde{\boldsymbol{M}}:\frac{R^2 \overleftrightarrow{\boldsymbol{I}} - 3\boldsymbol{r}\boldsymbol{r}}{4\pi R^5} = \mu \tilde{\boldsymbol{M}}:\left(\nabla\nabla \frac{1}{R}\right) \tag{5.5.12}$$

为磁四极子的磁感应强度的矢势。式（5.5.10）就是电流分布在一个小区域内，在远处产生的矢势的近似值。可以根据不同情况，取其前几项进行计算，从而得出近似结果。

5.6 静磁场对电流体的作用及静磁场的能量

5.6.1 静磁场的能量

一般情况下，能量密度为

$$w = \frac{1}{2} \boldsymbol{H} \cdot \boldsymbol{B} \tag{5.6.1}$$

对于均匀各向同性线性介质，有

$$H \cdot \boldsymbol{B} = HB = \frac{B^2}{\mu} = \mu H^2 \tag{5.6.2}$$

其总能量为

$$W = \int_V \frac{1}{2} H \cdot \boldsymbol{B} \mathrm{d}V = \int_V \frac{1}{2} HB \mathrm{d}V = \int_V \frac{1}{2} \frac{B^2}{\mu} \mathrm{d}V = \int_V \frac{1}{2} \mu H^2 \mathrm{d}V \tag{5.6.3}$$

由于

$$\begin{aligned} \boldsymbol{H} \cdot \boldsymbol{B} &= (\nabla \times \Lambda) \cdot \boldsymbol{H} = \nabla \cdot (\Lambda \times \boldsymbol{H}) + \Lambda \cdot (\nabla \times \boldsymbol{H}) \\ &= \nabla \cdot (\Lambda \times \boldsymbol{H}) + \Lambda \cdot \boldsymbol{J} \end{aligned}$$

由 $H \propto \frac{1}{r}; B \propto \frac{1}{r^2}; S \propto r^2$，得

$$\frac{1}{2} \int_V [\nabla \cdot (\Lambda \times \boldsymbol{H})] \mathrm{d}V = \frac{1}{2} \oiint_S (\Lambda \times \boldsymbol{H}) \cdot \mathrm{d}S \to 0 (r \to \infty)$$

有 $\oiint_S (\Lambda \times \boldsymbol{H}) \cdot \mathrm{d}S \propto \frac{1}{r} \to 0$

$$W = \int_V \frac{1}{2} H \cdot \boldsymbol{B} \mathrm{d}V = \frac{1}{2} \int_V [\nabla \cdot (\Lambda \times \boldsymbol{H}) + \Lambda \cdot \boldsymbol{J}] \mathrm{d}V = \frac{1}{2} \int_V \Lambda \cdot \boldsymbol{J} \mathrm{d}V \tag{5.6.4}$$

式（5.6.4）只适合于稳恒磁场情况，能量不仅分布在电流区，而且存在于整个磁场中。$\left(\right.$注：若已知 Λ，$\boldsymbol{J}$，总能量为 $\frac{1}{2}\int_V \Lambda \cdot \boldsymbol{J} \mathrm{d}V$，但 $\frac{1}{2} \Lambda \cdot \boldsymbol{J}$ 不代表能量密度。$\left.\right)$

令 Λ_e，$\boldsymbol{J}_e$ 分别为外磁场的矢势和电流，磁场总能量为

$$W = \frac{1}{2} \int_V (\Lambda + \Lambda_e) \cdot (\boldsymbol{J} + \boldsymbol{J}_e) \mathrm{d}V = \frac{1}{2} \int_V \Lambda \cdot \boldsymbol{J} \mathrm{d}V \tag{5.6.5}$$

相互作用能为

$$W_i = \frac{1}{2} \int_V (\Lambda + \Lambda_e) \cdot (\boldsymbol{J} + \boldsymbol{J}_e) \mathrm{d}V - \left(\frac{1}{2} \int_V \Lambda \cdot \boldsymbol{J} \mathrm{d}V + \frac{1}{2} \int_V \Lambda_e \cdot \boldsymbol{J}_e \mathrm{d}V \right)$$

$$= \frac{1}{2}\int_V (\Lambda \cdot \boldsymbol{J}_e + \Lambda_e \cdot \boldsymbol{J})\,\mathrm{d}V \tag{5.6.6}$$

由于 $\Lambda = \frac{\mu}{4\pi}\int_V \frac{\boldsymbol{J}(x')\,\mathrm{d}V'}{r}, \Lambda_e = \frac{\mu}{4\pi}\int_V \frac{\boldsymbol{J}_e(\boldsymbol{x}')\,\mathrm{d}V'}{r}$，有

$$\Lambda \cdot \boldsymbol{J}_e = \Lambda_e \cdot \boldsymbol{J} \tag{5.6.7}$$

式（5.6.7）代入式（5.6.6），得

$$W_i = \int_V \Lambda_e \cdot \boldsymbol{J}\,\mathrm{d}V \tag{5.6.8}$$

上式就是电流 $\boldsymbol{J}$ 在外场 Λ_e 中的相互作用能。

5.6.2 电流体系在外电场中的能量

在外磁场中，原点附近的磁感应强度的矢势 Λ 可以级数展开为

$$\Lambda_e = \Lambda_e|_{x=0} + (\boldsymbol{x}\cdot\nabla)\Lambda_e|_{x=0} + \frac{1}{2}(\boldsymbol{xx}:\nabla\nabla)\Lambda_e|_{x=0} + \frac{1}{6}(\boldsymbol{xxx}\because\nabla\nabla\nabla)\Lambda_e|_{x=0} + \cdots \tag{5.6.9}$$

体积为 V 的稳恒电流体系在外磁场中的能量为

$$\begin{aligned} W &= \int_V \boldsymbol{j}\cdot\left[\Lambda_e|_{x=0} + (\boldsymbol{x}\cdot\nabla)\Lambda_e|_{x=0} + \frac{1}{2}(\boldsymbol{xx}:\nabla\nabla)\Lambda_e|_{x=0} + \cdots\right]\mathrm{d}V \\ &= \int_V \boldsymbol{j}\cdot\Lambda_e|_{x=0}\mathrm{d}V + \int_V \boldsymbol{jx}:\nabla\Lambda_e|_{x=0}\mathrm{d}V + \frac{1}{2}\int_V \boldsymbol{jxx}\because\nabla\nabla\Lambda_e|_{x=0}\mathrm{d}V + \cdots \\ &= 0 + \overleftrightarrow{\boldsymbol{m}}:(\nabla\Lambda_e|_{x=0}) + \tilde{\boldsymbol{M}}\because(\nabla\nabla\Lambda_e|_{x=0}) + \cdots \end{aligned} \tag{5.6.10}$$

式中，$\boldsymbol{m} = \frac{1}{2}\int_V \boldsymbol{x}' \times \boldsymbol{j}(\boldsymbol{x}')\,\mathrm{d}V'$ 为体系的磁偶极矩；$\tilde{\boldsymbol{M}} = \frac{1}{2}\int_V \boldsymbol{j}(\boldsymbol{x}')\boldsymbol{x}'\boldsymbol{x}'\,\mathrm{d}V'$ 为体系的磁四极矩。

考虑外源 $\boldsymbol{j}_e$ 在体积 V 外，故在体积 V 内有 $\overleftrightarrow{I}:\nabla\nabla\Lambda|_{x=0} = \nabla^2\Lambda|_{x=0} = 0$。令

$$\tilde{\boldsymbol{M}}' = \frac{1}{6}\int_V \boldsymbol{j}(\boldsymbol{x}')(3\boldsymbol{x}'\boldsymbol{x}' - R^2\overleftrightarrow{\boldsymbol{I}})\mathrm{d}V'$$

其秩为零，有

$$W = 0 + \overleftrightarrow{\boldsymbol{m}}:(\nabla\Lambda_e|_{x=0}) + \tilde{\boldsymbol{M}}'\because(\nabla\nabla\Lambda_e|_{x=0}) + \cdots$$

在外磁场中，原点附近的矢势 $\boldsymbol{B}_e$ 可以级数展开为

$$\boldsymbol{B}_e = \boldsymbol{B}_e|_{x=0} + (\boldsymbol{x}\cdot\nabla)\boldsymbol{B}_e|_{x=0} + \frac{1}{2}(\boldsymbol{xx}:\nabla\nabla)\boldsymbol{B}_e|_{x=0} + \cdots \tag{5.6.11}$$

载电流 I 的线圈在磁场中的能量为

$$\begin{aligned} W_i &= \int_V \Lambda_e\cdot\boldsymbol{J}\mathrm{d}V = I\int_V \Lambda_e\cdot\mathrm{d}\boldsymbol{l} = I\int_V \boldsymbol{B}_e\cdot\mathrm{d}\boldsymbol{S} = \int_V \boldsymbol{B}_e\cdot\mathrm{d}\boldsymbol{m} \\ &= \int_V[\boldsymbol{B}_e|_{x=0} + (\boldsymbol{x}\cdot\nabla)\boldsymbol{B}_e|_{x=0} + \cdots]\cdot\mathrm{d}\boldsymbol{m} \\ &= \int_V \boldsymbol{B}_e|_{x=0}\cdot\mathrm{d}\boldsymbol{m} + \int_V(\boldsymbol{x}\cdot\nabla)\boldsymbol{B}_e|_{x=0}\cdot\mathrm{d}\boldsymbol{m} + \cdots \\ &= \boldsymbol{m}\cdot\boldsymbol{B}_e|_{x=0} + \int_V(\boldsymbol{mx}:\nabla\boldsymbol{B}_e|_{x=0})\mathrm{d}V + \cdots \\ &= \boldsymbol{m}\cdot\boldsymbol{B}_e|_{x=0} + \overleftrightarrow{\boldsymbol{M}}:\nabla\boldsymbol{B}_e|_{x=0} + \cdots \\ &= W^{(1)} + W^{(2)} + \cdots \end{aligned} \tag{5.6.12}$$

其中，

$$\boldsymbol{m} = \frac{1}{2}\int_V \boldsymbol{x}'\times\boldsymbol{j}(\boldsymbol{x}')\mathrm{d}V' = I\int_V \mathrm{d}\boldsymbol{S}$$

为体系的磁偶极矩；

$$\overleftrightarrow{\boldsymbol{M}} = \int_V \mathrm{d}\boldsymbol{mx}\mathrm{d}V$$

为体系的磁四极面积张量。其中，

$$W^{(1)} = \boldsymbol{m}\cdot\boldsymbol{B}_e|_{x=0} \tag{5.6.13}$$

为体系的磁偶极矩的能量；

$$W^{(2)} = \overleftrightarrow{\boldsymbol{M}}:\nabla\boldsymbol{B}_e|_{x=0} \tag{5.6.14}$$

为体系的磁四极矩的能量。

5.6.3 电流体系在外磁场中的受力和力矩

1. 电流体系在外磁场中的受力

（1）磁偶极子受力：

$$\boldsymbol{f}_1 = -\nabla U^{(1)} = \nabla W^{(1)} = (\boldsymbol{m}\cdot\nabla)\boldsymbol{B}_e|_{x=0} \tag{5.6.15}$$

（2）磁四极子受力：

$$\boldsymbol{f}_2 = -\nabla U^{(2)} = \nabla W^{(2)} = (\overleftrightarrow{\boldsymbol{M}}:\nabla\nabla)\boldsymbol{B}_e|_{x=0} \tag{5.6.16}$$

（3）电流体系受的合力：

$$\boldsymbol{f} = \boldsymbol{f}_1 + \boldsymbol{f}_2 + \cdots = (\boldsymbol{m}\cdot\nabla)\boldsymbol{B}_e|_{x=0} + (\overleftrightarrow{\boldsymbol{M}}:\nabla\nabla)\boldsymbol{B}_e|_{x=0} + \cdots \tag{5.6.17}$$

其中，$\boldsymbol{B}_e|_{x=0}$ 为原点处的磁感应强度。

2. 电流体系的在外磁场中受的力矩

（1）磁偶极子在均匀磁场中受的力矩 $\boldsymbol{M}_1$：

$$\begin{aligned}\boldsymbol{M}_1 &= \oint_L x \times (I\mathrm{d}\boldsymbol{l} \times \boldsymbol{B}_e) = I\oint_L(\mathrm{d}l\boldsymbol{x} - (\mathrm{d}\boldsymbol{l}\cdot\boldsymbol{x})\overleftrightarrow{\boldsymbol{I}})\cdot\boldsymbol{B}_e \\ &= I\oint_L \mathrm{d}\boldsymbol{l}(\boldsymbol{x}\cdot\boldsymbol{B}_e) - I\oint_L(\mathrm{d}\boldsymbol{l}\cdot\boldsymbol{x})\boldsymbol{B}_e\end{aligned} \tag{5.6.18}$$

由于

$$\begin{cases}0 = I\oint_L \mathrm{d}[(\boldsymbol{l}\cdot\boldsymbol{x})\boldsymbol{B}_e] = I\oint_L[(\mathrm{d}\boldsymbol{l}\cdot\boldsymbol{x})\boldsymbol{B}_e] + I\oint_L[(\boldsymbol{l}\cdot\mathrm{d}\boldsymbol{x})\boldsymbol{B}_e] \\ 0 = I\oint_L \mathrm{d}[\boldsymbol{l}(\boldsymbol{x}\cdot\boldsymbol{B}_e)] = I\oint_L[\mathrm{d}\boldsymbol{l}(\boldsymbol{x}\cdot\boldsymbol{B}_e)] + I\oint_L[\boldsymbol{l}(\mathrm{d}\boldsymbol{x}\cdot\boldsymbol{B}_e)] \\ \mathrm{d}\boldsymbol{x} = \mathrm{d}\boldsymbol{l}\end{cases} \tag{5.6.19}$$

得

$$
\begin{aligned}
\boldsymbol{M}_1 &= \oint_L \boldsymbol{x} \times (I\mathrm{d}\boldsymbol{l} \times \boldsymbol{B}_e) = I\oint_L [\mathrm{d}\boldsymbol{x}(\boldsymbol{x} \cdot \boldsymbol{B}_e)] \\
&= \frac{1}{2} I\oint_L \cdot [\mathrm{d}\boldsymbol{x}(\boldsymbol{x} \cdot \boldsymbol{B}_e) - \boldsymbol{x}(\mathrm{d}\boldsymbol{x} \cdot \boldsymbol{B}_e)] \\
&= \oint_L \left[\left(\frac{I}{2}\boldsymbol{x} \times \mathrm{d}\boldsymbol{x}\right) \times \boldsymbol{B}_e\right] = \oint_L [(I\mathrm{d}\boldsymbol{S}) \times \boldsymbol{B}_e] = \boldsymbol{m} \times \boldsymbol{B}_e = \overleftrightarrow{\boldsymbol{m}}_{反} \cdot \boldsymbol{B}_e
\end{aligned}
\tag{5.6.20}
$$

式中，

$$
\boldsymbol{m} = \oint_L \frac{I}{2}\boldsymbol{x} \times \mathrm{d}\boldsymbol{x} = \iint_S I\mathrm{d}\boldsymbol{S} = I\boldsymbol{S} \tag{5.6.21}
$$

为闭合载流线圈的磁矩。

（2）磁四极矩子在不均匀磁场中受的力矩。磁矩 $\boldsymbol{m}_+$ 在 $\boldsymbol{x}'$ 处，该点磁感应强度为 $\boldsymbol{B}_{e+}$；磁矩 $\boldsymbol{m}_-$ 在 $-\boldsymbol{x}'$ 处，该点磁感应强度为 $\boldsymbol{B}_{e+}$，$\boldsymbol{m}_+$ 与 $\boldsymbol{m}_-$ 构成一个磁四极子。由于

$$
\begin{cases}
\boldsymbol{B}_{e+} = \boldsymbol{B}_e |_{x=0} + (\boldsymbol{x}' \cdot \nabla)\boldsymbol{B}_e |_{x=0} \\
\boldsymbol{B}_{e-} = \boldsymbol{B}_e |_{x=0} + (-\boldsymbol{x}' \cdot \nabla)\boldsymbol{B}_e |_{x=0} \\
\boldsymbol{m}_- = -\boldsymbol{m}_+ = -\boldsymbol{m}
\end{cases}
\tag{5.6.22}
$$

利用式（5.6.22），磁四极矩子受的力矩为

$$
\begin{aligned}
\boldsymbol{M}_2 &= \boldsymbol{m}_+ \times \boldsymbol{B}_{e+} + \boldsymbol{m}_- \times \boldsymbol{B}_{e-} \\
&= \boldsymbol{m} \times (\boldsymbol{B}_e |_{x=0} + (\boldsymbol{x}' \cdot \nabla)\boldsymbol{B}_e |_{x=0}) - \boldsymbol{m}_- \times (\boldsymbol{B}_e |_{x=0} + (-\boldsymbol{x}' \cdot \nabla)\boldsymbol{B}_e |_{x=0}) \\
&= \boldsymbol{m} \times (\boldsymbol{x}' \cdot \nabla)\boldsymbol{B}_e |_{x=0} + \boldsymbol{m}_- \times (\boldsymbol{x}' \cdot \nabla)\boldsymbol{B}_e |_{x=0} = 2\boldsymbol{m} \times (\boldsymbol{x}' \cdot \nabla)\boldsymbol{B}_e |_{x=0} \\
&= 2\overleftrightarrow{\boldsymbol{m}}_{反}\, \boldsymbol{x}' : \nabla\boldsymbol{B}_e |_{x=0} = \tilde{\boldsymbol{\Omega}} : \nabla\boldsymbol{B}_e |_{x=0}
\end{aligned}
\tag{5.6.23}
$$

其中，

$$
\tilde{\boldsymbol{\Omega}} = 2\overleftrightarrow{\boldsymbol{m}}_{反}\, \boldsymbol{x}' \tag{5.6.24}
$$

定义为磁四极子体积张量。

（3）电流体系在外磁场中受的总力矩：

$$\boldsymbol{M}=\boldsymbol{M}_1+\boldsymbol{M}_2+\cdots=\boldsymbol{m}\times\boldsymbol{B}_e\mid_{x=0}+\tilde{\boldsymbol{\Omega}}:\nabla\boldsymbol{B}_e\mid_{x=0}+\cdots \tag{5.6.25}$$

5.7 磁 标 势

5.7.1 引入磁标势的两个困难

（1）$\nabla\times\boldsymbol{H}=\boldsymbol{J}$ 磁场为有旋场，不能在全空间引入 $\boldsymbol{H}=-\nabla\phi$。

原因：$\nabla\times\nabla\varphi\equiv0$。

（2）在电流为零的区域引入磁标势可能非单值。

原因：静电力做功与路径无关，即 $\oint_L\boldsymbol{E}\cdot\mathrm{d}l=0$；静磁场 $\oint_L\boldsymbol{H}\cdot\mathrm{d}l$ 一般不为零，即静磁场做功与路径有关，而引入的标势与做功有关，因此一般不是单值的。

5.7.2 引入磁标势的条件

显然，只能在 $\boldsymbol{J}=0$ 区域引入磁标势，且在引入区域中任何回路都不能与电流相连环。引入区域为无自由电流分布的单连通域。用公式表示为

$$\oint_L\boldsymbol{H}\cdot\mathrm{d}l=0$$

讨论：（1）在有电流的空间区域必须根据情况挖去一部分区域；

（2）若空间仅有永久磁铁，则可在全空间引入磁标势。

5.7.3　磁标势满足的方程

（1）场方程：

$$\begin{cases} \nabla \times \boldsymbol{H} = 0 \\ \nabla \cdot \boldsymbol{B} = 0 \\ \boldsymbol{B} = \mu_0 \boldsymbol{H} + \mu_0 \boldsymbol{M} = f(\boldsymbol{H}) \end{cases} \tag{5.7.1}$$

利用式（5.7.1）不仅可以讨论均匀各向同性非铁磁介质，而且也可讨论铁磁介质或非线性介质。

（2）引入磁标势 $\boldsymbol{H} = -\nabla \varphi_m$（$\varphi_m$ 或称静磁标势）。

（3）φ_m 满足的泊松方程：

$$\nabla \cdot \boldsymbol{B} = \nabla \cdot \mu_0 (\boldsymbol{H} + \boldsymbol{M}) = \mu_0 \nabla \cdot \boldsymbol{H} + \mu_0 \nabla \cdot \boldsymbol{M} = 0$$

所以

$$\nabla \cdot \boldsymbol{H} = -\nabla^2 \varphi_m = -\nabla \cdot \boldsymbol{M} \tag{5.7.2}$$

由于

$$\begin{cases} \nabla \cdot \boldsymbol{M} = \dfrac{\rho_m}{\mu_0} \\ \nabla \cdot \boldsymbol{H}_0 = 0 \\ \nabla \cdot \boldsymbol{H} = \nabla \cdot (\boldsymbol{H}_0 + \boldsymbol{H}') = \nabla \cdot \boldsymbol{H}' = \dfrac{\rho'_m}{\mu_0} = -\dfrac{\rho_m}{\mu_0} \end{cases} \tag{5.7.3}$$

则有

$$\nabla^2 \varphi_m = \frac{\rho_m}{\mu_0} = -\frac{\rho'_m}{\mu_0} \tag{5.7.4}$$

5.7.4　标势的边值关系

$$\boldsymbol{n} \cdot (\boldsymbol{H}'_2 + \boldsymbol{H}'_1) = 0$$

$$\Rightarrow\begin{cases}(A_2'+A_1')_s=0\\ \left(\dfrac{\partial\varphi'_{m1}}{\partial n}+\dfrac{\partial\varphi'_{m2}}{\partial n}\right)=0\end{cases}\tag{5.7.5}$$

$$\begin{cases}\boldsymbol{n}\cdot(\boldsymbol{B}_2-\boldsymbol{B}_1)=0\\ \boldsymbol{B}=\mu\boldsymbol{H}\end{cases}$$

$$\Rightarrow\begin{cases}[\mu_1(A_0+A_1')-\mu_2(A_0+A_2')]_s=0\\ \mu_1\dfrac{\partial(\varphi_{0m}+\varphi'_{1m})}{\partial n}-\mu_2\dfrac{\partial(\varphi_{0m}+\varphi'_{2m})}{\partial n}=0\end{cases}\tag{5.7.6}$$

整理得

$$\begin{cases}\dfrac{\partial\varphi'_{m1}}{\partial n}+\dfrac{\partial\varphi'_{m2}}{\partial n}=0\\ \mu_1\dfrac{\partial(\varphi_{0m}+\varphi'_{1m})}{\partial n}-\mu_2\dfrac{\partial(\varphi_{0m}+\varphi'_{2m})}{\partial n}=0\end{cases}\tag{5.7.7}$$

式（5.7.7）就是标势的边值关系。

5.7.5 静电场与恒磁场方程的比较

静电场

$$\begin{cases}\nabla\times\boldsymbol{E}=0\\ \nabla\cdot\boldsymbol{D}=\rho_f+\rho'\\ \nabla\cdot\boldsymbol{P}=-\rho_P\\ \boldsymbol{D}=-\nabla\phi\\ \nabla^2\phi=-(\rho_f+\rho')\\ \varepsilon_0\boldsymbol{E}=\boldsymbol{D}-\boldsymbol{P}\end{cases}$$

恒磁场

$$\begin{cases}\nabla\cdot\boldsymbol{B}=0\\ \nabla\times\boldsymbol{H}=j_f+j'\\ \nabla\times\boldsymbol{M}=j_M\\ \boldsymbol{H}=-\nabla\phi_m\\ \nabla^2\phi_m=\rho_m/\mu_0\\ \boldsymbol{B}=\mu_0(\boldsymbol{H}+\boldsymbol{M})\end{cases}$$

差别：①静电场可在全空间引入，无限制条件。稳恒磁场必须要求在无自由电流分布的单连通域中才能引入。②静电场中存在自由电荷，而稳恒磁场无自由磁荷，因为到目前为止实验上还未真正发现以磁单极形式存在的自由磁荷。③静磁荷是认为分子电流具有磁偶极矩，它们由磁荷构成，不能分开，在处理同一问题时，磁荷观点与分子电流观点不能同时使用。④虽然 $\boldsymbol{H}$ 与 $\boldsymbol{E}$ 相呼应，但从物理本质上看只有 $\boldsymbol{B}$ 才与 $\boldsymbol{E}$ 地位相当，$\boldsymbol{B}$ 与 $\boldsymbol{E}$ 都是介质中的总场。$\boldsymbol{B}$ 描述宏观总磁场，$\boldsymbol{H}$ 描述的是真空态的磁极化强度，不仅是个有意义的量，还是一个优先确定的量。

5.8　局域作用定理

设感生磁极化强度恒为 $\boldsymbol{P}_m'$（其中 $\boldsymbol{P}_m' = -\mu_0\boldsymbol{H}'$），磁导率为 μ 的任意形状的永久驻磁铁体积为 V'，边界为 S'，边界表面 S' 上的感生磁荷面密度 $\boldsymbol{\sigma}_m'$ 和感生电流面密度 $\boldsymbol{v}'$ 分别为

$$\begin{cases}\boldsymbol{\sigma}_m' = \boldsymbol{n}\cdot\boldsymbol{P}_m' \\ \boldsymbol{v}' = \dfrac{1}{\mu_0}\boldsymbol{n}\times\boldsymbol{P}_m'\end{cases} \tag{5.8.1a}$$

或

$$\begin{cases}-\dfrac{\boldsymbol{\sigma}_m'}{\mu_0} = \boldsymbol{n}\cdot\boldsymbol{H}' \\ -\boldsymbol{v}' = \boldsymbol{n}\times\boldsymbol{H}'\end{cases} \tag{5.8.1b}$$

利用式（5.8.1），感生磁荷 $\boldsymbol{\sigma}_m'$ 在 $\boldsymbol{x}$ 点激发的磁场为

$$\boldsymbol{H}_1(\boldsymbol{x}) = \iint_S \frac{(\sigma_m'\mathrm{d}S')(\boldsymbol{x}-\boldsymbol{x}')}{4\pi\mu_0|\boldsymbol{x}-\boldsymbol{x}'|^3} = \iint_S \frac{(\boldsymbol{P}_m'\cdot\mathrm{d}\boldsymbol{S}')(\boldsymbol{x}-\boldsymbol{x}')}{4\pi\boldsymbol{\mu}_0|\boldsymbol{x}-\boldsymbol{x}'|^3} \tag{5.8.2}$$

利用式（5.8.1），感生电流 $\boldsymbol{v}'$ 在 $\boldsymbol{x}$ 点产生的磁场为

$$\boldsymbol{H}_2(\boldsymbol{x}) = \iint_S \frac{(\upsilon'\mathrm{d}S')\times(\boldsymbol{x}-\boldsymbol{x}')}{4\pi|\boldsymbol{x}-\boldsymbol{x}'|^3} = -\iint_S \frac{(\boldsymbol{P}'_m\times\mathrm{d}\boldsymbol{S}')\times(\boldsymbol{x}-\boldsymbol{x}')}{4\pi\mu_0|\boldsymbol{x}-\boldsymbol{x}'|^3}$$

$$= -\iint_S \frac{\mathrm{d}\boldsymbol{S}'(\boldsymbol{x}-\boldsymbol{x}')\cdot\boldsymbol{P}'_m - \boldsymbol{P}'_m\mathrm{d}\boldsymbol{S}'\cdot(\boldsymbol{x}-\boldsymbol{x}')}{4\pi\mu_0|\boldsymbol{x}-\boldsymbol{x}'|^3} \tag{5.8.3}$$

将式（5.8.2）和式（5.8.3）代入，有

$$\boldsymbol{H}=\boldsymbol{H}_1+\boldsymbol{H}_2=\iint_S \frac{(\boldsymbol{P}'_m\cdot\mathrm{d}\boldsymbol{S}')(\boldsymbol{x}-\boldsymbol{x}')}{4\pi\mu_0|\boldsymbol{x}-\boldsymbol{x}'|^3} - \iint_S \frac{\mathrm{d}\boldsymbol{S}'(\boldsymbol{x}-\boldsymbol{x}')\cdot\boldsymbol{P}'_m - \mathrm{d}\boldsymbol{S}'\cdot(\boldsymbol{x}-\boldsymbol{x}')}{4\pi\mu_0|\boldsymbol{x}-\boldsymbol{x}'|^3}$$

$$= \iint_S \frac{(\boldsymbol{P}'_m\cdot\mathrm{d}\boldsymbol{S}')(\boldsymbol{x}-\boldsymbol{x}')}{4\pi\mu_0|\boldsymbol{x}-\boldsymbol{x}'|^3} - \iint_S \frac{\mathrm{d}\boldsymbol{S}'(\boldsymbol{x}-\boldsymbol{x}')\cdot\boldsymbol{P}'_m - \boldsymbol{P}'_m\mathrm{d}\boldsymbol{S}'\cdot(\boldsymbol{x}-\boldsymbol{x}')}{4\pi\mu_0|\boldsymbol{x}-\boldsymbol{x}'|^3}$$

$$= \iint_S \frac{(\boldsymbol{P}'_m\cdot\mathrm{d}\boldsymbol{S}')(\boldsymbol{x}-\boldsymbol{x}') - \mathrm{d}\boldsymbol{S}'(\boldsymbol{x}-\boldsymbol{x}')\cdot\boldsymbol{P}'_m + \boldsymbol{P}'_m\mathrm{d}\boldsymbol{S}'\cdot(\boldsymbol{x}-\boldsymbol{x}')}{4\pi\mu_0|\boldsymbol{x}-\boldsymbol{x}'|^3}$$

$$= \iint_S \frac{\boldsymbol{P}'_m\times((\boldsymbol{x}-\boldsymbol{x}')\times\mathrm{d}\boldsymbol{S}')}{4\pi\mu_0|\boldsymbol{x}-\boldsymbol{x}'|^3} + \iint_S \frac{\boldsymbol{P}'_m\mathrm{d}\boldsymbol{S}'\cdot(\boldsymbol{x}-\boldsymbol{x}')}{4\pi\mu_0|\boldsymbol{x}-\boldsymbol{x}'|^3} \tag{5.8.4}$$

其中，

$$\begin{cases} \boldsymbol{\Theta} = \iint_S \dfrac{[(\boldsymbol{x}'-\boldsymbol{x})\times\mathrm{d}\boldsymbol{S}']}{|\boldsymbol{x}-\boldsymbol{x}'|^3} = -\int_V \nabla'\times\dfrac{\boldsymbol{x}'-\boldsymbol{x}}{|\boldsymbol{x}-\boldsymbol{x}'|^3}\mathrm{d}V' \\ \quad = \int_V \nabla'\times\left(\nabla'\dfrac{1}{|\boldsymbol{x}-\boldsymbol{x}'|^3}\right)\mathrm{d}\boldsymbol{V}' = 0 \\ \boldsymbol{\Omega} = \dfrac{\mathrm{d}\boldsymbol{S}''\cdot(\boldsymbol{x}'-\boldsymbol{x})}{|\boldsymbol{x}-\boldsymbol{x}'|^3} = \begin{cases} 4\pi, \boldsymbol{x}\in V' \\ 0, \boldsymbol{x}\notin V' \end{cases} \end{cases} \tag{5.8.5}$$

式（5.8.5）代入式（5.8.4），有

$$\boldsymbol{H} = \begin{cases} -\dfrac{\boldsymbol{P}'_m}{\boldsymbol{\mu}_0} = \boldsymbol{H}', \boldsymbol{x}\in V \\ 0, \boldsymbol{x}\notin V \end{cases}$$

结论：

（1）不管形状如何的均匀磁介质，其体积为 V'，其在 V' 外单独产生的磁场强度 $\boldsymbol{H}$ 为0，$\boldsymbol{P}'_m$ 不对 V' 外单独产生影响，这种现象称为

局域作用定理。

（2）在 V' 内磁场强度 $\boldsymbol{H}$ 为一个常矢量，这个常矢量为 $-\boldsymbol{P}'_m/\mu_0=\boldsymbol{H}'$，正是 $\boldsymbol{P}'_m$ 单独产生的磁场。即在 V' 内 $\boldsymbol{P}'_m$ 产生自己。

（3）当自由电流使真空态磁极化时，其磁场强度为 $\boldsymbol{H}_0$，真空态总磁场强度为

$$\boldsymbol{H}=\boldsymbol{H}_0+\boldsymbol{H}'=\boldsymbol{H}_0-\boldsymbol{P}'_m/\mu_0$$

当介质态磁极化时，磁化电流使介质态磁极化

$$\boldsymbol{M}=-\boldsymbol{P}_m/\mu_0$$

$$\frac{\boldsymbol{B}}{\mu_0}=-(\boldsymbol{P}_{0m}+\boldsymbol{P}'_m+\boldsymbol{P}_m)$$

有

$$\frac{\boldsymbol{B}}{\mu_0}=\boldsymbol{H}+\boldsymbol{M}$$

或

$$\boldsymbol{H}=\frac{\boldsymbol{B}}{\mu_0}-\boldsymbol{M}$$

其中，$-\boldsymbol{P}_{0m}/\mu_0=\boldsymbol{H}_0$。

第 6 章

稳恒磁场边值问题的新解法

本章主要介绍稳恒磁场边值问题的一些求解方法。由于 S 理论主要依托感生磁场强度的性质确定其他磁物理量的量值，与麦克斯韦电磁理论的边值关系显示出完全不同的形式，并使得对稳恒磁场问题的求解方法发生变化。

本章首先引进稳恒磁场的磁位移矢量，并给出磁位移高斯定理方法。然后讨论求解稳恒磁场的各种方法，如广义恒磁镜像法、广义恒磁特解叠加法以及标势法等。

本章重点：磁位移高斯定理法、广义恒磁镜像法和标势法。

6.1　$\boldsymbol{D}_m$ 的高斯定理法

用磁位移 $\boldsymbol{D}_m$ 的高斯定理法解题的基本步骤：

列出磁位移高斯定理的基本方程

$$\oiint \mathrm{d}\boldsymbol{S} \cdot \boldsymbol{D}_m = Q + Q_i' + Q_i''$$

$$\left(\text{或} \oiint \mathrm{d}\boldsymbol{S} \cdot \boldsymbol{D}_m = I_f + I_i' + I_{ii}''\right)$$

真空态感生像磁化电荷分别为 Q_i' 和 Q_i''，稳恒且对称分布情况下，有

$$\begin{cases} Q_i' + Q_i'' = 0(i = 1,2,\cdots) \\ \oiint \mathrm{d}\boldsymbol{S} \cdot \boldsymbol{D}_m = Q \end{cases}$$

或

$$\begin{cases} I_i' + I_{ii}'' = 0(i = 1,2,\cdots) \\ \oiint \mathrm{d}\boldsymbol{S} \cdot \boldsymbol{D}_m = Q \end{cases}$$

写出其边值关系为 $\boldsymbol{B}_{n1} = \boldsymbol{B}_{n2}$ 或 $\mu_1 D_{1\parallel} = \mu_2 D_{2\parallel}$；

解方程组，得出 $\boldsymbol{D}_m$。

由

$$\boldsymbol{H} = \boldsymbol{v} \times \boldsymbol{D}_m (\text{或 } \mathrm{d}\boldsymbol{H} = \mathrm{d}\boldsymbol{l} \times \boldsymbol{D}_m)$$

得出

$$\boldsymbol{B} = \mu \boldsymbol{H} = \mu \boldsymbol{v} \times \boldsymbol{D}_m (\text{或 } \mathrm{d}\boldsymbol{B} = \mu \mathrm{d}\boldsymbol{l} \times \boldsymbol{D}_m)$$

例6－1　多种磁介质各占用一部分立体角空间。已知立体角 Ω_1 的空间磁导率为 μ_1，Ω_2 的空间磁导率为 μ_2，Ω_i 的空间磁导率为 μ_i。原点有一运动点自由电荷 Q，其自由电流体矢量为 $Q\boldsymbol{v}$，求：空间任意位置 $\boldsymbol{r}$ 处的磁场。

解：设在原点有两个真空态感生像磁化电荷分别为 Q_i' 和 Q_i''，稳恒时，磁化电荷 $Q_i' + Q_i'' = 0(i = 1,2)$，设 $\boldsymbol{D}_m$ 沿半径方向，则根据磁位移高斯定理

$$\oiint \mathrm{d}\boldsymbol{D}_m \cdot \mathrm{d}\boldsymbol{S} = Q$$

即

$$D_{m1}\boldsymbol{\Omega}_1 r^2 + D_{m2}\boldsymbol{\Omega}_2 r^2 + \cdots = Q$$

利用边值条件

$$\mu_1 D_{m1\parallel} = \mu_2 D_{m2\parallel}$$

得

$$\begin{cases} D_{m1}\Omega_1 r^2 + \cdots + (\mu_1 D_{m1}/\mu_i)\Omega_i r^2 + \cdots = Q \\ \mu_1 D_{m1\parallel} = \mu_i D_{mi\parallel} = \cdots \Rightarrow \mu_1 D_{m1} = \mu_i D_{mi} = \cdots \end{cases}$$

$$D_{mi} = \frac{1}{\mu_i\left(\frac{\Omega_1}{\mu_1} + \frac{\Omega_2}{\mu_2} + \cdots + \frac{\Omega_i}{\mu_i} + \cdots\right)} \frac{Q}{r^2}$$

$$D_{mi} = \frac{1}{\mu_i\left(\frac{\Omega_1}{\mu_1} + \frac{\Omega_2}{\mu_2} + \cdots + \frac{\Omega_i}{\mu_i} + \cdots\right)} \frac{Qr}{r^3} \tag{6.1.1}$$

$$\boldsymbol{B}_i = \mu_i \boldsymbol{v} \times D_{mi} = \frac{1}{\left(\frac{\Omega_1}{\mu_1} + \frac{\Omega_2}{\mu_2} + \cdots + \frac{\Omega_i}{\mu_i} + \cdots\right)} \frac{Q\boldsymbol{v} \times \boldsymbol{r}}{r^3} \tag{6.1.2}$$

其中，

$$\Omega_1 + \Omega_2 + \cdots + \Omega_i + \cdots = 4\pi$$

结论：

$$\begin{cases} \boldsymbol{B}_{\mathrm{i}} \neq \boldsymbol{B}_0 \mu_{ri} \\ (\boldsymbol{B}_i - \boldsymbol{B}_{i+1})_s = 0 \end{cases}$$

真空态感生电流及感生磁荷的存在，是造成 ***H*** 线偏移的原因。

例 6－2　已知球内空间的磁导率为 μ_3，球外 $z > 0$ 空间的磁导率为 μ_2，球外 $z < 0$ 空间的磁导率为 μ_1。原点有一运动点自由电荷 Q，其自由电流体矢量为 $Q\boldsymbol{v}$，设球半径为 R。求：空间任意位置 $\boldsymbol{r}$ 处的磁场。

解：在球内区域（$r<R$），设

$$\boldsymbol{D}_{m3} = \frac{Q\boldsymbol{r}}{4\pi r^3}, \boldsymbol{B}_3 = \frac{\mu_3 Q\boldsymbol{v} \times \boldsymbol{r}}{4\pi r^3}$$

在球外区域（$r>R$），设在原点有两个真空态感生像磁化电荷分别为 Q_i' 和 Q_i''，稳恒时，磁化电荷 $Q_i' + Q_i'' = 0 (i = 1,2)$，设 $\boldsymbol{D}_m$ 沿半径方向，则根据磁位移高斯定理

$$\oiint \mathrm{d}\boldsymbol{D}_m \cdot \mathrm{d}\boldsymbol{S} = Q$$

即

$$D_{m1}2\pi r^2 + D_{m2}2\pi r^2 = Q$$

利用边值条件

$$\begin{cases} \mu_1 D_{m1\parallel} = \mu_2 D_{m2\parallel} \\ \mu_3 D_{m3\parallel \text{球面}} = \mu_i D_{mi\parallel \text{球面}} = 0(i=1,2) \end{cases}$$

得

$$\begin{cases} D_{m1}2\pi r^2 + (\mu_1 D_{m1}/\mu_2)2\pi r^2 = Q \\ \mu_1 D_{m1} = \mu_2 D_{m2} \end{cases}$$

解得

$$\begin{cases} D_{m1} = \dfrac{2\mu_2}{\mu_1 + \mu_2}\dfrac{Q}{4\pi r^2} \\ D_{m2} = \dfrac{2\mu_1}{\mu_1 + \mu_2}\dfrac{Q}{4\pi r^2} \end{cases} \tag{6.1.3a}$$

或

$$\begin{cases} \boldsymbol{D}_{m1} = \dfrac{2\mu_2}{\mu_1 + \mu_2}\dfrac{Q\boldsymbol{r}}{4\pi r^3} \\ \boldsymbol{D}_{m2} = \dfrac{2\mu_1}{\mu_1 + \mu_2}\dfrac{Q\boldsymbol{r}}{4\pi r^3} \end{cases} \tag{6.1.3b}$$

$$\begin{cases} \boldsymbol{B}_1 = \mu_1 \boldsymbol{v} \times \boldsymbol{D}_{m1} = \dfrac{2\mu_1\mu_2}{\mu_1 + \mu_2}\dfrac{Q\boldsymbol{v} \times \boldsymbol{r}}{4\pi r^3} \\ \boldsymbol{B}_2 = \mu_2 \boldsymbol{v} \times \boldsymbol{D}_{m2} = \dfrac{2\mu_1\mu_2}{\mu_1 + \mu_2}\dfrac{Q\boldsymbol{v} \times \boldsymbol{r}}{4\pi r^3} \end{cases} \tag{6.1.4}$$

$$\begin{cases} \boldsymbol{D}_{m0} = \dfrac{Q\boldsymbol{r}}{4\pi r^3} \\ \boldsymbol{D}'_{m1} = \boldsymbol{D}_{m1} - \boldsymbol{D}_{m0} = \dfrac{\mu_1 - \mu_2}{\mu_1 + \mu_2}\dfrac{Q\boldsymbol{r}}{4\pi r^3} \\ \boldsymbol{D}'_{m2} = \boldsymbol{D}_{m2} - \boldsymbol{D}_{m0} = \dfrac{\mu_2 - \mu_1}{\mu_1 + \mu_2}\dfrac{Q\boldsymbol{r}}{4\pi r^3} \end{cases} \tag{6.1.5}$$

$$\begin{cases} \boldsymbol{H}'_1 = \boldsymbol{v} \times \boldsymbol{D}'_{m1} = \dfrac{\mu_1 - \mu_2}{\mu_1 + \mu_2}\dfrac{Q\boldsymbol{v} \times \boldsymbol{r}}{4\pi r^3} \\ \boldsymbol{H}'_2 = \boldsymbol{v} \times \boldsymbol{D}'_{m2} = \dfrac{\mu_2 - \mu_1}{\mu_1 + \mu_2}\dfrac{Q\boldsymbol{v} \times \boldsymbol{r}}{4\pi r^3} \end{cases} \tag{6.1.6}$$

结论：

$$\begin{cases} \boldsymbol{B}_1 \neq \boldsymbol{B}_0\mu_{r1} \\ \boldsymbol{B}_2 \neq \boldsymbol{B}_0\mu_{r2} \\ \boldsymbol{B}_3 = \boldsymbol{B}_0\mu_{r3} \end{cases} \tag{6.1.7}$$

真空态感生电流的存在，是造成 $\boldsymbol{H}$ 线偏移的原因。

例 6－3 磁介质球半径为 R，磁导率为 μ_1，外部充满磁导率为 μ_2 的磁介质。有一运动点自由电荷 Q，其自由电流体矢量为 $Q\boldsymbol{v}$，位于 $z=R$ 的球面上，求：空间任意位置 $\boldsymbol{r}$ 处的磁场。

解：设在原点有两个真空态感生像磁化电荷分别为 Q'_i 和 Q''_i，稳恒时，磁化电荷 $Q'_i + Q''_i = 0(i=1,2)$，设产生的感生磁位移为

$$\begin{cases} \boldsymbol{D}_{m0} = \dfrac{Q(\boldsymbol{r} - R\boldsymbol{k})}{4\pi|\boldsymbol{r} - R\boldsymbol{k}|^3} \\ \boldsymbol{D}'_{m1} = \dfrac{Q'_1(\boldsymbol{r} - R\boldsymbol{k})}{4\pi|\boldsymbol{r} - R\boldsymbol{k}|^3}(Q''_1\text{在}\infty\text{处}) \\ \boldsymbol{D}'_{m2} = \dfrac{Q'_2\boldsymbol{r}}{4\pi|\boldsymbol{r}|^3} + \dfrac{Q''_2(\boldsymbol{r} - R\boldsymbol{k})}{4\pi|\boldsymbol{r} - R\boldsymbol{k}|^3} \\ Q'_2 + Q''_2 = 0 \end{cases}$$

$$\begin{cases} \boldsymbol{D}_{m1} = \boldsymbol{D}_{m0} + \boldsymbol{D}'_{m1} = \dfrac{(Q+Q'_1)(\boldsymbol{r}-R\boldsymbol{k})}{4\pi|\boldsymbol{r}-R\boldsymbol{k}|^3}(Q''_1\text{在}\infty\text{处}) \\ \boldsymbol{D}_{m2} = \boldsymbol{D}_{m0} + \boldsymbol{D}'_{m2} = \dfrac{Q'_2\boldsymbol{r}}{4\pi|\boldsymbol{r}|^3} + \dfrac{(Q-Q'_2)(\boldsymbol{r}-R\boldsymbol{k})}{4\pi|\boldsymbol{r}-R\boldsymbol{k}|^3} \end{cases}$$

由边值关系

$$\boldsymbol{n}\times(\mu_1\boldsymbol{D}_{m1} - \mu_2\boldsymbol{D}_{m1}) = 0$$

$$\boldsymbol{n}\times(\boldsymbol{D}'_{m1} + \boldsymbol{D}'_{m1}) = 0$$

得

$$\begin{cases} \dfrac{\boldsymbol{r}}{r}\times\left[\dfrac{\mu_2 Q'_2\boldsymbol{r}}{4\pi|\boldsymbol{r}|^3} + \dfrac{\mu_2(Q-Q'_2)(\boldsymbol{r}-R\boldsymbol{k})}{4\pi|\boldsymbol{r}-R\boldsymbol{k}|^3} - \dfrac{\mu_1(Q+Q'_1)(\boldsymbol{r}-R\boldsymbol{k})}{4\pi|\boldsymbol{r}-R\boldsymbol{k}|^3}\right] = 0 \\ \dfrac{\boldsymbol{r}}{r}\times\left[\dfrac{Q'_2\boldsymbol{r}}{4\pi|\boldsymbol{r}|^3} - \dfrac{Q'_2(\boldsymbol{r}-R\boldsymbol{k})}{4\pi|\boldsymbol{r}-R\boldsymbol{k}|^3} + \dfrac{Q'_1(\boldsymbol{r}-R\boldsymbol{k})}{4\pi|\boldsymbol{r}-R\boldsymbol{k}|^3}\right] = 0 \end{cases}$$

整理得

$$\begin{cases} \mu_2(Q-\mathrm{d}Q'_2) = \mu_1(Q+Q'_1) \\ -Q'_2 + Q'_1 = 0 \end{cases}$$

解得

$$Q'_1 = -Q''_2 = Q'_2 = \frac{\mu_2-\mu_1}{\mu_2+\mu_1}Q$$

$$\begin{cases} \boldsymbol{D}'_{m1} = \dfrac{\mu_2-\mu_1}{\mu_2+\mu_1}\dfrac{Q(\boldsymbol{r}-R\boldsymbol{k})}{4\pi|\boldsymbol{r}-R\boldsymbol{k}|^3} \\ \boldsymbol{D}'_{m2} = \dfrac{\mu_2-\mu_1}{\mu_2+\mu_1}\dfrac{Q\boldsymbol{r}}{4\pi|\boldsymbol{r}|^3} - \dfrac{\mu_2-\mu_1}{\mu_2+\mu_1}\dfrac{Q(\boldsymbol{r}-R\boldsymbol{k})}{4\pi|\boldsymbol{r}-R\boldsymbol{k}|^3} \end{cases} \tag{6.1.8}$$

$$\begin{cases} \boldsymbol{B}_1 = \mu_1\boldsymbol{v}\times(\boldsymbol{D}_{m0} + \boldsymbol{D}'_{m1}) = \dfrac{2\mu_2\mu_1}{\mu_2+\mu_1}\dfrac{Q\boldsymbol{v}\times(\boldsymbol{r}-R\boldsymbol{k})}{4\pi|\boldsymbol{r}-R\boldsymbol{k}|^3} \\ \boldsymbol{B}_2 = \mu_2\boldsymbol{v}\times(\boldsymbol{D}_{m0} + \boldsymbol{D}'_{m2}) = \dfrac{\mu_2-\mu_1}{\mu_2+\mu_1}\dfrac{Q\boldsymbol{v}\times\boldsymbol{r}}{4\pi|\boldsymbol{r}|^3} + \dfrac{2\mu_2\mu_1}{\mu_2+\mu_1}\dfrac{Q\boldsymbol{v}\times(\boldsymbol{r}-R\boldsymbol{k})}{4\pi|\boldsymbol{r}-R\boldsymbol{k}|^3} \end{cases} \tag{6.1.9}$$

讨论：$R\to\infty$，为平面边界，原点距运动点电荷位置无限远，在运动

点电荷位置附近，有

$$\frac{\mu_2 - \mu_1}{\mu_2 + \mu_1}\frac{Q\boldsymbol{v} \times \boldsymbol{r}}{4\pi | \boldsymbol{r} |^3} \to 0$$

得

$$\begin{cases} \boldsymbol{B}_1 = \mu_1 \boldsymbol{v} \times (\boldsymbol{D}_{m0} + \boldsymbol{D}'_{m1}) = \dfrac{2\mu_2\mu_1}{\mu_2 + \mu_1}\dfrac{Qv \times (\boldsymbol{r} - R\boldsymbol{k})}{4\pi | \boldsymbol{r} - R\boldsymbol{k} |^3} \\ \boldsymbol{B}_2 = \mu_2 \boldsymbol{v} \times (\boldsymbol{D}_{m0} + \boldsymbol{D}'_{m2}) = \dfrac{2\mu_2\mu_1}{\mu_2 + \mu_1}\dfrac{Q\boldsymbol{v} \times (\boldsymbol{r} - R\boldsymbol{k})}{4\pi | \boldsymbol{r} - R\boldsymbol{k} |^3} \end{cases}$$

(6. 1. 10)

例 6 –4 无限长磁介质柱，半径为 R，沿 z 轴方向放置，磁导率为 μ_1，外部充满磁导率为 μ_2 的磁介质，有一无限长直导线通有沿 z 轴的自由电流 $\boldsymbol{I}$，位于 $\boldsymbol{\rho} = R\boldsymbol{i}$ 的柱面上，求：柱体横截面空间任意位置处的距轴线为 $\boldsymbol{\rho}$ 的磁场。

解： 感生电流在界面上有两个真空态感生无限长电流分别为 I'_i，I_i''，与自由电流 I 平行，电流稳恒 $I'_i + I_i'' = 0$（$i = 1，2$），在界面上感生磁位移设为

$$\begin{cases} \boldsymbol{D}_{m0} = \dfrac{I(\rho - R\boldsymbol{i})}{2\pi | \rho - R\boldsymbol{i} |^2} \\ \boldsymbol{D}'_{m1} = \dfrac{I'_1(\rho - R\boldsymbol{i})}{2\pi | \rho - R\boldsymbol{i} |^2}(I''_1\text{在}\infty\text{处}) \\ \boldsymbol{D}'_{m2} = \dfrac{I'_2\rho}{2\pi | \rho |^2} + \dfrac{I''_2(\rho - R\boldsymbol{i})}{2\pi | \rho - R\boldsymbol{i} |^2} \end{cases}$$

由边值关系

$$\boldsymbol{n} \times (\mu_1(\boldsymbol{D}_{m0} + \boldsymbol{D}_{m1}) - \mu_2(\boldsymbol{D}_{m0} + \boldsymbol{D}_{m1}) = 0$$

$$\boldsymbol{n} \times (\boldsymbol{D}'_{m1} + \boldsymbol{D}'_{m1}) = 0$$

得

$$
\begin{cases}
\dfrac{\boldsymbol{\rho}}{|\boldsymbol{\rho}|} \times \left[\dfrac{\mu_2(I+I_2')I_2'\boldsymbol{\rho}}{2\pi|\boldsymbol{\rho}|^2} + \dfrac{\mu_2(I+I_2'')I_2''(\boldsymbol{\rho}-R\boldsymbol{i})}{2\pi|\boldsymbol{\rho}-R\boldsymbol{i}|^2} - \right. \\
\left. \dfrac{\mu_1(I+I_1')I_1'(\boldsymbol{\rho}-R\boldsymbol{i})}{2\pi|\boldsymbol{\rho}-R\boldsymbol{i}|^2}\right] = 0 \\
\dfrac{\boldsymbol{\rho}}{|\boldsymbol{\rho}|} \times \left[\dfrac{I_2'\boldsymbol{\rho}}{2\pi|\boldsymbol{\rho}|^2} + \dfrac{I_2''(\boldsymbol{\rho}-R\boldsymbol{i})}{2\pi|\boldsymbol{\rho}-R\boldsymbol{i}|^2} + \dfrac{I_1'(\boldsymbol{\rho}-R\boldsymbol{i})}{2\pi|\boldsymbol{\rho}-R\boldsymbol{i}|^2}\right] = 0
\end{cases}
$$

得

$$
\begin{cases}
\mu_2(I+I_2'') = \mu_1(I+I_1') \\
I_2''+I_1' = 0
\end{cases}
$$

感生电流稳恒：

$$
I_1'+I_1''=0, I_2'+I_2''=0
$$

$$
I_1' = -I_2'' = I_2' = \frac{\mu_2-\mu_1}{\mu_2+\mu_1}I
$$

$$
\begin{cases}
\boldsymbol{D}_0 = \dfrac{I(\boldsymbol{\rho}-R\boldsymbol{i})}{2\pi|\boldsymbol{\rho}-R\boldsymbol{i}|^2} \\
\boldsymbol{D}_1' = \dfrac{\mu_2-\mu_1}{\mu_2+\mu_1}I\dfrac{(\boldsymbol{\rho}-R\boldsymbol{i})}{2\pi|\boldsymbol{\rho}-R\boldsymbol{i}|^2} \\
\boldsymbol{D}_2' = \dfrac{\mu_2-\mu_1}{\mu_2+\mu_1}I\dfrac{\boldsymbol{\rho}}{2\pi|\boldsymbol{\rho}|^2} - \dfrac{\mu_2-\mu_1}{\mu_2+\mu_1}I\dfrac{(\boldsymbol{\rho}-R\boldsymbol{i})}{2\pi|\boldsymbol{\rho}-R\boldsymbol{i}|^2}
\end{cases}
\tag{6.1.11}
$$

$$
\begin{cases}
\boldsymbol{B}_1 = \mu_1\boldsymbol{k}\times(\boldsymbol{D}_{m0}+\boldsymbol{D}_{m1}') = \dfrac{2\mu_2\mu_1}{\mu_2+\mu_1}I\dfrac{\boldsymbol{k}\times(\boldsymbol{\rho}-R\boldsymbol{i})}{2\pi|\boldsymbol{\rho}-R\boldsymbol{i}|^2} \\
\boldsymbol{B}_2 = \mu_2\boldsymbol{k}\times(\boldsymbol{D}_{m0}+\boldsymbol{D}_{m2}') = \mu_2\dfrac{\mu_2-\mu_1}{\mu_2+\mu_1}I\dfrac{\boldsymbol{k}\times\boldsymbol{\rho}}{2\pi|\boldsymbol{\rho}|^2} + \\
\dfrac{2\mu_2\mu_1}{\mu_2+\mu_1}I\dfrac{\boldsymbol{k}\times(\boldsymbol{\rho}-R\boldsymbol{i})}{2\pi|\boldsymbol{\rho}-R\boldsymbol{i}|^2}
\end{cases}
\tag{6.1.12}
$$

讨论：$R\to\infty$，为平面边界，原点距运动点电荷位置无限远，在运动

点电荷位置附近，有

$$\frac{\mu_2 - \mu_1}{\mu_2 + \mu_1} I \frac{\boldsymbol{\rho}}{2\pi |\boldsymbol{\rho}|^2} \to 0$$

得

$$\begin{cases} \boldsymbol{B}_1 = \mu_1 \boldsymbol{k} \times (\boldsymbol{D}_{m0} + \boldsymbol{D}'_{m1}) = \dfrac{2\mu_2\mu_1}{\mu_2 + \mu_1} I \dfrac{\boldsymbol{k} \times (\boldsymbol{\rho} - R\boldsymbol{i})}{2\pi |\boldsymbol{\rho} - R\boldsymbol{i}|^2} \\ \boldsymbol{B}_2 = \mu_2 \boldsymbol{k} \times (\boldsymbol{D}_{m0} + \boldsymbol{D}'_{m2}) = \dfrac{2\mu_2\mu_1}{\mu_2 + \mu_1} I \dfrac{\boldsymbol{k} \times (\boldsymbol{\rho} - R\boldsymbol{i})}{2\pi |\boldsymbol{\rho} - R\boldsymbol{i}|^2} \end{cases} \tag{6.1.13}$$

式（6.1.13）就是介质交界面为平面时磁场强度的分布公式。

6.2　广义恒磁镜像法原理

广义恒磁镜像法是用假想的真空态感生电流来等效地代替孤立的基本形状的磁介质（或磁导体）边界面上的感生面电流和感生磁荷共同产生的感生矢势分布，然后用空间感生像电流的感生矢势的叠加给出感生矢势（感生磁位移）分布。

1. 条件

（1）所求区域内只能有少数几个规则自由电流体或自由点电流（只有这样的自由电流体产生的感生像电流才能计算出结果）。

（2）磁介质或磁导体边界面形状规则，具有一定对称性。

（3）磁导体上的自由电流分布不因外界而变化，其产生的自由电流磁场固定不变，不因感生电流存在而变化。

（4）假想感生像电流必须放在所求区域之外。

（5）不同分区的假想感生像电流不同。

（6）两种磁介质以上时，可将一些感生像电流当作自由电流处理。

（7）在稳恒磁场情况下，计算磁导体外的磁场时，磁导体可以当作磁导率为 0 的磁介质（称为超磁体）处理。

2. 边值关系

（1）磁导体边值条件：

$$\begin{cases} \boldsymbol{A}_0 + \boldsymbol{A}_1' = C(\text{磁导体内部}) \\ (\boldsymbol{A}_0 + \boldsymbol{A}_2')|_s = C(\text{磁导体外部}) \end{cases} \tag{6.2.1a}$$

或

$$\begin{cases} \boldsymbol{A}_1' = -\boldsymbol{A}_0 + C(\text{磁导体内部}) \\ (\boldsymbol{A}_2' - \boldsymbol{A}_1')|_s = 0(\text{磁导体外部}) \end{cases} \tag{6.2.1b}$$

（2）磁介质边值关系：

$$\begin{cases} n \cdot (\boldsymbol{H}_1' + \boldsymbol{H}_2')|_s = 0 \\ \boldsymbol{n} \cdot [\mu_1(\boldsymbol{H}_0 + \boldsymbol{H}')_1 - \mu_2(\boldsymbol{H}_0 + \boldsymbol{H}_2')]|_s = 0 \end{cases} \tag{6.2.2a}$$

或

$$\begin{cases} (\boldsymbol{A}_2' + \boldsymbol{A}_1')|_s = C \\ \mu_2(\boldsymbol{A}_0 + \boldsymbol{A}_2')|_s - \mu_1(\boldsymbol{A}_0 + \boldsymbol{A}_1')|_s = C \end{cases} \tag{6.2.2b}$$

或

$$\begin{cases} \boldsymbol{A}_1'|_s = -\dfrac{\mu_1 - \mu_2}{\mu_1 + \mu_2}\boldsymbol{A}_0|_s + C \\ \boldsymbol{A}_2'|_s = \dfrac{\mu_1 - \mu_2}{\mu_1 + \mu_2}\boldsymbol{A}_0|_s + C \end{cases} \tag{6.2.2c}$$

平均磁介质原理：

$$\begin{cases}\boldsymbol{A}_1' = \dfrac{\mu_2 - \mu_1}{\mu_2 + \mu_1}\boldsymbol{A}_0\left(\text{或 } Q' = \dfrac{\mu_2 - \mu_1}{\mu_2 + \mu_1}Q\right) \\ \boldsymbol{H}_1' = \nabla\times\boldsymbol{A}_1' = \dfrac{\mu_2 - \mu_1}{\mu_2 + \mu_1}\boldsymbol{H}_0 \\ \boldsymbol{B}_1 = \nabla\times(\boldsymbol{A}_0 + \boldsymbol{A}_1') = \bar{\mu}\boldsymbol{H}_0,\text{其中},\dfrac{1}{\bar{\mu}} = \dfrac{1}{2}\left(\dfrac{1}{\mu_1} + \dfrac{1}{\mu_2}\right) \\ \text{(被磁介质 2 包围的孤立基本形态磁介质 1)}\end{cases} \tag{6.2.3}$$

(3) 感生电流稳恒定律：

$$\int_{\text{界面}S} \boldsymbol{j}' \cdot \mathrm{d}S = I'_{\text{界面}S} = 0$$

或电流体像矢量：

$$Q_i'\boldsymbol{v} + Q_1''\boldsymbol{v} = 0 \tag{6.2.4a}$$

或磁化像电荷：

$$Q_i' + Q_i'' = 0 \tag{6.2.4b}$$

6.2.1 平面磁镜像法

例 6－5 在 $z>0$ 区域充满介磁导率为 μ 的磁介质，在 $z<0$ 区域充满假想的磁导体（$\mu=0$，$\boldsymbol{B}\equiv 0$），有一运动点自由电荷 Q，位于 $\boldsymbol{r}' = a\boldsymbol{k}$ 的位置上，形成的电流密度为 $\boldsymbol{J} = Q\boldsymbol{v}\delta(\boldsymbol{r} - a\boldsymbol{k})$，电流体矢量为 $\int_V \boldsymbol{J}\mathrm{d}V = Q\boldsymbol{v}\delta(\boldsymbol{r} - a\boldsymbol{k})\mathrm{d}V = Q\boldsymbol{v}$。求：空间任意位置 $\boldsymbol{r}$ 处的磁场。

方法步骤：（1）空间自由电流的磁场强度矢势和磁场强度分布：

$$\boldsymbol{A}_0 = \frac{q\boldsymbol{v}}{4\pi|\boldsymbol{r} - a\boldsymbol{k}|},\boldsymbol{H}_0 = \nabla\times\boldsymbol{A}_0 = \frac{q\boldsymbol{v}\times\boldsymbol{r}}{4\pi|\boldsymbol{r} - a\boldsymbol{k}|^3}$$

（2）边值条件及感生电流稳恒：

$$\begin{cases} \boldsymbol{A}_0 + \boldsymbol{A}'_1 = C(\text{磁导体内部}) \\ (\boldsymbol{A}_0 + \boldsymbol{A}'_2)|_s = C(\text{磁导体外部}) \\ Q'_2\boldsymbol{v} + Q''_2\boldsymbol{v} = 0(\text{或 } Q'_2 + Q''_2 = 0) \end{cases}$$

（3）满足边值条件及感生电流稳恒的解：

$$\begin{cases} Q'_2 = -Q,\text{位于 } \boldsymbol{r}' = -a\boldsymbol{k}\text{ 处} \\ Q''_2 = -Q'_2 = Q,\text{位于 } \boldsymbol{r}' = -\infty\text{处} \end{cases}$$

$$\boldsymbol{A}'_2 = \frac{Q'_2\boldsymbol{v}}{4\pi|\boldsymbol{r}+a\boldsymbol{k}|},\boldsymbol{H}'_2 = \nabla\times\boldsymbol{A}'_2 = \frac{Q'_2\boldsymbol{v}\times\boldsymbol{r}}{4\pi|\boldsymbol{r}+a\boldsymbol{k}|^3}$$

（4）根据 $\boldsymbol{B}_2 = \mu\nabla\times(\boldsymbol{A}_0 + \boldsymbol{A}'_2)$ 求出 $\boldsymbol{B}_2$。

解：令

$$\begin{cases} Q'\boldsymbol{v} = -Q\boldsymbol{v},\text{位于 } a\boldsymbol{k}\text{ 处} \\ \boldsymbol{A}'_1 = \dfrac{-Q\boldsymbol{v}}{4\pi|\boldsymbol{r}-a\boldsymbol{k}|} + C(z<0) \end{cases}$$

$$\begin{cases} Q'_2\boldsymbol{v} = -Q\boldsymbol{v},\text{位于 } -a\boldsymbol{k}\text{ 处} \\ \boldsymbol{A}'_2 = \dfrac{-Q\boldsymbol{v}}{4\pi|\boldsymbol{r}+a\boldsymbol{k}|} + C(z>0) \end{cases}$$

其满足边值条件

$$(\boldsymbol{A}'_2 - \boldsymbol{A}'_1)_s = \left(\frac{-Q\boldsymbol{v}}{4\pi|\boldsymbol{r}+a\boldsymbol{k}|} - \frac{-Q\boldsymbol{v}}{4\pi|\boldsymbol{r}-a\boldsymbol{k}|}\right)_{z=0} = 0$$

结果表示：

$$\begin{cases} \boldsymbol{A}_1 = \boldsymbol{A}_0 + \boldsymbol{A}'_1 = C(z<0) \\ \boldsymbol{A}_2 = \boldsymbol{A}_0 + \boldsymbol{A}'_2 = \dfrac{Q\boldsymbol{v}}{4\pi|\boldsymbol{r}-a\boldsymbol{k}|} + \dfrac{-Q\boldsymbol{v}}{4\pi|\boldsymbol{r}+a\boldsymbol{k}|} + C(z>0) \\ \boldsymbol{B}_1 = \mu_0\nabla\times\boldsymbol{A}_1 = 0(z<0) \\ \boldsymbol{B}_2 = \mu\nabla\times\boldsymbol{A}_1 = \dfrac{\mu Q\boldsymbol{v}\times(\boldsymbol{r}-a\boldsymbol{k})}{4\pi|\boldsymbol{r}-a\boldsymbol{k}|^3} - \dfrac{\mu Q\boldsymbol{v}\times(\boldsymbol{r}+a\boldsymbol{k})}{4\pi|\boldsymbol{r}+a\boldsymbol{k}|^3}(z>0) \end{cases}$$

例 6-6　在空间 $z>0$ 区域充满介磁导率为 μ_2 的磁介质，在 $z<0$ 区域充满磁导率为 μ_1 的磁介质，有一运动的点自由电荷 Q，

位于 $\boldsymbol{r}' = a\boldsymbol{k}$ 的位置上，形成电流密度分布 $\boldsymbol{J} = Q\boldsymbol{v}\delta(\boldsymbol{r} - a\boldsymbol{k})$，其中，电流体矢量为

$$\int_V \boldsymbol{J}\mathrm{d}V = \int_V Q\boldsymbol{v}\delta(\boldsymbol{r} - a\boldsymbol{k})\mathrm{d}V = Q\boldsymbol{v}$$

求：空间任意位置 $\boldsymbol{r}$ 处的磁场。

方法步骤：（1）空间自由电流的磁场强度矢势和磁场强度分布：

$$\boldsymbol{A}_0 = \frac{q\boldsymbol{v}}{4\pi|\boldsymbol{r} - a\boldsymbol{k}|}, \boldsymbol{H}_0 = \nabla\times\boldsymbol{A}_0 = \frac{q\boldsymbol{v}\times\boldsymbol{r}}{4\pi|\boldsymbol{r} - a\boldsymbol{k}|^3}$$

（2）边值条件及感生电流稳恒：

$$\begin{cases}[\mu_1(\boldsymbol{A}_0 + \boldsymbol{A}_1') - \mu_2(\boldsymbol{A}_0 + \boldsymbol{A}_2')]_s = C \\ (\boldsymbol{A}_1' + \boldsymbol{A}_2')_s = C \\ Q_i'\boldsymbol{v} + Q_i''\boldsymbol{v} = 0(\text{或 } Q_i' + Q_i'' = 0)\end{cases}$$

平均磁介质定则：

$$\begin{cases}\boldsymbol{A}_1' = \dfrac{\mu_2 - \mu_1}{\mu_2 + \mu_1}\dfrac{Q\boldsymbol{v}}{4\pi|\boldsymbol{r} - a\boldsymbol{k}|}\left(\text{或 } Q' = \dfrac{\mu_2 - \mu_1}{\mu_2 + \mu_1}Q\right) \\ \boldsymbol{H}_1' = \nabla\times\boldsymbol{A}_1' = \dfrac{\mu_2 - \mu_1}{\mu_2 + \mu_1}\dfrac{Q\boldsymbol{v}\times(\boldsymbol{r} - a\boldsymbol{k})}{4\pi|\boldsymbol{r} - a\boldsymbol{k}|^3} \\ \boldsymbol{B}_1 = \nabla\times(\boldsymbol{A}_0 + \boldsymbol{A}_1') = \bar{\mu}\dfrac{Q\boldsymbol{v}\times(\boldsymbol{r} - a\boldsymbol{k})}{4\pi|\boldsymbol{r} - a\boldsymbol{k}|^3}, \text{其中}, \dfrac{1}{\bar{\mu}} = \dfrac{1}{\mu_1} + \dfrac{1}{\mu_2} \\ (\text{被电介质 2 包围的孤立基本形态电介质 1})\end{cases}$$

（3）满足边值条件及感生电流稳恒的解：

$$\begin{cases}Q_2' = -Q, \text{位于 } \boldsymbol{r}' = -a\boldsymbol{k} \text{ 处} \\ Q_2'' = -Q_2' = Q, \text{位于 } \boldsymbol{r}' = -\infty\text{处}\end{cases}$$

$$\begin{cases}Q_1' = -Q, \text{位于 } \boldsymbol{r}' = a\boldsymbol{k} \text{ 处} \\ Q_1'' = -Q_1' = Q, \text{位于 } \boldsymbol{r}' = \infty\text{处}\end{cases}$$

$$\begin{cases} \boldsymbol{A}_1' = \dfrac{Q_1'\boldsymbol{v}}{4\pi|\boldsymbol{r}+a\boldsymbol{k}|}, \boldsymbol{H}_1' = \nabla\times\boldsymbol{A}_1' = \dfrac{Q_1'\boldsymbol{v}\times\boldsymbol{r}}{4\pi|\boldsymbol{r}+a\boldsymbol{k}|^3} \\ \boldsymbol{A}_2' = \dfrac{Q_2'\boldsymbol{v}}{4\pi|\boldsymbol{r}+a\boldsymbol{k}|}, \boldsymbol{H}_2' = \nabla\times\boldsymbol{A}_2' = \dfrac{Q_2'\boldsymbol{v}\times\boldsymbol{r}}{4\pi|\boldsymbol{r}+a\boldsymbol{k}|^3} \end{cases}$$

（4）根据 $\boldsymbol{B}=\mu\nabla\times(\boldsymbol{A}_0+\boldsymbol{A}'+\boldsymbol{A}'')$ 求出 $\boldsymbol{B}$。

解：（1）设

$$\begin{cases} Q_1'\boldsymbol{v} \text{ 位于 } a\boldsymbol{k} \text{ 处} \\ \boldsymbol{A}_1' = \dfrac{Q_1'\boldsymbol{v}}{4\pi|\boldsymbol{r}-a\boldsymbol{k}|} + C(z<0) \end{cases}$$

$$\begin{cases} Q_2'\boldsymbol{v} \text{ 位于 } -a\boldsymbol{k} \text{ 处} \\ \boldsymbol{A}_2' = \dfrac{Q_2'\boldsymbol{v}}{4\pi|\boldsymbol{r}+a\boldsymbol{k}|} + C(z>0) \end{cases}$$

（2）孤立基本形态磁介质边值条件：

$$\begin{cases} [\mu_1(\boldsymbol{A}_0+\boldsymbol{A}_1')-\mu_2(\boldsymbol{A}_0+\boldsymbol{A}_2')]|_s = C \\ (\boldsymbol{A}_1'+\boldsymbol{A}_2')|_s = C \end{cases}$$

$$\begin{cases} \boldsymbol{A}_0 = \dfrac{Q\boldsymbol{v}}{4\pi|\boldsymbol{r}-a\boldsymbol{k}|} \\ Q_1' = \dfrac{\mu_2-\mu_1}{\mu_2+\mu_1}Q; Q_2' = -\dfrac{\mu_2-\mu_1}{\mu_2+\mu_1}Q \end{cases}$$

得

$$\begin{cases} \boldsymbol{A}_1' = \dfrac{\mu_2-\mu_1}{\mu_2+\mu_1}\dfrac{Q\boldsymbol{v}}{4\pi|\boldsymbol{r}-a\boldsymbol{k}|} + C \\ \boldsymbol{A}_2' = -\dfrac{\mu_2-\mu_1}{\mu_2+\mu_1}\dfrac{Q\boldsymbol{v}}{4\pi|\boldsymbol{r}+a\boldsymbol{k}|} + C \end{cases} \text{或} \begin{cases} \boldsymbol{H}_1' = \dfrac{\mu_2-\mu_1}{\mu_2+\mu_1}\dfrac{Q\boldsymbol{v}\times(\boldsymbol{r}-a\boldsymbol{k})}{4\pi|\boldsymbol{r}-a\boldsymbol{k}|^3} \\ \boldsymbol{H}_2' = -\dfrac{\mu_2-\mu_1}{\mu_2+\mu_1}\dfrac{Q\boldsymbol{v}\times(\boldsymbol{r}+a\boldsymbol{k})}{4\pi|\boldsymbol{r}+a\boldsymbol{k}|^3} \end{cases}$$

$$\begin{cases} \boldsymbol{B}_1 = \mu_1 \nabla\times(\boldsymbol{A}_0 + \boldsymbol{A}_1') = \dfrac{2\mu_2\mu_1}{\mu_2+\mu_1}\dfrac{Q\boldsymbol{v}\times(\boldsymbol{r}-a\boldsymbol{k})}{4\pi|\boldsymbol{r}-a\boldsymbol{k}|^3}(z<0) \\ \boldsymbol{B}_2 = \mu_2 \nabla\times(\boldsymbol{A}_0 + \boldsymbol{A}_2') = \dfrac{\mu_2 Q\boldsymbol{v}\times(\boldsymbol{r}-a\boldsymbol{k})}{4\pi|\boldsymbol{r}-a\boldsymbol{k}|^3} - \\ \qquad \dfrac{\mu_2-\mu_1}{\mu_2+\mu_1}\dfrac{\mu_2 Q\boldsymbol{v}\times(\boldsymbol{r}+a\boldsymbol{k})}{4\pi|\boldsymbol{r}+a\boldsymbol{k}|^3}(z>0) \end{cases}$$

取原点在界面上，有

$$\boldsymbol{r}|_{z=0} = \boldsymbol{R} \perp \boldsymbol{k}, \boldsymbol{r}|_{z=0} = \boldsymbol{R}, |\boldsymbol{r}|_{z=0} = R$$

界面上的感生电流为

$$\begin{aligned} \boldsymbol{v}' &= \boldsymbol{n}\times(\boldsymbol{H}_2' - \boldsymbol{H}_1') = \boldsymbol{k}\times(\nabla\times\boldsymbol{A}_2' - \nabla\times\boldsymbol{A}_2')|_{z=0} \\ &= \boldsymbol{k}\times\left(-\frac{\mu_2-\mu_1}{\mu_2+\mu_1}\frac{Q\boldsymbol{v}\times(\boldsymbol{r}+a\boldsymbol{k})}{4\pi|\boldsymbol{r}+a\boldsymbol{k}|^3} - \frac{\mu_2-\mu_1}{\mu_2+\mu_1}\frac{Q\boldsymbol{v}\times(\boldsymbol{r}-a\boldsymbol{k})}{4\pi|\boldsymbol{r}-a\boldsymbol{k}|^3}\right)\Bigg|_{z=0} \\ &= -2\frac{\mu_2-\mu_1}{\mu_2+\mu_1}\frac{Q\boldsymbol{k}\times(\boldsymbol{v}\times\boldsymbol{r})}{4\pi L^3}\bigg|_{z=0} = 2\frac{\mu_2-\mu_1}{\mu_2+\mu_1}\frac{Q(\boldsymbol{k}\cdot\boldsymbol{v})\boldsymbol{R}}{4\pi L^3} \\ &= 2\frac{\mu_2-\mu_1}{\mu_2+\mu_1}\boldsymbol{k}\cdot\boldsymbol{v}\boldsymbol{D}_{ms} \end{aligned} \tag{6.2.5a}$$

定义

$$\begin{cases} \overleftrightarrow{\boldsymbol{H}}_s = \boldsymbol{v}\boldsymbol{D}_{ms} + \boldsymbol{D}_{ms}\boldsymbol{v} \\ \boldsymbol{D}_{ms} = \dfrac{Q\boldsymbol{R}}{4\pi L^3}(L = |\boldsymbol{r}-a\boldsymbol{k}|_{z=0} = |\boldsymbol{r}+a\boldsymbol{k}|_{z=0}) \end{cases}$$

为电流体矢量的对称磁场张量，有

$$\boldsymbol{v}' = 2\frac{\mu_2-\mu_1}{\mu_2+\mu_1}\boldsymbol{k}\cdot\boldsymbol{v}\boldsymbol{D}_{ms} = 2\frac{\mu_2-\mu_1}{\mu_2+\mu_1}\boldsymbol{k}\cdot\overleftrightarrow{\boldsymbol{H}}_s \tag{6.2.5b}$$

讨论：

（1）$\boldsymbol{v}$ 平行于界面，$\boldsymbol{k}\cdot\boldsymbol{v}=0$，式（6.2.5b）变为

$$\boldsymbol{v}' = \boldsymbol{n}\times(\boldsymbol{H}_2' - \boldsymbol{H}_1') = 0 \tag{6.2.5c}$$

满足麦克斯韦电磁理论的条件，可用其求解。

（2）$\boldsymbol{v}$ 垂直于界面，$\boldsymbol{v}$ 平行于 $\boldsymbol{k}$，有 $\boldsymbol{k}\cdot\boldsymbol{v}=v$，式（6.2.5b）

变为

$$\boldsymbol{v}' = 2\frac{\mu_2 - \mu_1}{\mu_2 + \mu_1}\frac{Qv\boldsymbol{R}}{4\pi L^3} \tag{6.2.5d}$$

不满足麦克斯韦电磁理论的条件约束，说明麦克斯韦电磁理论不符合此类问题的求解。这就是麦克斯韦电磁理论不能得出这类问题精确解析解的原因。

（3）当 $\mu_1 \to 0$ 为磁导体，有

$$\begin{cases} \boldsymbol{B}_1 = 0 \quad (z < 0) \\ \boldsymbol{B}_2 = \dfrac{\mu_2 Q\boldsymbol{v} \times (\boldsymbol{r} - a\boldsymbol{k})}{4\pi |\boldsymbol{r} - a\boldsymbol{k}|^3} - \dfrac{\mu_2 Q\boldsymbol{v} \times (\boldsymbol{r} + a\boldsymbol{k})}{4\pi |\boldsymbol{r} + a\boldsymbol{k}|^3} \quad (z > 0) \end{cases} \tag{6.2.6}$$

式（6.2.6）说明磁导体外的磁场与导体外的电场相类似。

（4）$\mu_1 \to \infty$ 为理想铁磁体，有

$$\begin{cases} \boldsymbol{B}_1 = \mu_2 \dfrac{Q\boldsymbol{v} \times (\boldsymbol{r} - a\boldsymbol{k})}{2\pi |\boldsymbol{r} - a\boldsymbol{k}|^3} = 2\boldsymbol{B}_0 \quad (z < 0) \\ \boldsymbol{B}_2 = \dfrac{\mu_2 Q\boldsymbol{v} \times (\boldsymbol{r} - a\boldsymbol{k})}{4\pi |\boldsymbol{r} - a\boldsymbol{k}|^3} + \dfrac{\mu_2 Q\boldsymbol{v} \times (\boldsymbol{r} + a\boldsymbol{k})}{4\pi |\boldsymbol{r} + a\boldsymbol{k}|^3} \quad (z > 0) \\ \boldsymbol{B}_0 = \mu_2 \dfrac{Q\boldsymbol{v} \times (\boldsymbol{r} - a\boldsymbol{k})}{4\pi |\boldsymbol{r} - a\boldsymbol{k}|^3} \end{cases}$$

满足理想铁磁体内（或附近）的磁感应强度小于等于 2 倍外磁场的预期。

例 6－7　在 $z>0$ 区域充满磁导率为 μ_2 的电介质，有一运动的自由电荷 q，位于 $\boldsymbol{r}' = a\boldsymbol{k}$ 的位置上，形成电流密度为 $\boldsymbol{J} = q\boldsymbol{v}\delta(\boldsymbol{r} - a\boldsymbol{k})$。如图 6－1 所示，在 $z<0$ 区域，设由两种电介质 μ_1 和 μ_3 组成，μ_1 的厚度为 b 的无限大平板紧邻 μ_2，求：空间任意位置 $\boldsymbol{r}$ 处的磁场。

解：（1）磁介质 μ_3（即 $z < -b$）中的总场。

μ_2 传给 μ_1 磁介质的感生电流的矢势的透射解为（将 μ_3 看成 μ_1）

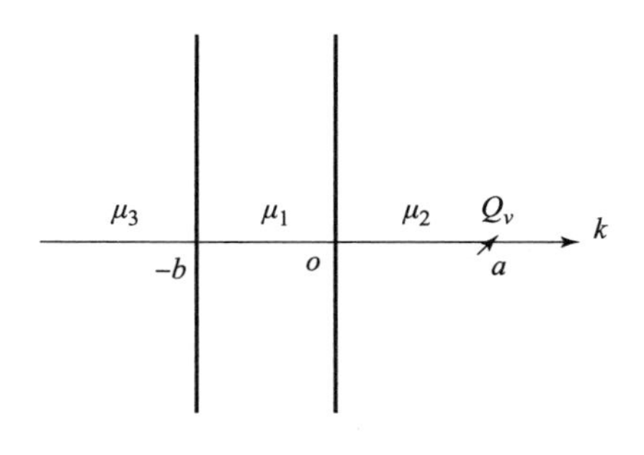

图 6－1

$$\begin{cases} q_1'v = -\mu_{1-2}qv, \text{位于自由电流处} \\ \boldsymbol{A}_0 + \boldsymbol{A}_1' = \boldsymbol{A}_0 - \mu_{1-2}\boldsymbol{A}_0 + C = \dfrac{(1-\mu_{1-2})qv}{4\pi|\boldsymbol{r}-a\boldsymbol{k}|} + C \end{cases} \quad (6.2.7)$$

式中，$\mu_{1-2}=\dfrac{\mu_1-\mu_2}{\mu_2+\mu_1}$；$\mu_{2-1}=\dfrac{\mu_2-\mu_1}{\mu_2+\mu_1}$；$\boldsymbol{A}_0=\dfrac{q\boldsymbol{v}}{4\pi|\boldsymbol{r}-a\boldsymbol{k}|}$。

界面 μ_1 传给 μ_2 电介质的感生磁场的反射解为（将 μ_3 看成 μ_1）

$$\begin{cases} q_2'\boldsymbol{v} = \mu_{1-2}qv, \text{位于} -a\boldsymbol{k}\text{处} \\ \boldsymbol{A}_2' = \dfrac{\mu_{1-2}q\boldsymbol{v}}{4\pi|\boldsymbol{r}+a\boldsymbol{k}|} + C \end{cases} \quad (6.2.8)$$

将 $(1-\mu_{1-2})qv$ 看成自由电流元，置于自由电流元位置处。在磁介质 μ_3（即 $z<-b$）中感生磁场的透射解为（将 μ_2 看成 μ_1）

$$\begin{cases} q_3''\boldsymbol{v} = -\mu_{3-1}(1-\mu_{1-2})q\boldsymbol{v}(\text{位于自由电荷处}) \\ \boldsymbol{A}_3 = \dfrac{(1-\mu_{1-2})q\boldsymbol{v}}{4\pi|\boldsymbol{r}-a\boldsymbol{k}|} - \dfrac{\mu_{3-1}(1-\mu_{1-2})q\boldsymbol{v}}{4\pi|\boldsymbol{r}-a\boldsymbol{k}|} = \dfrac{(1-\mu_{1-2})(1-\mu_{3-1})q\boldsymbol{v}}{4\pi|\boldsymbol{r}-a\boldsymbol{k}|} + C \end{cases} \quad (6.2.9)$$

磁介质 μ_3（即 $z<-b$）中的总场为

$$\begin{cases} \boldsymbol{A}_3 = \dfrac{(1-\mu_{1-2})(1-\mu_{3-1})q\boldsymbol{v}}{4\pi|\boldsymbol{r}-a\boldsymbol{k}|} + C \quad (z<-b) \\ \boldsymbol{B}_3 = \mu_3 \nabla\times\boldsymbol{A}_3 = \dfrac{\mu_3 q_{等效}\boldsymbol{v}\times(\boldsymbol{r}-a\boldsymbol{k})}{4\pi|\boldsymbol{r}-a\boldsymbol{k}|^3} \quad (z<-b) \\ q_{等效} = (1-\mu_{1-2})(1-\mu_{3-1})q \end{cases} \tag{6.2.10}$$

其中，$q\boldsymbol{v}$ 称为磁介质 μ_1 和 μ_2 的裸电流元。同理，可推得多层电介质存在时的等效电荷

$$q_{等效} = q[(1-\mu_{1-2})(1-\mu_{3-1})\ldots]$$

（2）电介质 $\mu_1(-b<z<0)$ 中的总场。

μ_3 传给 μ_1 感生磁场的反射解为（将 μ_2 统合为 μ_1）

$$\begin{cases} q_1''\boldsymbol{v} = -q_3''\boldsymbol{v} = \mu_{3-1}(1-\mu_{1-2})q\boldsymbol{v}(\text{位于 } \boldsymbol{R}=-(2b+a)\boldsymbol{k} \text{ 处}) \\ \boldsymbol{A}_1'' = \dfrac{\mu_{3-1}(1-\mu_{1-2})q\boldsymbol{v}}{4\pi|\boldsymbol{r}+(2b+a)\boldsymbol{k}|} + C \end{cases} \tag{6.2.11}$$

磁介质 $\mu_1(-b<z<0)$ 中的总场为

$$\begin{cases} \boldsymbol{A}_1 = \boldsymbol{A}_0 + \boldsymbol{A}_1' + \boldsymbol{A}_1'' = \dfrac{(1-\mu_{1-2})q\boldsymbol{v}}{4\pi|\boldsymbol{r}-a\boldsymbol{k}|} + \dfrac{\mu_{3-1}(1-\mu_{1-2})q\boldsymbol{v}}{4\pi|\boldsymbol{r}+(2b+a)\boldsymbol{k}|} + \\ \quad C(-b<z<0) \\ \boldsymbol{B}_1 = \mu_1\nabla\times\boldsymbol{A}_1 = \dfrac{\mu_1(1-\mu_{1-2})q\boldsymbol{v}\times(\boldsymbol{r}-a\boldsymbol{k})}{4\pi|\boldsymbol{r}-a\boldsymbol{k}|} + \\ \quad \dfrac{\mu_1\mu_{3-1}(1-\mu_{1-2})q\boldsymbol{v}\times(\boldsymbol{r}+(2b+a)\boldsymbol{k})}{4\pi|\boldsymbol{r}+(2b+a)\boldsymbol{k}|} \\ = \dfrac{\mu_1 q_{等效}\boldsymbol{v}\times(\boldsymbol{r}-a\boldsymbol{k})}{4\pi|\boldsymbol{r}-a\boldsymbol{k}|} + \dfrac{\mu_1\mu_{3-1}q_{等效}\boldsymbol{v}\times(\boldsymbol{r}+(2b+a)\boldsymbol{k})}{4\pi|\boldsymbol{r}+(2b+a)\boldsymbol{k}|}(-b<z<0) \end{cases} \tag{6.2.12}$$

其中，$q_{等效}\boldsymbol{v} = (1-\mu_{1-2})q\boldsymbol{v}$ 为磁介质 μ_2 在磁介质 μ_1 中的等效电流元，

$q\boldsymbol{v}$ 称为磁介质 μ_2 的裸电流元。

（3）磁介质 $\mu_2(z>0)$ 中的总场。

将 $q_1''\boldsymbol{v}=\mu_{3-1}q_3''\boldsymbol{v}=\mu_{3-1}(q-\mu_{1-2}q)\boldsymbol{v}$ 看成自由电流元（位于 $\boldsymbol{R}=-(2b+a)\boldsymbol{k}$ 处），μ_1 传给 μ_2 感生磁场的透射解为（将 μ_3 统合为 μ_1）

$$\begin{cases} q_2''\boldsymbol{v}=\mu_{3-1}q_3''\boldsymbol{v}=\mu_{3-1}(q-\mu_{1-2}q)\boldsymbol{v}(\text{位于 } \boldsymbol{R}=-(2b+a)\boldsymbol{k}\text{ 处}) \\ \boldsymbol{A}_2''=\boldsymbol{A}_0'+\boldsymbol{A}_{02}''=\dfrac{\mu_{3-1}(1-\mu_{1-2})q\boldsymbol{v}}{4\pi|\boldsymbol{r}+(2b+a)\boldsymbol{k}|}+C \\ =\dfrac{\mu_{3-1}(1-\mu_{1-2})q\boldsymbol{v}}{4\pi|\boldsymbol{r}+(2b+a)\boldsymbol{k}|}+C \end{cases}$$

(6.2.13)

电介质 $\mu_2(z>0)$ 中总场为

$$\begin{cases} \boldsymbol{A}_2=\boldsymbol{A}_0+\boldsymbol{A}_2'+\boldsymbol{A}_2''=\dfrac{q\boldsymbol{v}}{4\pi|\boldsymbol{r}-a\boldsymbol{k}|}+\dfrac{\mu_{1-2}q\boldsymbol{v}}{4\pi|\boldsymbol{r}+a\boldsymbol{k}|}+ \\ \quad\dfrac{\mu_{3-1}(1-\mu_{1-2})q\boldsymbol{v}}{4\pi|\boldsymbol{r}+(2b+a)\boldsymbol{k}|}+C \\ \boldsymbol{B}_2=\mu_2\nabla\times\boldsymbol{A}_2=\dfrac{\mu_2q\boldsymbol{v}\times(\boldsymbol{r}-a\boldsymbol{k})}{4\pi|\boldsymbol{r}-a\boldsymbol{k}|}+\dfrac{\mu_2\mu_{1-2}q\boldsymbol{v}\times(\boldsymbol{r}+a\boldsymbol{k})}{4\pi|\boldsymbol{r}+a\boldsymbol{k}|}+ \\ \quad\dfrac{\mu_2\mu_{3-1}(1-\mu_{1-2})q\boldsymbol{v}\times(\boldsymbol{r}+(2b+a)\boldsymbol{k})}{4\pi|\boldsymbol{r}+(2b+a)\boldsymbol{k}|} \end{cases}$$

(6.2.14)

式（6.2.14），式（6.2.12）和式（6.2.10）可以写成

$$\begin{cases} \boldsymbol{B}_3 = \dfrac{\mu_3(1-\mu_{1-2})(1-\mu_{3-1})q\boldsymbol{v}\times(\boldsymbol{r}-a\boldsymbol{k})}{4\pi|\boldsymbol{r}-a\boldsymbol{k}|^3}(-b>z) \\ \boldsymbol{B}_1 = \dfrac{\mu_1(1-\mu_{1-2})q\boldsymbol{v}\times(\boldsymbol{r}-a\boldsymbol{k})}{4\pi|\boldsymbol{r}-a\boldsymbol{k}|} + \\ \quad \dfrac{\mu_1\mu_{3-1}(1-\mu_{1-2})q\boldsymbol{v}\times(\boldsymbol{r}+(2b+a)\boldsymbol{k})}{4\pi|\boldsymbol{r}+(2b+a)\boldsymbol{k}|}(-b<z<0) \\ \boldsymbol{B}_2 = \dfrac{\mu_2 q\boldsymbol{v}\times(\boldsymbol{r}-a\boldsymbol{k})}{4\pi|\boldsymbol{r}-a\boldsymbol{k}|} + \dfrac{\mu_2\mu_{1-2}q\boldsymbol{v}\times(\boldsymbol{r}+a\boldsymbol{k})}{4\pi|\boldsymbol{r}+a\boldsymbol{k}|} + \\ \quad \dfrac{\mu_2\mu_{3-1}(1-\mu_{1-2})q\boldsymbol{v}\times(\boldsymbol{r}+(2b+a)\boldsymbol{k})}{4\pi|\boldsymbol{r}+(2b+a)\boldsymbol{k}|}(z>0) \end{cases}$$

(6.2.15)

（4）讨论：

①当 $b\to0$ 和 $\mu_2=\mu_3$ 时，有

$$\begin{cases} \boldsymbol{B}_3 = \dfrac{\mu_3(1-\mu_{1-2}^2)q\boldsymbol{v}\times(\boldsymbol{r}-a\boldsymbol{k})}{4\pi|\boldsymbol{r}-a\boldsymbol{k}|^3}(-b>z) \\ \boldsymbol{B}_1 = \dfrac{\mu_1(1-\mu_{1-2})q\boldsymbol{v}\times(\boldsymbol{r}-a\boldsymbol{k})}{4\pi|\boldsymbol{r}-a\boldsymbol{k}|} - \\ \quad \dfrac{\mu_1\mu_{1-2}(1-\mu_{1-2})q\boldsymbol{v}\times(\boldsymbol{r}+a\boldsymbol{k})}{4\pi|\boldsymbol{r}+a\boldsymbol{k}|}(-b<z<0) \\ \boldsymbol{B}_2 = \dfrac{\mu_2 q\boldsymbol{v}\times(\boldsymbol{r}-a\boldsymbol{k})}{4\pi|\boldsymbol{r}-a\boldsymbol{k}|} + \dfrac{\mu_{1-2}^2\mu_2 q\boldsymbol{v}\times(\boldsymbol{r}+a\boldsymbol{k})}{4\pi|\boldsymbol{r}+a\boldsymbol{k}|}(z>0) \end{cases}$$

(6.2.16)

式（6.2.16）便是薄膜的镜像法结论。

②当 $\mu_1\to0$ 时，式（6.2.15）变为

$$\begin{cases} \boldsymbol{B}_3 = 0(-b>z) \\ \boldsymbol{B}_1 = 0(-b<z<0) \\ \boldsymbol{B}_2 = \dfrac{\mu_2 q\boldsymbol{v}\times(\boldsymbol{r}-a\boldsymbol{k})}{4\pi|\boldsymbol{r}-a\boldsymbol{k}|} + \dfrac{\mu_2 q\boldsymbol{v}\times(\boldsymbol{r}+a\boldsymbol{k})}{4\pi|\boldsymbol{r}+a\boldsymbol{k}|}(z>0) \end{cases}$$

(6.2.17)

式（6.2.17）便是磁导体的情况，与静电场的导体情况类同。

③当$\mu_2=\mu_1$时，式（6.2.15）变为

$$\begin{cases}\boldsymbol{B}_3=\dfrac{\mu_3(1-\mu_{3-1})q\boldsymbol{v}\times(\boldsymbol{r}-a\boldsymbol{k})}{4\pi|\boldsymbol{r}-a\boldsymbol{k}|^3}(-b>z)\\ \boldsymbol{B}_1=\dfrac{\mu_1 q\boldsymbol{v}\times(\boldsymbol{r}-a\boldsymbol{k})}{4\pi|\boldsymbol{r}-a\boldsymbol{k}|}+\dfrac{\mu_1\mu_{3-1}q\boldsymbol{v}\times(\boldsymbol{r}+(2b+a)\boldsymbol{k})}{4\pi|\boldsymbol{r}+(2b+a)\boldsymbol{k}|}(-b<z<0)\\ \boldsymbol{B}_2=\dfrac{\mu_1 q\boldsymbol{v}\times(\boldsymbol{r}-a\boldsymbol{k})}{4\pi|\boldsymbol{r}-a\boldsymbol{k}|}+\dfrac{\mu_1\mu_{3-1}q\boldsymbol{v}\times(\boldsymbol{r}+(2b+a)\boldsymbol{k})}{4\pi|\boldsymbol{r}+(2b+a)\boldsymbol{k}|}(z>0)\end{cases}\tag{6.2.18}$$

式（6.2.18）便是例6－7的镜像法结论。

④当$\mu_3=\mu_1$时，式（6.2.15）变为

$$\begin{cases}\boldsymbol{B}_3=\dfrac{\mu_1(1-\mu_{1-2})q\boldsymbol{v}\times(\boldsymbol{r}-a\boldsymbol{k})}{4\pi|\boldsymbol{r}-a\boldsymbol{k}|^3}(-b>z)\\ \boldsymbol{B}_1=\dfrac{\mu_1(1-\mu_{1-2})q\boldsymbol{v}\times(\boldsymbol{r}-a\boldsymbol{k})}{4\pi|\boldsymbol{r}-a\boldsymbol{k}|}(-b<z<0)\\ \boldsymbol{B}_2=\dfrac{\mu_2 q\boldsymbol{v}\times(\boldsymbol{r}-a\boldsymbol{k})}{4\pi|\boldsymbol{r}-a\boldsymbol{k}|}+\dfrac{\mu_2\mu_{1-2}q\boldsymbol{v}\times(\boldsymbol{r}+a\boldsymbol{k})}{4\pi|\boldsymbol{r}+a\boldsymbol{k}|}(z>0)\end{cases}\tag{6.2.19}$$

⑤当$\mu_1\to\infty$时，磁介质1为理想铁磁体，式（6.2.15）变为

$$\begin{cases}\boldsymbol{B}_3=0(-b>z)\\ \boldsymbol{B}_1=\dfrac{2\mu_2 q\boldsymbol{v}\times(\boldsymbol{r}-a\boldsymbol{k})}{4\pi|\boldsymbol{r}-a\boldsymbol{k}|}-\dfrac{2\mu_2 q\boldsymbol{v}\times(\boldsymbol{r}+(2b+a)\boldsymbol{k})}{4\pi|\boldsymbol{r}+(2b+a)\boldsymbol{k}|}(-b<z<0)\\ \boldsymbol{B}_2=\dfrac{\mu_2 q\boldsymbol{v}\times(\boldsymbol{r}-a\boldsymbol{k})}{4\pi|\boldsymbol{r}-a\boldsymbol{k}|}+\dfrac{\mu_2 q\boldsymbol{v}\times(\boldsymbol{r}+a\boldsymbol{k})}{4\pi|\boldsymbol{r}+a\boldsymbol{k}|}(z>0)\end{cases}\tag{6.2.20}$$

式（6.2.20）表明，理想铁磁体不能透射磁场，在磁介质3$(-b>z)$中磁感应强度为零。

6.2.2　球面广义恒磁镜像法

例 6－8　在半径为 R 的球体外区域充满磁导率为 μ_2 的磁介质，在球体内区域充满磁导率为 μ_1 的磁介质，有一运动的自由电荷 q，位于 $\boldsymbol{r}' = a\boldsymbol{k}$（$a>R$）的位置上。求：空间任意位置 $\boldsymbol{r}$ 处的磁场。

方法步骤：(1) 空间自由电流的磁场强度矢势和磁场强度分布：

$$\boldsymbol{A}_0 = \frac{q\boldsymbol{v}}{4\pi|\boldsymbol{r}-a\boldsymbol{k}|}, \boldsymbol{H}_0 = \nabla\times\boldsymbol{A}_0 = \frac{q\boldsymbol{v}\times\boldsymbol{r}}{4\pi|\boldsymbol{r}-a\boldsymbol{k}|^3}$$

(2) 边值条件及感生电流稳恒：

$$\begin{cases} [\mu_1(\boldsymbol{A}_0+\boldsymbol{A}_1') - \mu_2(\boldsymbol{A}_0+\boldsymbol{A}_2')]_s = C \\ (\boldsymbol{A}_1'+\boldsymbol{A}_2')_s = C \\ Q_i'\boldsymbol{v} + Q_i''\boldsymbol{v} = 0(\text{或 } Q_i' + Q_i'' = 0) \end{cases}$$

平均磁介质定则：

$$\begin{cases} \boldsymbol{A}_1' = \dfrac{\mu_{2-1}Q\boldsymbol{v}}{4\pi|\boldsymbol{r}-a\boldsymbol{k}|}\left(\text{或 } Q' = \dfrac{\mu_2-\mu_1}{\mu_2+\mu_1}Q\right) \\ \boldsymbol{H}_1' = \nabla\times\boldsymbol{A}_1' = \dfrac{\mu_{2-1}Q\boldsymbol{v}\times(\boldsymbol{r}-a\boldsymbol{k})}{4\pi|\boldsymbol{r}-a\boldsymbol{k}|^3} \\ \boldsymbol{B}_1 = \nabla\times(\boldsymbol{A}_0+\boldsymbol{A}_1') = \bar{\mu}\dfrac{Q\boldsymbol{v}\times(\boldsymbol{r}-a\boldsymbol{k})}{4\pi|\boldsymbol{r}-a\boldsymbol{k}|^3}\left(\text{其中}, \dfrac{1}{\bar{\mu}} = \dfrac{1}{\mu_1}+\dfrac{1}{\mu_2}\right) \\ \mu_{2-1} = \dfrac{\mu_2-\mu_1}{\mu_2+\mu_1} \\ (\text{被电介质 2 包围的孤立基本形态电介质 1}) \end{cases}$$

(3) 满足边值条件及感生电流守恒的几何条件的解：

$$\begin{cases} Q_1' = \mu_{2-1}Q(\text{位于 } \boldsymbol{r}' = a\boldsymbol{k} \text{ 处}) \\ Q_1'' = -Q_1'(\text{位于 } \boldsymbol{r}' = \infty\text{处}) \end{cases}$$

$$\begin{cases}Q_2' = -\mu_{2-1}Q, \text{位于 } \boldsymbol{r}' = b\boldsymbol{k} \text{ 处} \\ Q_2'' = -Q_2', \text{位于 } \boldsymbol{r}' = 0 \text{ 处} \\ b = \dfrac{R^2}{a}\end{cases}$$

$$\begin{cases}\boldsymbol{A}_1' = \dfrac{Q_1'\boldsymbol{v}}{4\pi|\boldsymbol{r}+a\boldsymbol{k}|}, \boldsymbol{H}_1' = \nabla\times\boldsymbol{A}_1' = \dfrac{Q_1'\boldsymbol{v}\times\boldsymbol{r}}{4\pi|\boldsymbol{r}+a\boldsymbol{k}|^3} \\ \boldsymbol{A}_1'' = \dfrac{Q_1''\boldsymbol{v}}{4\pi|\boldsymbol{r}+a\boldsymbol{k}|}, \boldsymbol{H}_1'' = \nabla\times\boldsymbol{A}_1'' = \dfrac{Q_1''\boldsymbol{v}\times\boldsymbol{r}}{4\pi|\boldsymbol{r}+a\boldsymbol{k}|^3} \\ \boldsymbol{A}_2' = \dfrac{Q_2'\boldsymbol{v}}{4\pi|\boldsymbol{r}+b\boldsymbol{k}|}, \boldsymbol{H}_2' = \nabla\times\boldsymbol{A}_2' = \dfrac{Q_2'\boldsymbol{v}\times\boldsymbol{r}}{4\pi|\boldsymbol{r}+b\boldsymbol{k}|^3}\end{cases}$$

（4）根据 $\boldsymbol{B} = \mu\nabla\times(\boldsymbol{A}_0 + \boldsymbol{A}' + \boldsymbol{A}'')$ 求出 $\boldsymbol{B}$。

解：（1）球内区域（$r < R$）：

$$\begin{cases}q_1'\boldsymbol{v} = q\mu_{2-1}\boldsymbol{v}(\text{位于自由电荷处}) \\ \boldsymbol{A}_1 = \dfrac{(q\boldsymbol{v} + q_1'\boldsymbol{v})}{4\pi|\boldsymbol{r}-a\boldsymbol{k}|} + C \\ \boldsymbol{A}_1' = \dfrac{q_1'\boldsymbol{v}}{4\pi|\boldsymbol{r}-a\boldsymbol{k}|} + C, \boldsymbol{H}_1' = \dfrac{\mu_{2-1}q\boldsymbol{v}\times(\boldsymbol{r}-a\boldsymbol{k})}{4\pi|\boldsymbol{r}-a\boldsymbol{k}|^3}\end{cases} \tag{6.2.21}$$

其中，$\mu_{1-2} = \dfrac{\mu_1 - \mu_2}{\mu_2 + \mu_1}$；$\mu_{2-1} = \dfrac{\mu_2 - \mu_1}{\mu_2 + \mu_1}$。

（2）在球外区域（$r > R$）：

$$\begin{cases}q_2'\boldsymbol{v} = -\mu_{2-1}q\dfrac{R}{a}\boldsymbol{v} \text{ 位于 } \boldsymbol{r} - b\boldsymbol{k} \text{ 处}; q_2''\boldsymbol{v} = \mu_{2-1}q\dfrac{R}{a}\boldsymbol{v}(\text{位于原点 } o \text{ 处}) \\ \boldsymbol{A}_2' = \dfrac{q_1'\boldsymbol{v}}{4\pi|\boldsymbol{r}-b\boldsymbol{k}|} + C, \boldsymbol{A}_2'' = \dfrac{q_1''\boldsymbol{v}}{4\pi|\boldsymbol{r}|} + C, \boldsymbol{A}_0 = \dfrac{q\boldsymbol{v}}{4\pi|\boldsymbol{r}-a\boldsymbol{k}|} \\ \boldsymbol{H}_2' = \nabla\times(\boldsymbol{A}_2' + \boldsymbol{A}_2'') = -\dfrac{\mu_{2-1}q\dfrac{R}{a}\boldsymbol{v}\times(\boldsymbol{r}-b\boldsymbol{k})}{4\pi|\boldsymbol{r}-b\boldsymbol{k}|^3} + \dfrac{\mu_{2-1}q\dfrac{R}{a}\boldsymbol{v}\times\boldsymbol{r}}{4\pi|\boldsymbol{r}|^3}\end{cases}$$

(6.2.22)

$$\begin{cases} \boldsymbol{B}_1 = \dfrac{\mu_1(1+\mu_{2-1})q\boldsymbol{v}\times(\boldsymbol{r}-a\boldsymbol{k})}{4\pi|\boldsymbol{r}-a\boldsymbol{k}|^3}(r<R) \\ \boldsymbol{B}_2 = \dfrac{\mu_2 q\boldsymbol{v}\times(\boldsymbol{r}-a\boldsymbol{k})}{4\pi|\boldsymbol{r}-a\boldsymbol{k}|^3} - \dfrac{\mu_2\mu_{2-1}q\dfrac{R}{a}\boldsymbol{v}\times(\boldsymbol{r}-b\boldsymbol{k})}{4\pi|\boldsymbol{r}-b\boldsymbol{k}|^3} \\ \quad + \dfrac{\mu_2\mu_{2-1}q\dfrac{R}{a}\boldsymbol{v}\times\boldsymbol{r}}{4\pi|\boldsymbol{r}|^3}(r>R) \end{cases} \tag{6.2.23}$$

其中，$b=\dfrac{R^2}{a}$。

（3）讨论：

①由于

$$\begin{aligned} v' &= \boldsymbol{n}\times(\boldsymbol{H}_2'+\boldsymbol{H}_2''-\boldsymbol{H}_1')|_{r=R} \\ &= \frac{\boldsymbol{R}}{R}\times\left[-\frac{\mu_{2-1}q\dfrac{R}{a}\boldsymbol{v}\times(\boldsymbol{R}-b\boldsymbol{k})}{4\pi|\boldsymbol{R}-b\boldsymbol{k}|^3}+\frac{\mu_{2-1}q\dfrac{R}{a}\boldsymbol{v}\times\boldsymbol{R}}{4\pi|\boldsymbol{R}|^3}-\frac{\mu_{2-1}q\boldsymbol{v}\times(\boldsymbol{R}-a\boldsymbol{k})}{4\pi|\boldsymbol{R}-a\boldsymbol{k}|^3}\right] \\ &= \frac{\boldsymbol{R}}{R}\times\left[v\times\left(-\frac{\mu_{2-1}q\dfrac{R}{a}(\boldsymbol{R}-b\boldsymbol{k})}{4\pi|\boldsymbol{R}-b\boldsymbol{k}|^3}+\frac{\mu_{2-1}q\dfrac{R}{a}\boldsymbol{R}}{4\pi|\boldsymbol{R}|^3}-\frac{\mu_{2-1}q(\boldsymbol{R}-a\boldsymbol{k})}{4\pi|\boldsymbol{R}-a\boldsymbol{k}|^3}\right)\right] \\ &\neq 0 \end{aligned}$$

交界面上感生电流之和一般不为零，这是麦克斯韦电磁理论无法求解此题的根本原因。

②$\mu_1\to 0$，有

$$\begin{cases} \boldsymbol{B}_1 = 0 \\ \boldsymbol{B}_2 = \dfrac{\mu_2 q\boldsymbol{v}\times(\boldsymbol{r}-a\boldsymbol{k})}{4\pi|\boldsymbol{r}-a\boldsymbol{k}|^3} - \dfrac{\mu_2 q\boldsymbol{v}\times(\boldsymbol{r}-b\boldsymbol{k})}{4\pi|\boldsymbol{r}-b\boldsymbol{k}|^3} + \dfrac{\mu_2 q\boldsymbol{v}\times\boldsymbol{r}}{4\pi|\boldsymbol{r}|^3} \end{cases}$$

③$\mu_1\to\infty$，为理想铁磁体，有

$$\begin{cases} \boldsymbol{B}_1 = \dfrac{2\mu_2 q\boldsymbol{v}\times(\boldsymbol{r}-a\boldsymbol{k})}{4\pi|\boldsymbol{r}-a\boldsymbol{k}|^3} \\ \boldsymbol{B}_2 = \dfrac{\mu_2 q\boldsymbol{v}\times(\boldsymbol{r}-a\boldsymbol{k})}{4\pi|\boldsymbol{r}-a\boldsymbol{k}|^3} + \dfrac{\mu_2 q\boldsymbol{v}\times(\boldsymbol{r}-b\boldsymbol{k})}{4\pi|\boldsymbol{r}-b\boldsymbol{k}|^3} - \dfrac{\mu_2 q\boldsymbol{v}\times\boldsymbol{r}}{4\pi|\boldsymbol{r}|^3} \end{cases}$$

6.2.3 柱面广义恒磁镜像法

例6-9 在半径为 R 的无限长柱内充满磁导率为 μ_1 的磁介质，外部充满磁导率为 μ_2 的磁介质。电流强度为 I 的无限长带电直导线与柱平行且沿 z 轴方向，穿过距轴的横截面的平面矢量为 $a\boldsymbol{i}$（$a>R$）的位置。求：柱的横截面上，距轴为 $\boldsymbol{r}$ 处的磁感应强度。

方法步骤：（1）空间自由电流的磁场强度矢势和磁场强度分布：

$$\boldsymbol{A}_0=-\frac{I\boldsymbol{k}}{2\pi}\ln|\boldsymbol{r}-a\boldsymbol{i}|,\boldsymbol{H}_0=\nabla\times\boldsymbol{A}_0=\frac{I\boldsymbol{k}\times(\boldsymbol{r}-a\boldsymbol{i})}{4\pi|\boldsymbol{r}-a\boldsymbol{i}|^2}$$

（2）边值条件及感生电流稳恒：

$$\begin{cases}[\mu_1(\boldsymbol{A}_0+\boldsymbol{A}_1')-\mu_2(\boldsymbol{A}_0+\boldsymbol{A}_2')]_s=C\\(\boldsymbol{A}_1'+\boldsymbol{A}_2')=C\\I_i'+I_i''=0\end{cases}$$

平均磁介质定则：

$$\begin{cases}\boldsymbol{A}_1'=-\dfrac{I_1'\boldsymbol{k}}{2\pi}\ln|\boldsymbol{r}-a\boldsymbol{i}|+C(\text{或 }I_1'\boldsymbol{k}=\mu_{2-1}I\boldsymbol{k})\\\boldsymbol{H}_1'=\nabla\times\boldsymbol{A}_1'\\\boldsymbol{B}_1=\nabla\times(\boldsymbol{A}_0+\boldsymbol{A}_1')=\bar{\mu}\boldsymbol{H}_0\\\mu_{2-1}=\dfrac{\mu_2-\mu_1}{\mu_2+\mu_1},\dfrac{1}{\bar{\mu}}=\dfrac{1}{\mu_1}+\dfrac{1}{\mu_2}\\\text{（被磁介质 2 包围的孤立基本形态磁介质 1）}\end{cases}$$

（3）满足边值条件及感生电流守恒几何条件的解：

$$\begin{cases}I_1'\boldsymbol{k}=\mu_{2-1}I\boldsymbol{k},\text{位于 }\boldsymbol{r}'=a\boldsymbol{k}\text{ 处}\\I_1''\boldsymbol{k}=-I_1'\boldsymbol{k}=\mu_{2-1}I\boldsymbol{k},\text{位于 }\boldsymbol{r}'=\infty\text{处}\end{cases}$$

$$\begin{cases} I_2'\boldsymbol{k} = -\mu_{2-1}I\boldsymbol{k}, \text{位于} \boldsymbol{r}' = b\boldsymbol{k} \text{处} \\ I_2''\boldsymbol{k} = -I_2'\boldsymbol{k} = \mu_{2-1}I\boldsymbol{k}, \text{位于} \boldsymbol{r}' = 0 \text{处} \\ b = \dfrac{R^2}{a} \end{cases}$$

$$\begin{cases} \boldsymbol{A}_1' = \dfrac{Q_1'\boldsymbol{v}}{4\pi|\boldsymbol{r}+a\boldsymbol{k}|}, \boldsymbol{H}_1' = \nabla\times\boldsymbol{A}_1' = \dfrac{Q_1'\boldsymbol{v}\times\boldsymbol{r}}{4\pi|\boldsymbol{r}+a\boldsymbol{k}|^3} \\ \boldsymbol{A}_1'' = \dfrac{Q_1''\boldsymbol{v}}{4\pi|\boldsymbol{r}+a\boldsymbol{k}|}, \boldsymbol{H}_1'' = \nabla\times\boldsymbol{A}_1'' = \dfrac{Q_1''\boldsymbol{v}\times\boldsymbol{r}}{4\pi|\boldsymbol{r}+a\boldsymbol{k}|^3} \\ \boldsymbol{A}_2' = \dfrac{Q_2'\boldsymbol{v}}{4\pi|\boldsymbol{r}+b\boldsymbol{k}|}, \boldsymbol{H}_2' = \nabla\times\boldsymbol{A}_2' = \dfrac{Q_2'\boldsymbol{v}\times\boldsymbol{r}}{4\pi|\boldsymbol{r}+b\boldsymbol{k}|^3} \end{cases}$$

（4）根据 $\boldsymbol{B} = \mu\nabla\times(\boldsymbol{A}_0 + \boldsymbol{A}' + \boldsymbol{A}'')$ 求出 $\boldsymbol{B}$。

解：（1）柱内区域（$\rho = |\boldsymbol{r}| < R$）：

$$\begin{cases} I_1'\boldsymbol{k} = \mu_{2-1}I\boldsymbol{k}, \text{位于自由电流处} a\boldsymbol{i} \text{的位置} \\ \boldsymbol{A}_1' = -\dfrac{I_1'\boldsymbol{k}}{2\pi}\ln|\boldsymbol{r}-a\boldsymbol{i}| + C; \boldsymbol{A}_1'' = \text{大常数} \end{cases} \left(\text{其中} \mu_{2-1} = \dfrac{\mu_2-\mu_1}{\mu_2+\mu_1}\right) \tag{6.2.24}$$

（2）在球外区域（$\rho < R$）：

$$\begin{cases} I_2'\boldsymbol{k} = -\mu_{2-1}I\boldsymbol{k}, \text{位于} b\boldsymbol{i} \text{的位置}, I_2''\boldsymbol{k} = \mu_{2-1}I\boldsymbol{k}, \text{位于原点}, b = \dfrac{R^2}{a} \\ \boldsymbol{A}_2' = -\dfrac{I_2'\boldsymbol{k}}{2\pi}\ln|\boldsymbol{r}-b\boldsymbol{i}| + \mathrm{C}, \boldsymbol{A}_2'' = -\dfrac{I_2''\boldsymbol{k}}{2\pi}\ln|\boldsymbol{r}| + C \end{cases} \tag{6.2.25}$$

（3）结果：

$$\begin{cases} \boldsymbol{H}_1 = \dfrac{(1+\mu_{2-1})I\boldsymbol{k}\times(\boldsymbol{r}-a\boldsymbol{i})}{2\pi|\boldsymbol{r}-a\boldsymbol{i}|^2}(\rho < R) \\ \boldsymbol{H}_2 = \dfrac{I\boldsymbol{k}\times(\boldsymbol{r}-a\boldsymbol{i})}{2\pi|\boldsymbol{r}-a\boldsymbol{i}|^2} - \dfrac{\mu_{2-1}I\boldsymbol{k}\times(\boldsymbol{r}-b\boldsymbol{i})}{2\pi|\boldsymbol{r}-b\boldsymbol{i}|^2} + \dfrac{\mu_{2-1}I\boldsymbol{k}\times\boldsymbol{r}}{2\pi|\boldsymbol{r}|^2}(\rho > R) \end{cases} \tag{6.2.26}$$

$$\begin{cases}\boldsymbol{B}_1=\dfrac{\mu_1(1+\mu_{2-1})I\boldsymbol{k}\times(\boldsymbol{r}-a\boldsymbol{k})}{2\pi|\boldsymbol{r}-a\boldsymbol{k}|^2}(\rho<R)\\ \boldsymbol{B}_2=\dfrac{\mu_2 I\boldsymbol{k}\times(\boldsymbol{r}-a\boldsymbol{k})}{2\pi|\boldsymbol{r}-a\boldsymbol{k}|^2}-\dfrac{\mu_2\mu_{2-1}I\boldsymbol{k}\times(\boldsymbol{r}-b\boldsymbol{k})}{2\pi|\boldsymbol{r}-b\boldsymbol{k}|^2}+\dfrac{\mu_2\mu_{2-1}I\boldsymbol{k}\times\boldsymbol{r}}{2\pi|\boldsymbol{r}|^2}(\rho>R)\end{cases}\tag{6.2.27}$$

（4）讨论：

①由于

$$\begin{aligned}\upsilon'&=\boldsymbol{n}\times(\boldsymbol{H}_2-\boldsymbol{H}_1)|_{r=R}=\boldsymbol{n}\times(\boldsymbol{H}_2'+\boldsymbol{H}_2''-\boldsymbol{H}_1')|_{r=R}\\&=\boldsymbol{n}\times\left[-\frac{\mu_{2-1}I\boldsymbol{k}\times(\boldsymbol{r}-b\boldsymbol{i})}{2\pi|\boldsymbol{r}-b\boldsymbol{i}|^2}+\frac{\mu_{2-1}I\boldsymbol{k}\times\boldsymbol{r}}{2\pi R^2}-\frac{\mu_{2-1}I\boldsymbol{k}\times(\boldsymbol{r}-a\boldsymbol{i})}{2\pi|\boldsymbol{r}-a\boldsymbol{i}|^2}\right]\\&=\frac{\mu_{2-1}I\boldsymbol{r}}{2\pi R}\times(\boldsymbol{k}\times\boldsymbol{r})\left[-\frac{1}{|\boldsymbol{r}-b\boldsymbol{k}|^2}+\frac{1}{|\boldsymbol{r}|^2}-\frac{1}{|\boldsymbol{r}-a\boldsymbol{k}|^2}\right]\Bigg|_{r=R}\\&\quad-\frac{\mu_{2-1}I\boldsymbol{r}}{2\pi R}\times\left[\frac{\boldsymbol{k}\times b\boldsymbol{i}}{|\boldsymbol{r}-b\boldsymbol{i}|^2}+\frac{\boldsymbol{k}\times a\boldsymbol{i}}{|\boldsymbol{r}-a\boldsymbol{i}|^2}\right]\Bigg|_{r=R}\\&=\frac{\mu_{2-1}IR^2\boldsymbol{k}}{2\pi R}\left[-\frac{1}{r_2^2}+\frac{1}{R^2}-\frac{1}{r_1^2}\right]-\frac{\mu_{2-1}I\boldsymbol{k}}{2\pi R}\left[\frac{Rb\cos\theta}{r_2^2}+\frac{Ra\cos\theta}{r_1^2}\right]\\&=\frac{\mu_{2-1}I\boldsymbol{k}}{2\pi R}\left[-\frac{R^2}{r_2^2}+1-\frac{R^2}{r_1^2}\right]-\frac{\mu_{2-1}I\boldsymbol{k}}{2\pi R}\left[\frac{Rb\cos\theta}{r_2^2}+\frac{Ra\cos\theta}{r_1^2}\right]\\&=\frac{\mu_{2-1}I\boldsymbol{k}}{2\pi R}\left[-\frac{a^2}{r_1^2}+1-\frac{R^2}{r_1^2}\right]-\frac{\mu_{2-1}I\boldsymbol{k}}{2\pi R}\left[\frac{aR\cos\theta}{r_1^2}+\frac{Ra\cos\theta}{r_1^2}\right]\\&=\frac{\mu_{2-1}I\boldsymbol{k}}{2\pi R}\left(1-\frac{R^2+a^2+2Ra\cos\theta}{r_1^2}\right)=\frac{\mu_{2-1}I\boldsymbol{k}}{2\pi R}\left(1-\frac{r_1^2}{r_1^2}\right)=0\end{aligned}\tag{6.2.28}$$

式中利用了

$$\begin{cases}r_2=\dfrac{R}{a}r_1\text{ 和}\dfrac{b}{R}=\dfrac{R}{a},\boldsymbol{r}\perp\boldsymbol{k},\boldsymbol{i}\cdot\boldsymbol{r}=R\cos\theta\\ r_1=\sqrt{R^2+a^2+2Ra\cos\theta}=|\boldsymbol{r}-a\boldsymbol{i}|_{r=R}\\ r_2=\sqrt{R^2+b^2+2Rb\cos\theta}=|\boldsymbol{r}-b\boldsymbol{i}|_{r=R}\end{cases}$$

说明交界面上感生电流之和为零，麦克斯韦电磁理论也适用于求解此题。

②$\mu_1 \to 0$，有

$$\begin{cases} \boldsymbol{B}_1 = 0(\rho < R) \\ \boldsymbol{B}_2 = \dfrac{\mu_2 q v \times (\boldsymbol{r} - a\boldsymbol{k})}{4\pi |\boldsymbol{r} - a\boldsymbol{k}|^3} - \dfrac{\mu_2 q \boldsymbol{v} \times (\boldsymbol{r} - b\boldsymbol{k})}{4\pi |\boldsymbol{r} - b\boldsymbol{k}|^3} + \dfrac{\mu_2 q \boldsymbol{v} \times \boldsymbol{r}}{4\pi |\boldsymbol{r}|^3}(\rho > R) \end{cases}$$

③$\mu_1 \to \infty$，为理想铁磁体，有

$$\begin{cases} \boldsymbol{B}_1 = \dfrac{2\mu_2 q \boldsymbol{v} \times (\boldsymbol{r} - a\boldsymbol{k})}{4\pi |\boldsymbol{r} - a\boldsymbol{k}|^3}(\rho < R) \\ \boldsymbol{B}_2 = \dfrac{\mu_2 q \boldsymbol{v} \times (\boldsymbol{r} - a\boldsymbol{k})}{4\pi |\boldsymbol{r} - a\boldsymbol{k}|^3} + \dfrac{\mu_2 q \boldsymbol{v} \times (\boldsymbol{r} - b\boldsymbol{k})}{4\pi |\boldsymbol{r} - b\boldsymbol{k}|^3} - \dfrac{\mu_2 q \boldsymbol{v} \times \boldsymbol{r}}{4\pi |\boldsymbol{r}|^3}(\rho > R) \end{cases}$$

6.3　磁标势及其分离变量法

6.3.1　拉普拉斯方程的适用条件

（1）空间处处感生电流 $\boldsymbol{j}' = 0$，感生电流只分布在某些磁介质（如磁导体）表面上，将这些表面视为区域边界，可以应用拉普拉斯方程求解。

（2）在所求区域中给定自由电流分布，并能确定这个自由电流分布产生的势。

（3）若所求区域为分区均匀介质，不同介质交界面上有感生面电流，则每个区域 V 中 $\boldsymbol{H}$ 的磁标势可表示为两部分的和，即 $\phi = \phi_0 + \phi'$。

ϕ 不满足 $\nabla^2\phi = 0$，但 ϕ' 使 $\nabla^2\phi' = 0$ 满足，仍可用拉普拉斯方程求解。

（4）利用孤立基本形态磁介质边值关系

$$\begin{cases}\dfrac{\partial\phi_1'}{\partial n}+\dfrac{\partial\phi_2'}{\partial n}=0\\ \mu_1\left(\dfrac{\partial\phi_0}{\partial n}+\dfrac{\partial\phi_1'}{\partial n}\right)=\mu_2\left(\dfrac{\partial\phi_0}{\partial n}+\dfrac{\partial\phi_2'}{\partial n}\right)\end{cases}$$

或直接用其解

$$\begin{cases}\dfrac{\partial\phi_1'}{\partial n}=-\dfrac{\mu_1-\mu_2}{\mu_1+\mu_2}\dfrac{\partial\phi_0}{\partial n}=-\mu_{1-2}\dfrac{\partial\phi_0}{\partial n}\\ \dfrac{\partial\phi_2'}{\partial n}=\dfrac{\mu_1-\mu_2}{\mu_1+\mu_2}\dfrac{\partial\phi_0}{\partial n}=\mu_{1-2}\dfrac{\partial\phi_0}{\partial n}\end{cases}$$

来求解。

6.3.2 拉普拉斯方程在几种坐标系中解的形式

直角坐标的拉普拉斯方程

$$\nabla^2\phi'=\frac{\partial^2\phi'}{\partial x^2}+\frac{\partial^2\phi'}{\partial y^2}+\frac{\partial^2\phi'}{\partial z^2}=0$$

球坐标的拉普拉斯方程

$$\nabla^2\phi'=\frac{1}{r^2}\frac{\partial}{\partial r}\left(r^2\frac{\partial\phi'}{\partial r}\right)+\frac{1}{r^2\sin\theta}\frac{\partial}{\partial\theta}\left(\sin\theta\frac{\partial\phi'}{\partial\theta}\right)+\frac{1}{r^2\sin\theta}\frac{\partial^2\phi'}{\partial\Phi^2}=0$$

球坐标中的通解为

$$\phi'(R,\theta,\Phi)=\sum_{nm}\left(a_{nm}R^n+\frac{b_{nm}}{R^{n+1}}\right)P_n^m\cos\theta\cos m\Phi$$
$$+\sum_{nm}\left(c_{nm}R^n+\frac{d_{nm}}{R^{n+1}}\right)P_n^m\cos\theta\sin m\Phi$$

式中，$P_n^m\cos\theta$ 为缔合勒让德函数（连带勒让德函数）。

若 ϕ' 不依赖于 Φ，即 ϕ' 具有轴对称性，通解为

$$\phi'(R,\theta)=\sum_n\left(a_nR^n+\frac{b_n}{R^{n+1}}\right)P_n(\cos\theta)$$

式中，$P_n\cos\theta$ 为勒让德函数，$P_0=1$；$P_1\cos\theta=\cos\theta$；

$$P_2(\cos\theta)=\frac{1}{2}(3\cos^2\theta-1)\cdots$$

6.3.3　解题步骤

（1）选择坐标系和势参考点：

①坐标系选择主要根据区域中分界面形状；

②参考点选择主要根据电荷分布是有限还是无限。

（2）分析对称性，分区写出拉普拉斯方程在所选坐标系中的通解。

（3）根据具体边值条件确定常数。

①均匀磁场。流分布无限远，一般在均匀场中，$\boldsymbol{B}=\mu\boldsymbol{H}_0\boldsymbol{e}_z$ 或 $\boldsymbol{H}=H_0\boldsymbol{e}_z$，$\phi_0|_\infty\to-\boldsymbol{H}_0r\cos\theta=-\boldsymbol{H}_0z$；$\phi'|_\infty\to 0$。

②磁介质分界面：

$$\begin{cases}\dfrac{\partial\phi_1'}{\partial n}=-\mu_{1-2}\dfrac{\partial\phi_0}{\partial n}\\[2ex]\dfrac{\partial\phi_2'}{\partial n}=\mu_{1-2}\dfrac{\partial\phi_0}{\partial n}\\[2ex]\mu_{1-2}=\dfrac{\mu_1-\mu_2}{\mu_1+\mu_2}\end{cases}$$

表面无自由电流。

③磁导体与磁介质分界面：

$$\begin{cases}\phi_0+\phi_1'=C(\text{磁导体内部})\\[2ex]\dfrac{\partial\phi_0}{\partial n}+\dfrac{\partial\phi_2'}{\partial n}=0\end{cases}$$

6.3.4 应用实例

例6－10 设有一半径为 R_0 的磁介质球，其磁导率为 μ_1，外部磁导率为 μ_2 的磁介质充满整个空间，置于均匀的外磁场 $\boldsymbol{H}_0$ 中，其磁标势为 $\phi_0 = -\boldsymbol{H}_0 \cdot \boldsymbol{x} = -\boldsymbol{H}_0 R\cos\theta = -\boldsymbol{H}_0 z$。求：空间磁场分布。

解：（1）球内、外的通解分别为

$$\begin{cases} \phi'_1(R,\theta) = \sum\limits_n \left(a_n R^n + \dfrac{b_n}{R^{n+1}}\right) P_n \cos\theta (R < R_0) \\ \phi'_2(R,\theta) = \sum\limits_n \left(a'_n R^n + \dfrac{b'_n}{R^{n+1}}\right) P_n \cos\theta (R > R_0) \end{cases} \tag{6.3.1}$$

（2）在无穷远处，$R \to \phi' \to 0$，有

$$\phi'_2(R,\theta) = \sum_n \left(a'_n R^n + \frac{b'_n}{R^{n+1}}\right) P_n \cos\theta \to 0$$

有

$$a'_n = 0 \tag{6.3.2}$$

式（6.3.2）代入式（6.3.1），得

$$\phi'_2(R,\theta) = \sum_n \frac{b'_n}{R^{n+1}} P_n \cos\theta (R > R_0) \tag{6.3.3}$$

（3）在球心上，有界，$R \to 0$

$$\phi'_1(R,\theta) = \sum_n \left(a_n R^n + \frac{b_n}{R^{n+1}}\right) P_n \cos\theta \to 有界$$

有

$$b_n = 0 \tag{6.3.4}$$

式（6.3.4）代入式（6.3.1），得

$$\phi'_1(R,\theta) = \sum_n a_n R^n P_n \cos\theta (R < R_0) \tag{6.3.5}$$

（4）在球面上，由边值条件，有

$$\begin{cases}\dfrac{\partial\phi_1'}{\partial n}=-\mu_{1-2}\dfrac{\partial\phi_0}{\partial n},\dfrac{\partial\phi_2'}{\partial n}=\mu_{1-2}\dfrac{\partial\phi_0}{\partial n}\\ \phi_0\mid_s=-\boldsymbol{H}_0R_0\cos\theta\\ \mu_{1-2}=\dfrac{\mu_1-\mu_2}{\mu_1+\mu_2}\end{cases}\tag{6.3.6}$$

利用式（6.3.3）和式（6.3.5），得

$$\begin{cases}\dfrac{\partial\phi_1'}{\partial n}=\sum\limits_n a_n nR^{n-1}P_n\cos\theta\\ \dfrac{\partial\phi_2'}{\partial n}=\sum\limits_n \dfrac{-(n+1)b_n'}{R^{n+2}}P_n\cos\theta\end{cases}\tag{6.3.7}$$

式（6.3.6）与式（6.3.7）比较，得

$$\begin{cases}a_1=\mu_{1-2}\boldsymbol{H}_0;a_0=C;a_n=0(n\neq0,1)\\ b_1'=\mu_{1-2}\boldsymbol{H}_0R_0^3;b_n'=0(n\neq1)\end{cases}\tag{6.3.8}$$

（5）结果：将式（6.3.8）代入式（6.3.3）和式（6.3.5），令

$$\boldsymbol{m}=4\pi\mu_{1-2}\boldsymbol{H}_0R_0^3\tag{6.3.9}$$

为等效感生磁矩，得

$$\begin{cases}\phi_1'(R,\theta)=-\mu_{1-2}\boldsymbol{H}_0R\cos\theta+C=-\mu_{1-2}\boldsymbol{H}_0\cdot x\\ \phi_2'(R,\theta)=\dfrac{\mu_{1-2}\boldsymbol{H}_0R_0^3}{R^2}\cos\theta=\dfrac{\boldsymbol{m}\cdot\boldsymbol{x}}{4\pi R^3}\end{cases}\tag{6.3.10}$$

$$\begin{cases}\phi_1=\phi_0+\phi_1'=-\dfrac{2\mu_2}{\mu_1+\mu_2}\boldsymbol{H}_0\cdot\boldsymbol{x}(R<R_0)\\ \phi_2=\phi_0+\phi_2'=-\boldsymbol{H}_0\cdot\boldsymbol{x}+\dfrac{\boldsymbol{m}\cdot\boldsymbol{x}}{4\pi R^3}(R>R_0)\\ \boldsymbol{m}=4\pi\mu_{1-2}\boldsymbol{H}_0R_0^3\end{cases}\tag{6.3.11}$$

$$\begin{cases} \boldsymbol{B}_1 = -\mu_1 \nabla\phi_1 = \dfrac{2\mu_1\mu_2}{\mu_1+\mu_2}\boldsymbol{H}_0 (R < R_0) \\ \boldsymbol{B}_2 = -\mu_2 \nabla\phi_2 = \mu_2\boldsymbol{H}_0 + \dfrac{\mu_2 m \cdot x}{4\pi R^3}(R > R_0) \\ \boldsymbol{m} = 4\pi\mu_{1-2}\boldsymbol{H}_0 R_0^3 \end{cases} \tag{6.3.12}$$

可见，磁介质2中的感生磁荷与感生电流激发的感生磁场$\boldsymbol{H}_2'$等价于在原点放一个等效磁偶极子，其等效磁偶极矩为$\boldsymbol{m}=4\pi R_0^3\mu_{1-2}\boldsymbol{H}_0$，而球内的均匀感生电场符合平均磁介质原理

$$\begin{cases} \boldsymbol{B}_1 = -\mu_1 \nabla\phi_1 = \bar{\mu}\boldsymbol{H}_0 (R < R_0) \\ \bar{\mu} = \dfrac{2\mu_1\mu_2}{\mu_1+\mu_2}\left(\text{即}\dfrac{1}{\bar{\mu}} = \dfrac{1}{2}\left(\dfrac{1}{\mu_1}+\dfrac{1}{\mu_2}\right)\right) \end{cases}$$

例6－11 设有一半径为R_0的磁导体球（$\mu=\mu_0$，$B=0$），外部充满磁导率为μ的磁介质，置于均匀的外磁场$\boldsymbol{H}_0$中，$\phi_0 = -\boldsymbol{H}_0 \cdot \boldsymbol{r} = -H_0 R\cos\theta = -H_0 z$。求：空间磁场分布。

解：（1）球外（$R > R_0$）感生磁标势的通解为

$$\phi_2'(R,\theta) = \sum_n \left(a_n' R^n + \frac{b_n'}{R^{n+1}}\right) P_n \cos\theta$$

（2）在无穷远处，$R\to\infty$，有

$$\phi_2'(R,\theta) = \sum_n \left(a_n' R^n + \frac{b_n'}{R^{n+1}}\right) P_n \cos\theta \to 0$$

$$\begin{cases} \phi_2'(R,\theta) = \sum\limits_n \dfrac{b_n'}{R^{n+1}} P_n \cos\theta \\ a_n' = 0 \end{cases} \tag{6.3.13}$$

（3）在球面上，$\dfrac{\partial\phi_0}{\partial n} + \dfrac{\partial\phi_2'}{\partial n} = 0$，得

$$\sum_n \frac{-(n+1)b_n'}{R_0^{n+2}} P_n(\cos\theta) = -H_0\cos\theta$$

$$\begin{cases}\phi_2'(R,\theta)=H_0\dfrac{R_0^3}{R^2}\cos\theta=\dfrac{R_0^3}{R^3}\boldsymbol{H}_0\cdot\boldsymbol{x}=\dfrac{\boldsymbol{m}\cdot\boldsymbol{x}}{4\pi R^3}\\ b_1'=\boldsymbol{H}_0R_0^3;b_n'=0(\text{其他})\\ \boldsymbol{m}=4\pi R_0^3\boldsymbol{H}_0\end{cases}\tag{6.3.14}$$

（4）结果：

$$\phi_2=\phi_0+\phi_2'=-\left(1-\frac{R_0^3}{R^3}\right)\boldsymbol{H}_0\cdot\boldsymbol{x}=-\boldsymbol{H}_0\cdot\boldsymbol{x}+\frac{\boldsymbol{m}\cdot\boldsymbol{x}}{4\pi R^3}(R>R_0)\tag{6.3.15}$$

$$\boldsymbol{B}_2=-\mu\nabla\phi_2=\mu\boldsymbol{H}_0+\mu\frac{3(\boldsymbol{x}\cdot\boldsymbol{m})\boldsymbol{x}-R^2\boldsymbol{m}}{4\pi R^5}(R>R_0)\tag{6.3.16}$$

可见，磁介质2中的感生磁荷与感生电流共同激发的感生电场 $\boldsymbol{H}_2'$ 等价于在原点放一个等效磁偶极子，其等效磁矩为

$$\boldsymbol{m}=4\pi R_0^3\boldsymbol{H}_0$$

而球内的均匀感生磁场 $\boldsymbol{H}_1'=-\boldsymbol{H}_0$，与外场相互抵消。

6.4　磁介质界面对磁力线方向的偏折

6.4.1　平行平面运动的电荷

在 $z>0$ 区域充满介磁导率为 μ_2 的磁介质，在 $z<0$ 区域充满磁导率为 μ_1 的磁介质，有一运动速度 $\boldsymbol{v}=v\boldsymbol{i}$ 与界面平行的点电荷，其带电量为 Q，位于 $\boldsymbol{r}'=a\boldsymbol{k}$ 的位置上，其电流体矢量为 $Q\boldsymbol{v}=Qv\boldsymbol{i}$。根据边值关系式（6.2.5d）和式（6.2.5c）有

$$\begin{cases}\boldsymbol{n}\cdot(\boldsymbol{H}_2'+\boldsymbol{H}_1')=0\\ \boldsymbol{n}\times(\boldsymbol{H}_2'-\boldsymbol{H}_1')=0\end{cases}\tag{6.4.1}$$

在位置 $\boldsymbol{r}$ 处的感生磁场强度为

$$\begin{cases} \boldsymbol{H}_1' = \dfrac{\mu_2 - \mu_1}{\mu_2 + \mu_1} \dfrac{Q\boldsymbol{v} \times (\boldsymbol{r} - a\boldsymbol{k})}{4\pi |\boldsymbol{r} - a\boldsymbol{k}|^3} = \dfrac{\mu_2 - \mu_1}{\mu_2 + \mu_1} \boldsymbol{H}_0 \\ \boldsymbol{H}_2' = -\dfrac{\mu_2 - \mu_1}{\mu_2 + \mu_1} \dfrac{Q\boldsymbol{v} \times (\boldsymbol{r} + a\boldsymbol{k})}{4\pi |\boldsymbol{r} + a\boldsymbol{k}|^3} = -\dfrac{\mu_2 - \mu_1}{\mu_2 + \mu_1} \boldsymbol{H}_0 \end{cases} \tag{6.4.2}$$

其中，

$$\boldsymbol{H}_0 = \frac{\mu_2 Q\boldsymbol{v} \times (\boldsymbol{r} - a\boldsymbol{k})}{4\pi |\boldsymbol{r} - a\boldsymbol{k}|^3} = \frac{\mu_2 Qv\boldsymbol{k} \times (\boldsymbol{r} - a\boldsymbol{k})}{4\pi |\boldsymbol{r} - a\boldsymbol{k}|^3} = \frac{\mu_2 Qv\boldsymbol{k} \times \boldsymbol{r}}{4\pi |\boldsymbol{r} - a\boldsymbol{k}|^3}$$

$$\mu_{2-1} = \frac{\mu_2 - \mu_1}{\mu_2 + \mu_1}$$

设电流体矢量放在磁介质 2 中，折射磁力线：

$$\tan\theta_1 = \frac{\boldsymbol{H}_{1t}}{\boldsymbol{H}_{1n}} = \frac{\dfrac{\mu_2 - \mu_1}{\mu_2 + \mu_1}\boldsymbol{H}_{0t}}{\dfrac{\mu_2 - \mu_1}{\mu_2 + \mu_1}\boldsymbol{H}_{0n}} = \frac{\boldsymbol{B}_{0t}}{\boldsymbol{B}_{0n}}$$

入射磁力线：

$$\begin{aligned} \tan\theta_2 &= \frac{\boldsymbol{H}_{0t} + \boldsymbol{H}_{2t}'}{\boldsymbol{H}_{0n} + \boldsymbol{H}_{2n}'} = \frac{\boldsymbol{H}_{0t} + \boldsymbol{H}_{1t}'}{\boldsymbol{H}_{0n} - \boldsymbol{H}_{1n}'} = \frac{\boldsymbol{H}_{0t} + \mu_{2-1}\boldsymbol{H}_{0t}}{\boldsymbol{H}_{0n} - \mu_{2-1}\boldsymbol{H}_{0n}} \\ &= \frac{1 + \mu_{2-1}}{1 - \mu_{2-1}} \frac{\boldsymbol{H}_{0t}}{\boldsymbol{H}_{0n}} = \frac{\mu_2}{\mu_1}\tan\theta_1 \end{aligned}$$

$$\frac{\tan\theta_2}{\tan\theta_1} = \frac{\mu_2}{\mu_1} \tag{6.4.3}$$

结论：

（1）式（6.4.3）说明介质交界面附近的磁力线发生折向现象。

（2）将电流体矢量放在磁介质 1 中，结果也类同。

6.4.2 与平面成任意夹角运动的电荷

在 $z>0$ 区域充满介磁导率为 μ_2 的磁介质，在 $z<0$ 区域充满磁

导率为 μ_1 的磁介质，有一运动速度 $\boldsymbol{v}$ 与界面垂直的点电荷，其带电量为 Q，位于 $\boldsymbol{r}'=a\boldsymbol{k}$ 的位置上，其电流体矢量为 $Q\boldsymbol{v}$。根据边值关系式（6.2.3），式（6.2.5d）和式（6.2.5e），得

$$\begin{cases}\boldsymbol{H}_1'=\dfrac{\mu_2-\mu_1}{\mu_2+\mu_1}\dfrac{Q\boldsymbol{v}\times(\boldsymbol{r}-a\boldsymbol{k})}{4\pi|\boldsymbol{r}-a\boldsymbol{k}|^3}\\ \boldsymbol{H}_2'=-\dfrac{\mu_2-\mu_1}{\mu_2+\mu_1}\dfrac{Q\boldsymbol{v}\times(\boldsymbol{r}+a\boldsymbol{k})}{4\pi|\boldsymbol{r}+a\boldsymbol{k}|^3}\\ \boldsymbol{n}\cdot(\boldsymbol{H}_2'+\boldsymbol{H}_1')=0\end{cases}\tag{6.4.4}$$

界面上的感生电流由式

$$v'=\boldsymbol{n}\times(\boldsymbol{H}_2'-\boldsymbol{H}_1')=2\frac{\mu_2-\mu_1}{\mu_2+\mu_1}\frac{Q(\boldsymbol{k}\cdot\boldsymbol{v})\boldsymbol{R}}{4\pi L^3}\tag{6.4.5}$$

得

$$\begin{cases}\boldsymbol{H}_{2n}'-\boldsymbol{H}_{1n}'=0\\ \boldsymbol{H}_{2t}'-\boldsymbol{H}_{1t}'=v'=\pm 2\dfrac{\mu_2-\mu_1}{\mu_2+\mu_1}\dfrac{Q(\boldsymbol{k}\cdot\boldsymbol{v})R}{4\pi L^3}\\ \boldsymbol{r}|_{z=0}=\boldsymbol{R},\ |\boldsymbol{r}|_{z=0}=R\end{cases}\tag{6.4.6}$$

设电流体矢量放在磁介质 2 中，折射磁力线：

$$\tan\theta_1=\frac{H_{0t}+H_{1t}}{H_{0n}+H_{1n}}=\frac{\left(1+\dfrac{\mu_2-\mu_1}{\mu_2+\mu_1}\right)H_{0t}}{\left(1+\dfrac{\mu_2-\mu_1}{\mu_2+\mu_1}\right)H_{0n}}=\frac{\boldsymbol{H}_{0t}}{\boldsymbol{H}_{0n}}$$

入射磁力线：

$$\begin{aligned}\tan\theta_2&=\frac{H_{0t}+H_{2t}'}{H_{0n}+H_{2n}'}=\frac{H_{0t}+H_{1t}'+v'}{H_{0n}-H_{1n}'}=\frac{H_{0t}+\mu_{2-1}H_{0t}+v'}{H_{0n}-\mu_{2-1}H_{0n}}\\&=\frac{1+\mu_{2-1}}{1-\mu_{2-1}}\frac{H_{0t}}{H_{0n}}+\frac{v'}{1-\mu_{2-1}}\frac{1}{H_{0n}}=\frac{\mu_2}{\mu_1}\tan\theta_1+\frac{v'}{1-\mu_{2-1}}\frac{1}{H_{0n}}\end{aligned}$$

得

$$\frac{\tan\theta_2}{\tan\theta_1}=\frac{\mu_2}{\mu_1}+\frac{v'}{1-\mu_{2-1}}\frac{1}{H_{0n}\tan\theta_1} \tag{6.4.7}$$

结论：介质交界面附近的磁力线发生折向现象，一般情况下，

$$\frac{\tan\theta_2}{\tan\theta_1}\neq\frac{\mu_2}{\mu_1}$$

第 7 章

S 理论时空中的相对论

本章将讨论质点力学、刚体力学，分析力学中的物理方程在快度平移变换下的形式及变换关系。

重点内容：

（1）引入了非惯性参考系下的时间测量和加速固有时及原时的概念，解决非惯性参考系下寿命（固有时）测定问题。

（2）引入了刚体力学中的各类合量，解决了刚体力学中物理方程协变形式问题。

（3）引入了分析力学中的各类合量，解决了分析力学中的物理方程协变形式问题。

7.1　快度平移变换（特殊洛伦兹变换）

7.1.1　沿任意方向的特殊洛伦兹坐标变换

设 $\sum$ 为静系——地面，$\sum'$ 为动系——与车固连。设 $\sum'$ 系沿任意方向以恒定速度 $\boldsymbol{u}$ 相对 $\sum$ 系运动。在 $t = t' = 0$ 时，两系坐

标轴重合并取计时的零点。其中，

$$|\boldsymbol{X}\rangle = |ct - \mathrm{i}\boldsymbol{x}\rangle$$

为在 $\sum$ 系测得的四元位置坐标协变形态合量。其中，

$$|\boldsymbol{X}'\rangle = |ct' - \mathrm{i}\boldsymbol{x}'\rangle$$

为在 $\sum'$ 系测得的四元位置坐标协变形态合量。在快度平移变换下，有

$$\begin{cases} |\boldsymbol{X}'\rangle = \boldsymbol{e}^{\mathrm{i}\Theta/2}|\boldsymbol{X}\rangle\boldsymbol{e}^{\mathrm{i}\Theta/2} \\ |\boldsymbol{X}\rangle = \boldsymbol{e}^{-\mathrm{i}\Theta/2}|\boldsymbol{X}'\rangle\boldsymbol{e}^{-\mathrm{i}\Theta/2} \end{cases} \tag{7.1.1}$$

式中，$\boldsymbol{\Theta}$ 为 $\sum'$ 系相对 $\sum$ 系的快度。

设 $\boldsymbol{u}$ 为 $\sum'$ 系相对 $\sum$ 系的速度，有

$$\begin{cases} \mathrm{th}(\mathrm{i}\boldsymbol{\Theta}) = \dfrac{\boldsymbol{u}}{c} = \boldsymbol{\beta} \\ \mathrm{ch}(\mathrm{i}\boldsymbol{\Theta}) = \gamma_u = \dfrac{1}{\sqrt{1-\beta^2}} \\ \mathrm{sh}(\mathrm{i}\boldsymbol{\Theta}) = \gamma_u\boldsymbol{\beta} \end{cases} \tag{7.1.2}$$

其张量的变换形式称为任意方向的特殊洛伦兹变换：

$$\begin{bmatrix} ct' \\ -\mathrm{i}\boldsymbol{x}' \end{bmatrix} = \begin{bmatrix} \gamma & -\mathrm{i}\gamma\boldsymbol{\beta} \\ \mathrm{i}\gamma\boldsymbol{\beta} & \boldsymbol{I} + \dfrac{(\gamma_u - 1)\boldsymbol{\beta}\boldsymbol{\beta}}{\beta^2} \end{bmatrix} \begin{bmatrix} ct \\ -\mathrm{i}\boldsymbol{x} \end{bmatrix} \tag{7.1.3a}$$

简记为

$$\vec{\boldsymbol{X}}' = \overleftrightarrow{\boldsymbol{L}} \cdot \vec{\boldsymbol{X}} \tag{7.1.3b}$$

其中，

$$\begin{cases} \vec{X}' = \begin{bmatrix} ct' \\ -\mathrm{i}\boldsymbol{x}' \end{bmatrix}, \vec{X} = \begin{bmatrix} ct \\ -\mathrm{i}\boldsymbol{x} \end{bmatrix} \\ \overleftrightarrow{\boldsymbol{L}} = \begin{bmatrix} \gamma_{\mathrm{u}} & -\mathrm{i}\gamma_{\mathrm{u}}\boldsymbol{\beta} \\ \mathrm{i}\gamma_{\mathrm{u}}\boldsymbol{\beta} & I + \dfrac{(\gamma_{\mathrm{u}}-1)\boldsymbol{\beta\beta}}{\beta^2} \end{bmatrix} = \boldsymbol{e}\begin{bmatrix} 0 & -\mathrm{i}\Theta \\ \mathrm{i}\Theta & 0 \end{bmatrix} \\ \overleftrightarrow{\boldsymbol{L}}^{\mathrm{T}} = \begin{bmatrix} \gamma & \mathrm{i}\gamma\boldsymbol{\beta} \\ -\mathrm{i}\gamma_{\mathrm{u}}\boldsymbol{\beta} & I + \dfrac{(\gamma_{\mathrm{u}}-1)\boldsymbol{\beta\beta}}{\beta^2} \end{bmatrix} = \boldsymbol{e}\begin{bmatrix} 0 & \mathrm{i}\Theta \\ -\mathrm{i}\Theta & 0 \end{bmatrix} \end{cases} \tag{7.1.4}$$

或

$$\begin{cases} \boldsymbol{x}' = \boldsymbol{x} + \dfrac{(\gamma_u - 1)\boldsymbol{u}(\boldsymbol{u}\cdot\boldsymbol{x})}{u^2} - \gamma_u\boldsymbol{u}t \\ t' = \gamma_u(t - \boldsymbol{u}\cdot\boldsymbol{x}/c^2) \end{cases} \tag{7.1.5}$$

其逆变换为

$$\begin{bmatrix} ct \\ -\mathrm{i}\boldsymbol{x} \end{bmatrix} = \begin{bmatrix} \gamma_{\mathrm{u}} & \mathrm{i}\gamma_u\beta \\ -\mathrm{i}\gamma_{\mathrm{u}}\boldsymbol{\beta} & I + \dfrac{(\gamma_u - 1)\boldsymbol{\beta\beta}}{\beta^2} \end{bmatrix}\begin{bmatrix} ct' \\ -\mathrm{i}\boldsymbol{x}' \end{bmatrix} \tag{7.1.6}$$

简记为

$$\vec{X} = \overleftrightarrow{\boldsymbol{L}}^{-1}\cdot\vec{X}' = \overleftrightarrow{\boldsymbol{L}}^{\mathrm{T}}\cdot\vec{X}' \tag{7.1.7a}$$

或

$$\begin{cases} \boldsymbol{x} = \boldsymbol{x}' + \dfrac{(\gamma_u - 1)\boldsymbol{u}(\boldsymbol{u}\cdot\boldsymbol{x}')}{u^2} + \gamma_u\boldsymbol{u}t' \\ t = \gamma_u(t' + \boldsymbol{u}\cdot\boldsymbol{x}'/c^2) \end{cases} \tag{7.1.7b}$$

可以证明

$$\begin{cases} \overleftrightarrow{\boldsymbol{L}}^{T} = \overleftrightarrow{\boldsymbol{L}}^{*} = \overleftrightarrow{\boldsymbol{L}}^{-1} \\ \overleftrightarrow{\boldsymbol{L}} = \begin{bmatrix} \gamma_u & -\mathrm{i}\gamma_u\boldsymbol{\beta} \\ \mathrm{i}\gamma_u\boldsymbol{\beta} & \overleftrightarrow{\boldsymbol{I}} + \dfrac{(\gamma_u - 1)\boldsymbol{\beta\beta}}{\beta^2} \end{bmatrix} \end{cases} \tag{7.1.8}$$

式中，* 表示复共轭。

式（7.1.8）反映快度平移变换是正交变换，$\overleftrightarrow{\boldsymbol{L}}$ 为厄米矩阵。

7.1.2 沿 X 轴方向的特殊洛伦兹坐标变换

在沿任意方向的特殊洛伦兹坐标变换中取 $\boldsymbol{u}=u\boldsymbol{i}$，得到沿 X 轴的特殊洛伦兹坐标变换

$$\begin{cases} x' = \gamma_u(x - ut) \\ y' = y \\ z' = z \\ t' = \gamma_u(t - ux/c^2) \end{cases} \tag{7.1.9}$$

沿 X 轴的特殊洛伦兹坐标变换的逆变换为

$$\begin{cases} x = \gamma(x' + vt') \\ y = y' \\ z = z' \\ t = \gamma(t' + vx'/c^2) \end{cases} \tag{7.1.10}$$

这反映了宏观机械运动与相对论时空观的辩证统一关系。上式还可以写成矩阵或张量形式，即

$$\begin{bmatrix} ct' \\ -\mathrm{i}x'_x \\ -\mathrm{i}y'_y \\ -\mathrm{i}z'_z \end{bmatrix} = \begin{bmatrix} \gamma_u & -\mathrm{i}\gamma_u u/c & 0 & 0 \\ \mathrm{i}\gamma_u u/c & \gamma_u & 0 & 0 \\ 0 & 0 & 1 & 0 \\ 0 & 0 & 0 & 1 \end{bmatrix} \begin{bmatrix} ct \\ -\mathrm{i}x_x \\ -\mathrm{i}y_y \\ -\mathrm{i}z_z \end{bmatrix} \tag{7.1.11}$$

或

$$\begin{bmatrix} ct \\ -\mathrm{i}x_x \\ -\mathrm{i}y_y \\ -\mathrm{i}z_z \end{bmatrix} = \begin{bmatrix} \gamma_u & \mathrm{i}\gamma_u u/c & 0 & 0 \\ -\mathrm{i}\gamma_u u/c & \gamma_u & 0 & 0 \\ 0 & 0 & 1 & 0 \\ 0 & 0 & 0 & 1 \end{bmatrix} \begin{bmatrix} ct' \\ -\mathrm{i}x'_x \\ -\mathrm{i}y'_y \\ -\mathrm{i}z'_z \end{bmatrix} \tag{7.1.12}$$

简记为

$$\overrightarrow{X}' = \overleftrightarrow{L} \cdot \overrightarrow{X}(\text{或 } X'_{\mu} = L_{\mu\nu}X_{\nu}) \tag{7.1.13}$$

$$\overrightarrow{X} = \overleftrightarrow{L}^{T} \cdot \overrightarrow{X}'(\text{或 } X_{\mu} = L_{\nu\mu}X'_{\nu}) \tag{7.1.14}$$

其中，

$$\begin{cases} \overrightarrow{X}' = \begin{bmatrix} ct' \\ -\mathrm{i}x'_x \\ -\mathrm{i}y'_y \\ -\mathrm{i}z'_z \end{bmatrix}, \overrightarrow{X} = \begin{bmatrix} ct \\ -\mathrm{i}x_x \\ -\mathrm{i}y_y \\ -\mathrm{i}z_z \end{bmatrix} \\ \overleftrightarrow{L} = \begin{bmatrix} \gamma_u & -\mathrm{i}\gamma_u u/c & 0 & 0 \\ \mathrm{i}\gamma_u u/c & \gamma_u & 0 & 0 \\ 0 & 0 & 1 & 0 \\ 0 & 0 & 0 & 1 \end{bmatrix} = \boldsymbol{e}^{\begin{bmatrix} 0 & -\mathrm{i}\Theta & & \\ \mathrm{i}\Theta & 0 & & \\ & & 0 & \\ & & & 0 \end{bmatrix}} \\ \overleftrightarrow{L}^{\mathrm{T}} = \begin{bmatrix} \gamma_u & \mathrm{i}\gamma_u u/c & 0 & 0 \\ -\mathrm{i}\gamma_u u/c & \gamma_u & 0 & 0 \\ 0 & 0 & 1 & 0 \\ 0 & 0 & 0 & 1 \end{bmatrix} = \boldsymbol{e}^{\begin{bmatrix} 0 & \mathrm{i}\Theta & & \\ -\mathrm{i}\Theta & 0 & & \\ & & 0 & \\ & & & 0 \end{bmatrix}} \end{cases} \tag{7.1.15}$$

7.1.3　沿任意方向的特殊洛伦兹速度变换

对式（7.1.5）微分，有

$$\begin{cases} \mathrm{d}\boldsymbol{x}' = \mathrm{d}\boldsymbol{x} + \dfrac{(\gamma_{\mathrm{u}} - 1)\boldsymbol{\beta}(\boldsymbol{\beta} \cdot \mathrm{d}\boldsymbol{x})}{\beta^2} - \gamma_{\mathrm{u}}\boldsymbol{\beta}c\mathrm{d}t \\ \mathrm{d}t' = \gamma_{\mathrm{u}}(\mathrm{d}t - \boldsymbol{\beta} \cdot \mathrm{d}x/c) \end{cases} \tag{7.1.16}$$

$$\frac{\mathrm{d}x'}{\mathrm{d}t'} = \frac{\mathrm{d}x + \dfrac{(\gamma_{\mathrm{u}} - 1)\boldsymbol{\beta}(\boldsymbol{\beta} \cdot \mathrm{d}x)}{\beta^2} - \gamma_{\mathrm{u}}\boldsymbol{\beta}c\mathrm{d}t}{\gamma_{\mathrm{u}}\mathrm{d}t - \gamma_{\mathrm{u}}\boldsymbol{\beta} \cdot \mathrm{d}x/c} \tag{7.1.17}$$

令

$$\begin{cases} \mathrm{d}\boldsymbol{x}'/\mathrm{d}t' = \boldsymbol{v}' \\ \mathrm{d}\boldsymbol{x}/\mathrm{d}t = v \end{cases}$$

得

$$v' = \frac{v + \dfrac{(\gamma_{\mathrm{u}} - 1)\boldsymbol{\beta}(\boldsymbol{\beta} \cdot v)}{\boldsymbol{\beta}^2} - \gamma_{\mathrm{u}}\boldsymbol{\beta}}{\gamma_{\mathrm{u}}(1 - \boldsymbol{\beta} \cdot v/c)} \tag{7.1.18}$$

或对式（7.1.5）两边同时乘 $1/\mathrm{d}\tau$，并利用

$$\begin{cases} \gamma = \mathrm{d}t/\mathrm{d}\tau \\ \gamma' = \mathrm{d}t'/\mathrm{d}\tau \end{cases}$$

有

$$\begin{cases} \gamma'_u v' = [\gamma v + \dfrac{\gamma(\gamma_u - 1)\boldsymbol{\beta}(\boldsymbol{\beta} \cdot \boldsymbol{v})}{\boldsymbol{\beta}^2} - \gamma\gamma_u\boldsymbol{\beta}c] \\ \gamma' = \gamma\gamma_u(1 - \boldsymbol{\beta} \cdot \boldsymbol{v}/c) \end{cases} \tag{7.1.19}$$

用矩阵或张量表示为

$$\begin{bmatrix} c\gamma' \\ -\mathrm{i}\gamma'v' \end{bmatrix} = \begin{bmatrix} \gamma_{\mathrm{u}} & -\mathrm{i}\gamma_u\boldsymbol{\beta} \\ \mathrm{i}\gamma_u\boldsymbol{\beta} & I + \dfrac{(\gamma_u - 1)\boldsymbol{uu}}{u^2} \end{bmatrix} \begin{bmatrix} c\gamma \\ -\mathrm{i}\gamma\boldsymbol{v} \end{bmatrix} \tag{7.1.20}$$

简记为

$$\vec{\boldsymbol{V}}' = \overleftrightarrow{\boldsymbol{L}} \cdot \vec{\boldsymbol{V}} \tag{7.1.21}$$

其中，

$$\begin{cases} \vec{\boldsymbol{V}}' = \begin{bmatrix} c\gamma' \\ -\mathrm{i}\gamma'\boldsymbol{v}' \end{bmatrix} \\ \vec{\boldsymbol{V}} = \begin{bmatrix} c\gamma \\ -\mathrm{i}\gamma\boldsymbol{v} \end{bmatrix} \end{cases} \tag{7.1.22}$$

逆变换为

$$\boldsymbol{v} = \frac{\boldsymbol{v}' + \dfrac{(\gamma_u - 1)\boldsymbol{\beta}(\boldsymbol{\beta}\cdot\boldsymbol{v}')}{\beta^2} + \gamma_u\boldsymbol{\beta}}{\gamma_u(1 + \boldsymbol{\beta}\cdot\boldsymbol{v}'/c)} \tag{7.1.23}$$

$$\begin{cases}\gamma v = \left[\gamma' v' + \dfrac{\gamma'(\gamma_u - 1)\boldsymbol{\beta}(\boldsymbol{\beta}\cdot\boldsymbol{v}')}{\boldsymbol{\beta}^2} + \gamma'\gamma_u\boldsymbol{\beta}c\right] \\ \gamma = \gamma'\gamma_u(1 + \boldsymbol{\beta}\cdot\boldsymbol{v}/c)\end{cases} \tag{7.1.24}$$

$$\begin{bmatrix} c\gamma \\ -\mathrm{i}\gamma\boldsymbol{v}\end{bmatrix} = \begin{bmatrix} \gamma_u & \mathrm{i}\gamma_u\boldsymbol{\beta} \\ -\mathrm{i}\gamma_u\boldsymbol{\beta} & I + \dfrac{(\gamma_u - 1)\boldsymbol{\beta}\boldsymbol{\beta}}{\beta^2}\end{bmatrix}\begin{bmatrix} c\gamma' \\ -\mathrm{i}\gamma' v'\end{bmatrix} \tag{7.1.25}$$

简记为

$$\vec{\boldsymbol{V}} = \overleftrightarrow{\boldsymbol{L}}^{\mathrm{T}} \cdot \vec{\boldsymbol{V}}' \tag{7.1.26}$$

7.1.4　沿 X 轴方向的特殊洛伦兹速度变换

利用式（7.1.18）~式（7.1.25），在沿任意方向的特殊洛伦兹速度变换中取 $\boldsymbol{u} = u\boldsymbol{i}$，得到沿 X 轴的特殊洛伦兹速度变换

$$\begin{cases} v'_x = \dfrac{v_x - u}{1 - uv_x/c^2} \\ v'_y = \dfrac{v_y}{\gamma_{\mathrm{u}}(1 - uv_x/c^2)} \\ v'_z = \dfrac{v_z}{\gamma_{\mathrm{u}}(1 - uv_x/c^2)}\end{cases} \tag{7.1.27}$$

或

$$
\begin{cases}
v_x = \dfrac{v'_x + u}{1 + uv'_x/c^2} \\
v_y = \dfrac{v_y}{\gamma_u(1 + uv'_x/c^2)} \\
v_z = \dfrac{v_z}{\gamma_u(1 + uv'_x/c^2)}
\end{cases}
\tag{7.1.28}
$$

$$
\begin{cases}
\gamma' v'_x = \gamma\gamma_u(v_x - u) \\
\gamma' v'_y = \gamma v_y \\
\gamma' v'_z = \gamma v_z \\
\gamma' = \gamma\gamma_u(1 - uv_x/c^2)
\end{cases}
\tag{7.1.29}
$$

或

$$
\begin{cases}
\gamma v_x = \gamma'\gamma_u(v'_x + u) \\
\gamma v_y = \gamma' v'_y \\
\gamma v_z = \gamma' v'_z \\
\gamma = \gamma'\gamma_u(1 + uv'_x/c^2)
\end{cases}
\tag{7.1.30}
$$

$$
\begin{bmatrix} c\gamma' \\ -\mathrm{i}\gamma' v'_x \\ -\mathrm{i}\gamma' v'_y \\ -\mathrm{i}\gamma' v'_z \end{bmatrix}
=
\begin{bmatrix} \gamma_u & -\mathrm{i}\gamma_u u/c & 0 & 0 \\ \mathrm{i}\gamma_u u/c & \gamma_u & 0 & 0 \\ 0 & 0 & 1 & 0 \\ 0 & 0 & 0 & 1 \end{bmatrix}
\begin{bmatrix} c\gamma \\ -\mathrm{i}\gamma v_x \\ -\mathrm{i}\gamma v_y \\ -\mathrm{i}\gamma v_z \end{bmatrix}
\tag{7.1.31}
$$

或

$$
\begin{bmatrix} c\gamma \\ -\mathrm{i}\gamma v_x \\ -\mathrm{i}\gamma v_y \\ -\mathrm{i}\gamma v_z \end{bmatrix}
=
\begin{bmatrix} \gamma_u & \mathrm{i}\gamma_u u/c & 0 & 0 \\ -\mathrm{i}\gamma_u u/c & \gamma_u & 0 & 0 \\ 0 & 0 & 1 & 0 \\ 0 & 0 & 0 & 1 \end{bmatrix}
\begin{bmatrix} c\gamma' \\ -\mathrm{i}\gamma' v'_x \\ -\mathrm{i}\gamma' v'_y \\ -\mathrm{i}\gamma' v'_z \end{bmatrix}
\tag{7.1.32}
$$

简记为

$$\vec{V}' = \overset{\leftrightarrow}{L} \cdot \vec{V} (\text{或 } V'_{\mu} = L_{\mu\nu} V_{\nu}) \tag{7.1.33}$$

$$\vec{V} = \overset{\leftrightarrow}{L}^{\mathrm{T}} \cdot \vec{V}' (\text{或 } V_{\mu} = L_{\nu\mu} V'_{\nu}) \tag{7.1.34}$$

其中，

$$\begin{cases} \vec{V}' = \begin{bmatrix} c\gamma' \\ -\mathrm{i}\gamma' v'_x \\ -\mathrm{i}\gamma' v'_y \\ -\mathrm{i}\gamma' v'_z \end{bmatrix}, \vec{V} = \begin{bmatrix} c\gamma \\ -\mathrm{i}\gamma v_x \\ -\mathrm{i}\gamma v_y \\ -\mathrm{i}\gamma v_z \end{bmatrix} \\ \overset{\leftrightarrow}{L} = \begin{bmatrix} \gamma_u & -\mathrm{i}\gamma_u u/c & 0 & 0 \\ \mathrm{i}\gamma_u u/c & \gamma_u & 0 & 0 \\ 0 & 0 & 1 & 0 \\ 0 & 0 & 0 & 1 \end{bmatrix} \\ \overset{\leftrightarrow}{L}^{\mathrm{T}} = \begin{bmatrix} \gamma_u & \mathrm{i}\gamma_u u/c & 0 & 0 \\ -\mathrm{i}\gamma_u u/c & \gamma_u & 0 & 0 \\ 0 & 0 & 1 & 0 \\ 0 & 0 & 0 & 1 \end{bmatrix} \end{cases} \tag{7.1.35}$$

7.2　快度平移变换的时空性质

7.2.1　长度收缩

静止时棒长度矢量为 $\boldsymbol{L}_0$，固定在 $\sum'$ 系，有 $\Delta \boldsymbol{x}' = \boldsymbol{L}_0$，在 $\sum$ 系同时测两个端点有 $\Delta t = 0$，其测得的长度为 $\Delta \boldsymbol{x} = \boldsymbol{L}$，得

$$\Delta \boldsymbol{x}' = \Delta \boldsymbol{x} + \frac{(\gamma - 1)\boldsymbol{\beta}(\boldsymbol{\beta} \cdot \Delta \boldsymbol{x})}{\beta^2} - \gamma \boldsymbol{\beta} c \Delta t$$

$$\boldsymbol{L}_0 = \boldsymbol{L} + \frac{(\gamma - 1)\boldsymbol{\beta}(\boldsymbol{\beta} \cdot \boldsymbol{L})}{\beta^2}$$

即

$$\begin{cases} \boldsymbol{L}_{0\perp} = \boldsymbol{L}_{\perp} \\ \boldsymbol{L}_{0\parallel} = \gamma \boldsymbol{L}_{\parallel} \end{cases} \tag{7.2.1}$$

在运动方向上的长度 $\boldsymbol{L}_{\parallel}$，收缩成

$$\boldsymbol{L}_{\parallel} = \boldsymbol{L}_{0\parallel}/\gamma = \boldsymbol{L}_{0\parallel}\sqrt{1 - \frac{u^2}{c^2}} \tag{7.2.2}$$

上式就是长度收缩公式。其结果表明：运动的方向上长度收缩，物体静止时长度最长。

7.2.2 时间膨胀

在 $\sum$ 系同一地点发生的不同的两个事件 $\Delta \boldsymbol{x} = 0$，$\Delta t \neq 0$，根据洛伦兹变换

$$\Delta t' = \gamma(\Delta t - \boldsymbol{\beta} \cdot \Delta \boldsymbol{x}/c) = \gamma \Delta t = \gamma \Delta \tau = \frac{\Delta \tau}{\sqrt{1 - \frac{u^2}{c^2}}} \tag{7.2.3}$$

其中，静止参考系测量的时间（原时）$\Delta t = \Delta \tau$，在运动的参考系上观察其时间增大。

上式就是时间膨胀公式，其结果表明：静止的时间 $\Delta \tau$ 最短，运动使时间 $\Delta t'$膨胀。

7.2.3 同时性的相对性

当 $\sum{}'$ 系发生的两个事件是同时的，有 $\Delta t' = t_2' - t_1' = 0$。根据洛伦兹变换

$$\Delta t' = \gamma(\Delta t - \boldsymbol{\beta} \cdot \Delta \boldsymbol{x}/c)$$

有

$$\begin{cases} \Delta t' = 0 \\ \Delta t = t_2 - t_1 = \boldsymbol{\beta} \cdot \Delta \boldsymbol{x}/c \neq 0 \end{cases} \tag{7.2.4}$$

在 $\sum'$ 系观测发生的两个事件是同时的，而在 $\sum$ 系观测此两个事件的发生则不一定是同时的。

7.2.4　原时与坐标时的关系

三维空间和原时共同构成一个平直的四维欧氏时空，这个四维空间称为（x，$\boldsymbol{\tau}$）表象空间，也称原时空间。引入虚构的参数 t，称为坐标时，即参考系统一时间——参考系时间。

三维空间和参考系坐标时 t 共同构成一个赝四维欧氏空间，这个四维空间称为（x，t）表象空间，也称坐标时空间。

在三维空间中，以不同速度运动的各种粒子，其在四维空间运动速率相同，均为光速 c。但在四维欧氏时空中，其方向不同。

光子在三维空间的速度为 c，是因为其第四个分量为零，其他物体的原时与时间的关系为（在坐标时空间中，粒子的速率为 v）

$$\begin{cases} \mathrm{d}\boldsymbol{\tau} = \mathrm{d}t\sqrt{1 - \dfrac{v^2}{c^2}} \\ \mathrm{d}t = \mathrm{d}\boldsymbol{\tau} \Big/ \sqrt{1 - \dfrac{v^2}{c^2}} = \gamma \mathrm{d}\boldsymbol{\tau} \end{cases} \tag{7.2.5}$$

或

$$\begin{cases} \boldsymbol{\tau} = \displaystyle\int_l \sqrt{1 - \frac{v^2}{c^2}}\mathrm{d}t = \int_l \frac{1}{\gamma}\mathrm{d}t \\ t = \displaystyle\int_l \mathrm{d}\boldsymbol{\tau} \Big/ \sqrt{1 - \frac{v^2}{c^2}} = \int_l \gamma \mathrm{d}\boldsymbol{\tau} \end{cases} \tag{7.2.6}$$

其中，

$$\begin{cases} \boldsymbol{v} = \dfrac{\mathrm{d}\boldsymbol{x}}{\mathrm{d}t} = \dot{\boldsymbol{x}} \\ \tau = \displaystyle\int_l \sqrt{1 - \frac{v^2}{c^2}}\mathrm{d}t = \int_l \frac{1}{\gamma}\mathrm{d}t \\ t = \displaystyle\int_l \mathrm{d}\tau \Big/ \sqrt{1 - \frac{v^2}{c^2}} = \int_l \gamma \mathrm{d}\tau \end{cases} \tag{7.2.7}$$

例如，假设氦原子内部的一个质子沿 x 轴运动，在原时空间中，半个周期内的轨迹为半圆，如图 7－1 所示。求：（1）在半个周期内坐标时与原时的比值，并确定质子的等效速率；（2）在坐标时空间中质子的运动函数。

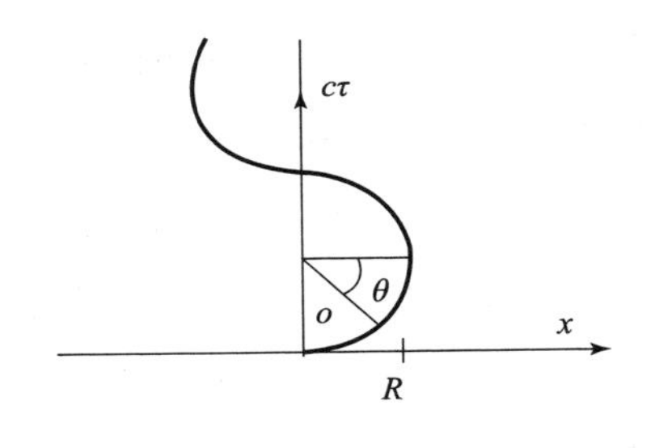

图 7－1

解：（1）在一个周期内，有

$$\begin{cases} c\tau = \displaystyle\int_l \sqrt{1 - \frac{v^2}{c^2}}\mathrm{d}t = 直径 = 2R \\ ct = \displaystyle\int_l \mathrm{d}\tau / \sqrt{1 - \frac{v^2}{c^2}} = 弧长 = 2\pi R \end{cases} \tag{7.2.8}$$

在一个周期内原时与坐标间的比值

$$t/\tau = \pi \tag{7.2.9}$$

令

$$t/\tau = \gamma \tag{7.2.10}$$

其中，γ 称为运动等效因子。设在一个周期内粒子的等效速率为 v，根据式（7.2.9）及式（7.2.10），有

$$\pi = \gamma = \frac{1}{\sqrt{1-\frac{v^2}{c^2}}} \Rightarrow \sqrt{1-\frac{v^2}{c^2}} = \frac{1}{\pi} \Rightarrow 1-\frac{v^2}{c^2} = \frac{1}{\pi^2}$$

$$v = c\sqrt{1-\frac{1}{\pi^2}} = \frac{c}{\pi}\sqrt{\pi^2-1} \approx 0.948c$$

（2）考虑在坐标时空间中质子的运动函数时，由于 $t=0$ 时，$x=0$，$v=c$，得

$$\begin{cases} \mathrm{d}t = -R\mathrm{d}\theta \\ \sin\theta = \dfrac{v}{c} \Rightarrow \cos\theta\mathrm{d}\theta = \dfrac{\mathrm{d}v}{c} \end{cases} \tag{7.2.11}$$

$$\mathrm{d}t = -R\mathrm{d}\theta = -R\frac{\mathrm{d}v/c}{\cos\theta} = -R\gamma\frac{\mathrm{d}v}{c} \tag{7.2.12}$$

两边积分得

$$t = \int_0^t \mathrm{d}t = -\int_c^v R\gamma\frac{\mathrm{d}v}{c} = -\int_c^v R\frac{\mathrm{d}v}{c\sqrt{1-\frac{v^2}{c^2}}}$$
$$= -\left(\arcsin\frac{v}{c}\right)\frac{R}{c}\Big|_c^v = -\left(\arcsin\frac{v}{c}\right)\frac{R}{c} + \frac{\pi R}{2c} \tag{7.2.13}$$

得

$$\frac{ct}{R} - \frac{\pi}{2} = -\arcsin\frac{v}{c}$$

$$-\sin\left(\frac{ct}{R} - \frac{\pi}{2}\right) = \frac{v}{c}$$

$$\sin\left(\frac{ct}{R} + \frac{\pi}{2}\right) = \frac{v}{c}$$

$$v = c\sin\left(\frac{c}{R}t + \frac{\pi}{2}\right)$$

$$dx = c dt \sin\left(\frac{c}{R}t + \frac{\pi}{2}\right) \tag{7.2.14}$$

两边积分得

$$x = \int_0^x dx = R\int_0^t \frac{c dt}{R}\sin\left(\frac{ct}{R} + \frac{\pi}{2}\right) = -R\cos\left(\frac{ct}{R} + \frac{\pi}{2}\right)\Big|_0^t$$

$$= -R\cos\left(\frac{ct}{R} + \frac{\pi}{2}\right) = R\sin\frac{ct}{R} \tag{7.2.15}$$

即

$$\begin{cases} x = R\sin\omega t \\ \omega = \dfrac{c}{R} \end{cases} \tag{7.2.16}$$

质子做简谐振动，振动的角频率为

$$\omega = \frac{c}{R}$$

其振动速度为

$$v = c\sin\left(\omega t + \frac{\pi}{2}\right) = c\cos\omega t$$

其振动加速度为

$$a = \frac{dv}{dt} = -c\omega\sin\omega t = -\frac{c^2}{R}\sin\omega t$$

结论：

（1）质子在氦原子核内，静止质量时刻发生改变。在 $x = 0$ 处，质子速率接近光速，静止质量接近于零。

（2）质子在氦原子核内，静止能量时刻发生改变。在 $x = 0$ 处，质子速率接近光速，静止能量接近于零。静止能量与电磁场能量相互转化，总能量为恒值。

（3）在原时空间中圆周运动的粒子，反映在坐标时空间，是简谐振动。

7.3　非惯性参考系下的时间测量

7.3.1　速度固有时与加速固有时

设 $\sum'$ 系（可以是惯性系，也可以是非惯性系）的 o' 点位置上测量惯性 $\sum$ 系中 o 点的速度固有时 $d\tau_v$ 定义为

$$d\tau_v = \left(dt - \frac{v \cdot dx}{c^2}\right) = \left(1 - \frac{v^2}{c^2}\right)dt = \frac{1}{\gamma^2}dt \qquad (7.3.1)$$

其中，在惯性 $\sum$ 系中测得的位移为 $d\boldsymbol{x}$，时间为 dt，运动速度为 $\boldsymbol{v}$。根据洛伦兹变换。在 $\sum'$ 系测得 o' 点流逝的时间 dt' 等于原时 $d\tau_{o'}$，即

$$dt' = d\tau_{o'} = \gamma dt - \frac{\gamma \boldsymbol{v} \cdot d\boldsymbol{x}}{c^2} = \sqrt{1 - \frac{v^2}{c^2}}dt \qquad (7.3.2)$$

$\sum'$ 系测得 o' 点流逝的原时 $d\tau_{o'}$ 与同期在 $\sum'$ 系的 o' 点测得 o 的流逝的速度固有时为 $d\tau_v$，有

$$d\tau_v = \sqrt{1 - \frac{\boldsymbol{v}_{o'}^2}{c^2}}d\tau_{o'} \qquad (7.3.3)$$

由式（7.3.1）和式（7.3.3），在 $t_1 \to t_2$ 期间，在 $\sum'$ 系的 o' 点测得 o 的流逝的速度固有时为

$$\Delta\tau_v = \int_{t_1}^{t_2}\left(1 - \frac{\boldsymbol{v}_{o'}^2}{c^2}\right)dt \qquad (7.3.4a)$$

这是在运动物体上测得惯性系中的原点流逝的时间—速度固有时 $\Delta\tau_v$。在惯性 $\sum$ 系中测得原点 o 的流逝的原时为

$$\Delta t = t_2 - t_1 \tag{7.3.4b}$$

设 $\sum'$ 系为非惯性系，固定在加速的物体上，在 $\sum'$ 系的 o'，其在 $\sum$ 系观察，运动函数为 $\boldsymbol{x}_0{}'(t)$，速度为

$$v_{o'} = \frac{\mathrm{d}\boldsymbol{x}_0{}'}{\mathrm{d}t} = \dot{\boldsymbol{x}}_0{}'$$

加速度为

$$\boldsymbol{a}_{o'} = \frac{\mathrm{d}^2\boldsymbol{x}_{o'}}{\mathrm{d}t^2} = \ddot{\boldsymbol{x}}_{o'}$$

（1）在惯性系 $\sum$ 系原点 o 经历时间为 $\Delta t = t_2 - t_1$。

（2）在 $\sum'$ 系原点 o' 的观察者在加速过程中，观察 $\sum$ 系的原点 o 的运动加速固有时间定义为

$$\Delta t_a = -\int_{t_1}^{t_2} \frac{\boldsymbol{a}_{o'}\mathrm{d}t \cdot \boldsymbol{x}_o}{c^2} = -\int_{t_1}^{t_2} \frac{\boldsymbol{x}_o \cdot \mathrm{d}\boldsymbol{v}_{o'}}{c^2} \tag{7.3.5}$$

（3）在 $\sum'$ 系原点 o' 的观察者观察 $\sum$ 系的原点 o 的总固有时间为

$$\Delta t_o = \Delta\tau_v + \Delta t_a = \int_{t_1}^{t_2}\left(1 - \frac{v_{o'}^2}{c^2}\right)\mathrm{d}t - \int_{t_1}^{t_2} \frac{\boldsymbol{x}_o \cdot \mathrm{d}\boldsymbol{v}_{o'}}{c^2} \tag{7.3.6}$$

（4）当 $\sum'$ 系又以初速度回到 $\sum$ 系的出发地点时，有 $\Delta(\boldsymbol{x}_o \cdot \boldsymbol{v}_{o'}) = 0$

$$\int_{t_1}^{t_2}\left(1 - \frac{\mathrm{d}(\boldsymbol{x}_o \cdot \boldsymbol{v}_{o'})}{c^2}\right)\mathrm{d}t = t_2 - t_1$$

因此，借助上式，在 $\sum'$ 系原点 o' 的观察者观察 $\sum$ 系的原点 o 的总固有时间 Δt_o 等于在 $\sum$ 系测得 $\sum$ 系的原点 o 的坐标时（原时）Δt，这称为原时与固有时等价原理。即

$$\Delta t = \Delta t_o = \Delta\tau_o + t_a = \int_{t_1}^{t_2}\left(1 - \frac{\boldsymbol{v}_{o'}^2}{c^2}\right)\mathrm{d}t - \int_{t_1}^{t_2} \frac{\boldsymbol{x}_o \cdot \mathrm{d}\boldsymbol{v}_{o'}}{c^2}$$

$$= \int_{t_1}^{t_2}\left(1 - \frac{\mathrm{d}\boldsymbol{x}_o \cdot \boldsymbol{v}_{o'}}{c^2}\right)\mathrm{d}t - \int_{t_1}^{t_2}\frac{\boldsymbol{x}_o \cdot \mathrm{d}\boldsymbol{v}_{o'}}{c^2} = \int_{t_1}^{t_2}\left(1 - \frac{\mathrm{d}(\boldsymbol{x}_o \cdot \boldsymbol{v}_{o'})}{c^2}\right)\mathrm{d}t = t_2 - t_1 \tag{7.3.7}$$

上式的成立条件：$\sum'$ 系以当初的速度回到 $\sum$ 系的出发地点时。

说明：

（1）在两个事件期间，对 $\sum$ 系的原点 o 的坐标时（原时）Δt 的测量，自己对自己的测量值称为原时，运动物体上对它的测量值称为固有时，固有时分为速度固有时和加速固有时。

（2）不同运动状态的物体对 $\sum$ 系的原点 o 的流逝的时间测量值——固有时会不同。

（3）从惯性系静止出发，又回到原来惯性系静止时，对同一物体的原时与固有时一定等价，但不同的物体的原时不一定相等。

（4）速度固有时仅与速度有关，但加速固有时同时还与位置有关，并且可以倒流。

7.3.2　两个佯谬

1. 强盗堵截火车佯谬

有个强盗刚刚学了一点相对论知识后，找另一个强盗商量去做一件惊天动地的大事——将火车堵截在隧道里。通过计算他得知，由于长度收缩效应，火车速度达到 0.6 倍的光速就能实现车体长为 100m 缩到 80m，小于 90m 的隧道长的条件。他计划用两块巨石分别放在隧道入口处，当火车刚完全进入隧道后，同时推下两块巨石堵住隧道的两个入口，完成这次壮举。

由于保密工作没做好，被火车驾驶员获悉。火车驾驶员碰巧也刚刚学了点相对论知识，也做了计算：隧道90m，隧道以0.6倍的光速相对火车运动，隧道变为72m，怎么能把我的100m长的刚性火车堵住呢？强盗认为能堵截火车，而火车驾驶员认为不能堵截火车，结果应该是唯一的。这就是强盗堵劫火车佯谬问题。

解答如下：

（1）设火车是刚性的。

（2）停车是必然事件，不可抗拒。停车令必须由火车驾驶员下达，在火车上观察有各车厢同时制动停车现象发生。

（3）根据洛伦兹变换，在地面上观察现象为：各车厢不是同时制动停车，车尾先制动停车，各车厢依次停车，最后轮到车头停车，最后火车恢复原长。此过程是必然发生的不可抗拒的现象。

（4）刚性火车不可压缩，在地面上观察不可能实现车头车尾整体同时停车过程。在地面上观察实现车头车尾整体同时停车过程，是人类的主观错误意念。

结论：不能堵截火车（除非火车可压缩，在地面上才能观察到同时制动各车厢与同时停车）。

2. 双生子佯谬

设想一次假想的宇宙航行，双生子 a 乘高速飞船到远方宇宙空间去旅行（距离为 L），双生子 b 则留在地球上，经过若干年飞船返回地球。在地球上的 b 看来，a 处于运动之中，a 的生命过程进行得缓慢，则 a 比 b 年轻；而在飞船上的 a 看来，b 是运动的，则 b 比较年轻。重返相遇的比较，结果应该是唯一的。这就是双生子佯谬问题。

解答如下：

1）a 加速运动阶段

设 b 留在惯性 $\sum$ 系中，a 固定在 $\sum'$ 系 o'，去远方宇宙空间去旅行，设以巨大的加速度进行，并瞬时达到速度 $\boldsymbol{v}(\Delta t = t_2 - t_1 \approx 0$ 加速时间可略)，有 $\boldsymbol{a}_{o'} = \boldsymbol{v}\delta(t)$。根据式（7.3.5），在 $\sum'$ 系原点 o' 的观察者观察 $\sum$ 系的原点 o 的总固有时间为

$$\begin{cases} \Delta t_o = \Delta\tau_o + t_a = \int_{t_1}^{t_2}\left(1 - \frac{\boldsymbol{v}_{o'}^2}{c^2}\right)\mathrm{d}t - \int_{t_1}^{t_2}\frac{\boldsymbol{x}_o \cdot \mathrm{d}\boldsymbol{v}_{o'}}{c^2} \approx 0 \\ \Delta t = t_2 - t_1 \approx 0 \\ \boldsymbol{x}_o \approx 0 \end{cases} \tag{7.3.8}$$

在 $\sum'$ 系的观察原点 o' 的坐标时为原时，约等于0。

结论：在起步阶段，a 或 b 都没有生命（原时）流逝，同样年轻。

2）a 匀速运动阶段

在 $\sum$ 系观察 $\sum'$ 系的原点 o' 的坐标时为

$$\Delta t_2 = \frac{L}{v} \tag{7.3.9}$$

根据时间膨胀公式，在 $\sum'$ 系测得的原点 o' 的坐标时为原时，即

$$\Delta t_2' = \Delta\tau_2 = \Delta t_2\sqrt{1 - \frac{v^2}{c^2}} = \frac{L}{v}\sqrt{1 - \frac{v^2}{c^2}} \tag{7.3.10}$$

在这个阶段，没有加速固有时，即

$$t_a = 0$$

根据式（7.3.5），在 $\sum'$ 系的原点 o' 的观察者，测得 $\sum$ 系的原点 o 的固有时间 Δt_{o2} 为

$$\begin{cases}\Delta t_{o2} = \Delta\tau_{o2} + t_{a2} = \int_{t_2}^{t_3}\left(1 - \dfrac{v_{o'}^2}{c^2}\right)\mathrm{d}t = \dfrac{L}{v}\left(1 - \dfrac{v^2}{c^2}\right) \\ \Delta t = t_3 - t_2 = \dfrac{L}{v} \\ t_{a2} = 0\end{cases} \tag{7.3.11}$$

结论：

（1）匀速运动阶段，a 对 b 观测值及 b 对 b 观测值结果一致，都确定 b 的生命（原时）流逝为

$$\Delta t_2' = \Delta\tau_2 = \frac{L}{v}\sqrt{1 - \frac{v_{o'}^2}{c^2}} \tag{7.3.12}$$

（2）但 a 和 b 的观测结果，对 a 的生命（原时或固有时）流逝不同，分别为

①a 对 a 观测值：$\Delta t = t_3 - t_2 = \dfrac{L}{v}$大于 a 对 b 观测值$\dfrac{L}{v}\sqrt{1 - \dfrac{v^2}{c^2}}$；

②b 对 a 观测值：$\Delta t_{o2} = \dfrac{L}{v}\left(1 - \dfrac{v^2}{c^2}\right)$小于 b 对 b 观测值$\dfrac{L}{v}\sqrt{1 - \dfrac{v^2}{c^2}}$。

在这个阶段，好像是 a 看 b 比自己年轻，b 看 a 比自己年轻，都看对方年轻。

3）a 减速运动阶段

设 a 以巨大的减速度进行，并瞬时达到速度 0（$\Delta t_3 = t_4 - t_3 \approx 0$ 减速时间可略），有 $\boldsymbol{a}_{o'} = -\boldsymbol{v}\delta(t)$ 。根据式（7.3.5），在 $\sum'$ 系原点 o' 的观察者观察 $\sum$ 系的原点 o 的总固有时间为

$$\begin{cases}\Delta t_o = \Delta\tau_o + t_a = \int_{t_3}^{t_4}\left(1 - \dfrac{v^2}{c^2}\right)\mathrm{d}t - \int_{t_3}^{t_4}\dfrac{\boldsymbol{x}_o \cdot \mathrm{d}\boldsymbol{v}_{o'}}{c^2} \approx \dfrac{\boldsymbol{x}_o \cdot \boldsymbol{v}}{c^2} \\ \Delta t = t_4 - t_3 \approx 0 \\ |\boldsymbol{x}_o| \approx L\end{cases} \tag{7.3.13}$$

在 $\sum'$ 系的观察者观察原点 o' 的流逝的坐标时为原时，约等于0。在 $\sum$ 系的观察者观察 $\sum'$ 系的原点 o' 的流逝的坐标时为固有时，也约等于0。在 $\sum$ 系 o 点的观察者观察 $\sum$ 系的原点 o 的流逝的坐标时为原时，约等于0。

结论：a 减速运动阶段，除 a 对 b 观测有生命（原时）流逝为 $\frac{\boldsymbol{x}_o \cdot \boldsymbol{v}}{c^2}$，其他生命（原时或固有时）流逝约为0。

4）a 运动全阶段分析

a 对 b 观测生命（原时）总流逝为

$$\Delta\tau_o = \Delta\tau_{o2} + \Delta t_o = \frac{L}{v}\left(1 - \frac{v^2}{c^2}\right) + \frac{\boldsymbol{x}_o \cdot \boldsymbol{v}}{c^2} \tag{7.3.14}$$

由于 $\boldsymbol{x}_o = \boldsymbol{v}\Delta t$，代入上式，得

$$\Delta\tau_o = \frac{L}{v} = \Delta t \tag{7.3.15}$$

其他阶段，观测生命（原时）总流逝为0。

结论：a 运动全阶段对生命（原时）总流逝分析结果为：

①a 对 b 观测值及 b 对 b 观测值结果一致，都确定在整个运动期间，b 的生命（原时）流逝为

$$\Delta t = \Delta\tau_o = \frac{L}{v} \tag{7.3.16}$$

②a 对 a 观测值及 b 对 a 观测值结果一致，都确定 a 的生命（原时）流逝为

$$\Delta t' = \Delta\tau_{o'} = \frac{L}{v}\sqrt{1 - \frac{v^2}{c^2}} \tag{7.3.17}$$

因此，式（7.3.16）与式（7.3.17）比较得出结论：a 比 b 年轻。

③a 和 b 的生命（原时或固有时）流逝不同，a 比 b 年轻，谁变

速回到原来的参考系的运动者生命（原时）流逝的少，则谁比较年轻。

④由于不同运动的观察者对同一个物体整个过程的生命（原时）流逝多少的统计，有不均匀流逝问题存在，因此，必须符合寿命测定条件，才能得到一致的结论，才能用于比较生命（原时）流逝的多少，否则，一段过程的比较没有意义。

7.4 质点动力学方程的协变形式

7.4.1 质点受到的作用力方程的协变形态

质点受到的作用力的协变形式为

$$\begin{aligned} |\boldsymbol{K}\rangle &= \frac{\mathrm{d}|\boldsymbol{P}\rangle}{\mathrm{d}\tau} = m_0\frac{\mathrm{d}|\boldsymbol{V}\rangle}{\mathrm{d}\tau} = m_0\frac{\mathrm{d}|(c\boldsymbol{e}^{-\mathrm{i}\theta}\rangle}{\mathrm{d}\tau} \\ &= |\boldsymbol{\beta}\cdot\boldsymbol{k}-\mathrm{i}\boldsymbol{k}\rangle = \left|\frac{\mathrm{d}W}{c\mathrm{d}t}-\mathrm{i}\boldsymbol{k}\right\rangle \end{aligned} \tag{7.4.1}$$

式中，$|\boldsymbol{P}\rangle = |m_0\boldsymbol{V}\rangle = |m_0c\boldsymbol{e}^{-\mathrm{i}\theta}\rangle = |m_0\gamma c-\mathrm{i}m_0\gamma v\rangle$ 为协变速度合量。

或

$$\begin{cases} \boldsymbol{k} = \gamma\boldsymbol{f} = \dfrac{\mathrm{d}\boldsymbol{p}}{\mathrm{d}\tau} = \dfrac{\mathrm{d}(m_0\gamma v)}{\mathrm{d}\tau} = \gamma\dfrac{\mathrm{d}(m_0\gamma v)}{\mathrm{d}t} \\ \dfrac{\mathrm{d}W}{\mathrm{d}t} = \boldsymbol{v}\cdot\boldsymbol{k} = \gamma\boldsymbol{v}\cdot\boldsymbol{f} \\ \boldsymbol{p} = m_0\gamma\boldsymbol{v} \end{cases} \tag{7.4.2}$$

得到非协变作用力公式

$$\boldsymbol{f} = \frac{\mathrm{d}\boldsymbol{p}}{\mathrm{d}t} = \frac{\mathrm{d}(m_0\gamma\boldsymbol{v})}{\mathrm{d}t} = m_0\frac{\mathrm{d}(\gamma\boldsymbol{v})}{\mathrm{d}t} \tag{7.4.3}$$

低速情况下 $\gamma\approx 1$ ，过渡到经典的牛顿第二定律

$$\boldsymbol{f} = m_0 \frac{\mathrm{d}\boldsymbol{v}}{\mathrm{d}t} = m_0 \dot{\boldsymbol{v}} \tag{7.4.4}$$

可见，牛顿第二定律只是 S 理论中质点动力学方程的极限形式。

7.4.2　动能和质能的关系

力做功等于物体动能的增量

$$\mathrm{d}E_k = \mathrm{d}A = \boldsymbol{f} \cdot \mathrm{d}\boldsymbol{x} = \frac{\mathrm{d}(m_0\gamma v)}{\mathrm{d}t} \cdot \mathrm{d}\boldsymbol{x} = m_0 c^2 \frac{\mathrm{d}(\gamma\boldsymbol{\beta}) \cdot (\gamma\boldsymbol{\beta})}{\gamma}$$

$$= \frac{1}{2} m_0 c^2 \frac{\mathrm{d}(\gamma\beta)^2}{\gamma} = \frac{1}{2} m_0 c^2 \frac{\mathrm{d}(\gamma^2 - 1)}{\gamma} = \mathrm{d}(m_0 \gamma c^2)$$

上式积分得

$$E_k = \int_0^v \mathrm{d}(m_0 \gamma c^2) = m_0 \gamma c^2 - m_0 c^2 = E - E_0 \tag{7.4.5}$$

$$\begin{cases} E_k = E - E_0 \\ E = m_0 \gamma c^2 \\ E_0 = m_0 c^2 \end{cases} \tag{7.4.6}$$

式中，E_0 为物体静能；E 为物体总能量；E_k 为物体动能。

式（7.4.6）就是质能关系。可以验证：

$$E_k = m_0 \gamma c^2 - m_0 c^2 = \frac{1}{2} m_0 v^2 + \cdots$$

在低速情况下，自然过渡到经典力学的动能表达式。

7.4.3　物体能量和动量守恒定律的协变形式

质点 $j = 1, 2, \cdots, n$ 的协变形态速度为

$$| \boldsymbol{V}_j \rangle = \left| \frac{\mathrm{d}\boldsymbol{X}_j}{\mathrm{d}\tau} \right\rangle = c\boldsymbol{e}^{-\mathrm{i}\theta_j} = | c\gamma_j - \mathrm{i}\gamma_j \boldsymbol{v}_j \rangle \tag{7.4.7}$$

质点组的能量守恒和动量守恒定律协变形态为

$$\sum_j |\ m_{0j}\gamma_j c^2 - \mathrm{i}m_{0j}c\gamma_j \boldsymbol{v}_j\rangle = |\ E - \mathrm{i}c\boldsymbol{p}\rangle = 常数 \qquad (7.4.8)$$

其中，

$$E = \sum_j m_{0j}\gamma_j c^2 = 常数 \qquad (7.4.9a)$$

为能量守恒。其中，

$$p = \sum_j m_{0j}\gamma_j \boldsymbol{v}_j = 常数 \qquad (7.4.9b)$$

为动量守恒。可见，物体的动量守恒与能量守恒形成统一的协变关系。低速情况下 $\gamma \approx 1$ ，过渡到经典情况下的能量守恒和动量守恒定律

$$E = \sum_j \frac{1}{2} m_{0j} v_j^2 = 常数 \qquad (7.4.10a)$$

$$\boldsymbol{p} = \sum_j m_{0j}\boldsymbol{v}_j = 常数 \qquad (7.4.10b)$$

7.4.4 质心静止质量与结合能

设 $\boldsymbol{v}_c$ 为在 $\sum$ 系测得的物体的质心速度，因而，质心参考系 $\sum'$ 相对 $\sum$ 参考系的速度为 $\boldsymbol{v}_c$ ，质点 j 相对质心的速度为 $\boldsymbol{v}_j'$，质点 j 相对 $\sum$ 系的速度为 $\boldsymbol{v}_j$ 。根据快度平移变换（即任意方向的特殊洛伦兹速度变换），有

$$\begin{cases} \gamma_j = \gamma_j'\gamma_c + \gamma_j'\gamma_c \boldsymbol{v}_j' \cdot \boldsymbol{v}_c / c^2 \\ \gamma_j \boldsymbol{v}_j = \gamma_j' \boldsymbol{v}' + \dfrac{(\gamma_c^2 - 1)}{\boldsymbol{v}_c^2} \gamma_j' (\boldsymbol{v}_j' \cdot \boldsymbol{v}_c) \boldsymbol{v}_c + \gamma_c \gamma_j' \boldsymbol{v}_c \end{cases} \qquad (7.4.11)$$

在质心参考系上，有

$$\sum_j (m_{0j}\gamma_j' \boldsymbol{v}_j') = 0 \qquad (7.4.12)$$

质点 j 的协变形态能动合量为

$$|\boldsymbol{P}_j\rangle = |m_{0j}\boldsymbol{V}_j\rangle = |m_{0j}c\boldsymbol{e}^{-\mathrm{i}\theta_j}\rangle = |m_{0j}\boldsymbol{\gamma}_j c - \mathrm{i}m_{0j}\boldsymbol{\gamma}_j\boldsymbol{v}_j\rangle \tag{7.4.13}$$

利用式（7.4.11）和式（7.4.12），质点组的协变形态能动合量总和为

$$\begin{aligned}
|\boldsymbol{P}\rangle &= \sum_j |\boldsymbol{P}_j\rangle = \sum_j |m_{0j}\boldsymbol{V}_j\rangle = \sum_j |m_{0j}c\boldsymbol{e}^{-\mathrm{i}\theta_j}\rangle \\
&= \sum_j |m_{0j}c\boldsymbol{\gamma}_j - \mathrm{i}m_{0j}\boldsymbol{\gamma}_j\boldsymbol{v}_j\rangle \\
&= \sum_j \Bigg|\Bigg[m_{0j}c(\boldsymbol{\gamma}'_j\boldsymbol{\gamma}_c + \boldsymbol{\gamma}'_j\boldsymbol{\gamma}_c\boldsymbol{v}'_j\cdot\boldsymbol{v}_c/c^2) - \mathrm{i}m_{0j} \\
&\qquad \left(\boldsymbol{\gamma}'_j\boldsymbol{v}' + \frac{(\boldsymbol{\gamma}_c^2-1)}{v_c^2}\boldsymbol{\gamma}'_j\boldsymbol{v}'_j\cdot\boldsymbol{v}_c\boldsymbol{v}_c + \boldsymbol{\gamma}'_j\boldsymbol{\gamma}_c\boldsymbol{v}_c\right)\Bigg]\Bigg\rangle \\
&= \sum_j |[m_{0j}c(\boldsymbol{\gamma}'_j\boldsymbol{\gamma}_c) - \mathrm{i}m_{0j}(\boldsymbol{\gamma}'_j\boldsymbol{\gamma}_c\boldsymbol{v}_{cj})]\rangle \\
&= \left|\sum(m_{0j}\boldsymbol{\gamma}'_j)c\boldsymbol{\gamma}_c - \mathrm{i}\sum(m_{0j}\boldsymbol{\gamma}'_j)\boldsymbol{\gamma}_c v_c\right\rangle \\
&= |M_0c\boldsymbol{\gamma}_c - \mathrm{i}M_0\boldsymbol{\gamma}_c v_c\rangle = M_0|v_c\rangle = |M_0c\boldsymbol{e}^{-\mathrm{i}\theta_c}\rangle
\end{aligned} \tag{7.4.14}$$

式中，

$$\sum(m_{0j}\boldsymbol{\gamma}'_j) = M_0$$

为质点组的总静止质量（=质心坐标系下的质量），它不等于每个质点的静止质量之和。在一定的条件下，物体的静止质量可以发生改变 ΔM_0，放出能量 ΔE 为

$$\begin{cases}
M_0 = \sum\limits_j m_{0j} \\
M'_0 = \sum\limits_j \boldsymbol{\gamma}'_j m_{0j} \\
E_{\text{结合能}} = E - E_0 = M'_0c^2 - M_0c^2 = \Delta M_0c^2
\end{cases} \tag{7.4.15}$$

式（7.4.15）就是爱因斯坦质能关系式。核反应释放的能量就是根据这个关系式来计算的。

例：氢原子的同位素氘（^2_1H）和氚（^3_1H）在高温条件下发生聚变反应，产生氦（^4_2He）原子核和一个中子（^1_0n），并释放出大量能量，其反应方程为

$$^2_1H+^3_1H \to ^4_2He+^1_0n$$

已知氘核的静止质量为2.013 5原子质量单位（1原子质量单位$=1.600\times10^{-27}$ kg），氚核和氦核及中子的质量分别为3.015 5，4.001 5，1.008 65原子质量单位。求上述聚变反应释放出来的能量。

解：反应前总质量为2.013 5 + 3.015 5 = 5.029 0（amu）

反应后总质量为4.001 5 + 1.008 7 = 5.010 2（amu）

质量亏损 $\Delta m = 5.029\,0-5.010\,2=0.018\,8$ (amu)

$= 3.12\times10^{-29}$ (kg)

由质能关系得 $\Delta E=\Delta mc^2=3.12\times10^{-29}\times(3\times10^8)^2$

$=2.81\times10^{-12}\text{J}=1.75\times10^7$ (eV)

7.5 刚体力学方程的协变形式

7.5.1 力矩混合形态

设作用距离合量与作用力合量分别为

$$\begin{cases} |\boldsymbol{R}\rangle = |\,r-\mathrm{i}\boldsymbol{r}\rangle \\ |\boldsymbol{K}\rangle = |\,\dfrac{\boldsymbol{v}}{c}\cdot\boldsymbol{k}-\mathrm{i}\boldsymbol{k}\rangle \end{cases}$$

定义

$$\langle \boldsymbol{R}_k \rangle = \langle \boldsymbol{R} \parallel \boldsymbol{K} \rangle = \langle r - \mathrm{i}\boldsymbol{r} \mid \left| \frac{\boldsymbol{v}}{c} \cdot \boldsymbol{k} - \mathrm{i}\boldsymbol{k} \right\rangle$$

$$= \left\langle \left(r\frac{\boldsymbol{v}}{c} \cdot \boldsymbol{k} - \boldsymbol{r} \cdot \boldsymbol{k} \right) + \mathrm{i}\left[\boldsymbol{r}\left(\frac{v}{c} \cdot \boldsymbol{k} \right) - r\boldsymbol{k} \right] + \boldsymbol{r} \times \boldsymbol{k} \right\rangle \tag{7.5.1}$$

为力矩混合形态合量。则其乘法位置交换合量定义为

$$\langle \boldsymbol{R}_k^{\dagger} \rangle = \langle \boldsymbol{K} \parallel \boldsymbol{R} \rangle = \left\langle \frac{\boldsymbol{v}}{c} \cdot \boldsymbol{k} - \mathrm{i}\boldsymbol{k} \right| \mid r - \mathrm{i}\boldsymbol{r} \rangle$$

$$= \left\langle \left(r\frac{\boldsymbol{v}}{c} \cdot \boldsymbol{k} - \boldsymbol{r} \cdot \boldsymbol{k} \right) - \mathrm{i}\left[\boldsymbol{r}\left(\frac{\boldsymbol{v}}{c} \cdot \boldsymbol{k} \right) - r\boldsymbol{k} \right] - \boldsymbol{r} \times \boldsymbol{k} \right\rangle \tag{7.5.2}$$

得到一个混合形态合量中的不变量——作用力标量矩不变量:

$$\langle M_0 \rangle = \frac{1}{2c}(\langle \boldsymbol{R}_k \rangle + \langle \boldsymbol{R}_k^{\dagger} \rangle) = \left\langle \left(r\frac{\boldsymbol{v}}{c} \cdot \boldsymbol{k} - \boldsymbol{r} \cdot \boldsymbol{k} \right) \right\rangle \equiv \langle \boldsymbol{R} \mid \cdot \mid \boldsymbol{K} \rangle \tag{7.5.3}$$

和一个混合形态合量中的一个力矩合量

$$\begin{cases} \langle \boldsymbol{M}_0 \rangle = \dfrac{1}{2c}(\langle \boldsymbol{R}_k \rangle - \langle \boldsymbol{R}_k^{\dagger} \rangle) \\ = \left\langle \mathrm{i}\left(\boldsymbol{r}\dfrac{\boldsymbol{v}}{c} \cdot \boldsymbol{k} - r\boldsymbol{k} \right) + \boldsymbol{r} \times \boldsymbol{k} \right\rangle = \left\langle \mathrm{i}\left[\boldsymbol{r}\left(\dfrac{\boldsymbol{v}}{c} \cdot \boldsymbol{k} \right) - r\boldsymbol{k} \right] + \boldsymbol{r} \times \boldsymbol{k} \right\rangle \\ = \langle -\mathrm{i}\boldsymbol{M}' + \boldsymbol{M} \rangle \end{cases} \tag{7.5.4}$$

或者写成

$$\begin{cases} \langle \boldsymbol{R}_k \rangle = \langle \boldsymbol{R} \parallel \boldsymbol{K} \rangle = \langle M_0 + \boldsymbol{M}_0 \rangle \\ \langle M_0 \rangle = \left\langle r\dfrac{\boldsymbol{v}}{c} \cdot \boldsymbol{k} - \boldsymbol{r} \cdot \boldsymbol{k} \right\rangle \\ \langle \boldsymbol{M}_0 \rangle = \langle -\mathrm{i}\boldsymbol{M}' + \boldsymbol{M} \rangle \end{cases} \tag{7.5.5a}$$

其中,

$$\begin{cases} \boldsymbol{M} = \boldsymbol{r} \times \boldsymbol{k} \\ \mathrm{i}\boldsymbol{M}' = \mathrm{i}\left[r\boldsymbol{k} - \boldsymbol{r}\left(\frac{\boldsymbol{v}}{c} \cdot \boldsymbol{k}\right)\right] \end{cases} \tag{7.5.5b}$$

$\boldsymbol{M}$ 和 $\mathrm{i}\boldsymbol{M}'$分别称为力矩和虚力矩。可见，$\boldsymbol{M}$ 和 $\mathrm{i}\boldsymbol{M}'$作为一个合量整体，在快度平移变换下协变。

讨论：(1) 当 $\boldsymbol{v} \perp \boldsymbol{k}$ 时，式 (7.5.5) 变为

$$\begin{cases} \boldsymbol{M} = \boldsymbol{r} \times \boldsymbol{k} \\ \mathrm{i}\boldsymbol{M}' = \mathrm{i}r\boldsymbol{k} \end{cases} \tag{7.5.6}$$

(2) 当 $\boldsymbol{v} \parallel \boldsymbol{k}$ 时，式 (7.5.5) 变为

$$\begin{cases} \boldsymbol{M} = \boldsymbol{r} \times \boldsymbol{k} \\ \mathrm{i}\boldsymbol{M}' = \mathrm{i}r\left(1 - \frac{v}{c}\right)\boldsymbol{k} \end{cases} \tag{7.5.7}$$

7.5.2 动量矩混合形态

设作用距离合量与能动合量分别为

$$\begin{cases} | \boldsymbol{R}\rangle = | r - \mathrm{i}\boldsymbol{r}\rangle \\ | \boldsymbol{P}\rangle = | m_0 c\boldsymbol{e}^{-\mathrm{i}\theta}\rangle = m_0 | c\gamma - \mathrm{i}\gamma\boldsymbol{v}\rangle \end{cases} \tag{7.5.8}$$

定义

$$\begin{aligned} \langle \boldsymbol{R}_p \rangle &= \langle \boldsymbol{R} \parallel \boldsymbol{P} \rangle = \langle \boldsymbol{R} \parallel m_0 c\boldsymbol{e}^{-\mathrm{i}\theta} \rangle = m_0 \langle r - \mathrm{i}\boldsymbol{r} \parallel c\gamma - \mathrm{i}\gamma v \rangle \\ &= \langle \gamma \boldsymbol{r} m_0 c - r \cdot m_0 \gamma v + \mathrm{i}\gamma m_0 (c\boldsymbol{r} - rv) + m_0 \boldsymbol{r} \times \gamma v \rangle \end{aligned} \tag{7.5.9}$$

为能动矩混合形态合量。定义

$$\begin{aligned} \langle \boldsymbol{R}_p^{\dagger} \rangle &= \langle \boldsymbol{P} \parallel \boldsymbol{R} \rangle = \langle m_0 c\boldsymbol{e}^{-\mathrm{i}\theta} \parallel \boldsymbol{R} \rangle = m_0 \langle c\gamma - \mathrm{i}\gamma\boldsymbol{v} \parallel r - \mathrm{i}\boldsymbol{r} \rangle \\ &= \langle \gamma r m_0 c - \boldsymbol{r} \cdot m_0 \gamma \boldsymbol{v} - \mathrm{i}\gamma m_0 (c\boldsymbol{r} - rv) - m_0 \boldsymbol{r} \times \gamma \boldsymbol{v} \rangle \end{aligned} \tag{7.5.10}$$

为能动矩混合形态转置合量。得到一个混合形态合量中的不变量——能动标量矩不变量

$$\langle L_0\rangle = \frac{1}{2c}(\langle \boldsymbol{R}_p\rangle + \langle \boldsymbol{R}_p^{\dagger}\rangle) = \langle \gamma r m_0 c - \boldsymbol{r}\cdot m_0\gamma\boldsymbol{v}\rangle$$
$$\equiv \langle \boldsymbol{R} \mid\cdot\mid \boldsymbol{P}\rangle = \text{不变量} \tag{7.5.11}$$

和一个混合形态能动矩矢量

$$\langle \boldsymbol{L}_0\rangle = \frac{1}{2c}(\langle \boldsymbol{R}_p\rangle - \langle \boldsymbol{R}_p^{\dagger}\rangle) = \langle \mathrm{i}\gamma m_0(c\boldsymbol{r} - rv) + m_0\boldsymbol{r}\times\gamma v\rangle$$
$$= \langle -\mathrm{i}\boldsymbol{L}' + \boldsymbol{L}\rangle \tag{7.5.12}$$

或者写成

$$\begin{cases} \langle \boldsymbol{R}_p\rangle = \langle L_0 + \boldsymbol{L}_0\rangle \\ \langle L_0\rangle = \langle \gamma r m_0 c - \boldsymbol{r}\cdot m_0\gamma v\rangle \\ \langle \boldsymbol{L}_0\rangle = \langle -\mathrm{i}\boldsymbol{L}' + \boldsymbol{L}\rangle \end{cases} \tag{7.5.13a}$$

其中，

$$\begin{cases} \boldsymbol{L} = \boldsymbol{r}\times\boldsymbol{p} = m_0\boldsymbol{r}\times\gamma\boldsymbol{v} \\ \mathrm{i}\boldsymbol{L}' = \mathrm{i}\gamma m_0(r\boldsymbol{v} - c\boldsymbol{r}) \end{cases} \tag{7.5.13b}$$

$\boldsymbol{L}$ 和 $\mathrm{i}\boldsymbol{L}'$分别称为动量矩和虚动量矩。可见，$\boldsymbol{L}$ 和 $\mathrm{i}\boldsymbol{L}'$作为一个合量整体，在快度平移变换下协变。

讨论：(1) 当 $\boldsymbol{v}=0$ 时，

$$\begin{cases} \boldsymbol{L} = \boldsymbol{r}\times\boldsymbol{p} = m_0\boldsymbol{r}\times\gamma\boldsymbol{v} = 0 \\ \mathrm{i}\boldsymbol{L}' = \mathrm{i}\gamma m_0(r\boldsymbol{v} - c\boldsymbol{r}) = -\mathrm{i}\gamma m_0 c\boldsymbol{r} \end{cases} \tag{7.5.14}$$

可见，静止的物体具有不为零的虚动量矩 $\mathrm{i}\boldsymbol{L}'\neq 0$，这与静止物体具有静能相似。

(2) 当 $v\ll c$ 时，

$$\begin{cases} \boldsymbol{L} = \boldsymbol{r}\times\boldsymbol{p} \\ \mathrm{i}\boldsymbol{L}' = \mathrm{i}\gamma m_0(rv - c\boldsymbol{r}) \approx -\mathrm{i}\gamma m_0 c\boldsymbol{r} \end{cases} \tag{7.5.15}$$

可见，物体具有的虚动量矩，在快度平移变换下，具有变换借用的用途。

7.5.3 能动矩变化率混合形态

物体能动矩变化率混合形态合量定义为

$$\langle \boldsymbol{R}_{\dot{p}} \rangle = \langle \boldsymbol{R} \mid \left| m_0 c \frac{\mathrm{d}e^{-\mathrm{i}\theta}}{\mathrm{d}\tau} \right\rangle = m_0 \langle r - \mathrm{i}\boldsymbol{r} \mid \left| c \frac{\mathrm{d}\gamma}{\mathrm{d}\tau} - \mathrm{i} \frac{\mathrm{d}(\gamma v)}{\mathrm{d}\tau} \right\rangle$$

$$= \left\langle \frac{\mathrm{d}\gamma}{\mathrm{d}\tau} r m_0 c - \boldsymbol{r} \cdot m_0 \frac{\mathrm{d}(\gamma \boldsymbol{v})}{\mathrm{d}\tau} + \mathrm{i} m_0 \left(c \frac{\mathrm{d}\gamma}{\mathrm{d}\tau} \boldsymbol{r} - r \frac{\mathrm{d}(\gamma v)}{\mathrm{d}\tau} \right) + m_0 \boldsymbol{r} \times \frac{\mathrm{d}(\gamma v)}{\mathrm{d}\tau} \right\rangle \tag{7.5.16}$$

物体能动矩变化率混合形态转置合量定义为

$$\langle \boldsymbol{R}_{\dot{p}}^{\dagger} \rangle = \left\langle m_0 c \frac{\mathrm{d}\boldsymbol{e}^{-\mathrm{i}\theta}}{\mathrm{d}\tau} \right| \mid \boldsymbol{R} \rangle = m_0 \left\langle c \frac{\mathrm{d}\gamma}{\mathrm{d}\tau} - \mathrm{i} \frac{\mathrm{d}(\gamma \boldsymbol{v})}{\mathrm{d}\tau} \right| \mid r - \mathrm{i}\boldsymbol{r} \rangle$$

$$= \left\langle \frac{\mathrm{d}\gamma}{\mathrm{d}\tau} r m_0 c - \boldsymbol{r} \cdot m_0 \frac{\mathrm{d}(\gamma v)}{\mathrm{d}\tau} - \mathrm{i} m_0 \left(c \frac{\mathrm{d}\gamma}{\mathrm{d}\tau} \boldsymbol{r} - r \frac{\mathrm{d}(\gamma v)}{\mathrm{d}\tau} \right) - m_0 \boldsymbol{r} \times \frac{\mathrm{d}(\gamma v)}{\mathrm{d}\tau} \right\rangle \tag{7.5.17}$$

得到一个混合形态合量中的不变量——物体能动矩变化率混合形态不变量

$$\langle \dot{L}_0 \rangle = \frac{1}{2c} (\langle \dot{\boldsymbol{R}}_0 \rangle + \langle \dot{\boldsymbol{R}}_0^{\dagger} \rangle) = \left\langle \frac{\mathrm{d}\gamma}{\mathrm{d}\tau} r m_0 c - \boldsymbol{r} \cdot m_0 \frac{\mathrm{d}(\gamma v)}{\mathrm{d}\tau} \right\rangle = \text{不变量} \tag{7.5.18}$$

和物体能动矩变化率混合形态矢量

$$\langle \dot{\boldsymbol{L}}_0 \rangle = \frac{1}{2c} (\langle \dot{\boldsymbol{R}}_0 \rangle - \langle \dot{\boldsymbol{R}}_0^{\dagger} \rangle) = \left\langle \mathrm{i} m_0 \left(c \frac{\mathrm{d}\gamma}{\mathrm{d}\tau} \boldsymbol{r} - r \frac{\mathrm{d}(\gamma v)}{\mathrm{d}\tau} \right) + m_0 \boldsymbol{r} \times \frac{\mathrm{d}(\gamma \boldsymbol{v})}{\mathrm{d}\tau} \right\rangle$$

$$= \left\langle \mathrm{i} m_0 \left(c \frac{\mathrm{d}\gamma}{\mathrm{d}\tau} \boldsymbol{r} - r \frac{\mathrm{d}(\gamma v)}{\mathrm{d}\tau} \right) + \frac{\mathrm{d}(m_0 \boldsymbol{r} \times \gamma v)}{\mathrm{d}\tau} \right\rangle \tag{7.5.19}$$

或者写成

$$\begin{cases}\langle \dot{\boldsymbol{R}}_0 \rangle = \langle \dot{L}_0 + \dot{\boldsymbol{L}}_0 \rangle \\ \langle \dot{L}_0 \rangle = \left\langle \dfrac{\mathrm{d}\gamma}{\mathrm{d}\tau} r m_0 c - \boldsymbol{r} \cdot m_0 \dfrac{\mathrm{d}(\gamma \boldsymbol{v})}{\mathrm{d}\tau} \right\rangle \\ \langle \dot{\boldsymbol{L}}_0 \rangle = \langle -\mathrm{i}\dot{\boldsymbol{L}}' + \dot{\boldsymbol{L}} \rangle \end{cases} \tag{7.5.20}$$

其中，

$$\begin{cases}\dot{\boldsymbol{L}} = \dfrac{\mathrm{d}(m_0 \boldsymbol{r} \times \gamma \boldsymbol{v})}{\mathrm{d}\tau} = \dfrac{\mathrm{d}\boldsymbol{L}}{\mathrm{d}\tau} \\ \mathrm{i}\dot{\boldsymbol{L}}' = \mathrm{i}m_0 \left(r \dfrac{\mathrm{d}(\gamma \boldsymbol{v})}{\mathrm{d}\tau} - c \dfrac{\mathrm{d}\gamma}{\mathrm{d}\tau} \boldsymbol{r} \right) \end{cases} \tag{7.5.21}$$

$\dot{\boldsymbol{L}}$ 和 $\mathrm{i}\dot{\boldsymbol{L}}'$分别称为动量矩变化率和虚动量矩变化率。可见，$\dot{L}$ 和 $\mathrm{i}\dot{\boldsymbol{L}}'$ 作为一个合量整体，在快度平移变换下协变。

讨论：(1) 当 $\boldsymbol{v} \equiv$ 常数时，

$$\begin{cases}\dot{\boldsymbol{L}} = \dfrac{\mathrm{d}(m_0 \boldsymbol{r} \times \gamma \boldsymbol{v})}{\mathrm{d}\tau} = \dfrac{\mathrm{d}\boldsymbol{L}}{\mathrm{d}\tau} = 0 \\ \mathrm{i}\dot{\boldsymbol{L}}' = \mathrm{i}m_0 \left(r \dfrac{\mathrm{d}(\gamma \boldsymbol{v})}{\mathrm{d}\tau} - c \dfrac{\mathrm{d}\gamma}{\mathrm{d}\tau} \boldsymbol{r} \right) = 0 \end{cases} \tag{7.5.22}$$

(2) 当 $v \ll c$ 时，

$$\begin{cases}\dot{\boldsymbol{L}} = \dfrac{\mathrm{d}(m_0 \boldsymbol{r} \times \boldsymbol{v})}{\mathrm{d}t} = \dfrac{\mathrm{d}\boldsymbol{L}}{\mathrm{d}t} \\ \mathrm{i}\dot{\boldsymbol{L}}' = \mathrm{i}m_0 r \dot{\boldsymbol{v}} \end{cases} \tag{7.5.23}$$

7.5.4　质点能动矩合量定理

质点所受的力矩混合形态与质点能动矩变化率混合形态始终相等，这个规律称为能动矩合量定理。根据式 (7.5.4) 和式 (7.5.19)，得

$$\langle \boldsymbol{M}_0 \rangle = \langle \dot{\boldsymbol{L}}_0 \rangle = \left\langle \frac{\mathrm{d}\boldsymbol{L}}{\mathrm{d}\tau} - \mathrm{i} \frac{\mathrm{d}\boldsymbol{L}'}{\mathrm{d}\tau} \right\rangle \tag{7.5.24}$$

即

$$\begin{cases} \boldsymbol{M} = \dfrac{\mathrm{d}\boldsymbol{L}}{\mathrm{d}\tau} \\ \boldsymbol{M}' = \dfrac{\mathrm{d}\boldsymbol{L}'}{\mathrm{d}\tau} \end{cases} \tag{7.5.25}$$

其中，

$$\begin{cases} \boldsymbol{M}' = \left[r\boldsymbol{k} - \boldsymbol{r}\left(\dfrac{\boldsymbol{v}}{c} \cdot \boldsymbol{k}\right)\right] \\ \boldsymbol{L} = m_0 \boldsymbol{r} \times \gamma \boldsymbol{v} \\ \boldsymbol{M} = \boldsymbol{r} \times \boldsymbol{k} \\ \dot{\boldsymbol{L}}' = \dfrac{\mathrm{d}\boldsymbol{L}'}{\mathrm{d}\tau} = m_0\left(r\dfrac{\mathrm{d}(\gamma \boldsymbol{v})}{\mathrm{d}\tau} - c\dfrac{\mathrm{d}\gamma}{\mathrm{d}\tau}\boldsymbol{r}\right) \end{cases} \tag{7.5.26}$$

式（7.5.24）或式（7.5.25）称为质点的动量矩（角动量）定理的混合形态形式。

当$v \ll c$时，有

$$\begin{cases} \boldsymbol{M} = \dfrac{\mathrm{d}L}{\mathrm{d}t} \\ \boldsymbol{L} \approx m_0 \boldsymbol{r} \times \boldsymbol{v} \\ \boldsymbol{M} = \boldsymbol{r} \times \boldsymbol{f} \end{cases} \tag{7.5.27}$$

式（7.5.27）称为经典情况下的质点动量矩定理（或质点的角动量定理）。

7.5.5 刚体能量动量矩合量定理

考虑质点组情况，第j个质点的能量动量矩合量定理，并对其求和，由式（7.5.26），有

$$\boldsymbol{L} = \sum_j m_{0j} \boldsymbol{r}_j \times \gamma_j \boldsymbol{v}_j \tag{7.5.28}$$

考虑定点运动

$$\boldsymbol{v}_j = \boldsymbol{\omega} \times \boldsymbol{r}_j \tag{7.5.29}$$

有

$$\begin{aligned} \boldsymbol{L} &= \sum_j m_j \gamma_j \boldsymbol{r}_j \times (\boldsymbol{\omega} \times \boldsymbol{r}_j) \\ &= \sum_j [m_j \gamma_j \boldsymbol{r}_j^2 \boldsymbol{\omega} - m_j \gamma_j (\boldsymbol{r}_j \cdot \boldsymbol{\omega}) \boldsymbol{r}_j] \\ &= \sum_j (m_j \gamma_j r_j^2 \overleftrightarrow{\boldsymbol{I}} - m_j \gamma_j \boldsymbol{r}_j \boldsymbol{r}_j) \cdot \boldsymbol{\omega} \end{aligned} \tag{7.5.30}$$

令

$$\begin{cases} \overleftrightarrow{\boldsymbol{J}} = \sum_j m_j \gamma_j (r_j^2 \overleftrightarrow{\boldsymbol{I}} - \boldsymbol{r}_j \boldsymbol{r}_j) \\ \boldsymbol{\alpha} = \dfrac{\mathrm{d}\boldsymbol{\omega}}{\mathrm{d}\tau} \end{cases} \tag{7.5.31}$$

为刚体的转动惯量张量和转动角加速度。在选取坐标轴始终保持与刚体上的坐标轴重合的动系上观测，有

$$\overleftrightarrow{\boldsymbol{J}} = \sum_j m_j \gamma_j (r_j^2 \overleftrightarrow{\boldsymbol{I}} - \boldsymbol{r}_j \boldsymbol{r}_j) = C\ (\text{不变量}) \tag{7.5.32}$$

得

$$\begin{cases} \boldsymbol{M} = \dfrac{\mathrm{d}\boldsymbol{L}}{\mathrm{d}\tau} = \overleftrightarrow{\boldsymbol{J}} \cdot \boldsymbol{\alpha} \\ \boldsymbol{L} = \overleftrightarrow{\boldsymbol{J}} \cdot \boldsymbol{\omega} \end{cases} \tag{7.5.33}$$

当 $v \ll c$ 时，上式变为

$$\begin{cases} \boldsymbol{M} = \dfrac{\mathrm{d}\boldsymbol{L}}{\mathrm{d}t} = \overleftrightarrow{\boldsymbol{J}} \cdot \boldsymbol{\alpha} \\ \boldsymbol{L} = \overleftrightarrow{\boldsymbol{J}} \cdot \boldsymbol{\omega} \\ \boldsymbol{M} \approx \sum_j \boldsymbol{r}_j \times \boldsymbol{f}_j \end{cases} \tag{7.5.34}$$

式中，$\boldsymbol{M} \approx \sum_j \boldsymbol{r}_j \times \boldsymbol{f}_j$ 为刚体所受的合力矩。

式（7.5.34）就是经典情况下的刚体转动定律。

当 $\boldsymbol{M} \equiv 0$ 时，

$$\begin{cases} \boldsymbol{M} = \overset{\leftrightarrow}{\boldsymbol{J}} \cdot \dfrac{\mathrm{d}\boldsymbol{\omega}}{\mathrm{d}\tau} = 0 \\ \text{或}\,\boldsymbol{L} = \overset{\leftrightarrow}{\boldsymbol{J}} \cdot \boldsymbol{\omega} = \text{常数} \end{cases} \tag{7.5.35}$$

称为动量矩（角动量）守恒定律。

7.5.6 刚体的能量和动量守恒定律的协变形式

设 $\boldsymbol{v}_c$ 为在 $\sum$ 系测得的物体的质心速度，因而质心参考系 $\sum'$ 相对 $\sum$ 参考系的速度为 $\boldsymbol{v}_c$，质点 j 相对质心的速度为 $\boldsymbol{v}'_j$，质点 j 相对 $\sum$ 系的速度为 $\boldsymbol{v}_j$。

利用公式

$$\begin{cases} \gamma' = \dfrac{1}{\sqrt{1 - \dfrac{v'^2}{c^2}}} = \dfrac{1}{\sqrt{1 - \dfrac{|\omega \times \boldsymbol{r}'_j|^2}{c^2}}} \\ \boldsymbol{v}'_j = \omega \times \boldsymbol{r}'_j \end{cases} \tag{7.5.36}$$

有

$$|\omega \times \boldsymbol{r}'_j|^2 = \omega \cdot (r'^2_j \overset{\leftrightarrow}{I} - \boldsymbol{r}'_j \boldsymbol{r}'_j) \cdot \omega$$

$$\gamma'_j = 1/\sqrt{1 - \frac{1}{c^2}\omega \cdot (r'^2_j \overset{\leftrightarrow}{I} - \boldsymbol{r}'_j \boldsymbol{r}'_j) \cdot \omega} \tag{7.5.37}$$

利用式（7.2.14），能量和动量守恒定律为

$$|\boldsymbol{E}\rangle = |E - \mathrm{i}c\boldsymbol{p}\rangle = \left| \sum_j (m_{0j}\gamma'_j) c^2 \gamma_c - \mathrm{i} \sum_j (m_{0j}\gamma'_j) \gamma_c c \boldsymbol{v}_c \right\rangle$$
$$= |C\rangle = \text{常合量} \tag{7.5.38a}$$

或

$$\begin{cases} E = \gamma_c c^2 \sum_j \left(m_{0j} \Big/ \sqrt{1 - \frac{1}{c^2}\omega \cdot (r_j'^2 \overleftrightarrow{I} - \boldsymbol{r}_j'\boldsymbol{r}_j') \cdot \omega} \right) = C \\ \boldsymbol{p} = \gamma_c \boldsymbol{v}_c \sum_j \left(m_{0j} \Big/ \sqrt{1 - \frac{1}{c^2}\omega \cdot (r_j'^2 \overleftrightarrow{I} - \boldsymbol{r}_j'\boldsymbol{r}_j') \cdot \omega} \right) = C \end{cases} \tag{7.5.38b}$$

当 $\boldsymbol{\omega} \times \boldsymbol{r}_j \ll c$ 时，有

$$\gamma_j = 1 \Big/ \sqrt{1 - \frac{1}{c^2}\omega \cdot (r_j'^2 \overleftrightarrow{I} - \boldsymbol{r}_j'\boldsymbol{r}_j') \cdot \omega}$$

$$\approx 1 + \frac{1}{2c^2}\omega \cdot (r_j^2 \overleftrightarrow{I} - \boldsymbol{r}_j\boldsymbol{r}_j) \cdot \omega \tag{7.5.39}$$

令

$$\begin{cases} \overleftrightarrow{\boldsymbol{J}} = \sum_j \gamma_j' m_{0j} (\boldsymbol{r}' \cdot \boldsymbol{r}' \overleftrightarrow{\boldsymbol{I}} - \boldsymbol{r}'\boldsymbol{r}') \\ \boldsymbol{r}_c = \dfrac{\sum_j m_{0j}\gamma_j' \boldsymbol{r}_j''}{M_0} \\ \sum_j (m_{0j}\gamma_j') = M_0 \end{cases} \tag{7.5.40}$$

式中，$\overleftrightarrow{\boldsymbol{J}}$ 为刚体的转动惯量；$\boldsymbol{r}_c$ 为刚体的质心；M_0 为刚体的总质量。

总能量 E 和总动量 $\boldsymbol{p}$ 变为

$$\begin{cases} E = \gamma_c c^2 \sum_j \left(m_{0j} \Big/ \sqrt{1 - \frac{1}{c^2}\omega \cdot (r_j'^2 \overleftrightarrow{I} - \boldsymbol{r}_j'\boldsymbol{r}_j') \cdot \omega} \right) \\ \quad \approx m_0 c^2 + \frac{1}{2}\omega \cdot \boldsymbol{J} \cdot \omega \\ \boldsymbol{p} = \gamma_c \boldsymbol{v}_c \sum_j \left(m_{0j} \Big/ \sqrt{1 - \frac{1}{c^2}\omega \cdot (r_j'^2 \overleftrightarrow{I} - \boldsymbol{r}_j'\boldsymbol{r}_j') \cdot \omega} \right) \\ \quad \approx m_0 \boldsymbol{v}_c + \left(\frac{1}{2c^2}\omega \cdot \boldsymbol{J} \cdot \omega \right) \boldsymbol{v}_c \\ m_0 = \sum_j m_{0j}\gamma_c \approx \sum_j m_{0j}\gamma_j' = M_0 \end{cases} \tag{7.5.41}$$

其中，
$$\begin{cases} E_0 = \sum_j m_{0j}c^2 \\ E_k = E - E_0 \approx \dfrac{1}{2}\omega \cdot \overleftrightarrow{J} \cdot \omega \end{cases} \tag{7.5.42}$$

分别定义为静能和动能。对于定轴转动的刚体，取 $\boldsymbol{\omega} \perp \boldsymbol{r}$，有

$$E_k \approx \frac{1}{2}\boldsymbol{\omega} \cdot \overleftrightarrow{\boldsymbol{J}} \cdot \boldsymbol{\omega} = \frac{1}{2}J\omega^2 \tag{7.5.43}$$

式中，$\boldsymbol{r}_j$ 为质点 m_j 至轴的距离；$J = \sum_j m_j r_j^2$ 为刚体的定轴转动惯量。

而对于总动量 $\boldsymbol{p}$，有

$$\begin{cases} \boldsymbol{p} = m_0\boldsymbol{v}_c + \left(\dfrac{1}{2c^2}\omega \cdot \boldsymbol{J} \cdot \omega\right)\boldsymbol{v}_c = (m_0 + \Delta m)\boldsymbol{v}_c \\ \Delta m = \dfrac{1}{2c^2}\omega \cdot \boldsymbol{J} \cdot \omega = \dfrac{E_k}{c^2} \end{cases} \tag{7.5.44}$$

式（7.5.44）表明：①刚体转动使其惯性质量增加；②刚体转动动能与其增加的惯性质量成正比。关系式

$$E_k = \Delta mc^2 \tag{7.5.45}$$

可以看成刚体的质能关系。

7.6 分析力学方程的协变形式

7.6.1 保守力系统的拉格朗日方程

令

$$\begin{cases} u_0 = \gamma c \\ \boldsymbol{u} = \gamma \boldsymbol{v} = u_1\boldsymbol{e}_1 + u_2\boldsymbol{e}_2 + u_3\boldsymbol{e}_3 \\ |\ \boldsymbol{u}\rangle = |\ \gamma c - \mathrm{i}\gamma\boldsymbol{v}\rangle = |\ u_0 - \mathrm{i}\boldsymbol{u}\rangle ; \vec{\boldsymbol{u}} = [\gamma c, -\mathrm{i}\gamma\boldsymbol{v}] = [u_0, -\mathrm{i}\boldsymbol{u}] \\ \boldsymbol{k} = m_0 \dfrac{\mathrm{d}(\gamma\boldsymbol{v})}{\mathrm{d}\tau} = \gamma q(\boldsymbol{E} + v \times \boldsymbol{B}) = \gamma\boldsymbol{f} \\ k_0 = \boldsymbol{\beta} \cdot \boldsymbol{k} \end{cases} \tag{7.6.1}$$

设光速是 $\boldsymbol{u}$ 的函数，$\vec{u}\cdot\vec{u}=\left(\frac{c}{n}\right)^2$，其中 n 为空间折射率，在平直空间 $n=1$。在非平直空间中，n 有微小的变化，光速 c 不再恒定，即 $\vec{u}$ 的 4 个分量可以独立变化，光速 $\frac{c}{n}$ 由 $\vec{u}$ 确定。令

$$\begin{cases}\Diamond_u=\dfrac{\partial}{c\partial\gamma}+\mathrm{i}\,\nabla_u=\dfrac{\partial}{\partial u_0}+\mathrm{i}\left(\dfrac{\partial}{\partial u_1}\boldsymbol{e}_1+\dfrac{\partial}{\partial u_2}\boldsymbol{e}_2+\dfrac{\partial}{\partial u_3}\boldsymbol{e}_3\right)\\ \Diamond=\dfrac{\partial}{c\partial t}+\mathrm{i}\,\nabla=\dfrac{\partial}{c\partial t}+\mathrm{i}\left(\dfrac{\partial}{\partial x_1}\boldsymbol{e}_1+\dfrac{\partial}{\partial x_2}\boldsymbol{e}_2+\dfrac{\partial}{\partial x_3}\boldsymbol{e}_3\right)\\ \Diamond_u T=-\dfrac{1}{2}m_0\Diamond_u(\vec{u}\cdot\vec{u})=-m_0\vec{u}\\ \Diamond T=0(T\text{ 不显含 }\vec{\boldsymbol{X}})\end{cases}$$

则，引入粒子在四维空间的正则动能

$$T=-\left(\frac{1}{2}m_0c^2\gamma^2-\frac{1}{2}m_0u^2\right)=-\left(\frac{1}{2}m_0\vec{u}\cdot\vec{u}\right)=-\frac{1}{2}m_0\left(\frac{c}{n}\right)^2 \tag{7.6.2}$$

后，可以把力学方程写成

$$\begin{cases}|\,\boldsymbol{P}\rangle=m_0\vec{u}=|\,m_0\gamma c-\mathrm{i}m_0\gamma\boldsymbol{v}\rangle=|-\Diamond_u T\rangle\\ |\,\boldsymbol{K}\rangle=|\,k_0-\mathrm{i}\boldsymbol{k}\rangle=\left|\dfrac{\mathrm{d}\boldsymbol{P}}{\mathrm{d}\tau}\right\rangle=\dfrac{\mathrm{d}(-\Diamond_u T)}{\mathrm{d}\tau}\end{cases} \tag{7.6.3}$$

得

$$|\,\boldsymbol{K}\rangle=\left|\frac{\mathrm{d}(-\Diamond_u T)}{\mathrm{d}\tau}+\Diamond T\right\rangle \tag{7.6.4}$$

对于保守力系统，势能 V 只与 $\boldsymbol{x}$ 有关，与 $|\,\gamma c-\mathrm{i}\boldsymbol{u}\rangle$ 无关。与保守力的关系为

$$\begin{cases}\Diamond_u V=0\\ |\,\boldsymbol{K}\rangle=|\,\Diamond V\rangle\end{cases} \tag{7.6.5}$$

有

$$\begin{cases} L = T - V \\ \dfrac{\mathrm{d}(\Diamond_u L)}{\mathrm{d}\tau} - \Diamond L = 0 \end{cases} \tag{7.6.6}$$

式中，L 为保守力系统的拉格朗日量。

7.6.2 非保守力系统的拉格朗日方程

对于非保守系统，设 $|\boldsymbol{K}\rangle$ 总能用函数 U 表示为

$$|\boldsymbol{K}\rangle = \left|\frac{\mathrm{d}(-\Diamond_u U)}{\mathrm{d}\tau} + \Diamond U\right\rangle \tag{7.6.7}$$

及利用

$$|\boldsymbol{K}\rangle = \left|\frac{\mathrm{d}(-\Diamond_u T)}{\mathrm{d}\tau} + \Diamond T\right\rangle$$

有

$$\begin{cases} L = T - U \\ \dfrac{\mathrm{d}(\Diamond_u L)}{\mathrm{d}\tau} - \Diamond L = 0 \end{cases} \tag{7.6.8}$$

式中，L 为非保守力系统的拉格朗日量。

对于非保守力系统，关键问题是如何找到 U。

7.6.3 带电粒子动力学方程的各种表象形式

1. 带电粒子动力学方程的正则动量表示

利用

$$\begin{cases} \boldsymbol{E} = -\nabla\phi - \dfrac{\partial \boldsymbol{A}}{\partial t} \\ \boldsymbol{B} = \nabla\times\boldsymbol{A} \\ \boldsymbol{k} = \gamma q(\boldsymbol{E} + v\times\boldsymbol{B}) \end{cases} \tag{7.6.9}$$

及恒等式

$$\begin{cases} \dfrac{\mathrm{d}\boldsymbol{A}}{\mathrm{d}\tau} = \gamma \dfrac{\mathrm{d}\boldsymbol{A}}{\mathrm{d}t} = \dfrac{\partial \boldsymbol{A}}{\partial t} + (v \cdot \nabla)\boldsymbol{A} \\ \boldsymbol{v} \times (\nabla \times \boldsymbol{A}) = \nabla(\boldsymbol{v} \cdot \boldsymbol{A}) - (\boldsymbol{v} \cdot \nabla)\boldsymbol{A} \end{cases} \tag{7.6.10}$$

式（7.6.9）变为

$$\begin{aligned} \boldsymbol{k} &= \gamma q\left(-\nabla\phi - \frac{\partial \boldsymbol{A}}{\partial t} + v \times (\nabla \times \boldsymbol{A})\right) \\ &= \gamma q\left(-\nabla\phi - \frac{\partial \boldsymbol{A}}{\partial t} + \nabla(\boldsymbol{v} \cdot \boldsymbol{A}) - (\boldsymbol{v} \cdot \nabla)\boldsymbol{A}\right) \\ &= \gamma q\left(-\nabla(\phi - \boldsymbol{v} \cdot \boldsymbol{A}) - \left(\frac{\partial \boldsymbol{A}}{\partial t} + (v \cdot \nabla)\boldsymbol{A}\right)\right) \\ &= q\left(-\nabla(\gamma\phi - \gamma v \cdot \boldsymbol{A}) - \gamma\frac{\mathrm{d}\boldsymbol{A}}{\mathrm{d}t}\right) \\ &= q\left(-\nabla\left(u_0\frac{\phi}{c} - \boldsymbol{u} \cdot \boldsymbol{A}\right) - \frac{\mathrm{d}\boldsymbol{A}}{\mathrm{d}\tau}\right) = \left(-\nabla U - q\frac{\mathrm{d}\boldsymbol{A}}{\mathrm{d}\tau}\right) \end{aligned} \tag{7.6.11}$$

其中，

$$U = \frac{q}{c}\vec{\boldsymbol{u}} \cdot \vec{\boldsymbol{\Phi}} = q\gamma(\phi - \boldsymbol{v} \cdot \boldsymbol{A}) = \text{不变量} \tag{7.6.12}$$

利用恒等式

$$\frac{\mathrm{d}\phi}{\mathrm{d}\tau} = \gamma\frac{\mathrm{d}\phi}{\mathrm{d}t} = \gamma\frac{\partial\phi}{\partial t} + (\gamma\boldsymbol{v} \cdot \nabla)\phi \tag{7.6.13}$$

有

$$\gamma(\boldsymbol{v} \cdot \nabla)\phi = \frac{\mathrm{d}\phi}{\mathrm{d}\tau} - \gamma\frac{\partial\phi}{\partial t} \tag{7.6.14}$$

由式（7.6.1）、式（7.6.12）和式（7.6.9），得

$$\begin{aligned} k_0 &= \boldsymbol{\beta} \cdot \boldsymbol{k} = q\gamma\boldsymbol{\beta} \cdot \boldsymbol{E} = q\gamma\boldsymbol{\beta} \cdot \left(-\nabla\phi - \frac{\partial \boldsymbol{A}}{\partial t}\right) \\ &= q\left(-\gamma\boldsymbol{\beta} \cdot \nabla\phi - \gamma\boldsymbol{\beta} \cdot \frac{\partial \boldsymbol{A}}{\partial t}\right) \end{aligned}$$

$$= q\left(-\frac{\mathrm{d}\phi}{c\mathrm{d}\tau} + \gamma\frac{\partial\phi}{c\partial t} - \gamma\boldsymbol{\beta}\cdot\frac{\partial\boldsymbol{A}}{\partial t}\right) = q\left(\gamma\frac{\partial\phi}{c\partial t} - \gamma\boldsymbol{\beta}\cdot\frac{\partial\boldsymbol{A}}{\partial t} - \frac{\mathrm{d}\phi}{c\mathrm{d}\tau}\right)$$

$$= q\left(\frac{\partial\left(u_0\frac{\phi}{c} - \boldsymbol{u}\cdot\boldsymbol{A}\right)}{c\partial t} - \frac{\mathrm{d}\phi}{c\mathrm{d}\tau}\right) = \left(\frac{\partial U}{c\partial t} - \frac{q\mathrm{d}\phi}{c\mathrm{d}\tau}\right) \tag{7.6.15}$$

$$|\boldsymbol{K}\rangle = |k_0 - \mathrm{i}\boldsymbol{k}\rangle = \left|\left(\frac{\partial U}{c\partial t} - \frac{q\mathrm{d}\phi}{c\mathrm{d}\tau}\right) + \mathrm{i}\left(\nabla U + q\frac{\mathrm{d}\boldsymbol{A}}{\mathrm{d}\tau}\right)\right\rangle = \left|\Diamond U - \frac{q\mathrm{d}\boldsymbol{\Phi}}{c\mathrm{d}\tau}\right\rangle \tag{7.6.16}$$

由于

$$|\Diamond_u U\rangle = \left|\frac{q}{c}\Diamond_u(\vec{\boldsymbol{u}}\cdot\vec{\boldsymbol{\Phi}})\right\rangle = \left|\frac{q}{c}\boldsymbol{\Phi}\right\rangle = \frac{q}{c}|\phi - \mathrm{i}c\boldsymbol{A}\rangle \tag{7.6.17}$$

有

$$|\boldsymbol{K}\rangle = \left|\frac{\mathrm{d}\boldsymbol{P}}{\mathrm{d}\tau}\right\rangle = \left|\Diamond U - \frac{q\mathrm{d}\boldsymbol{\Phi}}{c\mathrm{d}\tau}\right\rangle = \left|\Diamond U - \frac{\mathrm{d}\Diamond_u U}{\mathrm{d}\tau}\right\rangle \tag{7.6.18}$$

或

$$\left|\frac{\mathrm{d}\left(\boldsymbol{P} + \frac{q\boldsymbol{\Phi}}{c}\right)}{\mathrm{d}\tau}\right\rangle = |\Diamond\rangle U \tag{7.6.19}$$

定义

$$\begin{cases} |\boldsymbol{P}_{正}\rangle = \left|\boldsymbol{P} + \frac{q\boldsymbol{\Phi}}{c}\right\rangle = \left|m_0\gamma c - \mathrm{i}m_0\gamma v + \frac{q}{c}|\phi - \mathrm{i}c\boldsymbol{A}\rangle\right\rangle \\ \quad = |p_{正} - \mathrm{i}\boldsymbol{p}_{正}\rangle = \left|\frac{H}{c} - \mathrm{i}\boldsymbol{p}_{正}\right\rangle \\ \mathscr{H} = cp_{正} = m_0\gamma c^2 + q\phi \\ \boldsymbol{p}_{正} = m_0\gamma\boldsymbol{v} + q\boldsymbol{A} \end{cases} \tag{7.6.20}$$

式中，$\boldsymbol{P}_{正}$ 为正则动量。

式（7.6.19）变为

$$\left|\frac{\mathrm{d}|\boldsymbol{P}_{正}\rangle}{\mathrm{d}\tau}\right\rangle=|\diamondsuit\rangle U \tag{7.6.21}$$

$\mathscr{H}$称为哈密顿量，其值等于正则动量$|\boldsymbol{P}_{正}\rangle$中的第零分量$p_{正0}$的$c$倍。式（7.6.21）就是带电粒子动力学方程的正则动量表示。

2. 电磁动力学方程在（$\vec{u}$，$\vec{X}$）表象中的形式

利用式（7.6.20），得

$$|\boldsymbol{P}_{正}\rangle=\left|\boldsymbol{P}+\frac{q\boldsymbol{\Phi}}{c}\right\rangle=|m_0\boldsymbol{u}\rangle+\left|\frac{q\boldsymbol{\Phi}}{c}\right\rangle \tag{7.6.22}$$

$$|\boldsymbol{u}\rangle=\left|\boldsymbol{P}_{正}-\frac{q\boldsymbol{\Phi}}{c}\right\rangle\frac{1}{m_0}\text{或}\vec{\boldsymbol{u}}=\left(\vec{\boldsymbol{P}}_{正}-\frac{q\vec{\boldsymbol{\Phi}}}{c}\right)\frac{1}{m_0} \tag{7.6.23}$$

由于

$$\diamondsuit\left(\frac{1}{2}\vec{\boldsymbol{\Phi}}\cdot\vec{\boldsymbol{\Phi}}\right)=\diamondsuit(\vec{\boldsymbol{\Phi}}_{不变}\cdot\vec{\boldsymbol{\Phi}}) \tag{7.6.24}$$

再考虑式（7.6.23），令

$$U(\vec{\boldsymbol{u}},\vec{\boldsymbol{X}})=\frac{q}{c}\vec{\boldsymbol{u}}\cdot\vec{\boldsymbol{\Phi}} \tag{7.6.25}$$

为U在（$\vec{\boldsymbol{u}},\vec{\boldsymbol{X}}$）表象中的形式。在（$\vec{\boldsymbol{u}},\vec{\boldsymbol{X}}$）表象中的动力学方程的形式为

$$\begin{cases}|\diamondsuit_u\rangle U(\vec{\boldsymbol{u}},\vec{\boldsymbol{X}})=\dfrac{q}{c}|\boldsymbol{\Phi}\rangle\\ |\boldsymbol{P}_{正}\rangle=\left|\boldsymbol{P}+\dfrac{q\boldsymbol{\Phi}}{c}\right\rangle\\ |\diamondsuit\rangle U(\vec{\boldsymbol{u}},\vec{\boldsymbol{X}})=\left|\dfrac{\mathrm{d}\boldsymbol{P}_{正}}{\mathrm{d}\tau}\right\rangle\end{cases} \tag{7.6.26}$$

结论：

（1）给定U，通过$|\diamondsuit_u\rangle U=\dfrac{q}{c}|\boldsymbol{\Phi}\rangle$，确定$\boldsymbol{\Phi}$；

（2）通过$|\boldsymbol{P}_{正}\rangle = \left|\boldsymbol{P} + \frac{q\boldsymbol{\Phi}}{c}\right\rangle$，求出$|\boldsymbol{P}_{正}\rangle$；

（3）通过$|\diamond\rangle U = \left|\frac{\mathrm{d}\boldsymbol{P}_{正}}{\mathrm{d}\tau}\right\rangle$，描述粒子的运动。

3. 电磁动力学方程在（$\vec{\boldsymbol{P}}_{正}$，$\vec{\boldsymbol{X}}$）表象中的形式

令

$$\begin{cases} U'(\vec{\boldsymbol{P}}_{正},\vec{\boldsymbol{X}}) = U(\vec{\boldsymbol{u}},\vec{\boldsymbol{X}}) = \frac{q}{c}\vec{\boldsymbol{u}} \cdot \vec{\boldsymbol{\Phi}} \\ \quad = \frac{q}{m_0 c}\left(\left(\vec{\boldsymbol{P}}_{正} - \frac{q\vec{\boldsymbol{\Phi}}}{c}\right)_{\boldsymbol{\Phi}不变} \cdot \vec{\boldsymbol{\Phi}}\right) \\ \Rightarrow U'(\vec{\boldsymbol{P}}_{正},\vec{\boldsymbol{X}}) = \frac{q}{m_0 c}\left(\left(\vec{\boldsymbol{P}}_{正} - \frac{q\vec{\boldsymbol{\Phi}}}{2c}\right) \cdot \vec{\boldsymbol{\Phi}}\right) \end{cases} \tag{7.6.27}$$

为在（$\vec{\boldsymbol{P}}_{正}$,$\vec{\boldsymbol{X}}$）表象中的形式。利用上式可以证明：

$$\begin{cases} |\diamond\rangle U = |\diamond\rangle U' = \left|\frac{\mathrm{d}\boldsymbol{P}_{正}}{\mathrm{d}\tau}\right\rangle \\ |\diamond_{\vec{\boldsymbol{P}}_{正}}\rangle U' = \frac{q}{m_0 c}|\boldsymbol{\Phi}\rangle \end{cases} \tag{7.6.28}$$

在（$\vec{\boldsymbol{P}}_{正}$,$\vec{\boldsymbol{X}}$）表象中的动力学方程的形式为

$$\begin{cases} |\diamond_{\vec{\boldsymbol{P}}_{正}}\rangle U' = \frac{q}{m_0 c}|\boldsymbol{\Phi}\rangle \\ |\boldsymbol{P}_{正}\rangle = \left|\boldsymbol{P} + \frac{q\boldsymbol{\Phi}}{c}\right\rangle \\ |\diamond\rangle U' = \left|\frac{\mathrm{d}\boldsymbol{P}_{正}}{\mathrm{d}\tau}\right\rangle \end{cases} \tag{7.6.29}$$

结论：

（1）给定U'，通过$|\diamond_{\vec{\boldsymbol{P}}_{正}}\rangle U' = \frac{q}{m_0 c}|\boldsymbol{\Phi}\rangle$，确定$\boldsymbol{\Phi}$；

（2）通过$|\boldsymbol{P}_{正}\rangle = \left|\boldsymbol{P} + \frac{q\boldsymbol{\Phi}}{c}\right\rangle$，求出$|\boldsymbol{P}_{正}\rangle$；

（3）通过 $|\diamondsuit\rangle U' = \left|\dfrac{\mathrm{d}\boldsymbol{P}_{正}}{\mathrm{d}\tau}\right\rangle$，描述粒子的运动。

4. 电磁动力学方程在（$\vec{\boldsymbol{V}}_{正}$，$\vec{\boldsymbol{X}}$）表象中的形式

令 $\vec{\boldsymbol{P}}_{正} = m_0\vec{\boldsymbol{V}}_{正}, m_0|\diamondsuit_{\vec{\boldsymbol{P}}_{正}}\rangle = |\diamondsuit_{\vec{\boldsymbol{V}}_{正}}\rangle$，$\vec{\boldsymbol{V}}_{正}$ 称为正则速度。在 $(\vec{\boldsymbol{V}}_{正},\vec{\boldsymbol{X}})$ 表象中的动力学方程的形式为

$$\begin{cases} U'(\vec{\boldsymbol{V}}_{正},\vec{\boldsymbol{X}}) = \dfrac{q}{c}\left(\left(\vec{\boldsymbol{V}}_{正} - \dfrac{q\vec{\boldsymbol{\Phi}}}{2m_0c}\right)\cdot\vec{\boldsymbol{\Phi}}\right) \\ |\boldsymbol{P}_{正}\rangle = \left|\boldsymbol{P} + \dfrac{q\boldsymbol{\Phi}}{c}\right\rangle \\ |\diamondsuit\rangle U'(\vec{\boldsymbol{V}}_{正},\vec{\boldsymbol{X}}) = \left|\dfrac{\mathrm{d}\boldsymbol{P}_{正}}{\mathrm{d}\tau}\right\rangle \\ |\diamondsuit_{\vec{\boldsymbol{V}}_{正}}\rangle U'(\vec{\boldsymbol{V}}_{正},\vec{\boldsymbol{X}}) = \dfrac{q}{c}|\boldsymbol{\Phi}\rangle \\ m_0|\diamondsuit_{\vec{\boldsymbol{P}}_{正}}\rangle = |\diamondsuit_{\vec{\boldsymbol{V}}_{正}}\rangle \end{cases} \tag{7.6.30}$$

结论：

（1）给定 $U'(\vec{\boldsymbol{V}}_{正},\vec{\boldsymbol{X}})$，通过 $|\diamondsuit_{V_{正}}\rangle U'(\vec{\boldsymbol{V}}_{正},\vec{\boldsymbol{X}}) = \dfrac{q}{c}|\boldsymbol{\Phi}\rangle$，求出 $|\boldsymbol{\Phi}\rangle$；

（2）通过 $|\boldsymbol{P}_{正}\rangle = \left|\boldsymbol{p} + \dfrac{q\boldsymbol{\Phi}}{c}\right\rangle$，确定 $|\boldsymbol{P}_{正}\rangle$；

（3）通过 $|\diamondsuit\rangle U'(\vec{\boldsymbol{V}}_{正},\vec{\boldsymbol{X}}) = \left|\dfrac{\mathrm{d}\boldsymbol{P}_{正}}{\mathrm{d}\tau}\right\rangle$，描述粒子的运动。

7.6.4　带电粒子的拉格朗日量

1. 拉格朗日量的引入

定义不变量 L_0 为

$$L_0 = -\vec{P}_{正} \cdot \vec{U} = -(m_0\gamma c^2 + q\phi)\gamma + (m_0\gamma \boldsymbol{v} + q\boldsymbol{A}) \cdot \gamma \boldsymbol{v}$$
$$= -(\mathscr{H}\gamma - \boldsymbol{p}_{正} \cdot \gamma \boldsymbol{v})$$
$$= -m_0c^2 - q\vec{U} \cdot \vec{\boldsymbol{\Phi}} = -m_0c^2 - U \tag{7.6.31}$$

有

$$\mathscr{H} = \boldsymbol{p}_{正} \cdot \boldsymbol{v} - L \tag{7.6.32}$$

$$L = \frac{L_0}{\gamma} = -\frac{1}{\gamma}\left(m_0c^2 + q\vec{U} \cdot \vec{\boldsymbol{\Phi}}\right) = -\left(m_0c^2\sqrt{1-\frac{v^2}{c^2}} + q\left(\phi - \boldsymbol{A} \cdot \boldsymbol{v}\right)\right) \tag{7.6.33}$$

式中，$\mathscr{H}$为哈密顿量；L 为拉格朗日量。由于

$$\begin{cases} \vec{\Diamond} \cdot \dfrac{\vec{\boldsymbol{\Phi}}}{c} = 0(\text{洛伦兹条件}) \\ \vec{\Diamond} \cdot \vec{\boldsymbol{p}} = 0 \end{cases} \tag{7.6.34}$$

利用上式，在 $|\boldsymbol{P}_{正}\rangle$ 中仍以 $(\vec{\boldsymbol{X}},\vec{\boldsymbol{U}})$ 为独立变量，有

$$\vec{\Diamond} \cdot \vec{\boldsymbol{P}}_{正}(\vec{\boldsymbol{X}},\vec{\boldsymbol{U}}) = \vec{\Diamond} \cdot \left(\vec{\boldsymbol{P}} + \frac{q\vec{\boldsymbol{\Phi}}}{c}\right) = \vec{\Diamond} \cdot \frac{q\vec{\boldsymbol{\Phi}}}{c} = 0 \tag{7.6.35}$$

2. 正则方程的协变形态

由式（7.6.31），$L_0 = -m_0c^2 - U$，得

$$\begin{cases} |\Diamond_{\vec{u}}\rangle L_0 = -\dfrac{q}{c}|\boldsymbol{\Phi}\rangle \\ |\boldsymbol{P}_{正}\rangle = \left|\boldsymbol{P} + \dfrac{q\boldsymbol{\Phi}}{c}\right\rangle \\ |\Diamond\rangle L_0 = -\left|\dfrac{\mathrm{d}|\boldsymbol{P}_{正}\rangle}{\mathrm{d}\tau}\right\rangle \end{cases} \tag{7.6.36}$$

上式就是正则方程的协变形态。上式可写成

$$\begin{cases} |\diamond_{\vec{u}}\rangle(\vec{\boldsymbol{P}}_{\text{正}}\cdot\vec{\boldsymbol{U}}) = \dfrac{q}{c}|\boldsymbol{\Phi}\rangle \\ |\boldsymbol{P}_{\text{正}}\rangle = |\boldsymbol{P}\rangle + \dfrac{q}{c}|\boldsymbol{\Phi}\rangle \\ |\diamond\rangle(\vec{\boldsymbol{P}}_{\text{正}}\cdot\vec{\boldsymbol{U}}) = \left|\dfrac{\mathrm{d}|\boldsymbol{P}_{\text{正}}\rangle}{\mathrm{d}\tau}\right\rangle \end{cases} \tag{7.6.37}$$

结论：

（1）给定拉格朗日量 $L = \dfrac{L_0}{\gamma}$（或 L_0），通过 $|\diamond_{\vec{u}}\rangle L_0 = -\dfrac{q}{c}|\boldsymbol{\Phi}\rangle$，求出 $|\boldsymbol{\Phi}\rangle$；

（2）通过 $|\boldsymbol{P}_{\text{正}}\rangle = \left|\boldsymbol{P} + \dfrac{q\boldsymbol{\Phi}}{c}\right\rangle$，确定 $|\boldsymbol{P}_{\text{正}}\rangle$；

（3）通过 $|\diamond\rangle L_0 = -\left|\dfrac{\mathrm{d}\boldsymbol{P}_{\text{正}}}{\mathrm{d}\tau}\right\rangle$，描述粒子的运动。

7.6.5　带电粒子的哈密顿量

在平直空间中，光速不是 $\boldsymbol{u}$ 的函数，$\vec{\boldsymbol{u}}\cdot\vec{\boldsymbol{u}} = \left(\dfrac{c}{n}\right)^2 = c^2$，其中空间折射率 $n=1$。在平直空间中，n 没有变化，光速 c 恒定，即 $\vec{\boldsymbol{u}}$ 的 4 个分量不可以独立变化，4 个分量中只有 3 个是独立的，所以只考虑三维速度变量 $\boldsymbol{v} = v_1\boldsymbol{e}_1 + v_2\boldsymbol{e}_2 + v_3\boldsymbol{e}_3$，让 $|\boldsymbol{P}_{\text{正}}\rangle$ 也取空间的 3 个分量 $\boldsymbol{p}_{\text{正}}$，则 $\mathscr{H}$ 可以（$\boldsymbol{x}$，$\boldsymbol{v}$，$\boldsymbol{t}$）为独立变量，即 $\mathscr{H} = \mathscr{H}(\boldsymbol{x},\boldsymbol{v},t)$，也可以 $(\boldsymbol{x},\boldsymbol{p}_{\text{正}},t)$ 为独立变量，即 $\mathscr{H} = \mathscr{H}(\boldsymbol{x},\boldsymbol{p}_{\text{正}},t)$。

令

$$\begin{cases} \boldsymbol{p}_{\text{正}} = P_1\boldsymbol{e}_1 + P_2\boldsymbol{e}_2 + P_3\boldsymbol{e}_3 \\ \nabla_{\boldsymbol{p}_{\text{正}}} = \dfrac{\partial}{\partial P_1}\boldsymbol{e}_1 + \dfrac{\partial}{\partial P_2}\boldsymbol{e}_2 + \dfrac{\partial}{\partial P_3}\boldsymbol{e}_3 \end{cases} \tag{7.6.38}$$

利用

$$\begin{cases} \boldsymbol{E} = -\nabla\phi - \dfrac{\partial \boldsymbol{A}}{\partial t} \\ \boldsymbol{B} = \nabla\times\boldsymbol{A} \\ f = q(\boldsymbol{E} + v\times\boldsymbol{B}) \\ k = q\gamma(\boldsymbol{E} + v\times\boldsymbol{B}) \end{cases} \tag{7.6.39}$$

及恒等式

$$\begin{cases} \dfrac{\mathrm{d}\boldsymbol{A}}{\mathrm{d}t} = \dfrac{\partial \boldsymbol{A}}{\partial t} + (v\cdot\nabla)\boldsymbol{A} \\ \dfrac{\mathrm{d}\boldsymbol{A}}{\mathrm{d}\tau} = \gamma\dfrac{\partial \boldsymbol{A}}{\partial t} + (\gamma v\cdot\nabla)\boldsymbol{A} \\ v\times(\nabla\times\boldsymbol{A}) = \nabla(\boldsymbol{v}\cdot\boldsymbol{A}) - (\boldsymbol{v}\cdot\nabla)\boldsymbol{A} \end{cases} \tag{7.6.40}$$

有

$$\begin{aligned} \boldsymbol{k} &= q\gamma\left(-\nabla\phi - \frac{\partial \boldsymbol{A}}{\partial t} + v\times(\nabla\times\boldsymbol{A})\right) \\ &= q\gamma\left(-\nabla\phi - \frac{\partial \boldsymbol{A}}{\partial t} + \nabla(v\cdot\boldsymbol{A}) - (v\cdot\nabla)\boldsymbol{A}\right) \\ &= q\gamma\left(-\nabla(\phi - v\cdot\boldsymbol{A}) - \frac{\mathrm{d}\boldsymbol{A}}{\mathrm{d}t}\right) = \gamma\left(-\nabla U - q\frac{\mathrm{d}\boldsymbol{A}}{\mathrm{d}t}\right) \end{aligned} \tag{7.6.41}$$

其中，

$$U = q(\phi - \boldsymbol{v}\cdot\boldsymbol{A}) \tag{7.6.42}$$

有

$$\begin{cases} \nabla_v U = \nabla_v q(\phi - v\cdot\boldsymbol{A}) = -q\boldsymbol{A} \\ v = v_1\boldsymbol{e}_1 + v_2\boldsymbol{e}_2 + v_3\boldsymbol{e}_3 \\ \nabla_v = \dfrac{\partial}{\partial v_1}\boldsymbol{e}_1 + \dfrac{\partial}{\partial v_2}\boldsymbol{e}_2 + \dfrac{\partial}{\partial v_3}\boldsymbol{e}_3 \end{cases} \tag{7.6.43}$$

$$\begin{cases} \boldsymbol{k} = -\gamma\nabla U - q\gamma\dfrac{\mathrm{d}\boldsymbol{A}}{\mathrm{d}t} = -\gamma\nabla U + \dfrac{\mathrm{d}(\nabla_v U)}{\mathrm{d}\tau} \\ \boldsymbol{f} = -\nabla U - q\dfrac{\mathrm{d}\boldsymbol{A}}{\mathrm{d}t} = -\nabla U + \dfrac{\mathrm{d}(\nabla_v U)}{\mathrm{d}t} \end{cases} \tag{7.6.44}$$

令

$$T=-m_0c^2\sqrt{1-\frac{v^2}{c^2}} \tag{7.6.45}$$

有

$$\nabla_v T=\nabla_v\left(-m_0c^2\sqrt{1-\frac{v^2}{c^2}}\right)=m_0\gamma v \tag{7.6.46}$$

拉格朗日量 L 为

$$L=T-U=-m_0c^2\sqrt{1-\frac{v^2}{c^2}}-q(\phi-v\cdot\boldsymbol{A}) \tag{7.6.47}$$

三维正则动量 $\boldsymbol{p}_{正}$ 定义为

$$\begin{cases}\boldsymbol{p}_{正}=\nabla_v L=\nabla_v\left(-m_0c^2\sqrt{1-\frac{v^2}{c^2}}-q(\phi-\boldsymbol{v}\cdot\boldsymbol{A})\right)\\ \quad=m_0\gamma v+q\boldsymbol{A}=\boldsymbol{p}+q\boldsymbol{A}\\ \boldsymbol{p}=m_0\gamma\boldsymbol{v}\end{cases} \tag{7.6.48}$$

三维正则动量 $\boldsymbol{p}_{正}$ 与四元正则动量 $|P_{正}\rangle$ 的矢量部分一致。有

$$\begin{cases}\boldsymbol{f}=\frac{\mathrm{d}\boldsymbol{p}}{\mathrm{d}t}=-\nabla U-q\frac{\mathrm{d}\boldsymbol{A}}{\mathrm{d}t}\\ \frac{\mathrm{d}\boldsymbol{p}_{正}}{\mathrm{d}t}=\frac{\mathrm{d}(\boldsymbol{p}+q\boldsymbol{A})}{\mathrm{d}t}=-\nabla U=\nabla(T-U)=\nabla L\end{cases} \tag{7.6.49}$$

利用式（7.6.47）和式（7.6.49），得

$$\begin{cases}\nabla_v L=\boldsymbol{p}_{正}\\ \nabla L=\frac{\mathrm{d}\boldsymbol{p}_{正}}{\mathrm{d}t}\end{cases} \tag{7.6.50}$$

上式就是拉格朗日正则方程。哈密顿量为

$$\begin{aligned}\mathscr{H}&=\boldsymbol{p}_{正}\cdot\boldsymbol{v}-L\\ &=(m_0\gamma\boldsymbol{v}+q\boldsymbol{A})\cdot\boldsymbol{v}+m_0c^2\sqrt{1-\frac{v^2}{c^2}}+q(\phi-v\cdot\boldsymbol{A})\end{aligned}$$

$$= m_0\gamma v^2 + m_0c^2\sqrt{1-\frac{v^2}{c^2}} + q\phi$$

$$= m_0c^2\left(\gamma^2\frac{v^2}{c^2}+1\right)\frac{1}{\gamma} + q\phi = m_0\gamma c^2 + q\phi$$

利用$\gamma = \sqrt{\gamma^2\frac{v^2}{c^2}+1}$，有

$$m_0\gamma c^2 = m_0c^2\sqrt{\gamma^2\frac{v^2}{c^2}+1} = \sqrt{p^2c^2+(m_0c^2)^2}$$

$$= \sqrt{(\boldsymbol{p}_{正}-q\boldsymbol{A})^2c^2+(m_0c^2)^2} \tag{7.6.51}$$

式（7.6.51）代入式（7.6.50），得

$$\mathscr{H} = \boldsymbol{p}_{正}\cdot\boldsymbol{v} - L = \sqrt{(\boldsymbol{p}_{正}-q\boldsymbol{A})^2c^2+(m_0c^2)^2} + q\phi \tag{7.6.52}$$

哈密顿量描述物体的正则机械能。

取$\mathscr{H}$为以（$\boldsymbol{x}$，$\boldsymbol{p}_{正}$，t）为独立变量，即$\mathscr{H} = \mathscr{H}(\boldsymbol{x},\boldsymbol{p}_{正},t)$，用哈密顿量可以把运动方程表为正则形式（证明见后）

$$\begin{cases}\boldsymbol{v} = \dfrac{\mathrm{d}\boldsymbol{x}}{\mathrm{d}t} = \nabla_P\mathscr{H}\\ \dot{\boldsymbol{p}}_{正} = \dfrac{\mathrm{d}\boldsymbol{p}_{正}}{\mathrm{d}t} = -\nabla\mathscr{H}\end{cases} \tag{7.6.53}$$

上式就是哈密顿正则方程。其中，

$$\begin{cases}\boldsymbol{p}_{正} = P_1\boldsymbol{e}_1 + P_2\boldsymbol{e}_2 + P_3\boldsymbol{e}_3\\ \nabla_{\boldsymbol{P}} = \dfrac{\partial}{\partial P_1}\boldsymbol{e}_1 + \dfrac{\partial}{\partial P_2}\boldsymbol{e}_2 + \dfrac{\partial}{\partial P_3}\boldsymbol{e}_3\end{cases} \tag{7.6.54}$$

引入协变合量或协变四维矢量

$$\begin{cases}|\,\boldsymbol{P}_{正}\rangle = |\,\boldsymbol{P}\rangle + \dfrac{q}{c}|\,\boldsymbol{\Phi}\rangle\\ \vec{\boldsymbol{P}}_{正} = \vec{\boldsymbol{P}} + \dfrac{q}{c}\vec{\boldsymbol{\Phi}}\end{cases} \tag{7.6.55}$$

得第零分量

$$p_{\text{正}0} = m_0\gamma c + \frac{q}{c}\phi = \frac{\mathcal{H}}{c} \tag{7.6.56}$$

式（7.6.56）代入式（7.6.55），得

$$\begin{cases} |\boldsymbol{P}_{\text{正}}\rangle = |p_{\text{正}0} - \mathrm{i}\boldsymbol{p}_{\text{正}}\rangle = \left|\dfrac{\mathcal{H}}{c} - \mathrm{i}\boldsymbol{p}_{\text{正}}\right\rangle \\ \overrightarrow{\boldsymbol{P}}_{\text{正}} = [p_{\text{正}0} - \mathrm{i}\boldsymbol{p}_{\text{正}}] = \left[\dfrac{\mathcal{H}}{c}, -\mathrm{i}\boldsymbol{p}_{\text{正}}\right] \end{cases} \tag{7.6.57}$$

讨论：低速经典情况 $v \ll c$，有

$$\begin{cases} T \approx \dfrac{1}{2}m_0v^2 \\ L \approx \dfrac{1}{2}m_0\boldsymbol{v}^2 - q(\phi - v \cdot \boldsymbol{A}) \\ \mathcal{H} \approx \dfrac{1}{2m_0}(\boldsymbol{P} - q\boldsymbol{A})^2 + q\phi \end{cases} \tag{7.6.58}$$

例题：证明哈密顿正则方程式（7.6.53）

$$\begin{cases} \boldsymbol{v} = \dfrac{\mathrm{d}\boldsymbol{x}}{\mathrm{d}t} = \nabla_P\mathcal{H} \\ \dot{\boldsymbol{p}}_{\text{正}} = \dfrac{\mathrm{d}\boldsymbol{p}_{\text{正}}}{\mathrm{d}t} = -\nabla\mathcal{H} \end{cases}$$

证明：下面分三步来证明。

第一步：L 的全微分。

$$\mathrm{d}L = \mathrm{d}\boldsymbol{x} \cdot \nabla L + \nabla_v L \cdot \mathrm{d}v + \frac{\partial L}{\partial t}\mathrm{d}t \tag{7.6.59}$$

利用式（7.6.54）和式（7.6.47），得

$$\begin{cases} \nabla_v L = \nabla_v\left(-m_0c^2\sqrt{1 - \dfrac{v^2}{c^2}} - q(\phi - \boldsymbol{v} \cdot \boldsymbol{A})\right) = m_0\gamma\boldsymbol{v} + q\boldsymbol{A} = \boldsymbol{p}_{\text{正}} \\ \nabla L = \nabla(T - U) = -\nabla U = \dfrac{\mathrm{d}\boldsymbol{p}_{\text{正}}}{\mathrm{d}t} \end{cases} \tag{7.6.60}$$

上式就是拉格朗日正则方程。式（7.6.60）代入式（7.6.59），得

$$\mathrm{d}L = \mathrm{d}\boldsymbol{x}\cdot\frac{\mathrm{d}\boldsymbol{p}_{正}}{\mathrm{d}t} + \boldsymbol{p}_{正}\cdot\mathrm{d}\boldsymbol{v} + \frac{\partial L}{\partial t}\mathrm{d}t = \boldsymbol{v}\cdot\mathrm{d}\boldsymbol{p}_{正} + \boldsymbol{p}_{正}\cdot\mathrm{d}\boldsymbol{v} + \frac{\partial L}{\partial t}\mathrm{d}t \tag{7.6.61}$$

第二步：$\mathscr{H}$的全微分。

令$\mathscr{H}$为$\boldsymbol{x}$，t 和正则动量$\boldsymbol{p}_{正}$ 的独立函数，$\mathscr{H} = \mathscr{H}(\boldsymbol{x},\boldsymbol{p}_{正},t)$，$\mathscr{H}$的全微分为

$$\mathrm{d}\mathscr{H} = \mathrm{d}\boldsymbol{p}_{正}\cdot\nabla_{\mathrm{P}}\mathscr{H} + \mathrm{d}\boldsymbol{x}\cdot\nabla\mathscr{H} + \frac{\partial\mathscr{H}}{\partial t}\mathrm{d}t \tag{7.6.62}$$

由于

$$\begin{cases} \mathscr{H} = \boldsymbol{p}_{正}\cdot\boldsymbol{v} - L \\ \dfrac{\partial\mathscr{H}}{\partial t} = -\dfrac{\partial L}{\partial t} \end{cases}$$

利用上式及式（7.6.61），得

$$\mathrm{d}\mathscr{H} = \mathrm{d}\boldsymbol{p}_{正}\cdot\boldsymbol{v} + \boldsymbol{v}\cdot\mathrm{d}\boldsymbol{p}_{正} - \mathrm{d}L = \mathrm{d}\boldsymbol{p}_{正}\cdot\boldsymbol{v} - \boldsymbol{v}\cdot\mathrm{d}\boldsymbol{p}_{正} + \frac{\partial\mathscr{H}}{\partial t}\mathrm{d}t$$

$$= \mathrm{d}\boldsymbol{p}_{正}\cdot\boldsymbol{v} - \mathrm{d}\boldsymbol{x}\cdot\frac{\mathrm{d}\boldsymbol{p}_{正}}{\mathrm{d}t} + \frac{\partial\mathscr{H}}{\partial t}\mathrm{d}t$$

第三步：上式与式（7.6.61）对比

$$\begin{cases} \mathrm{d}\mathscr{H} = \mathrm{d}\boldsymbol{p}_{正}\cdot\nabla_{P}\mathscr{H} + \mathrm{d}\boldsymbol{x}\cdot\nabla\mathscr{H} + \dfrac{\partial\mathscr{H}}{\partial t}\mathrm{d}t \\ \mathrm{d}\mathscr{H} = \mathrm{d}\boldsymbol{p}_{正}\cdot\boldsymbol{v} - \mathrm{d}\boldsymbol{x}\cdot\dfrac{\mathrm{d}\boldsymbol{p}_{正}}{\mathrm{d}t} + \dfrac{\partial\mathscr{H}}{\partial t}\mathrm{d}t \end{cases}$$

得

$$\begin{cases} \boldsymbol{v} = \dfrac{\mathrm{d}\boldsymbol{x}}{\mathrm{d}t} = \nabla_{P}\mathscr{H} \\ \dot{\boldsymbol{p}}_{正} = \dfrac{\mathrm{d}\boldsymbol{p}_{正}}{\mathrm{d}t} = -\nabla\mathscr{H} \end{cases} \tag{7.6.63}$$

证毕。

附录 1
矢量、张量和四元数

附 1.1　矢量运算

加法：

$$\boldsymbol{A}+\boldsymbol{B}=\boldsymbol{B}+\boldsymbol{A} \text{ 交换律}$$

$$(\boldsymbol{A}+\boldsymbol{B})+\boldsymbol{C}=\boldsymbol{A}+(\boldsymbol{B}+\boldsymbol{C}) \text{ 结合律}$$

直角坐标表示：

$$\boldsymbol{A}+\boldsymbol{B}=\sum_{i=1}^{3}(A_i+B_i)\boldsymbol{e}_i$$

满足平行四边形法则。

标量积：

$$\boldsymbol{A}\cdot\boldsymbol{B}=\sum_{i=1}^{3}A_iB_i=AB\cos\theta$$

$$\boldsymbol{A}\cdot\boldsymbol{B}=\boldsymbol{B}\cdot\boldsymbol{A} \text{ 交换律}$$

$$\boldsymbol{A}\cdot(\boldsymbol{B}+\boldsymbol{C})=\boldsymbol{A}\cdot\boldsymbol{B}+\boldsymbol{A}\cdot\boldsymbol{C} \text{ 分配律}$$

矢量积直角坐标表示：

$$\boldsymbol{A} \times \boldsymbol{B} = AB\sin\theta \boldsymbol{e}_n = \begin{vmatrix} \boldsymbol{e}_1 & \boldsymbol{e}_2 & \boldsymbol{e}_3 \\ A_1 & A_2 & A_3 \\ B_1 & B_2 & B_3 \end{vmatrix}$$

$$\boldsymbol{A} \times (\boldsymbol{B} + \boldsymbol{C}) = \boldsymbol{A} \times \boldsymbol{B} + \boldsymbol{A} \times \boldsymbol{C} \text{ 分配律}$$

$$\boldsymbol{A} \times \boldsymbol{B} = -\boldsymbol{B} \times \boldsymbol{A} \text{ 不满足交换律}$$

混合积直角坐标表示：

$$\boldsymbol{A} \cdot (\boldsymbol{B} \times \boldsymbol{C}) = \boldsymbol{B} \cdot (\boldsymbol{C} \times \boldsymbol{A}) = \boldsymbol{C} \cdot (\boldsymbol{A} \times \boldsymbol{B}) = \begin{vmatrix} A_1 & A_2 & A_3 \\ B_1 & B_2 & B_3 \\ C_1 & C_2 & C_3 \end{vmatrix}$$

双重矢积：

$$\boldsymbol{A} \times (\boldsymbol{B} \times \boldsymbol{C}) = \boldsymbol{B}(\boldsymbol{A} \cdot \boldsymbol{C}) - \boldsymbol{C}(\boldsymbol{A} \cdot \boldsymbol{B}) = (\boldsymbol{A} \cdot \boldsymbol{C})\boldsymbol{B} - (\boldsymbol{A} \cdot \boldsymbol{B})\boldsymbol{C}$$

$$\boldsymbol{A} \times (\boldsymbol{B} \times \boldsymbol{C}) \neq (\boldsymbol{A} \times \boldsymbol{B}) \times \boldsymbol{C}$$

附 1.2 矢量微分

$$\frac{\mathrm{d}\boldsymbol{A}}{\mathrm{d}t} = \hat{\boldsymbol{A}} \frac{\mathrm{d}A}{\mathrm{d}t} + A \frac{\mathrm{d}\hat{\boldsymbol{A}}}{\mathrm{d}t}$$

$$\frac{\mathrm{d}(\boldsymbol{A} \cdot \boldsymbol{B})}{\mathrm{d}t} = \boldsymbol{A} \cdot \frac{\mathrm{d}\boldsymbol{B}}{\mathrm{d}t} + \frac{\mathrm{d}\boldsymbol{A}}{\mathrm{d}t} \cdot \boldsymbol{B}$$

$$\frac{\mathrm{d}(\boldsymbol{A} \times \boldsymbol{B})}{\mathrm{d}t} = \boldsymbol{A} \times \frac{\mathrm{d}\boldsymbol{B}}{\mathrm{d}t} + \frac{\mathrm{d}\boldsymbol{A}}{\mathrm{d}t} \times \boldsymbol{B}$$

附 1.3 并矢与张量

并矢

$$\boldsymbol{AB}\text{（一般 } \boldsymbol{AB} \neq \boldsymbol{BA}\text{）}$$

有9个分量。若某个量有9个分量，它被称为张量，在直角坐标表示下，有

$$\overleftrightarrow{T} = \boldsymbol{AB} = \sum_{i,j=1}^{3} A_i B_i \boldsymbol{e}_i \boldsymbol{e}_j = \sum_{i,j}^{3} T_{ij} \boldsymbol{e}_i \boldsymbol{e}_j$$

$\boldsymbol{e}_i\boldsymbol{e}_j$ 为单位并矢，张量有9个基。

矢量与张量的矩阵（直角坐标）表示：

$$\boldsymbol{A} = \vec{\boldsymbol{e}}\ \overleftarrow{\boldsymbol{A}} = \vec{\boldsymbol{A}}\ \overleftarrow{\boldsymbol{e}} = (A_1 \quad A_2 \quad A_3)\begin{pmatrix} \boldsymbol{e}_1 \\ \boldsymbol{e}_2 \\ \boldsymbol{e}_3 \end{pmatrix} = \sum A_i \boldsymbol{e}_i$$

其中，

$$\vec{\boldsymbol{A}} = (A_1 \quad A_2 \quad A_3)\ ,\ \vec{\boldsymbol{e}} = (\boldsymbol{e}_1 \quad \boldsymbol{e}_2 \quad \boldsymbol{e}_3)$$

$$\overleftarrow{\boldsymbol{e}} = \begin{pmatrix} \boldsymbol{e}_1 \\ \boldsymbol{e}_2 \\ \boldsymbol{e}_3 \end{pmatrix},\ \overleftarrow{\boldsymbol{A}} = \begin{pmatrix} A_1 \\ A_2 \\ A_3 \end{pmatrix}$$

标量积的直角坐标表示：

$$\begin{cases} \boldsymbol{A} \cdot \boldsymbol{B} = \vec{\boldsymbol{A}}\ \overleftarrow{\boldsymbol{e}} \cdot \vec{\boldsymbol{e}}\ \overleftarrow{B} = \vec{A}\ \overleftarrow{B} = (A_1, A_2, A_3)\begin{pmatrix} B_1 \\ B_2 \\ B_3 \end{pmatrix} \\ \quad = A_1B_1 + A_2B_2 + A_3B_3 = \sum_{i=1}^{3} A_iB_i \\ \overleftarrow{\boldsymbol{e}} \cdot \vec{\boldsymbol{e}} = \overleftrightarrow{I} = \begin{pmatrix} 1 & 0 & 0 \\ 0 & 1 & 0 \\ 0 & 0 & 1 \end{pmatrix} = \text{单位矩阵} \end{cases}$$

并矢的直角坐标表示：

$$\begin{cases} \overleftrightarrow{\boldsymbol{T}} = \boldsymbol{AB} = \vec{\boldsymbol{e}}\ \overleftarrow{A}\ \vec{B}\ \overleftarrow{\boldsymbol{e}} = \vec{\boldsymbol{e}}\ \overleftrightarrow{T}\ \overleftarrow{\boldsymbol{e}} = \boldsymbol{e}_i T_{ij} \boldsymbol{e}_j \\ \overleftrightarrow{T} = \overleftarrow{A}\ \vec{B}(\text{或 } T_{ij} = A_iB_j) \end{cases}$$

$$\overleftrightarrow{T} = \overleftarrow{A}\ \overrightarrow{B}$$

$$= \begin{pmatrix} A_1 \\ A_2 \\ A_3 \end{pmatrix} (B_1, B_2, B_3) = \begin{pmatrix} A_1B_1 & A_1B_2 & A_1B_3 \\ A_2B_1 & A_2B_2 & A_2B_3 \\ A_3B_1 & A_3B_2 & A_3B_3 \end{pmatrix} = \begin{pmatrix} T_{11} & T_{12} & T_{13} \\ T_{21} & T_{22} & T_{23} \\ T_{31} & T_{32} & T_{33} \end{pmatrix}$$

单位张量直角坐标表示：

$$\begin{cases} \overleftrightarrow{\boldsymbol{I}} = \sum_{i=1}^{3} \boldsymbol{e}_i\boldsymbol{e}_i = \overrightarrow{\boldsymbol{e}}\ \overleftarrow{\boldsymbol{e}} = \sum_{i,j=1}^{3} \boldsymbol{e}_i\delta_{ij}\boldsymbol{e}_j = \sum_{i,j=1}^{3} \boldsymbol{e}_i I_{ij}\boldsymbol{e}_j = \overrightarrow{\boldsymbol{e}}\ \overleftrightarrow{I}\ \overleftarrow{\boldsymbol{e}} \\ \quad = \begin{pmatrix} \boldsymbol{e}_1\boldsymbol{e}_1 & 0 & 0 \\ 0 & \boldsymbol{e}_2\boldsymbol{e}_2 & 0 \\ 0 & 0 & \boldsymbol{e}_3\boldsymbol{e}_3 \end{pmatrix} \\ \overleftrightarrow{I} = \begin{pmatrix} 1 & 0 & 0 \\ 0 & 1 & 0 \\ 0 & 0 & 1 \end{pmatrix} (\text{或 } I_{ij} = \delta_{ij}) \end{cases}$$

张量运算：$\overleftrightarrow{\boldsymbol{T}} + \overleftrightarrow{\boldsymbol{V}} = \sum_{i,j} (T_{ij} + V_{ij})\boldsymbol{e}_i\boldsymbol{e}_j$

与矢量点乘：$\boldsymbol{AB} \cdot \boldsymbol{C} = \boldsymbol{A}(\boldsymbol{B} \cdot \boldsymbol{C}) = \boldsymbol{A}(\boldsymbol{C} \cdot \boldsymbol{B}) = \boldsymbol{AC} \cdot \boldsymbol{B}$

$$= (\boldsymbol{C} \cdot \boldsymbol{B})\boldsymbol{A} = \boldsymbol{C} \cdot \boldsymbol{BA}$$

$$= (\boldsymbol{B} \cdot \boldsymbol{C})\boldsymbol{A} = \boldsymbol{B} \cdot \boldsymbol{CA}$$

$$\boldsymbol{C} \cdot \boldsymbol{AB} = (\boldsymbol{C} \cdot \boldsymbol{A})\boldsymbol{B} = \boldsymbol{B}(\boldsymbol{C} \cdot \boldsymbol{A}) = \boldsymbol{B}(\boldsymbol{A} \cdot \boldsymbol{A}) = \boldsymbol{BA} \cdot \boldsymbol{C}$$

与矢量叉乘：$\begin{cases} \boldsymbol{AB} \times \boldsymbol{C} = \boldsymbol{A}(\boldsymbol{B} \times \boldsymbol{C}) & \text{并矢} \\ \boldsymbol{C} \times \boldsymbol{AB} = (\boldsymbol{C} \times \boldsymbol{A})\boldsymbol{B} & \text{并矢} \end{cases}$

两并矢点乘：$\boldsymbol{AB} \cdot (\boldsymbol{CD}) = \boldsymbol{A}(\boldsymbol{B} \cdot \boldsymbol{C})\boldsymbol{D} = (\boldsymbol{B} \cdot \boldsymbol{C})\boldsymbol{AD} \neq \boldsymbol{CD} \cdot \boldsymbol{AB}$（并矢）

两并矢二次点乘：$\boldsymbol{AB} : \boldsymbol{CD} = (\boldsymbol{B} \cdot \boldsymbol{C})(\boldsymbol{A} \cdot \boldsymbol{D})$ 标量

与单位张量点乘：$\overleftrightarrow{\boldsymbol{I}} \cdot \boldsymbol{C} = \boldsymbol{C} \cdot \overleftrightarrow{\boldsymbol{I}} = \boldsymbol{C}$

$$\overleftrightarrow{\boldsymbol{I}} \cdot \boldsymbol{AB} = \boldsymbol{AB} \cdot \overleftrightarrow{\boldsymbol{I}} = \boldsymbol{AB}$$

$$\overleftrightarrow{\boldsymbol{I}}:\boldsymbol{AB} = \boldsymbol{A}\cdot\boldsymbol{B}$$

附 1.4　矢量微分算子∇（直角坐标系中的表示形式）

$\nabla = \boldsymbol{e}_1\dfrac{\partial}{\partial x} + \boldsymbol{e}_2\dfrac{\partial}{\partial y} + \boldsymbol{e}_3\dfrac{\partial}{\partial z}$，具有矢量性质，分量是微分符号。

$\nabla\varphi = \boldsymbol{e}_1\dfrac{\partial\varphi}{\partial x} + \boldsymbol{e}_2\dfrac{\partial\varphi}{\partial y} + \boldsymbol{e}_3\dfrac{\partial\varphi}{\partial z}$，$\nabla\varphi \neq \varphi\nabla$，不能互换。

它可以作用在矢量上，可以作点乘、叉乘。

$$\begin{aligned}\nabla\cdot\boldsymbol{A} &= \left(\boldsymbol{e}_1\frac{\partial}{\partial x} + \boldsymbol{e}_2\frac{\partial}{\partial y} + \boldsymbol{e}_3\frac{\partial}{\partial z}\right)\cdot(\boldsymbol{e}_1A_x + \boldsymbol{e}_2A_y + \boldsymbol{e}_3A_z)\\ &= \frac{\partial A_x}{\partial x} + \frac{\partial A_y}{\partial y} + \frac{\partial A_z}{\partial z}\end{aligned}$$

$$\begin{aligned}\nabla\times\boldsymbol{A} &= \boldsymbol{e}_1\left(\frac{\partial A_z}{\partial y} - \frac{\partial A_y}{\partial z}\right) + \boldsymbol{e}_2\left(\frac{\partial A_x}{\partial z} - \frac{\partial A_z}{\partial x}\right) + \boldsymbol{e}_3\left(\frac{\partial A_y}{\partial x} - \frac{\partial A_x}{\partial y}\right)\\ &= \begin{vmatrix}\boldsymbol{e}_1 & \boldsymbol{e}_2 & \boldsymbol{e}_3\\ \dfrac{\partial}{\partial x} & \dfrac{\partial}{\partial y} & \dfrac{\partial}{\partial z}\\ A_x & A_y & A_z\end{vmatrix} = \left(\frac{\partial}{\partial x}\quad \frac{\partial}{\partial y}\quad \frac{\partial}{\partial z}\right)\begin{pmatrix}0 & -A_z & A_y\\ A_z & 0 & -A_x\\ -A_y & A_x & 0\end{pmatrix}\begin{pmatrix}\boldsymbol{e}_1\\ \boldsymbol{e}_2\\ \boldsymbol{e}_3\end{pmatrix}\end{aligned}$$

$$\begin{cases}\boldsymbol{B} = \overrightarrow{\boldsymbol{B}}\overleftarrow{\boldsymbol{e}} = \nabla\times\boldsymbol{A} = \nabla\cdot\overleftrightarrow{\boldsymbol{A}}_{反} = \vec{\nabla}\overleftarrow{\boldsymbol{e}}\cdot\vec{\boldsymbol{e}}\overleftrightarrow{\boldsymbol{A}}_{反}\overleftarrow{\boldsymbol{e}} = \vec{\nabla}\overleftrightarrow{A}_{反}\overleftarrow{\boldsymbol{e}}\\ \overrightarrow{\boldsymbol{B}} = \vec{\nabla}\overleftrightarrow{A}_{反}\\ \overleftrightarrow{\boldsymbol{A}}_{反} = \vec{\boldsymbol{e}}\overleftrightarrow{A}_{反}\overleftarrow{\boldsymbol{e}}\\ \vec{\nabla} = \left(\dfrac{\partial}{\partial x}\quad \dfrac{\partial}{\partial y}\quad \dfrac{\partial}{\partial z}\right),\overleftrightarrow{A}_{反} = \begin{pmatrix}0 & -A_z & A_y\\ A_z & 0 & -A_x\\ -A_y & A_x & 0\end{pmatrix}\end{cases}$$

附 1.5　高斯定理与矢量场的散度

1. 矢量场的通量

矢量族：在矢量场中对于给定的一点，有一个方向，它沿某一曲线的切线方向，这条曲线形成一条矢量线，又叫场线（对静电场称为电力线），无穷多条这样的曲线构成一个矢量族。

通量：$\boldsymbol{A} \cdot \mathrm{d}\boldsymbol{s}$ 称为 $\boldsymbol{A}$ 通过面元 $\mathrm{d}\boldsymbol{s}$ 的通量，记作 $\mathrm{d}\boldsymbol{\Phi} = \boldsymbol{A} \cdot \mathrm{d}\boldsymbol{s}$，有限面积 S，通量上 $\boldsymbol{\Phi} = \int_S \boldsymbol{A} \cdot \mathrm{d}\boldsymbol{s}$，闭合曲面 S，通量上 $\boldsymbol{\Phi} = \oint_S \boldsymbol{A} \cdot \mathrm{d}\boldsymbol{s}$，$\mathrm{d}\boldsymbol{s}$ 方向由面内指向面外。

$\boldsymbol{\Phi} > 0$，场线进入少，穿出多，称 S 面内有源。

$\boldsymbol{\Phi} = 0$，场线进入的与穿出同样多，称 S 面内无源。

$\boldsymbol{\Phi} < 0$，场线进入少，穿出少，称 S 面内有负源。

意义：用来描述空间某一范围内场的发散或会聚，它只具有局域性质，不能反映空间任意点的情况。

2. 高斯定理

$$\oint_S \mathrm{d}\boldsymbol{s}\boldsymbol{A} = \int_V \nabla \cdot \boldsymbol{A}\mathrm{d}\boldsymbol{V}\left(= \iiint_V \left(\frac{\partial \boldsymbol{A}_x}{\partial \boldsymbol{x}} + \frac{\partial \boldsymbol{A}_y}{\partial \boldsymbol{y}} + \frac{\partial \boldsymbol{A}_z}{\partial z} \right) \mathrm{d}\boldsymbol{x}\mathrm{d}\boldsymbol{y}\mathrm{d}z \right)$$

上式为一种面积分与体积分的变换关系，有时称为高斯公式（证明略）。

3. 矢量场的散度

为了反映空间某一点发散与会聚的情况，可以将 S 面缩小到体

元 ΔV，体元仅包围一个点，此时，高斯定理可以改为 $\oint_S \boldsymbol{A}\cdot \mathrm{d}\boldsymbol{s} = \nabla\cdot \boldsymbol{A}\Delta V$，我们用单位体积的通量来描述，则有 $\nabla\cdot\boldsymbol{A} = \dfrac{\oint_S \boldsymbol{A}\cdot \mathrm{d}\boldsymbol{s}}{\Delta V}$，取极限 $\nabla\cdot\boldsymbol{A} = \lim\limits_{\Delta V\to 0}\dfrac{\oint_S \boldsymbol{A}\cdot \mathrm{d}\boldsymbol{s}}{\Delta V}$ 称为矢量 $\boldsymbol{A}$ 的散度。（>0，有源；$=0$，无源；<0，负源。）有时表示成 $\mathrm{div}\boldsymbol{A}$。若空间各点处处 $\nabla\cdot\boldsymbol{A}=0$，则称 $\boldsymbol{A}$ 为无源场。

附 1.6　斯托克斯公式与矢量场的旋度

1. 矢量场的环量（环流）

矢量 $\boldsymbol{A}$ 沿任一闭合曲线 L 的积分

$$\Gamma = \oint_L \boldsymbol{A}\cdot \mathrm{d}\boldsymbol{l}$$

$\Gamma=0$ 表明在区域内无涡旋状态，不闭合；

$\Gamma\neq 0$ 表明在区域内有涡旋状态存在，闭合。

意义：用来刻画矢量场在空间某一范围内是否有涡旋存在，具有局域性质。

2. 斯托克斯公式（定理）

$$\oint_L \boldsymbol{A}\cdot \mathrm{d}\boldsymbol{l} = \int_S (\nabla\times\boldsymbol{A})\cdot \mathrm{d}\boldsymbol{S} \qquad \text{（证明略）}$$

3. 矢量场的旋度

当L无限缩小，它围成的面积化为S时，有

$$\oint_L \boldsymbol{A}\cdot \mathrm{d}\boldsymbol{l} = (\nabla\times\boldsymbol{A})\cdot\Delta\boldsymbol{S} = (\nabla\times\boldsymbol{A})_n\Delta S,(\nabla\times\boldsymbol{A})_n = (\nabla\times\boldsymbol{A})\cdot\boldsymbol{n}$$

$$(\nabla\times\boldsymbol{A})_n = \lim_{\Delta S\to 0}\frac{\oint_L \boldsymbol{A}\cdot \mathrm{d}\boldsymbol{l}}{\Delta S}\quad \Delta\boldsymbol{S} = \Delta S\boldsymbol{n}$$，$\boldsymbol{n}$为法线上单位矢。

定义$\nabla\times\boldsymbol{A}$为矢量场的旋度，它在$\Delta\boldsymbol{S}$法线方向上的分量为单位面积上的环量，刻画矢量场场线在空间某点上的环流特征。若空间各点$\nabla\times\boldsymbol{A}\equiv 0$，则$\boldsymbol{A}$称为无旋场。

附1.7 常用的运算公式

1. 复合函数的“三度”运算公式

$$\nabla f(u) = \frac{\mathrm{d}f}{\mathrm{d}u}\cdot\nabla u,\quad \nabla\cdot\boldsymbol{A}(u) = \frac{\mathrm{d}\boldsymbol{A}}{\mathrm{d}u}\cdot\nabla u,\quad \nabla\times\boldsymbol{A}(u) = \nabla u\times\frac{\mathrm{d}\boldsymbol{A}}{\mathrm{d}u}$$

2. 积分变换公式

高斯公式：$\oint_S \boldsymbol{A}\cdot\mathrm{d}\boldsymbol{s} = \int_V \nabla\cdot\boldsymbol{A}\mathrm{d}V = \int_V \mathrm{d}V\,\nabla\cdot\boldsymbol{A}$

斯托克斯公式：$\oint_L \boldsymbol{A}\cdot\mathrm{d}\boldsymbol{l} = \int_S(\nabla\times\boldsymbol{A})\cdot\mathrm{d}\boldsymbol{S} = \int_S(\mathrm{d}\boldsymbol{S}\times\nabla)\cdot\boldsymbol{A}$

格林公式：

第一公式 $\int_V(\psi\,\nabla^2\varphi + \nabla\varphi\cdot\nabla\psi)\mathrm{d}V = \oint_S\psi\,\nabla\varphi\cdot\mathrm{d}\boldsymbol{S}$

第二公式 $\int_V(\psi\nabla^2\varphi-\varphi\nabla^2\psi)\mathrm{d}V=\oint_S(\psi\nabla\varphi-\varphi\nabla\psi)\cdot\mathrm{d}\boldsymbol{S}$

一般规则

$$\begin{cases}\int_V\mathrm{d}V\,\nabla\leftrightarrow\oint_S\mathrm{d}\boldsymbol{S}\\\int_S\mathrm{d}\boldsymbol{S}\times\nabla\leftrightarrow\oint_L\mathrm{d}\boldsymbol{l}\end{cases}$$

其他规则

$$\begin{cases}\int_V\mathrm{d}V\,\nabla\varphi=\oint_S\varphi\mathrm{d}\boldsymbol{S}\\\int_V\mathrm{d}V\,\nabla\times A=\oint_S\mathrm{d}\boldsymbol{S}\times\boldsymbol{A}\\\int_V\mathrm{d}V\,\nabla\cdot\overleftrightarrow{T}=\oint_S\mathrm{d}\boldsymbol{S}\cdot\overleftrightarrow{T}\\\int_V\mathrm{d}V\,\nabla\times\overleftrightarrow{T}=\oint_S\mathrm{d}\boldsymbol{S}\times\overleftrightarrow{T}\end{cases}\begin{cases}\int_V\mathrm{d}\boldsymbol{S}\times\nabla\varphi=\oint_L\varphi\mathrm{d}\boldsymbol{S}\\\int_S(\mathrm{d}\boldsymbol{S}\times\nabla)\times A=\oint_L\mathrm{d}\boldsymbol{l}\times\boldsymbol{A}\\\int_S(\mathrm{d}\boldsymbol{S}\times\nabla)\cdot\overleftrightarrow{T}=\oint_L\mathrm{d}\boldsymbol{l}\cdot\overleftrightarrow{T}\\\int_S(\mathrm{d}\boldsymbol{S}\times\nabla)\times\overleftrightarrow{T}=\oint_L\mathrm{d}\boldsymbol{l}\times\overleftrightarrow{T}\end{cases}$$

附1.8 矢量微分算符运算

(1) $\nabla(\varphi\psi)=(\nabla\varphi)\psi+\varphi\nabla\psi$

(2) $\nabla\cdot(\varphi\boldsymbol{A})=\nabla\varphi\cdot\boldsymbol{A}+\varphi\nabla\cdot\boldsymbol{A}$

(3) $\nabla\times(\varphi\boldsymbol{A})=\nabla\varphi\times\boldsymbol{A}+\varphi\nabla\times\boldsymbol{A}$

(4) $\nabla\cdot(\boldsymbol{A}\times\boldsymbol{B})=(\nabla\times\boldsymbol{A})\cdot\boldsymbol{B}-(\nabla\times\boldsymbol{B})\cdot\boldsymbol{A}$

(5) $\nabla\cdot(\boldsymbol{AB})=(\nabla\cdot\boldsymbol{A})\boldsymbol{B}-(\boldsymbol{A}\cdot\nabla)\boldsymbol{B}$

(6) $\nabla\times(\boldsymbol{A}\times\boldsymbol{B})=(\nabla\cdot\boldsymbol{B})\boldsymbol{A}+(\boldsymbol{B}\cdot\nabla)\boldsymbol{A}-(\nabla\cdot\boldsymbol{A})\boldsymbol{B}-(\boldsymbol{A}\cdot\nabla)\boldsymbol{B}$

(7) $\nabla(\boldsymbol{A}\cdot\boldsymbol{B})=\boldsymbol{A}\times(\nabla\times\boldsymbol{B})+(\boldsymbol{A}\cdot\nabla)\boldsymbol{B}+\boldsymbol{B}\times(\nabla\times\boldsymbol{A})+(\boldsymbol{B}\cdot\nabla)\boldsymbol{A}$

(8) $\boldsymbol{A}\times(\nabla\times\boldsymbol{A})=\frac{1}{2}\nabla\boldsymbol{A}^2-(\boldsymbol{A}\cdot\nabla)\boldsymbol{A}$

(9) $\nabla\times(\nabla\times\boldsymbol{A})=\nabla(\nabla\cdot\boldsymbol{A})-\nabla^2\boldsymbol{A}$

(10) $\nabla\times\nabla\varphi=0,\nabla\cdot(\nabla\times\boldsymbol{A})=0$

(11) $\begin{cases}\dfrac{\mathrm{d}\boldsymbol{A}}{\mathrm{d}\tau}=\gamma\dfrac{\mathrm{d}\boldsymbol{A}}{\mathrm{d}t}=\gamma\dfrac{\partial\boldsymbol{A}}{\partial t}+(\gamma\boldsymbol{v}\cdot\nabla)\boldsymbol{A}\\ \gamma=\dfrac{\mathrm{d}t}{\mathrm{d}\tau}\end{cases}$

(12) $\begin{cases}\dfrac{\mathrm{d}\phi}{\mathrm{d}\tau}=\gamma\dfrac{\mathrm{d}\phi}{\mathrm{d}t}=\dfrac{\gamma\partial\phi}{\partial t}+(\gamma\boldsymbol{v}\cdot\nabla)\phi\\ \gamma=\dfrac{\mathrm{d}t}{\mathrm{d}\tau}\end{cases}$

(13) $\boldsymbol{v}\times(\nabla\times\boldsymbol{A})=\nabla(\boldsymbol{v}\cdot\boldsymbol{A})-(\boldsymbol{v}\cdot\nabla)\boldsymbol{A}$

(14) $\overleftrightarrow{I}:\nabla\nabla=\nabla\cdot\overleftrightarrow{I}\cdot\nabla=\nabla^2$

(15) $\nabla\frac{1}{R}=-\frac{\boldsymbol{x}}{R^3}$

(16) $\nabla\nabla\frac{1}{R}=-\nabla\frac{\boldsymbol{x}}{R^3}=\frac{3\boldsymbol{xx}-R^2\overleftrightarrow{I}}{R^3}$

(17) $\nabla\nabla\nabla\frac{1}{R}=\nabla\frac{3\boldsymbol{xx}-R^2\overleftrightarrow{I}}{R^5}=3\left(R^2\frac{\overleftrightarrow{I}\boldsymbol{x}+2\boldsymbol{x}\overleftrightarrow{I}}{R^7}-\frac{5\boldsymbol{xxx}}{R^7}\right)$

(18) $\overleftrightarrow{I}:\nabla\nabla\frac{1}{R}=0(\boldsymbol{r}\neq 0)$

(19) $\overleftrightarrow{I}:\boldsymbol{xx}=R^2$

(20) $\overleftrightarrow{I}:\boldsymbol{AB}=\boldsymbol{A}\cdot\boldsymbol{B}$

附 1.9　指数矢量和指数矩阵的主要公式

定义三维矢量 $\boldsymbol{\beta}_u$ 和 $\boldsymbol{\Theta}$ 的叉积张量分别为

$$\overset{\leftrightarrow}{\boldsymbol{\beta}}_{u反}=\begin{bmatrix}0 & -\beta_{u3} & \beta_{u2}\\ \beta_{u3} & 0 & -\beta_{u1}\\ -\beta_{u2} & \beta_{u1} & 0\end{bmatrix},\overset{\leftrightarrow}{\boldsymbol{\Theta}}_{反}=\begin{bmatrix}0 & -\Theta_3 & \Theta_2\\ \Theta_3 & 0 & -\Theta_1\\ -\Theta_2 & \Theta_1 & 0\end{bmatrix}$$

对于任意三维矢量 $\boldsymbol{C}$，有

$$\begin{cases}\overset{\leftrightarrow}{\boldsymbol{\beta}}_{u反}\cdot\boldsymbol{C}=\boldsymbol{\beta}_u\times\boldsymbol{C}\\ \boldsymbol{C}\cdot\overset{\leftrightarrow}{\boldsymbol{\beta}}_{u反}=\boldsymbol{C}\times\boldsymbol{\beta}_u\end{cases};\begin{cases}\overset{\leftrightarrow}{\boldsymbol{\Theta}}_{反}\cdot\boldsymbol{C}=\boldsymbol{\Theta}\times\boldsymbol{C}\\ \boldsymbol{C}\cdot\overset{\leftrightarrow}{\boldsymbol{\Theta}}_{反}=\boldsymbol{C}\times\boldsymbol{\Theta}\end{cases}$$

粒子的快度矢量 $\boldsymbol{\Theta}$ 与粒子速度的关系：

$$\mathrm{ch}(\mathrm{i}\boldsymbol{\Theta})=\gamma_u=\frac{1}{\sqrt{1-\frac{u^2}{c^2}}};\mathrm{sh}(\mathrm{i}\boldsymbol{\Theta})=\gamma_u\boldsymbol{\beta}_u;\mathrm{th}(\mathrm{i}\boldsymbol{\Theta})=\beta_u=\frac{\boldsymbol{u}}{c}$$

(1) $$\boldsymbol{e}^{\alpha/2}=\cos\frac{\boldsymbol{\alpha}}{2}+\sin\frac{\boldsymbol{\alpha}}{2}=\cos\frac{\alpha}{2}+\frac{\boldsymbol{\alpha}}{\alpha}\sin\frac{\alpha}{2}=\sqrt{\frac{1+\cos\alpha}{2}}+\frac{\boldsymbol{\alpha}}{\alpha}\sqrt{\frac{1-\cos\alpha}{2}}$$

(2) $$\boldsymbol{e}^{\alpha}=\cos\boldsymbol{\alpha}+\sin\boldsymbol{\alpha}=\cos\alpha+\frac{\boldsymbol{\alpha}}{\alpha}\sin\alpha$$

(3) $$\boldsymbol{e}^{\mathrm{i}\boldsymbol{\Theta}/2}=\sqrt{\frac{\gamma_u+1}{2}}+\mathrm{i}\frac{\boldsymbol{\beta}_u}{\beta_u}\sqrt{\frac{\gamma_u-1}{2}}$$

(4) $$\boldsymbol{e}^{\mathrm{i}\boldsymbol{\Theta}}=\gamma_u+\mathrm{i}\gamma_u\frac{\boldsymbol{u}}{c}=\gamma_u+\mathrm{i}\gamma_u\boldsymbol{\beta}_u$$

(5) $$\begin{cases}\boldsymbol{e}^{\overset{\leftrightarrow}{\boldsymbol{\alpha}}_{反}}=\cos\alpha\overset{\leftrightarrow}{\boldsymbol{I}}+(1-\cos\boldsymbol{\alpha})\frac{\boldsymbol{\alpha}\boldsymbol{\alpha}}{\alpha^2}+\sin\alpha\frac{\overset{\leftrightarrow}{\boldsymbol{\alpha}}_{反}}{\alpha}\\ \overset{\leftrightarrow}{\boldsymbol{\alpha}}_{反}=\begin{bmatrix}0 & -\alpha_3 & \alpha_2\\ \alpha_3 & 0 & -\alpha_1\\ -\alpha_2 & \alpha_1 & 0\end{bmatrix}\end{cases}$$

(6) $$\begin{cases} e^{\tau\overset{\leftrightarrow}{\omega}_{反}} = \overset{\leftrightarrow}{I} + \tau\overset{\leftrightarrow}{\boldsymbol{\omega}}_{反}\,|_{\tau\to0} = \begin{bmatrix} 1 & -\tau\omega_3 & \tau\omega_2 \\ \tau\omega_3 & 1 & -\tau\omega_1 \\ -\tau\omega_2 & \tau\omega_1 & 1 \end{bmatrix}_{\tau\to0} \\ \overset{\leftrightarrow}{\omega}_{反} = \begin{bmatrix} 0 & -\omega_3 & \omega_2 \\ \omega_3 & 0 & -\omega_1 \\ -\omega_2 & \omega_1 & 0 \end{bmatrix} \end{cases}$$

(7) $$\boldsymbol{e}^{\begin{bmatrix} 0 & -\mathrm{i}\boldsymbol{\Theta} \\ \mathrm{i}\boldsymbol{\Theta} & 0 \end{bmatrix}} = \begin{bmatrix} \gamma_u & -\mathrm{i}\gamma_u\boldsymbol{\beta}_u \\ \mathrm{i}\gamma_u\boldsymbol{\beta}_u & \overset{\leftrightarrow}{I} + \dfrac{(\gamma_u - 1)\boldsymbol{uu}}{u^2} \end{bmatrix}$$

(8) $$\begin{cases} \boldsymbol{e}^{\begin{bmatrix} 0 & 0 \\ 0 & -\mathrm{i}\overset{\leftrightarrow}{\boldsymbol{\Theta}}_{反} \end{bmatrix}} = \begin{bmatrix} 1 & 0 \\ 0 & e^{-\mathrm{i}\overset{\leftrightarrow}{\boldsymbol{\Theta}}_{反}} \end{bmatrix} = \begin{bmatrix} 1 & 0 \\ 0 & \overset{\leftrightarrow}{T} \end{bmatrix} \\ e^{\mathrm{i}\overset{\leftrightarrow}{\boldsymbol{\Theta}}_{反}} = \gamma_u\overset{\leftrightarrow}{I} - (\gamma_u - 1)\dfrac{\boldsymbol{\beta}_u\boldsymbol{\beta}_u}{\beta_u^2} - \mathrm{i}\gamma_u\overset{\leftrightarrow}{\boldsymbol{\beta}}_{u反} \\ \overset{\leftrightarrow}{\boldsymbol{\Theta}}_{反} = \begin{bmatrix} 0 & -\boldsymbol{\Theta}_3 & \boldsymbol{\Theta}_2 \\ \boldsymbol{\Theta}_3 & 0 & -\boldsymbol{\Theta}_1 \\ -\boldsymbol{\Theta}_2 & \boldsymbol{\Theta}_1 & 0 \end{bmatrix} \end{cases}$$

附 1.10　四元数

一个数 a_o 与一个三维矢量 $\boldsymbol{\alpha}$ 的和，定义为四元数，用符号 $\bar{a}$ 表示，即 $\bar{a} = a_o + \boldsymbol{\alpha}$。任意两个四元数 $\bar{a} = a_o + \boldsymbol{\alpha}$ 和 $\bar{b} = b_0 + \boldsymbol{b}$ 的

加法：$\bar{a} + \bar{b} = \bar{b} + \bar{a}$ 交换律成立

$(\bar{a} + \bar{b}) + \bar{c} = \bar{b} + (\bar{a} + \bar{c})$ 结合律成立

乘法：$\bar{a} \otimes \bar{b} = (a_0 + \boldsymbol{\alpha}) \otimes (b_0 + \boldsymbol{b}) = a_0 b_0 - \boldsymbol{a} \cdot \boldsymbol{b} + a_0\boldsymbol{b} +$

$b_0\boldsymbol{a}+\boldsymbol{a}\times\boldsymbol{b}$

式中“$\otimes$”表示四元数乘法。给定正则四元数 $\bar{e}=e_o+\boldsymbol{e}$，其中 $e_o^2+e^2=1$。

在直角坐标系下，四元数中三个轴的单位矢量的乘法可表示为

$$\begin{cases}\boldsymbol{i}\otimes\boldsymbol{i}=\boldsymbol{j}\otimes\boldsymbol{j}=\boldsymbol{k}\otimes\boldsymbol{k}=-1\\ \boldsymbol{i}\otimes\boldsymbol{j}=\boldsymbol{k},\boldsymbol{j}\otimes\boldsymbol{k}=\boldsymbol{i},\boldsymbol{k}\otimes\boldsymbol{i}=\boldsymbol{j}\\ \boldsymbol{j}\otimes\boldsymbol{i}=-\boldsymbol{k},\boldsymbol{k}\otimes\boldsymbol{j}=-\boldsymbol{i},\boldsymbol{i}\otimes\boldsymbol{k}=-\boldsymbol{j}\end{cases}$$

四元数的主要性质：

（1）任意四元数满足乘法的结合律：

$$(\bar{a}\otimes\bar{b})\otimes\bar{c}=\bar{a}\otimes(\bar{b}\otimes\bar{c})$$

（2）四元数一般不满足乘法的交换律：

$$\bar{a}\otimes\bar{b}\neq\bar{b}\otimes\bar{a}$$

（3）四元数乘法的范数等于每个四元数范数的乘积。

$$\begin{cases}\rho_a^2=a_0^2+a^2\\ \rho_b^2=b_0^2+b^2\\ \rho_c^2=c_0^2+c^2\end{cases},\quad\begin{cases}\bar{c}=\bar{a}\otimes\bar{b}\\ \rho_c^2=\rho_a^2\rho_b^2\end{cases}$$

正则四元数可表示为指数形式：

用 $\boldsymbol{\theta}^n$ 表示 $\boldsymbol{\theta}$ 的 n 次四元数乘积，利用麦克劳林展开式及上式，得

$$\bar{e}=\boldsymbol{e}^{\boldsymbol{\theta}}=\sum_{n=0}^{\infty}\frac{\theta^n}{n!}=\mathrm{ch}\boldsymbol{\theta}+\mathrm{sh}\boldsymbol{\theta}=\cos\theta+\frac{\sin\theta}{\theta}\boldsymbol{\theta}$$

可见，$\boldsymbol{e}^{\boldsymbol{\theta}}$ 就是正则四元数的指数形式。任意四元数 $\bar{a}$ 可表示为

$$\bar{a}=\rho_a\boldsymbol{e}^{\boldsymbol{\theta}}$$

其中，ρ_a 称为四元数 $\bar{a}$ 的模，ρ_a^2 称为四元数 $\bar{a}$ 的范数（或称模方）。

附录 2

空间旋转变换的转动角位移表示

通过建立指数坐标系[3,4]，定义了描述质点位置的角位置矢量 $\boldsymbol{\theta}$ 和描述质点运动的角位移矢量 $\Delta\boldsymbol{\varphi}$，并将位置矢量 $\boldsymbol{r}$ 写成指数形式或四元形式

$$r = r\boldsymbol{e}^{\theta} \otimes \boldsymbol{n} \tag{1}$$

式中，“$\otimes$”表示四元数乘法，$\boldsymbol{n}$ 为基轴的基矢。设质点在 t_1 时刻的角位置矢量为 θ_1，位置矢量为 $\boldsymbol{r}_1$，质点在 t_2 时刻的角位置矢量为 $\boldsymbol{\theta}_2$，位置矢量为 $\boldsymbol{r}_2$，令 $\boldsymbol{r}_2$ 相对 $\boldsymbol{r}_1$ 角位移矢量为 $\Delta\boldsymbol{\varphi}$，有

$$\boldsymbol{e}^{\theta_2} = \boldsymbol{e}^{\Delta\varphi} \otimes \boldsymbol{e}^{\theta_1} \tag{2}$$

式（2）就是角位移矢量合成公式，也可以看成是角位移矢量的定义式。文献［1］得出的棱锥棱面角之间存在的数学关系，是四元数各种应用[2—4]过程中一个具有突出意义的范例，也是四元数这个代数系统的完整的体现和描述。本书将此理论用于刚体绕相交轴两次有限转动的合成问题。

附 2.1　用半角位置矢量表示质点位置

由式（1）很容易证明：当 $\boldsymbol{\theta} \perp \boldsymbol{n}$ 时，有

$$\boldsymbol{e}^{\theta} \otimes \boldsymbol{n} = \boldsymbol{e}^{-\theta} \otimes \boldsymbol{n} \tag{3}$$

当$\boldsymbol{\theta} /\!/ \boldsymbol{n}$时，有

$$\boldsymbol{e}^{\theta} \otimes \boldsymbol{n} = \boldsymbol{n} \otimes \boldsymbol{e}^{\theta} \tag{4a}$$

由于$\boldsymbol{e}^{\theta} \otimes \boldsymbol{e}^{-\theta} \equiv \boldsymbol{e}^{-\theta} \otimes \boldsymbol{e}^{\theta} \equiv 1$，称$\boldsymbol{e}^{-\theta}$为$\boldsymbol{e}^{\theta}$的逆，记作“$(\boldsymbol{e}^{\theta})^{-1}$”，即$(\boldsymbol{e}^{\theta})^{-1} = \boldsymbol{e}^{-\theta}$。由于

$$(\boldsymbol{e}^{\theta_1} \otimes \boldsymbol{e}^{\theta_2}) \otimes (\boldsymbol{e}^{-\theta_2} \otimes \boldsymbol{e}^{-\theta_1}) \equiv (\boldsymbol{e}^{-\theta_2} \otimes \boldsymbol{e}^{-\theta_1}) \otimes (\boldsymbol{e}^{\theta_1} \otimes \boldsymbol{e}^{\theta_2}) \equiv 1$$

有

$$(\boldsymbol{e}^{\theta_1} \otimes \boldsymbol{e}^{\theta_2})^{-1} = (\boldsymbol{e}^{-\theta_2} \otimes \boldsymbol{e}^{-\theta_1}) \tag{4b}$$

同理，可推得$(\boldsymbol{e}^{\theta_1} \otimes \boldsymbol{e}^{\theta_2} \cdots \boldsymbol{e}^{\theta_n})^{-1} = (\boldsymbol{e}^{-\theta_n} \cdots \boldsymbol{e}^{-\theta_2} \otimes \boldsymbol{e}^{-\theta_1})$，由于$\boldsymbol{\theta} \perp \boldsymbol{n}$，利用式（3）和式（4），式（1）可写成

$$\boldsymbol{r} = r\boldsymbol{e}^{\theta} \otimes \boldsymbol{n} = r\boldsymbol{e}^{\frac{\theta}{2}} \otimes \boldsymbol{e}^{\frac{\theta}{2}} \otimes \boldsymbol{n} = r\boldsymbol{e}^{\frac{\theta}{2}} \otimes \boldsymbol{n} \otimes \boldsymbol{e}^{-\frac{\theta}{2}} \tag{5}$$

式（5）就是用半角位置矢量表示的质点的位置公式。

附 2.2 用半角位移矢量表示质点两次运动的合成位置

根据式（1），不同时刻的位置矢量可写成

$$r_1 = r_1\boldsymbol{e}^{\frac{\theta_1}{2}} \otimes \boldsymbol{n} \otimes \boldsymbol{e}^{-\frac{\theta_1}{2}} \tag{6}$$

$$\boldsymbol{r}_2 = r_2\boldsymbol{e}^{\frac{\Delta\varphi}{2}} \otimes (\boldsymbol{r}_1/r_1) \otimes \boldsymbol{e}^{-\frac{\Delta\varphi}{2}} \tag{7}$$

式（6）代入式（7），得

$$\begin{aligned}\boldsymbol{r}_2 &= r_2\boldsymbol{e}^{\frac{\Delta\varphi}{2}} \otimes \boldsymbol{e}^{\frac{\theta_1}{2}} \otimes \boldsymbol{n} \otimes \boldsymbol{e}^{-\frac{\theta_1}{2}} \otimes \boldsymbol{e}^{-\frac{\Delta\varphi}{2}} \\ &= r_2(\boldsymbol{e}^{\frac{\Delta\varphi}{2}} \otimes \boldsymbol{e}^{\frac{\theta_1}{2}}) \otimes n \otimes (\boldsymbol{e}^{\frac{\Delta\varphi}{2}} \otimes \boldsymbol{e}^{\frac{\theta_1}{2}})^{-1}\end{aligned} \tag{8}$$

可以将式（8）展开成一个标量方程和一个矢量方程。式（8）就是用半角位置矢量表示质点两次运动的合成公式。

附2.3 用转动角位置矢量描述刚体的转动位置

如图1所示，O 为指数坐标系的原点，ON 为指数坐标系的基轴，$\boldsymbol{n}$ 为基矢。设刚体以通过 O 点的轴转动。质点从 A 点转到 B 点，这两点的位置矢量分别为 $\boldsymbol{r}_A$ 和 $\boldsymbol{r}_B$。O' 为从 A，B 点引出的到转轴的垂线与轴的交点，O' 点到 A 和 B 点的矢量分别为 $\boldsymbol{R}_A$ 和 $\boldsymbol{R}_B$。这样，$\boldsymbol{R}_A$ 相对 $\boldsymbol{R}_B$ 的角位移矢量的大小（即夹角）就是刚体转动的角度 α。定义：刚体转动的角度 α 为刚体转动角位置矢量的大小，从 $O'A$ 向 $O'B$ 按右手旋进的方向为刚体转动角位置矢量的方向（沿 $\overrightarrow{O'O}$ 方向），即 $\boldsymbol{R}_B$ 相对 $\boldsymbol{R}_A$ 的角位移矢量，定义为刚体的转动角位置矢量，用符号 $\boldsymbol{\alpha}$ 表示。考虑到 $|\boldsymbol{R}_A|=|\boldsymbol{R}_B|$，利用式（5），有

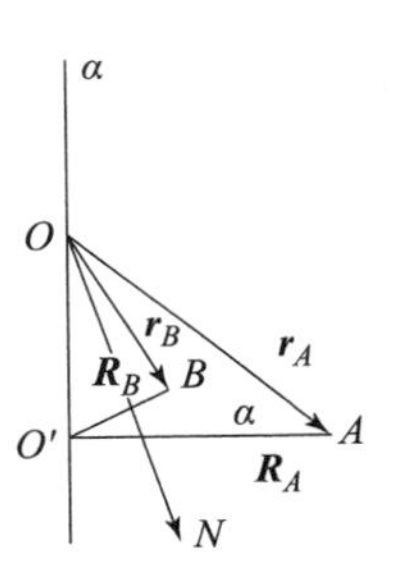

图1 用转动角位置矢量表示刚体的转动位置

$$\boldsymbol{R}_B=|\boldsymbol{R}_B|\,\boldsymbol{e}^{\frac{\alpha}{2}}\otimes(\boldsymbol{R}_A/|\boldsymbol{R}_A|)\otimes\boldsymbol{e}^{-\frac{\alpha}{2}}=\boldsymbol{e}^{\frac{\alpha}{2}}\otimes\boldsymbol{R}_A\otimes\boldsymbol{e}^{-\frac{\alpha}{2}} \tag{9}$$

利用矢量合成的平行四边形法则，有

$$\boldsymbol{R}_A=\overrightarrow{O'O}+\boldsymbol{r}_A \tag{10}$$

$$\boldsymbol{R}_B=\overrightarrow{O'O}+\boldsymbol{r}_B \tag{11}$$

式（10）与式（11）代入式（9），得

$$\overrightarrow{O'O}+\boldsymbol{r}_B==\boldsymbol{e}^{\frac{\alpha}{2}}\otimes\boldsymbol{r}_A\otimes\boldsymbol{e}^{-\frac{\alpha}{2}}+\boldsymbol{e}^{\frac{\alpha}{2}}\otimes\overrightarrow{O'O}\otimes\boldsymbol{e}^{-\frac{\alpha}{2}} \tag{12}$$

由于 $\overrightarrow{O'O} \mathbin{/\!/} \boldsymbol{\alpha}$，由式（4），有

$$\boldsymbol{e}^{\frac{\alpha}{2}} \otimes \overrightarrow{O'O} \otimes \boldsymbol{e}^{-\frac{\alpha}{2}} = \overrightarrow{O'O} \tag{13}$$

式（13）代入式（12），有

$$\boldsymbol{r}_B = \boldsymbol{e}^{\frac{\alpha}{2}} \otimes \boldsymbol{r}_A \otimes \boldsymbol{e}^{-\frac{\alpha}{2}} \tag{14}$$

式（14）就是用转动角位置矢量描述刚体转动位置的公式。只要知道任一质点的初始位置 $\boldsymbol{r}_A$，就可以通过式（14）确定转动 $\boldsymbol{\alpha}$ 后，该质点的位置 $\boldsymbol{r}_B$。

附 2.4　刚体绕相交轴两次有限转动的合成

设 O 点是两次有限转动相交轴的交点，质点在 t_1 时刻的角位置矢量为 $\boldsymbol{\alpha}_1$，位置矢量为 $\boldsymbol{r}_1$，由式（14），有

$$\boldsymbol{r}_1 = = \boldsymbol{e}^{\frac{\alpha_1}{2}} \otimes \boldsymbol{r}_A \otimes \boldsymbol{e}^{-\frac{\alpha_1}{2}} \tag{15}$$

质点在 t_2 时刻的角位置矢量为 $\boldsymbol{\alpha}_2$，位置矢量为 $\boldsymbol{r}_2$，由式（14），有

$$r_2 = \boldsymbol{e}^{\frac{\alpha_2}{2}} \otimes \boldsymbol{r}_A \otimes \boldsymbol{e}^{-\frac{\alpha_2}{2}} \tag{16}$$

令从 $\boldsymbol{r}_1$ 转动到 r_2 刚体转动的角位移矢量为 $\Delta\boldsymbol{\psi}$，由式（14），有

$$r_2 = \boldsymbol{e}^{\frac{\Delta\psi}{2}} \otimes r_1 \otimes \boldsymbol{e}^{-\frac{\Delta\psi}{2}} \tag{17}$$

式（15）代入式（17），并利用四元数满足乘法结合律的特性[5]及式（4b），得

$$\boldsymbol{r}_2 = \boldsymbol{e}^{\frac{\Delta\psi}{2}} \otimes \boldsymbol{e}^{\frac{\alpha_1}{2}} \otimes r_A \otimes \boldsymbol{e}^{-\frac{\alpha_1}{2}} \otimes \boldsymbol{e}^{-\frac{\Delta\psi}{2}} = (\boldsymbol{e}^{\frac{\Delta\psi}{2}} \otimes \boldsymbol{e}^{\frac{\alpha_1}{2}}) \otimes r_A \otimes (\boldsymbol{e}^{\frac{\Delta\psi}{2}} \otimes \boldsymbol{e}^{\frac{\alpha_1}{2}})^{-1} \tag{18}$$

式（16）与式（18）比较，得

$$\boldsymbol{e}^{\frac{\alpha_2}{2}} \otimes \boldsymbol{r}_A \otimes (\boldsymbol{e}^{\frac{\alpha_2}{2}})^{-1} = (\boldsymbol{e}^{\frac{\Delta\psi}{2}} \otimes \boldsymbol{e}^{\frac{\alpha_1}{2}}) \otimes r_A \otimes (\boldsymbol{e}^{\frac{\Delta\psi}{2}} \otimes \boldsymbol{e}^{\frac{\alpha_1}{2}})^{-1} \tag{19}$$

上式中，对于 $\boldsymbol{r}_A$ 取任意矢量都成立的条件是

$$\boldsymbol{e}^{\frac{\alpha_2}{2}} = \boldsymbol{e}^{\frac{\Delta\psi}{2}} \otimes \boldsymbol{e}^{\frac{\alpha_1}{2}} \text{或} \boldsymbol{e}^{\frac{\Delta\psi}{2}} = \boldsymbol{e}^{\frac{\alpha_2}{2}} \otimes \boldsymbol{e}^{-\frac{\alpha_1}{2}} \tag{20}$$

可以将式（20）展开成一个标量方程和一个矢量方程。式（20）就是描述刚体转动的转动角位移矢量的合成公式，也可以看成是刚体转动角位移矢量 $\boldsymbol{\Delta\psi}$ 的定义式。它反映了刚体绕相交轴两次有限转动角位移矢量（即 $\boldsymbol{\alpha}_1$ 与 $\boldsymbol{\Delta\psi}$）的合成，不符合矢量合成的平行四边形法则，即 $\boldsymbol{\alpha}_2 \neq \boldsymbol{\Delta\psi} + \boldsymbol{\alpha}_1$。只有 $\boldsymbol{\Delta\psi}$ 平行 $\boldsymbol{\alpha}_1$ 时，或 $\boldsymbol{\Delta\psi}$ 与 $\boldsymbol{\alpha}_1$ 都无限小时才满足 $\boldsymbol{\alpha}_2 = \boldsymbol{\Delta\psi} + \boldsymbol{\alpha}_1$，即满足矢量合成的平行四边形法则。

附录 3

角矢量空间理论初步

附 3.1　数和矢量的取模（取余）运算

模数从物理意义上讲，是某种计量器的容量。例如，我们日常生活中用的钟表，模数就是 12。钟表计时的方式是：达到 12 就从零开始（扔掉一个 12），这在数学上是“取模（取余）运算”（mod），“%”是 C ++ 语言中求除法余数的算术运算符。本书中将借用这个符号定义数（或标量）取模（取余）运算为：对任意数 K，有

$$k = K\% 12$$

式中，“%”称为取模运算符号；“12”称为取模（取余）运算的模数。例如：

$$14\% 12 = 2 \text{ 或 } 14(\text{mod}12) = 2 \text{ mod } 12$$

$$(10 + 10)\% 12 = -2 - 2(\text{mod}12) = -4(\text{mod}12)$$

上式之所以成立，是因为 2 与 10 是互补的（2 + 10 = 12），并规定了取模（取余）运算后的取值范围为

$$-6 < k < 6$$

如果模数为 14，则有

$$k = K\% 14$$

例如：

$$(4+10)\%12 = 14\%14 = 0 \text{ 或} (4+10)(\text{mod}14) = 0 \text{ mod } 14$$

$$(10+10)\%12 = 20\%14 = 6(\text{mod}14)$$

则取模（取余）运算后的取值范围为

$$-7 < k < 7$$

因此，在 n 维矢量空间中，本书也可以这样定义模矢量系统和矢量取模（取余）运算：对任意 n 维矢量 $\boldsymbol{A}$，有

$$\boldsymbol{\alpha} = \boldsymbol{A}\%\boldsymbol{D} = A\text{mod}D = A\%D(\boldsymbol{A}/A)$$

式中 $A = |\boldsymbol{A}|$。n 维向量取模（取余）运算得到的矢量 $\boldsymbol{\alpha}$ 称为 n 维模矢量。其中，$\boldsymbol{A}/A$ 是 $\boldsymbol{A}$ 的单位矢量，$\boldsymbol{A}\%\boldsymbol{D}$ 是模数为 D 的余数，即 A 去掉 nD 的余数（$n = 0$，± 1，± 2，…）。并规定 $A\%D$ 的取值范围为

$$-D/2 < A\%D < D/2$$

所以 $A\%D$ 可以大于0，也可以小于0，$\boldsymbol{\alpha} = \boldsymbol{A}\%D$ 是唯一的，其绝对值小于 $D/2$，说明模矢量 $\boldsymbol{\alpha} = \boldsymbol{A}\%D$ 的方向与矢量 $\boldsymbol{A}$ 的方向有时相同（当 $A\%D$ 大于0时），有时相反（当 $A\%D$ 小于0时）。

对于三维欧氏矢量空间的任意一个矢量 $\boldsymbol{r}$，可以对应生成一个模数为 D 的三维模矢量 $\boldsymbol{\theta} = \boldsymbol{r}\%D$。依赖于三维欧氏矢量空间的运算法则，同时附加取模等基本运算的三维模矢量的集合，构成一个三维模矢量空间。

定义在实数域 $\boldsymbol{R}$ 上的三维欧氏矢量空间的仿射空间是一个半径为无限大的球体欧氏空间，以模数为 D 的三维模矢量空间的仿射空间，是一个直径为 D（即半径为 $D/2$）的球体空间。可以说，一个三维模矢量空间是三维欧氏矢量空间的映射。

附3.2 角矢量空间

定义在实数域上的三维欧氏矢量空间生成的以模数为 D 的三维模矢量空间，如果同时满足下面5条，则称这样的三维模矢量空间为三维角矢量空间（简称为角矢量空间）：

（1）对于任意两个三维模矢量 $\boldsymbol{\alpha}$ 和 $\boldsymbol{\beta}$（mod$D$）加法运算“$\oplus$”定义为

$$\boldsymbol{\gamma} = \boldsymbol{\alpha} \oplus \boldsymbol{\beta} = (\boldsymbol{\alpha} + \boldsymbol{\beta})\% D = \boldsymbol{\alpha} + \boldsymbol{\beta}(\text{当} |\boldsymbol{\alpha} + \boldsymbol{\beta}| < D/2 \text{时}) \quad (1)$$

$$\boldsymbol{\alpha} \oplus \boldsymbol{\beta} = \text{没有意义}(\text{当} |\boldsymbol{\alpha} + \boldsymbol{\beta}| \geqslant D/2 \text{时})$$

同时，定义在实数域 F 上，$h, k \in F$ 的加法运算“$\oplus$”（mod$D$）定义为

$$k \oplus h = k + h(\text{如果} |k + h| < D/2) \quad (2)$$

$$k \oplus h = \text{没有意义}(\text{如果} |k + h| \geqslant D/2)$$

（2）对于任意两个三维模矢量 $\boldsymbol{\alpha}$ 和 $\boldsymbol{\beta}$（mod$D$）乘法运算“$\circ$”定义为

$$\boldsymbol{\delta} = \boldsymbol{\alpha} \circ \boldsymbol{\beta} = [\ln(\boldsymbol{e}^{\alpha} \otimes \boldsymbol{e}^{\beta})]\% D \quad (3)$$

（3）模数是有限的，且

$$D \leqslant 2\pi \quad (4)$$

（4）定义在实数域 F 上，$k \in F$，k 与三维模矢量 $\boldsymbol{\alpha}$ 的乘法定义为

$$\boldsymbol{\beta} = k \circ \boldsymbol{\alpha} = (k\boldsymbol{\alpha})\% D \quad (5)$$

（5）三维模矢量的内积定义为

$$(\boldsymbol{\alpha}, \boldsymbol{\beta}) = \boldsymbol{\alpha} \cdot \boldsymbol{\beta} \quad (6)$$

下面分析每一条的含义。

式（1）保证了任意三维角矢量可以分解为几个角矢量之和。由

于 $|\boldsymbol{\alpha}| < D/2$，所以，任意 $\boldsymbol{\alpha}$ 可分解成三个直角分量来表示。加法运算实质是分解法。

式（2）给出了另一种数的加法定义，使数的加法与三维角矢量的加法相呼应。

式（3）和式（4）保证了三维角矢量乘法运算的唯一性和封闭性。因为圆周角为 2π，周期就是 2π，所以长度小于 π（等价于周期小于 2π）的角矢量用来表示位置时，具有唯一性，取模运算又保证了封闭性。因此，只要模数 $D\leqslant 2\pi$，三维角矢量长度就小于 π，乘法运算就是唯一和封闭的。

当 $|k\boldsymbol{\alpha}| < D/2$ 时，利用式（5），有

$$\boldsymbol{\beta} = k\circ\boldsymbol{\alpha} = (k\boldsymbol{\alpha})\%D = k\boldsymbol{\alpha}$$

由于所有的三维角矢量都满足长度 $< D/2$ 这一要求，所以，式（5）便保证了任意三维角矢量可以在某个正交框架下，用一组系数（即坐标）来表示。

式（6）给出了三维角矢量的长度定义为

$$\alpha = |\boldsymbol{\alpha}| = \sqrt{\boldsymbol{\alpha}\cdot\boldsymbol{\alpha}} = \sqrt{(\boldsymbol{\alpha},\boldsymbol{\alpha})}$$

附 3.3　角矢量空间的性质

所谓长度域 $L\,[0,\ D/2)$ 三维角矢量空间是指一个集合 $\boldsymbol{V}$，其元素的长度都小于 $D/2$（$D\leqslant 2\pi$），这些元素被定义为三维角矢量（简称为角矢量）。其运算有加法“$\oplus$”和乘法“$\circ$”。利用上面的定义，满足：

（1）加法的交换律成立：

$$\boldsymbol{v}_1 \oplus \boldsymbol{v}_2 = \boldsymbol{v}_2 \oplus \boldsymbol{v}_1（只当 |\boldsymbol{v}_1 + \boldsymbol{v}_2| < D/2 时）, \boldsymbol{v}_1, \boldsymbol{v}_2 \in \boldsymbol{V}$$

（2）乘法的结合律成立：

$$(\boldsymbol{v}\circ\boldsymbol{v}_1)\circ\boldsymbol{v}_2 = \boldsymbol{v}\circ(\boldsymbol{v}_1\circ\boldsymbol{v}_2), \forall \boldsymbol{v},\boldsymbol{v}_1,\boldsymbol{v}_2 \in \boldsymbol{V}$$

（3）存在唯一的零角矢量0，使

$$0 \oplus \boldsymbol{v} = \boldsymbol{v} \oplus 0 = \boldsymbol{v}\text{ 成立}, \forall \boldsymbol{v} \in \boldsymbol{V}$$

（4）存在唯一的单位角矢量$\boldsymbol{I}$，使

$$\boldsymbol{I}\circ\boldsymbol{v} = \boldsymbol{v}\circ\boldsymbol{I} = \boldsymbol{v}\text{ 成立}, \forall \boldsymbol{v} \in \boldsymbol{V}$$

（5）存在唯一的角矢量$-\boldsymbol{v}$，使

$$-\boldsymbol{v} \oplus \boldsymbol{v} = \boldsymbol{v} \oplus -\boldsymbol{v} = 0\text{ 成立}, \forall -\boldsymbol{v},\boldsymbol{v} \in \boldsymbol{V}$$

（6）零角矢量0和单位角矢量$\boldsymbol{I}$等价，即

$$\boldsymbol{I} = 0$$

（7）由于角矢量空间确定的圆周角小于2π，但无限接近于2π，对于真实空间，不存在

$$\pi\boldsymbol{\theta}/\theta \neq -\pi\boldsymbol{\theta}/\theta$$

的位置，这样可保证真实空间任意位置的角矢量的唯一性，避免出现角矢量$\pi\boldsymbol{\theta}/\theta$和$-\pi\boldsymbol{\theta}/\theta$表示同一位置的情况。

（8）角矢量空间是非欧的。一般情况下，利用式（1），有

$$\boldsymbol{v} = \boldsymbol{v}_1 \oplus \boldsymbol{v}_2 \neq \boldsymbol{v}_1 + \boldsymbol{v}_2（\text{当} | \boldsymbol{v}_1 + \boldsymbol{v}_2 | \geqslant D/2\text{ 时}）$$

只有特殊情况下，有

$$\boldsymbol{v} = \boldsymbol{v}_1 \oplus \boldsymbol{v}_2 = \boldsymbol{v}_1 + \boldsymbol{v}_2（\text{当} | \boldsymbol{v}_1 + \boldsymbol{v}_2 | < D/2\text{ 时}）$$

说明角矢量的加法不总是满足平行四边形法则。而且，在一般情况下，得

$$(\boldsymbol{v}_1 \oplus \boldsymbol{v}_2,\boldsymbol{v}) \neq (\boldsymbol{v}_1 \cdot \boldsymbol{v}) \oplus (\boldsymbol{v}_2 \cdot \boldsymbol{v})$$

只有特殊情况下，有

$$(\boldsymbol{v}_1 \oplus \boldsymbol{v}_2,\boldsymbol{v}) = (\boldsymbol{v}_1 \cdot \boldsymbol{v}) \oplus (\boldsymbol{v}_2 \cdot \boldsymbol{v})$$

说明角矢量空间不总是符合欧氏矢量空间的定义。所以，角矢量空间的仿射空间是局部平直的非欧空间。

附3.4 角矢量空间的例子

1. 质点平动角矢量空间

利用

$$\boldsymbol{e}^{\boldsymbol{\theta}_{02}} \otimes \boldsymbol{e}^{\boldsymbol{\theta}_{21}} \otimes \boldsymbol{e}^{\boldsymbol{\theta}_{10}} = 1 \tag{7}$$

及

$$\boldsymbol{\theta}_{02} = -\boldsymbol{\theta}_{20}$$

得

$$\boldsymbol{e}^{\boldsymbol{\theta}_{20}} = \boldsymbol{e}^{\boldsymbol{\theta}_{21}} \otimes \boldsymbol{e}^{\boldsymbol{\theta}_{10}}$$

即

$$\boldsymbol{\theta}_{20} = \boldsymbol{\theta}_{21} {}^\circ \boldsymbol{\theta}_{10} \, (\mathrm{mod} 2\pi) = (\ln(\boldsymbol{e}^{\boldsymbol{\theta}_{21}} \otimes \boldsymbol{e}^{\boldsymbol{\theta}_{10}})) \% (2\pi) \tag{8}$$

式（8）确定了质点在不同位置时的相对角位移矢量的集合构成的矢量空间，属于是模数为2π的三维角矢量空间，质点相对角位移矢量属于模数为2π的三维角矢量。

2. 刚体转动角矢量空间

利用

$$e^{\frac{\boldsymbol{\alpha}_2}{2}} = \boldsymbol{e}^{\frac{\Delta\boldsymbol{\psi}}{2}} \otimes \boldsymbol{e}^{\frac{\boldsymbol{\alpha}_1}{2}} \tag{9}$$

得

$$\frac{\boldsymbol{\alpha}_2}{2} = \frac{\Delta\boldsymbol{\varphi}}{2} \circ \frac{\boldsymbol{\alpha}_1}{2} \, (\mathrm{mod}\pi) = (\ln(\boldsymbol{e}^{\frac{\Delta\boldsymbol{\varphi}}{2}} \otimes \boldsymbol{e}^{\frac{\boldsymbol{\alpha}_1}{2}})) \% \pi \tag{10}$$

式（10）确定了刚体在不同时刻的相对转动角位移矢量的集合构成的矢量空间，属于模数为2π的三维模矢量空间（不是三维角矢量空间）。而刚体在不同时刻的转动半角位移矢量的集合构成的矢量空间，才属于模数为 π（即 2π 的 1/2）的三维角矢量空间，刚体在不同时刻的转动半角位移矢量属于模数为 π 的三维角矢量。

总之，质点在不同位置时的相对角位移矢量和刚体在不同时刻的半转动角位移矢量，都是三维角矢量，只不过，一个模数为 2π，另一个模数为 π，都可用三维角矢量空间的理论来处理。角矢量及角矢量空间，不但是研究质点力学、刚体力学规律最实用的理论形式和方法，而且将成为表示和研究相对论的一种简洁而实用的数学理论。

附 3.5 结果与讨论

综上所述，通过建立指数坐标系，定义描述质点位置的角位置矢量和描述质点运动的角位移矢量，将矢量表示成指数形式，得到了质点在不同位置时的相对角位移矢量满足的复合关系

$$\boldsymbol{e}^{\boldsymbol{\theta}_2} = \boldsymbol{e}^{\Delta\boldsymbol{\varphi}} \otimes \boldsymbol{e}^{\boldsymbol{\theta}_1}$$

和棱锥棱面角之间存在的数学关系。通过用转动角位置矢量描述刚体的转动位置，定义了描述刚体转动的转动角位移矢量 $\Delta\boldsymbol{\psi}$，并得到了刚体在不同时刻的转动角位移矢量满足的复合关系，并将质点相对角位移矢量和转动半角位移矢量定义为角矢量空间的矢量，初步建立了角矢量空间的基本理论。同时指出：

（1）通过建立指数坐标系，引入描述质点相对位置的角移矢量和描述刚体转动角位移矢量，巧妙地解决了质点平动和刚体转动问题，意味着用一种新的数学方法研究力学规律的开始。引入角矢量，同引入复数或引入矢量的历史作用相似，具有开创性的意义和价值。

（2）有了角矢量空间理论，矢量空间和矢量代数才是一个真正

完整的理论。本书对矢量代数理论和微分几何的发展具有一定的意义。

（3）本书是四元数这个代数系统的完整的描述和应用。

（4）质点角位移矢量与质点角位置矢量是一个满足

$$\boldsymbol{e}^{\boldsymbol{\theta}_2} = \boldsymbol{e}^{\Delta\boldsymbol{\varphi}} \otimes \boldsymbol{e}^{\boldsymbol{\theta}_1}$$

关系的一种矢量，只是在特殊情况下才满足三维欧氏矢量空间

$$\boldsymbol{\theta}_2 = \Delta\boldsymbol{\varphi} + \boldsymbol{\theta}_1$$

的平行四边形加法关系。转动角位置矢量或转动角位移矢量是一个满足

$$\boldsymbol{e}^{\frac{\boldsymbol{\alpha}_2}{2}} = \boldsymbol{e}^{\frac{\Delta\boldsymbol{\psi}}{2}} \otimes \boldsymbol{e}^{\frac{\boldsymbol{\alpha}_1}{2}}$$

关系的一种矢量，只是在特殊情况下才满足三维欧氏矢量空间

$$\boldsymbol{\alpha}_2 = \Delta\boldsymbol{\psi} + \boldsymbol{\alpha}_1$$

的平行四边形加法关系。

（5）转动角位移矢量或转动角位置矢量与质点角位移矢量或质点角位置矢量一样，它们都可以定义为矢量，即在空间旋转变换下，它们都满足矢量（一阶张量）的变换关系。

（6）转动角位移矢量或转动角位置矢量与质点角位移矢量或质点角位置矢量一样，它们是矢量，不但符合矢量（一阶张量）的变换关系，而且它们都有一个共同的性质，即在空间坐标反演变换下（$\boldsymbol{r} \to -\boldsymbol{r}$）保持不变。可以说，它们都是赝矢量，否定了刚体有限转动角位移不能定义为矢量的说法，确定了刚体转动角位移是矢量的结论。

参 考 文 献

[1] 梁昌洪，等．电磁理论前沿探索［M］．北京：电子工业出版社，2012.

[2] 曹盛林．芬斯勒时空中的相对论及宇宙论［M］．北京：北京师范大学出版社，2001.

[3] 靳永双，等．指数坐标系及其应用［J］．延边大学学报，2002，28（1）：13－16.

[4] 靳永双，等．转动角位移矢量及其应用［J］．延边大学学报，2004，30（3）：166－169.

[5] 靳永双，等．角矢量空间理论［J］．河南师范大学学报（自然科学版）2008，36（6）：136－138.

[6] 靳永双，等．对短程线微分方程的初步分析［J］．延边大学学报，2004，31（4）：160－163.

[7] D. 依凡宁柯，A. 索科洛夫．经典场论［M］．黄祖洽，译．北京：科学出版社，1958.

[8] Landau L D，Lifshitz E M. 场论［M］．任郎，袁炳南，译．北京：人民教育出版社，1978.

[9] Kong（MIT）J A. Electromagnetic wave theory［M］. New York：John Wiley & Sons，1986.

[10] Stratton J A. Electromagnetic theory［M］. New York and London：

McGraw – Hill Book Company Inc，1941.

[11] Yonung E C. Vector and Tensor Analysis [M]. New York：Dekker，1973.

[12] Griffiths D J. Introduction to Electrodynamics（3rd Ed.）[M]. New Jersey：Prentice Hall，1999.

[13] 朗道，栗弗席兹．场论 [M]．任郎，袁炳南，译．北京：人民教育出版社，1978.

[14] 朗道，栗弗席兹．连续介质电动力学（上、下册）[M]．周奇，译．北京：人民教育出版社，1963.

[15] 虞福春，郑春开．电动力学 [M]．北京：北京大学出版社，1992.

[16] 全泽松．相对论电动力学 [M]．成都：电子科技大学出版社，1990.

[17] John David Jackson. Classical Electrodynamics [M]. New York：John Wiley & Sons，1975.

[18] 刘觉平．电动力学 [M]．北京：高等教育出版社，2004.

[19] Aharoni J. The Special Theory of Relativity [M]. London：Oxford University Press，1959.

[20] P G 柏格曼．相对论引论 [M]．周奇，赫苹，译．北京：人民教育出版社，1961.

[21] Panofsky W K H，Phillips M. Classical Electricity and Magnetism [M]. Massachusetts：Addison – Wesley pub. Com. INC，1962.

[22] Marior J B. Classical Electromagnetic Radiation [M]. New York and London：Academic press，1965.

[23] Curtis C Johnson. Field and Wave Electrodynamics [M]. New York：McGraw – Hill. Inc，1965.

[24] French A P. Special Relativity [M]. New York：W. W. Norton &

Company. Inc, 1968.

[25] Melvin Schwartz. Principles of Electrodynamics [M]. New York: McGraw - Hill Inc, 1972.

[26] Sexl R U, Urbantke H K. Relativität. Gruppen und Teilchen [M]. Vienna: Springer - Verlag, 1976.

[27] Barut A O. Electrodynamics and Classical Theory of Fields & Particles [M]. New York: Dover Publications Inc. , 1980.

[28] Lim Y K. Introduction to Classical Electrodynamics [M]. Singapore: World Scientific, 1986.

[29] Stephen Parrott. Relativistic Electrodynamics and Differential Geometry [M]. New York, Berlin, Heidelberg, London, Paris, Tokyo: Springer - Verlag, 1987.